方圆之道

金忠明教育讲演集

金忠明◎著

华东师范大学出版社

序

本讲演集是近十多年来各地讲演的选编。20 世纪末,中国教育处于重新组合和快速变革的热潮中,华东师范大学也经历了合校的大变化。在教育部与地方政府合作建设 211 及 985 等重点高校的过程中,作为全国教师教育重镇的师范类大学,确立了服务并引领全国和地方教育事业的新发展方向,学校亦号召教育理论工作者面向实践,发挥重点师范大学的学术影响力。我因此也从教育研究的学术象牙塔里跨向了教育实践的广阔领域,在教师培训、课题指导、文化建设及教育管理等诸方面适应各级各类学校的实际需求。大约从 1999 年开始至今,我受邀给各地教育行政干部和学校骨干教师做相应的各类讲座,至今累计约有千余场,其中某些讲座达几十、上百次。承华东师大出版社的盛情嘉意,我以较近的讲座为基础整理了部分内容。录音稿主要由薛卫洋、赖灵午、支玉菡打印,肖鑫、孙玉洁、莫瑞柏也协助打印,整理了部分文稿,在此表示衷心的感谢!

集子以《方圆之道》命名,因教育是充满智慧的百年伟业,尤须从业者修炼精进,以适应日趋复杂的教育情境。"方"是做人的脊梁,"圆"是处世的智囊。何成方圆?以之规矩;应时而易,始成方圆。"方圆之道"的基本含义乃"做事方"、"为人圆"。人生无非"做人"与"做事"的交叠。该方则方,该圆则圆,可方可圆,恰到好处。处于两者间而能游刃有余,左右逢源,需要极高的素养、悟性和技巧。方外有圆,圆中有方,以不变应万变,以万变应不变,才能无往而不胜。古人说的"中和"、"中庸"庶几近之,这是为师者须终身修炼的最高境界。

感谢华东师范大学继续教育学院、教育科学学院、学前与特殊教育学院、教育学系、教育部人文社会科学重点研究基地基础教育改革与发展研究所、教育管理系等机构给我提供了众多的讲演机会!特别要感谢师资培训中心的方文林主任对我的支持和帮助!还要感谢热情邀约我讲演的全国各地学校和教育机构的领导和朋友!同时,我还要深深地感谢有缘交流的众多教师和校长,没有你们,就没有这本文集!

目录

教育理念篇

1. 教育问题的哲学思考

各位老师：下午好！

很高兴认识厦门市基础教育界从事德育工作的老师。

今天的题目是"教育问题的哲学思考"，诸位是中小学的德育干事，这个话题可能对德育工作者有些意味。

引言——你有哲学意识吗？

我们经常会听到基层教师向培训单位提出这样一些问题：有什么高招来提高学生的成绩？按照你的方法教学，对考试有什么影响？教师怎样抓住关键考题分析？等等。这样的问题，也许在座的德育工作者很少会提出来，但是大家在从事德育工作的时候，大概还是会遇到类似的问题。实际上，当这类问题被某些教师一而再、再而三地提出的时候，其背后隐藏着的思维路向就是一个富于哲学意味的问题。因为问题反映出某种指导观念，一种教育的价值观和哲学观，即分数至上、分数为本的教育价值观。

除了分本主义的教育哲学观，还有知本主义，以知识为本位的；能本主义，以能力为本位的；当然也有人本主义，以人的全面发展为本位的。这些价值追求反映了教育实践背后的哲学思考。

实际上人大概会被两个基本问题终身缠绕：一个问题——我从哪里来？这叫寻根意识。另一个问题——我将到哪里去？这是求道意识。一个寻根，一个求道；一个是过去，一个是未来。只要是人，都逃不出这样的两大问题。因为人都要在一个时空坐标上去寻求人生的独特意义。人在十字的时空坐标上是非常渺小的，时间和空间是一个无穷的展开,我们人类社会到现在多少万年?还将存在多少万年?我们生存的这个地球,在整个宇宙、太空中间也是如灰尘一般。尽管我们现在有了宇宙飞船,它在展示人类伟大的同时,也反过来印证了人在宇宙中的渺小,当然,这个渺小也是为"天地立心"的价值所在,因为迄今为止没有在其他星球发现生命迹象。

地球是宇宙的偶然;人类的生命是地球的偶然;你的生命是某人与某人结合的偶然……千百万分之一的机会被你抓住,才有了你的生命。这样一个时空十字坐标上的个体生命是何其微弱!这样一个渺小的生命需要寻求自我的意义,又昭示着人的伟大!

一、概念界定及讨论背景

今天的教育问题是非常多的,可以将它们分为微观和宏观、表层和深层、过去和当下等几个维度。你今天碰到一个学生的家庭矛盾问题,跟他谈心,这就是微观的问题;假如今天讨论的是改革开放三十年教育发展的问题,这就是宏观的问题。教育问题可以基于不同的标准分类,你也可以建立自己的分类标准。教育学科有非常多的知识,不同的学科也就是对这些知识领域做分门别类的研究,如教育心理学、教育哲学、教育史学、教育社会学等,这四门学科是所有教育知识的四根主干,也是教育学科各类知识的基础,这是基于学科知识的探讨。我们还可以换一个角度来看待教育,用基本问题的方式来探求教育,我们今天探讨的视角就是有关基本教育问题的哲学思考。

哲学本来的意义就是爱智之学,我们爱知识,在探求知识的过程中,知识会越来越多。从知识的母体上面,就会分化出各种具体的知识,于是哲学的范围慢慢就变小了,变成一种抽象的、更多地是运用人的理性去探讨学问的智慧。实际上,它原先是包罗万象的,但是随着具体知识的分化,求智的精神就作为今天哲学的核心内容沉淀下来了。

哲学也是可以分类的,比如可以分为:求真的哲学,即认识哲学;求善的哲学,即伦理哲学或道德哲学;求美的哲学,即艺术学或审美哲学。西方哲学的主流是求真的哲学,其重点在于认识自然和改造自然;中国哲学的主流是求善的哲学,其重点在于认识自我和修身养性,这是中西哲学的不同之处。中国的教育就是一种智慧的哲学,这种哲学导向如何做人,做一个好人,做一个善人。《教育大百科全书》对教育哲学的诠释是,用哲学的观点研究教育的基本问题。教育哲学既可以用学科体系的理论知识来分析教育的基本问题;也可以从教育问题出发来进行哲学的探讨。如果教育学是以教育领域里所有的教育问题为研究对象,那么教育哲学就是以最基本的教育问题作为研究对象。

（金问:老师们都是德育的干事,请问德育最基本的问题是什么？

师答:把学生培养成具有一定品质的人是德育的基本问题。

金问:那你认为有哪些品质呢？

师答:比如热爱祖国的品质……

金问:其他老师再来回答。

师答:就是培养学生具有良好的习惯,使他能够适应社会。

金答:谢谢!）

我现在不对两位老师的回答进行分析,当然他们已经有了一点哲学的眼光,当前教育的问题层出不穷,我们怎么来聚焦、把握问题？我曾参与了两本《夜话》(即《衡山夜话》、《东海夜话》,华东师范大学出版社出版)的讨论,就是把现实中100个难点、热点、焦点问题以辩论的方式来剖析;我著的《教育十大基本问题》则归纳若干重要问题辨析。华东师大刘佛年校长曾主编《回顾与探索——论若干教育理论问题》,也是探讨教育学界中普遍关注的重要问题。

从这些问题中可以看出,教育是一种非常复杂的社会现象,对它的研究也可以是多方位的。王国维在考察了西方教育学以后,提出这样的观点:哲学,教育学之母也。虽然教育学是最具有实践品性的,但是如果没有哲学思维,你就不能真正了解它。杜威也认为哲学是教育的一般理论,学校教育则是实践的展开。霍普金斯更明确地指出:学校教学的工作,每时每刻都离不开哲学的指导。

教育与哲学的实质问题,就是理论与实践的关联问题。一个智慧的教育工作者,应该运用哲学来提升自己的理论水平,帮助自己来分析和解决问题。学了哲学以后,可以让我们在生活中更加有智慧,所以哲学也是一种生存的方式。哲学是思想的思想,它可以帮助我们进行批判,批判不是对既往教育成果的完全否定,而是让教师有一种反省的意识;让我们能更自觉地树立一种新的教育价值观。

二、东西方的教育哲学智慧

我们只有在更多了解中外教育哲学的基础上,才能更好地选择、整合并融化到自己的实践中去,这里不妨从历史的纵向维度来简略地探讨先贤的哲学智慧。

（一）东方智慧

《左传》里面提出了"三立"的人生追求，叫做立德、立功、立言。做人如果达到这样的境界，那是非常高的，叫做"不朽"。这是中国传统读书人最高的追求，也是一种价值观。所谓"人过留名，雁过留声"，讲的也是这个道理。后来唐朝的孔颖达对此阐述："立德，谓创制垂法，博施济众；立功，谓拯厄除难，功济于时；立言，谓言得其要，理足可传。"立德就是做圣人，做好事，做一个社会认可的"光辉榜样"，用现代语言就是做一个一心为公的"雷锋"。立功就是做英雄，做征战四方屡建奇功的大将军，或是安民有道明镜高悬的大清官，再或是拯民于水火的救世主，即在当世要有功德无量的口碑，对后世要有功业千秋的记载。立言就是做文章，著书立说，而且这个文章是传世之作。从道理上说要接近绝对真理，从文采上看要万世流芳。"三立"的标准可谓高矣，但正因为其高，才使得历史上一代代贤士将此作为人生理想而奋斗终生。人生在世，要活得有意义，主观上离不开"立德立功立言"的愿望，客观上也就是给这个世界留下物质财富抑或精神财富。

那么怎么去做？这取决于每个人自己对生命的认识。"立德立功立言"真如古人所论——"虽久不废"，它始终是左右人们行为的一种价值坐标。这是非常高的标准，身不能至心向往之。人之所以为人，实际上多多少少都有一点重"名"的情结。知识分子，特别是教师，都比较看重自己的名声，工资不涨没关系，但荣誉、名声还是很在乎的。人生在世，要活得有价值，"立德、立功、立言"就是人生的一种价值坐标，就是引导人的生命向一个有意义的方向发展。

北宋的张载提出"四句诀"：立心，立命，继绝学，开太平。2006年9月份，温家宝总理接受英国泰晤士报记者访问，有这样一个问题：总理在晚上最喜欢读的书是什么？有哪些问题常使你难以入眠？温总理回答的时候，一口气背诵了六句名人名言。其中第一句是晚清名臣左宗棠在结婚时新房门口写的对联：身无半亩，心忧天下。读破万卷，神交古人。这句话印证了在时空的十字坐标上的自我定位：空间上，身无半亩，但心怀天下；时间上，读破万卷，来贯通古今。第二句是张载的"四句诀"，就是"为天地立心，为生民立命，为往圣继绝学，为万世开太平"。这是中国读书人的意志和胸怀，到今天依旧是那么激励人心。这里面富含着人生的追求，人之所以为人的独特的、有价值的内涵，人在满足自身的基本需求之后，还需要上升——追求知识的丰富和人生的理想。

如果说"三不朽"的价值观是儒家的，那么道家的教育哲学是道法自然，即人要和他赖以生存的物质系统和谐相处,彼此交融,人生贵在遵循大自然的规律,并从中体悟教育的道理,从而获得高深的教育智慧。儒道思想对中国传统的读书人影响是非常大的,中国知识分子的人生观就是儒道互补。说个小故事,我大学毕业前到上海师范大学的附属中学实习,有位初一年级的语文老师拿了新生的周记给我看。这孩子写道:公元某年某月某日,几时几分几秒,在茫茫宇宙、浩瀚太空、小小环球、东亚上海、某路某号,我×××,石破天惊,从妈妈肚子里出来了! 我从 0 岁开始早期教育,现在进入名牌中学;我要不断追求、攀登。到了 40 岁生日之际,终于到达了人生辉煌的顶点——这一天我到瑞士皇家科学院去接受诺贝尔物理奖,当今中国最伟大的"爱因斯坦"再生,圆了中国人诺贝尔奖的梦。等我拿完奖回到上海,满世界的记者都要采访我,全中国的学校都要找我去给学生演讲……我突然失踪了,原来我去四川峨眉山的庙里修道了。大家看,这学生前半辈子为人类建功立业;后半辈子为自己逍遥余生,去做他喜欢做的事情……40 岁之前践行儒家的"三不朽";40 岁后躲进深山老林,逍遥余生,就是返归道家的人生追求,这就是"儒道互补"的人生观,在一个 12 岁小孩的身上形象地展现。它已经在中国人的血液里渗透了,这是隐性课程的作用。道家哲学智慧探讨的是每个人要珍爱自己的生命、养护精气神,与天地万物和谐交融。

佛教是从印度传来的,经过了中国的本土转化,综合了儒道的智慧,形成一种独特的教育哲学观。佛是佛陀的简称,是觉者的意思。觉有四种:本觉、不觉、始觉、究竟觉。本觉是一切众生本来具有的觉性,即佛证道所说的"一切众生皆具如来智慧德相";不觉是迷惑颠倒,像迷路的人一样,不仅忘了回家的路,而且连自己迷路这件事也迷了;始觉是迷路的人觉悟到自己迷路了,开始找或找到了回家的方向;究竟觉又称如来果地,就是回到了老家,看到和拥有了本地风光。

所谓诸佛菩萨广度众生,就是回到老家的人再回来让迷路的人知道自己迷路了,让知道迷路的人知道回家的方向,自己走回去。学佛就是学佛的觉悟,首先知道自己迷路了;但更重要的是找到了正确方向,必须行动,所以佛法特别注重实证(实践)。

教育哲学是探索教育的根本问题,同时应用于实践,佛学也是在探索根本的问题。《瞭望东方周刊》在 2007 年第 6 期,刊登了华东师范大学"当代中国人精神生活研究"课题组所做的调查:在年龄为 16 周岁以上的中国人里,具有宗教信仰的人数为 31.4%。如果按照目前的人口比例来推算,中国具有宗教信仰的人口约 3 亿。而佛教、道教、天主教、基督教和伊斯兰教这五大宗教的信仰者人数,占有中国信教人数的 67.4%。其中佛教、道教和对龙王以及财神等传说的崇拜者等有 2 亿,占了所有信教人数的 66.1％。2010 年 7 月 26—27 日,在中国人民大学召开的"中国宗教的现状与走向:第七届宗教社会科学年会"上,美国普度大学"中国宗教与社会研究中心"的研究者们公布了最新研究成果,指出,85％的中国人有某些宗教信仰或某些宗教信仰活动的实践,只有 15％的中国人是真正的无神论者。这样一个现象,是应该引起德育工作者的重视和思考的。

中国近代大教育家梁漱溟,自称是一个问题中人。当年就是因为人生问题的苦闷,所以到佛学里去找出路,结果就有了心得,写出"究元决疑论"的文章发表于《东方杂志》,北大校长蔡元培就把他请去讲佛学。梁漱溟最关注的是人生问题和社会问题,他认为,人的生活,无非是三种:物质的生活,即功利;社会的生活,即道德;精神的生活,即艺术。他分析印度、西方和中国文化的特点,认为西方的文化就是奋力取得所要求的东西,是向前的;印度的文化就是减弱自己的欲望,是向后的;中国的文化就是中庸之道,当下求得自我的满足,这是面对人生问题的三种不同的文化路向。人类的生活——或者像西方人,不断向前追求;或者像印度人,返身减少自己的欲望;或者像中国人,执两用中,以平衡和中庸处世。

当前很多教育问题是两个原因造成的:第一个也是根本的原因是社会与学校教育有矛盾,学校给了学生纯粹的教育,学生进入社会,发现不是这么回事,然后与社会同流合污了,这反映了学生个性修炼不足的问题;第二个原因是教师的德性和学问不够,教师对人生问题也是懵懵懂懂、迷迷糊糊,自己没有想清楚,当然不能引导学生。比如学生的思想一旦复杂些,给教师提一个问题,你如果不能回答,就立马会觉得这个学生是一个问题学生,故意给老师找麻烦。如果你不懂上面这些道理,你就不能很好地解决学生的内心问题。所以遇到问题,不要去怪学生,说今天的学生难教,可能还是教师自己的修养不够。从这个意义来说,德育教师更需要有一定的哲学智慧,让自己聪明起来。

哲学家冯友兰提出了人生的四重境界:第一重是功利境界,即我刚才说的,小孩子就立志要得诺贝尔奖,要为国争光,这是功利,人生也确实是离不开功利境界的。上升一步就是道德境界,比如甘肃舟曲发生泥石流,政府发出号召:一方有难,八方支援。大家献出一点爱心,表达对灾区人民的关怀。我想在座的老师,都是愿意帮助他人的。人跟人之间是关怀的纽带、同情的纽带连接起来的,用孟子的话来说就是"仁义礼智信",人跟动物的区别就在于人有道德心。再上升一步,就是艺术境界。比如欣赏音乐和美术、周游世界,躲在深山老林与花草树木为伴、与大自然为友,这是艺术的境界。上升到最高的境界——天地境界,就是把小我与整个宇宙的大我连为一体,这就是人生的四重境界:知天、侍天、乐天、同天。知天是功利的,利用大自然;侍天是道德的,贡献自己;乐天是游戏的,同大自然融为一体;而同天则难以区分人与自然、人与社会,最终达到化一的境界。

其实做教师的,也会遭遇四种境界。当你从事这门职业是为了吃一碗饭的时候,这就是功利境界;当你春蚕到死丝方尽,蜡炬成灰泪始干,帮助孩子发展成人的时候,这就是道德境界;当你觉得跟孩子在一起很好玩,每天的工作充满乐趣的时候,这就达到了艺术的境界;当你分不清功利、道德还是游戏,与学生、与学校融为一体的时候,这就是最高的天地境界。大部分的教师是在第一或第二境界,很少是第三境界的。至于能够到达第四境界的就微乎其微了。

(二)西方智慧

讲到西方的教育哲学,我想列举若干重要的观点。

古希腊哲人普罗泰戈拉说:"人是万物的尺度,存在时万物存在,不存在时万物不存在。"在当时的希腊,传统观念是以神为万物的尺度;事物存在还是不存在,是好还是坏都是由神决定的。普罗泰戈拉在怀疑神的存在以后,让人取代神的地位,这在希腊哲学史上无疑具有重大的意义。把人作为最重要的衡量事物的价值尺度,从而打破了神来决定价值的传统思维模式,使人的地位得以确立,这是一个根本的变化;后来文艺复兴运动就是恢复古希腊这一重要的价值观,肯定和尊重人。

如果说古希腊智者开启了人类智慧教育的大门,那么古希伯来的先知则坚守着人类信仰教育的基石。宗教的信仰教育旨在让人保持谦卑的心理,意识到自我的卑微渺小,因此更注重人的精神生活。英国教育家劳伦斯说:"早期犹太人的教育基本上是精神方面的,这是他们教育的一个最突出的特点。"作为伦理一神教的犹太教,对人的德行极为重视。而要做到正确的"行",成为合格虔诚的犹太教教徒,自然就要效仿上帝的公义品质,遵守犹太教的一系列道德规范和律法诫命。"两希"(希腊与希伯来)哲学看似相反,实质相成,构成了西方教育的智慧源泉。

德国哲学家康德说,"有两种东西,我对它们的思考越是深沉和持久,它们在我心灵中唤起的惊奇和敬畏就越会日新月异,不断增长,这就是我头上的星空与心中的道德定律"。这也是温家宝总理回答泰晤士报记者问题时背诵的第五句名言。这句话来自康德《实践理性批判》的最后一章,也成为康德墓碑上的铭言。康德的话实质是对希腊和希伯来智慧的高度概括,对自然的惊奇与对人心的敬畏,是人类教育的根基和指向。

　　西方社会另外一个重要观念就是达尔文的物竞天择、适者生存的思想，就是说假如人不通过竞争发挥自己的特长，保证生命的存在，就要在生物进化的链条上被淘汰。这种生物进化的思想深刻影响了人类哲学，对中国影响特别大。达尔文思想是随严复译述《天演论》从而在中国广为流传的。《天演论》英文书名直译应为《进化论与伦理学》，作者赫胥黎是达尔文学说的忠诚拥护者。其基本观点是：自然界的生物不是万古不变的，而是不断进化的；进化的原因在于"物竞天择"，"物竞"就是生存竞争，"天择"就是自然选择；这一原理同样适用于人类，不过人类文明愈发展，适于生存的人们就愈是那些伦理上最优秀的人。进化论学说的基础是达尔文在《物种起源》一书中奠定的，严复译述《天演论》不是纯粹直译，而是有评论、有发挥，他在阐述进化论的同时，联系中国的实际，向人们提出不振作自强就会亡国灭种的警告。他指出，植物、动物中都不乏生存竞争、适者生存、不适者淘汰的例子，人类亦然。人类竞争其胜负不在人数之多寡，而在其种、其力之强弱。达尔文的进化论思想被称为19世纪自然科学的三大发现之一，对科学界和哲学界都产生了巨大影响，它不仅影响了工业化进程中的西方教育，更广泛而深刻地影响了中国教育的近代化过程，使近现代中国教育的功利性价值空前膨胀。在《物种起源》一书中，达尔文过度强调了"生存竞争"。近四十多年的生态系统的研究成果表明，任何物种都处于一定生态系统的架构之中，一些物种的进化与另一些物种的进化是相生相克，既相互制约又相互受益。他们之间通过竞争夺取资源，求得自身发展，又通过共同节约资源，求得相互之间的持续稳定。

　　影响西方教育哲学思想的另一位重要人物是弗洛伊德，他建立了精神分析的结构模式，这一模式由本我、自我和超我三个概念所定义，它们代表了人类心理功能的不同侧面。依据此理论，本我代表所有驱力能量的来源，是原始欲望的自然表现；自我是自己意识的存在和觉醒；超我则是社会行为准则及形成的禁忌。本我追求愉悦，超我追求完美，而自我则追求现实。自我的功能就是依据现实来表达和满足本我的愿望与超我的要求。人就是在三个"我"的矛盾中挣扎，艰难前行。

　　最后我要讲讲马克思，他是西方世界迄今对中国社会和教育影响最大的思想家，他的思想通过苏联的社会主义实验，直接推动了中国社会的变革和学校教育的发展。以往对马克思教育思想较多关注的是革命理论和全面发展学说，但我觉得马克思教育思想中最重要的是自由发展的思想，当然这是在对整个西方哲学继承和发展的基础上提出的。这一思想对今天中国的教育发展有着巨大的价值。准确地说，马克思和恩格斯关注的中心是人的自由而全面的发展,但在相当长的时期,中国的教育工作者往往只强调人的"全面"发展,忽略了"自由"发展的意蕴。实际上,所谓的"钱学森之问",说的就是当今中国教育对杰出创新人才的制约。换言之,中国的学校教育没有促进学生个性的自由发展,中国社会也缺乏个性自由发展的氛围、土壤和环境。而没有人的个性自由,就很难有知识创新。所以这一点是需要引起教师,尤其是德育教师的高度关注的。

德育固然要求学习者的行为符合社会的伦理规范,但同时,德育又要促进他的个性充分自由的发展。做到这一点,就是从功利的境界发展到道德的境界,使两者汇通,进而上升到艺术的境界。用孔子的话说:随心所欲,这是人的自由和快乐;不逾矩,又符合自然和社会的规律。实际上,自由发展与全面发展是统一的,全面发展从根本上说就是个人的自由发展。每个人的自由发展是为他人的自由发展创造条件;他人的自由发展又为我的自由发展创造条件,两者是相辅相成的。真正的自由就是让个体的人和社会同时获得解放,个人不被社会压迫、束缚;反过来,个人的充分解放也让社会获得解放。马克思说,以往的哲学都是解说世界,而问题在于改变世界。

如何改变世界?如何在中小学日常的德育工作中践行马克思人的自由发展的思想?这有待于在座诸位的创造。

三、教育实践中的四类根本问题

要让学生和教师双方真正获得自由发展,就需要在教育实践中将四类根本性的问题作为我们思考的对象。

(一) 人物关系

人为什么出生?人类从何而来?人与大自然的关系如何?人是自然界发展到一定阶段的产物,人类生命的原点与最重要的物质元素——水是分不开的,生命的最初形式是从水里出来的。

人类永远会问自己从何而来,教育史上的第一个天问就是人类的教育活动最初是如何发生的?最早的教育元素来自人类生命基因的密码,首先与生命之源密不可分,水是人类教育意识的最初自然范式,它也是教育发生学的原点。对此现象的追寻既是探寻人类教育的起源,也是解剖人类教育的本质属性。教育实践的逻辑起点指向人与自然的关系。

随着农业社会向工业社会转型，特别是科学技术的运用，人类开始由过去依附自然变为能动地支配自然、征服自然，人开始由崇拜外部自然、崇拜超人间的神的力量转向崇拜人自身、崇拜人的理性。科技理性发展以近乎取代"神"的力量统治了人类。在这种背景下，人与自然的关系日趋紧张。工业文明后，教育的功利主义日益强大，教育功能更多凸显人—物关系中人对物的征服利用。当今的基础教育则以升学为最大功利。

最近，《新周刊》以"急之国"为封面主题，探讨"中国人为什么丧失了慢的能力"。其专题文章分析说，中国因资源紧缺引发争夺，分配不平衡带来倾轧，速度带来烦躁，便利加重烦躁，时代的心态就是再也不愿意等。急的心态带来的是欲速则不达。"大多数人在追求快乐时急得上气不接下气，以至于和快乐擦肩而过。"（克尔凯郭尔语）于是，人类迎来了更多的灾难和意外，更低的效率和更坏的结果。

快出来的社会是危险的，也是不健康的。快速建出来的桥梁与房屋可能无法使用，快速饲养出来的动物、快速催熟的果蔬不可能是健康食品，快速学习得到的知识，可能无关智慧。快致富、快发展、快成长，快已成为一种传染病。生命是过程，而不是"快"，快速与幸福无关。过快使人失去自我与内心，使个人与民族失去精神涵养，甚至在文化与精神上"失忆"，失去生命的质感与幸福感。

人类生态学讲的是人与自然的和谐关系，现在人与自然的关系越来越紧张，是因为科技越来越强大，以科技为工具过分开发利用自然，有可能毁灭地球上两种最重要的物质：水和空气，从而毁灭地球，毁灭人类。今天问学生为什么要努力学习，他们会说为了挣大钱，娶美女，这就陷入了功利的教育，所谓功利教育就是通过教育获取尽可能多的物质资源。目前的社会价值导向就是追求物质享受，功利化的快速教育使学生没法体验学习的快乐和幸福。一个非常快的社会也许是不健康的，就像有些水果，特别大，特别红，但它是被催肥、催熟的，而不是自然长熟的。最近看到报道，三个月的孩子性早熟，因为妈妈怀孕期吃带有激素的食品，可见大自然亿万年选择和证明的生命规律我们要心存敬畏，玩小聪明，使用转基因、加速剂改变生物特性的某些科技成果应引起人们的警觉。

回到原点，正本清源，人与自然关系的必然选择是天人合一，这是教育工作者需要思考的第一大问题。让学生善待地球，善待自然，善待一切生命是教师义不容辞的职责。

（二）人人关系

社会有公共的规则，即公理；个人也有自己的追求、希望和欲念。人是一个经验体，有感性的一面，也有理性的一面。感性的一面往往与私情联系在一起，理性的一面则与公理联系在一起。私情与公理是一对矛盾，它与另一对概念"自由与规范"相似。自由是人们所追求的境界，规范是人在社会化过程中必不可少的训练。为争夺有限的教育资源及相应的物质资源，人与人之间陷入空前紧张的竞争关系，丛林原则逐渐替代了仁爱（博爱）原则。达尔文生物学思想的误用造成了社会达尔文主义现象的泛滥。

讲一个例子，在某个教师研修班上，一位教师说他班上两个最优秀的班干部闹矛盾，彼此争斗，经过调解，终于和好。在小学六年级毕业的时候，同学们互赠留言，发现彼此之间的矛盾并没有解决。因为在班长的留言本上，学习委员写道：你以为老师做了调解就把我俩的矛盾解决了吗？其实没有，不但没有，反而使我更恨你！老师看到这样的留言本后就非常痛心，因为两年前的劝解没有产生理想的效果，感到揪心和不安。我想，假如这两个孩子平时就打打闹闹，是老师眼中所谓的"坏学生"，可能老师也不会痛心；但因为这两个学生是他最喜欢的班干部，而且自以为把问题解决了，其实是加深了彼此的对立，因而更沮丧。实际上，成人世界中的很多残酷故事已经在孩子的生活中上演了。大家为了竞争，不择手段，把伙伴挤下去，才能胜出。学生干部的资源有限，你的优秀就衬托出我的无能，为争夺某个学生干部位置，互相拆台、彼此诋毁，全然不顾同学情、师生谊，这就是社会达尔文主义的现象在中小学的反映。

人与人之间究竟怎么相处？美国一位教授在北京举行的国际伦理学术研讨会上提出一个问题：当今世界有没有普适的伦理原则？伦理的"普适原则"就是不论古今，不分中外，不分种族、民族，也不分男女、老幼，人人都要遵循的道德规范。现场一片静默，无人回答。结果教授自问自答：就是东方哲人孔子说的"己所不欲，勿施于人"！全场听众热烈鼓掌，说是大长了中国人的志气。但是我觉得可悲，因为中国是东方的礼仪大国，传统教育的精华我们没有继承发扬，让外国人继承并送还给我们。

我认为人与人之间的关系通常有以下几种：一、己所不欲，必施于人。自己不喜欢的，却一定要让你接受。自己不愿意做的，却要让别人去做，这不是强盗逻辑吗？但是世上这类现象至今未绝迹。二、己之所欲，必施于人。我喜欢的，必定要施加于人。就好像我喜欢抽烟喝酒，也要别人这样做。但烟酒对你而言是享受，对他人也许是痛苦或折磨。所谓爸妈要你好，那是真要你好；老师要你好，也是真要你好。但是你去看《红楼梦》，贾母最钟爱的孙子贾宝玉的悲剧就是老太太一手酿成的，她一定要孙儿结金玉姻缘,不要结木石姻缘,结果黛玉病死,宝玉出家,宝钗守活寡。浙江金华的中学生徐力杀母,起因是母亲要他在学校考第一,家教失衡导致孩子精神错乱,最后用榔头砸死母亲。母亲对孩子的深情可以理解,但己之所欲,必施于人是行不通的,人生最大的悲剧可能就此而生。既然前两种方式都行不通,那么就要遵循"己所不欲,勿施于人"的古训,这是做人的底线,是处理人与人关系的第三种方式,也是人类社会的黄金律令。

(三) 人己关系

个体生命是身体与精神心灵的整合。但精神世界也有两个我在打架:一个是小我,一个是大我;或者是人的认知与情感在打架。尽管"以人为本"、"关心人"、"爱护人"、"人本主义"、"人道主义"等已经成为当今时代的流行语,但对"人是什么"、"人性是什么"、"人性的意义是什么"这样一些问题的探讨,仍不免令人困惑。其中最根本的问题是:人性的本质含义到底是理性还是非理性?

马斯洛认为,人有五大需要,第一就是生命安全的需要。但是人还有第二个天性,即喜欢探险。人一方面是保守,一方面又喜欢探险,每个人天生都喜欢探险。特别是孩子,喜欢新奇的东西,而日常生活太平凡、太单调、太枯燥。

青年人为什么喜欢蹦极、漂流、跳伞,要去闯沙漠、登雪山?就是因为生命太平淡,他要去冲击平淡的生活。人有变革的冲动,有冒险的基因。人的两大天性,保守和冒险,伴随着人的一生。

托尔斯泰的《安娜·卡列尼娜》开篇就说,幸福的家庭大都是相似的,不幸的家庭各有各的不幸。其实,不幸的家庭也是相似的,要么是生活不稳定,不是缺钱就是生病;要么是生活太稳定,平淡而又乏味。人天性向往自由,自由是情欲的表现,而理性是人达到自由的手段。到底是理性为情欲所御呢,还是情欲为理性所控呢?孟德斯鸠说,"自由是做法律所许可的一切事情的权利"。法律是按照人的理性来制定的社会行动规则。那么,人性是否在理性基础上的情感自由?人性的意义,也许要从情感与理性的冲突和交融中寻求?

要让学生身心健全发展,心灵和谐发展,不能把学生看成一个容器,仅是接受教师传播的知识。今天的教师最重视的课可能是学生不太喜欢的课,而学生喜欢的课可能是学校里最没有地位的课,比如体育和艺术。我曾经有过多次调查,体育、音乐、美术出身的中小学校长凤毛麟角。这足以证明这些学科在学校的实际地位。但你去调查,又会发现相当数量的学生最喜欢的还是音乐、美术、体育课。怎样让学生在学校健全发展？课程安排，课外活动考虑学生的需要没有？

老师们请想一想美育为什么没有地位？新中国成立初期的教育目的是德智体美劳全面发展；后来的说法是德智体"三育"，美育被去掉了；改革开放以后，又恢复了"四育"，但美育还是排在最后一位。然而在中国传统教育中，乐教是有重要地位的，儒家提倡"兴于诗，立于礼，成于乐"，开始是美育诗歌引导，中间是伦理规范，最后又上升到音乐，这是值得思考的。蔡元培要在教育方针中写上美育，王国维论述教育宗旨时说，"人之能力分为内外二者，一曰身体之能力，一曰精神之能力。发达其身体，而萎缩其精神，或发达其精神，而罢敝其身体，皆非所谓完全者也。完全之人物，精神与身体，必不可不为调和之发达。而精神之中又分为三部，知力、感情及意志是也，对此三者而有真美善之理想。'真'者知力之理想，'美'者感情之理想，'善'者意志之理想也。完全之人物不可不备真美善之三德。欲达此理想，于是教育之事起"。

美国著名科学史学者乔洛·萨顿认为：对于生命而言，它的最高目的是通过教育去造就"非物质的东西"。人类创造的科学（包括哲学社会科学）的最高使命正是追求这些"非物质性的东西"。这种所谓"非物质性的东西"，就是要追问人的精神上的存在意义及其价值。也就是说，教育的最高使命是创造精神财富，而不仅是物质财富。

美国政治家亚当斯说，我们这代人从事政治和军事是为了儿子这代人从事数学和哲学，是为了孙子这代人从事艺术。学生喜欢美、追求美，美在他的精神世界是非常重要的。伦理学和艺术学如何协调，这是考验教育工作者智慧的重要问题。

（四）人神关系

如果说教育是求真、求善、求美，那么前面三对关系主要是解决这三个问题。但人之所以为人，还有超越当下的需要，人生再辉煌，生命一旦结束，曾经的辉煌又有何意义？所以人类还有超越现实生命的追求。

食和色是人类两种生物性的需求，人类还有一个与其他动物不同的需要，那就是宗教性的需要。所谓"宗教性的需要"广义而言，就是人类心灵对真理、永恒、圆满，或至善、至美、至真的不懈追求。人生有许多非人力所能补救的缺陷和迷闷，悲哀和苦恼，这一切，或许能在宗教中（或艺术中）才能找到解释和安慰。因此，宗教和艺术的需求，是人类最根本的三大需要之一。这也是蔡元培提出要以美育代宗教的缘由。

个体生命在人生的十字坐标上是一个微小的点，但人类生命的价值或许就是寻找这个点可能具有的意义,仰望星空是人类的宿命,人类的伟大就是希望超越那一点走向永恒,这就是教师为什么需要思考人的第四种关系。

结语:平衡的智慧,和谐的境界

关于平衡的智慧、和谐的境界,老师们可以参看《和谐教育——文化意蕴与学校实践》一书。维特根斯坦说,哲学的根本在于:我不知道出路何在,所以我要去探寻。我们一起研讨的意义也不在于问题的答案,而在于确立共同的基点,假如上述四大关系即人物关系、人人关系、人我关系、人神关系可以成为我们思考教育基本问题的出发点,我们还可以进一步确立解决问题的基点,即平衡的基点、和谐的基点。

教育具有两重性,有时候处理不好是要付出代价的;比如学生的知识增多了,成绩考得很好,但有可能牺牲了他身体的健康、弱化了他的德性及审美的能力。今天的老师,特别是德育的老师,怎么理性地把握学生发展的"度",真的是非常重要。你现在不能对学生说,头悬梁,锥刺骨,先苦三十年,等熬出头来,你就荣华富贵一辈子,这是不能保证的,没有一家保险公司能保这个险。教师要帮助学生、引领学生不断向"平衡的智慧,和谐的境界"努力,让学生在求学过程中体会成长的欢乐和生命的美好、幸福,他才有可能沿着这样的道路不断地开辟并体味生活的价值和意义。

和谐体现了以人为本的价值观。东方文化追求的路径是和谐共存,而西方文化的主流意识是竞争生存。人生当然需要竞争,同时也离不开合作,更离不开统和两者的和谐。我们要通过教育实践,努力实现东西方文化的结合、交融。老师今天做的工作可能很琐碎微小,但以后产生的功效会很大。古人谓:春风风人,下雨雨人。缕缕春风,滴滴夏雨,终成大化。我们要有高远的志向和追求,把人的四种关系参悟贯通。

最后不妨用这样一句话来结尾:

水中有达道,欲辨已忘言。

留点时间互动,有几位老师刚才已经把问题用纸条方式递上来了,我这里解答一下。

问题 1:你对许多中小学开展的感恩教育有什么看法?

金答:感恩教育大概是上海最先提出的,2005 年上海重新修订小学生守则,明确提出了感恩教育。2006 年出版的《东海夜话》里面,有一个论题就是专门讨论这个话题的,请这位老师可以去看这本书。

问题2:佛、道的一些核心思想是否可以做学校教育的资源?

金答:关于宗教教育问题,我在《东海夜话》和《教育十大基本问题》里也有讨论分析,建议你也可以去看。

问题3:儒释道思想对中小学的德育工作有什么理论意义?

金答:我刚才展示的多媒体课件已包含了对这个问题的回答,我讲座的内容一开始从东方、西方两种教育哲学资源进入主题,就是希望让大家从教师的文化素养和专业背景上增添一点这方面的知识,不要让教师的精神世界太偏、太窄,我认为儒释道思想可以作为教师修养的重要资源,关键在于教师结合学校实践融化和创新。

最后谢谢大家!

(2010年8月21日在厦门市中小学德育干事研修班的讲演)

2. 6W：人文素养与学校发展

各位校长：下午好！

很高兴有这样一个机会认识淮南市教育界的精英人士。我目前的学术兴趣主要在教育学术史、教师教育、当代教育问题研究以及学校教育改革和发展等方面。我近期出版的《教育十大基本问题》，是在《衡山夜话》和《东海夜话》所讨论的一百个当前中国教育问题的基础上，提炼总结的十个根本性的问题。我非常感谢全国中小学界的校长和教师的厚爱，去年在中国教育新闻网上投票，把我这本书评为了2009年影响中国教师的20本教育类书之一。

今天我与诸位校长交流的话题是"人文素养与学校发展"，我感觉有压力，因为你们有着非常丰富的办学经验，是在基础教育界摸爬滚打奋斗上来的，如果您没有人文素养恐怕是当不成校长的。当然，大家是在实践和经验上已经具备了相当的人文素质，我侧重在理论上做了一些梳理，讲出来也许与您的经验未必吻合。更何况校长们都知道，理论永远是灰色的，生命实践之树才是长青的。所以我来到这里是需要勇气的。

不过，我近十多年来也和基础教育界有着非常频繁的接触，和全国的很多中小学校长都有各种各样的交流；我自己也是在校长和老师们的培养下成长起来的，我也当过中学教师，也是孩子的家长。从学生的角度、教师的角度、家长的角度以及教育研究者的角度，我想也可以与校长们做一些交流。

这个话题讲什么，校长们？我可以从文艺复兴运动以来的人文思潮说起，甚至从中国的先秦和外国的古希腊讲起。当然，我也可以从当下说起，比如为什么20世纪90年代以来，学术界一直在呼唤人文精神的回归。可以基于现实，可以追溯历史，那我今天怎么谈呢？

说到"人文"，首先要了解"人"。在湖北郭店楚墓出土的竹简中，"仁"字写作上身下心。古代认为"仁"字是"二人"。按出土文字看,应该是"人二",一个人分为身与心、灵与肉的联系,就是"仁"。现在所谓"麻木不仁"中的"仁",就是最初的"仁"的本义。后来推己及人,从自己的切身感受引出对他人的关心与爱护,所谓设身处地、感同身受,即指向"仁"。父母与自己的血缘最近,因此,爱别人先从爱父母开始。爱父母是"孝",将孝心推广至其他老人那里,则谓"仁",儒家讲孝是仁的本,就是这个道理。

人文素养通常可有三种尺度来解读:古典、现代、后现代。《周易·贲卦》说:"观乎天文,以察时变;观乎人文,以化成天下。"此处的"人文"隐喻人类的"精神文明"。现代学者如张岂之对中国传统人文的理解是:"人文化成"——文明之初的创造精神;"刚柔相济"——案本探原的辩证精神;"穷天人之际"——天人关系的艰苦探索精神;"厚德载物"——人格养成的道德人文精神;"和而不同"——博采众家之长的文化会通精神;"经世致用"——以天下为己任的责任精神;"生生不息"——中华民族的人文精神在当代的丰富和发展。认为讲道德、讲文明是中华人文精神的基石;为天下人着想的道德人文精神是民族文化的命脉所在;提倡人与自然的和谐是中国哲学的永恒主题。

西方的人文主义则是在批判基督教信仰的过程中形成的,其肯定的是现实人生的意义,弘扬健康人性,反对神性对人性的压抑,强调人的自由意志和人对自然界的优越性的态度。

人文素养的主要观点体现为:

人文素养是"对人的价值追求",提倡人文精神与科学理性的相容性,关怀的中心是现实生活中人的身心价值的实现。

人文指"区别于自然现象及其规律的人与社会的事务,其核心是贯穿于人们的思维与言行中的信仰、理想、价值取向、人文模式、审美情趣,亦即人文精神",认为人文精神是一个人、一个民族、一种文化活动的内在灵魂与生命。

人文素养"把人的文化生命和人的文化世界的肯定贯注于人的价值取向和理想追求之中,强调通过人的文化生命的弘扬和人的文化世界的开拓,促进人的进步、发展和完善"。

人文素养是"人类不断完善自己、发展自己、提升自己",使自己从"自在"状态过渡到"自为"状态的一种本事。

人文素养是"一种关注人生真谛和人类命运的理性态度,它包括对人的个性和主体精神的高扬,对自由、平等和做人尊严的渴望,对理想、信仰、自我实现的执着,对生命、死亡和生存意义的探索等"。

今天,我主要想与诸位校长谈六个 W,即从六个 W 来看一看基础学校如何充实师生的人文素养。

一、When

第一个就是 When,也就是时间问题。我们怎么来看待今天这个时代,简要地看,两个字:"四化"。校长们会想,周恩来总理在 20 世纪 70 年代初就提出"中国的四个现代化",三十多年过去了,还轮得到你来说吗?我今天不是论说周总理提出的"四个现代化",我说的"四化"是:

(一) 经济全球化

今天许多国家都在发展市场经济,可以说整个世界都在这条道路上走,当然中国的道路有自己的特色,叫中国特色的社会主义市场经济。但既然是经济,又在前面冠上市场两个字,就有共同性,也就是说今天中国经济的发展与世界经济的发展紧密相连。世界就是一个大市场,所谓市场经济就是不能封闭市场,世界经济的特点是大发展、大开放和大融合,所谓的大融合就是经济的全球化,整个世界的经济连为一个巨大的市场,这是当今时代第一大特点。

今天诸位能够享受各种高科技的方便,就是得益于全球化的经济。人家的产品在进来,我们的在出去,全球化给大家最直观的一种感受就是上海世博会。世博是一个好教材,是经济全球化的教材。你去一看,就知道今天中国是怎样的地位;未来中国在世界上是怎样的地位;今天的世界是什么模样;未来的世界又是什么模样。现代科技带给我们什么,城市为什么使生活更美好,这些都在世博会里呈现出来了。

(二) 资讯网络化

今天的任何信息都可以在网络上找到,我们可以在几秒钟内得到这个时代最新的信息。遥隔万里的人们可进行视频通话。"三机"——计算机、手机、电视机,正在连为一体,世界就在你的手掌中。这样的时代正迎面而来,在座的有些校长已经在享受了,很快我们人人都能享受。这是经济全球化时代、知识社会时代的本质特点,今天的世界经济已经离不开网络的快速发展。马克思曾有这样一句名言:"全世界无产者联合起来",我不知道全世界无产阶级在历史上是否联合过,我今天也没有看到全世界无产者的大联合,但我看到了全世界的网民正在迅速联合起来。全世界六十亿人,已经有五分之一的人实现了上网,中国将成为全世界拥有上网人数最多的国家,这就是我们今天身处的网络化时代。

(三)人权普适化

人权保障与人权教育已成为世界公民的共同追求,今天的人权主要有生存权、教育权、知情权、表达权、选择权等,五种权力前后递进,彼此关联,缺一不可。这是人类的普适价值,也是人类重叠的共识。义务教育更是每个公民的神圣权利,任何人不能剥夺。

(四)文化本土化

全球化时代经济、社会、制度的高度趋同,可能导致世界的单调乏味,缺乏创造力,所以文化的多样性更显得可贵。文化可以有趋同的一面,更可以有民族特性的一面。从某种意义上说,全球化趋势尤其凸显了文化本土化的重要,提出了民族性与世界性的关系问题。在这个问题上,中国学者费孝通的话颇有启示性——"各美其美,美人之美,美美与共,天下大同",这里面就强调了文化的本土化,正是"和而不同"才能够促进世界多样化的发展。

每个人都是处在时空十字坐标上的非常渺小的点,学校是比个体大一些的点,国家是更大的一个点,地球也是茫茫宇宙的一粒微尘。人类在宇宙(上下左右是谓宇,古往今来乃谓宙)里是多么的微不足道,而人类的伟大之处,就是要用渺小的点去放出独特的光芒,让我们的生命有一点意义。

二、Where

第二部分从空间上面来看一看,也是两个字叫"四圈"。

(一)世界之圈

人类世界是依附在自然系统上的。地球是圆的,世界是"平"的。但在相当长的时期内,社会不是"平"的,是金字塔的组织结构。美国作家托马斯·佛里德曼在新近出版的 *THE WORLD IS FLAT：A Brief History of the Twenty-First Century* 这本书里,把时间转换成空间,他把全球化发展的进程分为三个阶段。

第一阶段是"全球化1.0"，开始于1492年哥伦布发现新大陆的时候，体现了国家间的融合和全球性意识的形成，也就是工业文明开始以后，世界就跨上了全球化的阶段。这个阶段大概延续了三百年，它使以往的世界由无限巨大变为中等规模。麦哲伦的航行从欧洲出发绕地球一周又回到了欧洲，这就是人类用船证明了地球是圆的，地球变成了一个可以丈量的有限物体。

第二阶段是"全球化2.0"时代，从1800年到2000年，它表现的是世界进一步融合，首先是经济的融合，科技的发明成为主导力量，比如蒸汽机、铁路、火车和轮船等，这些把全世界都联系起来了。这些发明使世界由中等变小。

第三阶段是今天的"全球化3.0"时代，世界更加缩小，个人更加突出，民族、肤色或语言的差异不再是合作、竞争的障碍，人与人之间的交流更加频繁。弗里德曼列举了造成世界平坦化的十股重要力量，包括中国加入WTO等因素。他认为，在世界变得更平坦的未来三十年之内，世界将从"卖给中国"变成"中国制造"，再到"中国设计"甚至"中国梦想"。

（二）东亚之圈

东亚经济正在全球扮演重要角色，太平洋的西岸正在以迅速崛起的力量对世界格局产生重大影响。中国、东亚"四小龙"以及日本，在经济的竞争与合作中，既有互惠补充的一面，又有利益冲突的一面。加之美国与日本、韩国以及中国台湾具有特殊的利益关系，如果处理不好，这个地区就会不太安定。还有朝鲜与韩国的关系问题，所以现在的东亚既非常有活力，但也有不稳定的因素。

中国如何成为东亚地区一个稳定、积极而重要的要素，关键是处理好与周边国家及地区的关系。我认为中国要抓住难得的和平发展的机会，要站得高看得远，协调好各类关系，携手共进，共建美好家园，通过努力来带动周边国家发展，维系东亚的稳定。

（三）中国之圈

我们要珍惜今天中国的来不易的安定局面，建设好自己的国家。

中国特色的社会主义的主要特点包括以下两个关键词：首先是和平，用和平的理念引领世界走出冷战时代，共同发展，共同繁荣。其次是和谐，和谐不仅是吃饱饭，缩小贫富差距，这是物质方面的内容。和谐还指向言论自由，社会各阶层彼此良好的沟通，这是精神方面的内容。对外倡导和平理念，努力推动和平进程；对内强调和谐，构建社会主义和谐社会,能够把这两个方面处理好,那么中国社会也就获得了持久的稳定和发展。

(四) 区域之圈

在座的校长一方面要眼睛向外,看上海、看世界;另一方面要审视自己的区域文化的特色,想自己的问题,看自己的所长,把自己的潜力发挥出来。要基于安徽、淮南的实际来谈发展,就是不能脱离自己学校的特点。新人文建设应扎根在你所在学校的区域。要基于自身的实际,挖掘历史资源,同时拓展创新。安徽在中国近代化进程上,是做出了独特贡献的。如戴震是清代中期的朴学大师,康有为说中国传统学问就是四个阶段:两汉经学,魏晋南北朝玄学,宋明理学,清代朴学,其中清代朴学的主要代表就是戴震。他的《孟子字义疏证》就提出了"理学杀人"的思想,因为"民以食为天",老百姓要吃饭是天大的事,这就是天理,但宋儒说"存天理,灭人欲",沿着这个路子走,实际上就是用所谓的"天理"杀人。后来五四新文化运动,鲁迅提出"礼教杀人"的命题,这与戴震的精神一脉相承。又如胡适也很了不起,他推动了"白话文运动"。还有陈独秀、陶行知等。校长们要懂得安徽的本土资源,抓住独特的区域文化,在继承中创新,推动学校的发展。

三、Who

第三个 W 指向人。校长们都是从基础教育界来的代表,说到学校的"三位一体",大家应该不陌生,一个要素就是在座的校长,另一个要素就是教师团队,还有一个要素就是学生。校长、教师、学生就是"三位",三位不是分离,要合作,在合作中融为一体。

(一) 校长

校长对自己角色的定位可以有多重,可以是管理一所学校的行政长官,是国家教育政策的具体执行者;也可以是一所学校的法人代表,依法独立维系学校的运转。但是我建议在座的校长还可以对自己这样定位:校长首先是教师,准确说是学校中教师的教师。其他的解读如果脱离了教师这个根本的角色的定位,那将是无本之木、无源之水。因为你领导的是一个教育单位,你要影响学生,你首先就要影响教师队伍,校长思想的引领、人格的感化、智慧的提升,能推动教师专业的不断成长。一个好校长,他是有灵魂、有理想、有思想、有追求的,他当然要按照法律和政策办事,但是法律和政策要有真正的生命力,需要校长创造性的转化。如果仅有校长之权、校长之职、校长之名,没有校长之"实",缺少校长的底蕴和内涵,那么你好像是个领导,实际上是被领导的:被你的办公室主任领导,被你的秘书领导,被你的下属——聪明的老师领导。所以从这个角度来说,校长要提升自己,要有思想,要有智慧,校长不仅是教学的行家里手,让他去上课他能游刃有余,让他去听课他能听出奥秘;更重要的是在执行政策时,通过自己创造性的活动,把政策化为教师内在的需要,化为教师自觉的行动。校长如果有了思想,有了智慧,自然就有了人格的魅力,老师就愿意跟着这样的校长走,就会被校长感化。如果校长的"实"与"名"还有差距,那么首先要意识到这个差距,然后努力去缩小差距。校长在参与培训学习的同时,更要立足于本职工作,在实践中修炼自己,还有就是认真读书。我做了部分成功人士的案例研究,几乎没有例外,成功人士不是偶然的,其中读书是成功的必要条件之一,更何况今天是一个学习化的社会。

(二) 教师

校长的智慧在于调动全校的老师,老师再去调动学生乃至家长,所以老师是学校里至关重要的力量。今天学校里,老师、校长、课程都是软件,校长不是孙悟空,没有三头六臂,需要依靠好的教师队伍,老师和校长两者都重要,当校长没有达到高水平,老师就是关键;老师没有达到高水平,校长就是关键。总而言之,老师和校长的作用要超出课程,因为知识是死的,人是活的,再先进的课程,如果校长和老师没有达到一定的水平,就无法实践。人的因素还是第一位的。校长要抓的东西太多了,但最关键的是要凝聚一支高水平、高质量的教师队伍。

教师要明白一点——你要做一个什么样的教师?中国传统对教师定位有两种,经师和人师。所谓经师,就是儒家经典的传授者;所谓人师,就是把经典活化,活化到人身上去,而教师本身就是活化的模范。由经师向人师转换,也就是今天讲的教师专业化的提升问题,让老师教得更好,最终使每个学生获得适合自己的发展。学生是活生生的生命个体,有他的特点,有他的追求,社会是丰富多彩的,各行各业都需要人才,教师不能按一个模子去培养他。所以,一个好的老师应该超越他所教的专业领域,摆脱经师的角色,向人师转化,以学生的终身发展为职业的立足点。所以教书和育人一定是分不开的,一个好老师对学生的影响不仅仅是教会他写字、算数,他一定对学生的思想、为人处世产生了深刻而恒久的影响。老师是一所学校的重要因素,校长需要依靠教师的力量,要突出老师的生命主体意识。

（三）学生

校长也好，老师也好，归根到底是要服务学生，帮助学生更好地成长起来，这是我们的使命。要让学生成为他自己独特生命意义的建构者，而不是一个简单的知识容器。然而，现在的学生更多的是一个接受知识的容器，应付考试的机器。

2010 年 8 月 12 日的《文汇报》有这样一条消息，教育进展评估组织对二十余个国家的调查中，中国学生的计算能力世界排名第一，但是中国孩子的想象力世界排名倒数第一，中国学生的创造力倒数第五。中国学生常常能够把世界数学奥林匹克竞赛的金牌捧回来，这固然令人高兴，但想象力和创造力却令人担忧。想象力和艺术教育、审美教育是分不开的。教育方针说的是德智体美全面发展，但今天学校里普遍不重视艺术类的课程，如果我们只强调计算能力，我们就永远给人家打工，因为我们仅仅是计算器的高级程序员。

校长、教师、学生，应该成为学校生命的共同体，大家心心相印，校长带着老师，老师带着学生，我们共同往前走，把学校发展好，让学生成长好。学校的精神风貌取决于校长如何带领老师，取决于老师如何影响学生，生命的"三位一体"能否达成，标示着学校的精神高度。决定一所学校风格的，不是高楼，不是教室，不是电脑，也不是花草树木，而是学校的灵魂——人，具体地说是学生、教师和校长，这是学校灵魂的"三位一体"。

四、Why

第四个"W"与教育的价值取向密切相关，孩子的终生发展决定于基础教育阶段，这是奠定学生一生成长的基石。但现在的情况并不乐观，有些基础教育现象是荒唐的。比如在幼儿园里高谈理想，到了大学，教授给大学生讲做人的规矩——不要随地吐痰，不要乱扔纸屑。朱熹说小学教育主要是做事，给孩子养成良好的行为习惯；进入大学阶段，让他明理，即知道为什么这样做，我觉得这还是符合学生身心发展规律的。我们学校有位教授在日本留学了十一年，他对我说，日本有一点尤其值得中国人学习，就是环境特别干净。有一次我和他一起在东京大学开会，傍晚在街头漫步，我说日本街道确实干净，但烟头、纸屑偶尔也有，结果同行的日本教授开玩笑说：这是中国留学生越来越多所带来的。现在日本为了刺激经济，放低了对大陆游客的入境标准，也有人反对，说那样日本就变成中国大陆的垃圾堆了。今天富起来的中国人正大步走向世界，我们是否为学生奠定了牢固的文明基础，这是需要反思的，因为从日常的衣食住行里面,可以看到一个人的文明修养,看到一个民族的文化素质。

基础教育的实效不在于言说,而在于具体的行动。一个人的修养不在于他有多高的学历,而在于他的日常行为。学校教育就是把一个自然人,一个没有开化的人,通过老师辛勤的栽培,通过文化的熏陶、文明的引领,使他向一个成熟的、优雅的人转化。如何使一个人成长为一个真正的"人",这是学校教育的宗旨所在。所以学校教育有两个要素:一、一视同仁,人人都有接受教育的权利,用孔子的话说是"有教无类",用今天的话说就是面向全体,尤其是义务教育,那一定是面向全体的;二、尊重个体,尊重个性,也就是"因材施教"。古今的道理是相通的,只要是好的教育,就会符合人的需求、人的发展规律。我们不得不遗憾地承认,这样两个因素——面向全体和尊重个体,至今也没有充分实现。就第一个要素——面向全体而言,今天的义务教育是基本普及了;但第二个要素,真的还有很大的差距,高水平的普及义务教育就是优质教育的均衡化,也就是让每个学生的生命都能充分、全面、自由、健康地发展,这是我们需要为之努力奋斗的。

今天的学校教育面临着严峻的挑战。只要进入学校体验一下,就会发现大多数教师和学生中弥漫着两种现象——厌教和厌学。哪个是因哪个是果?我不知道。我看到的是厌学导致厌教,厌教恶化厌学,两者交互为用,已经到了恶性循环的状态。前些天在杭州参加"全国中小学校学困生问题"的研讨会,我做了一个报告,主题是"学困生的转化策略",因为主事者看到我的两本书——《如何走出厌学的误区》《走出教师职业倦怠的误区》,所以请我去谈一下。我这个讲演在全国各地会议上讲过,从这些频繁的邀请讲座的活动中,老师们就能看到这个问题的严重性。

学校教师和校长所做工作的意义就是为学生的全面发展和一生幸福奠基。全面发展就是学生身心充分的成长,自由的拓展,这是从空间上来讲的。终身幸福就是为孩子的一生,为孩子的后代,为国家的未来夯实基础,这是从时间上来说的。教师、校长共同的价值就是在学校这个特定的时空中,找到我们生命的支点,找到我们工作的支点。

五、What

第五个"W"指人文素养的五大要素。

第一,"促健"。促进学生身体健康、心理健康。尽管我很赞同德智体美的全面发展,但我的表述还是有我自身的逻辑,当然这也是历来的校长、老师已经印证、正在印证、将要印证的朴素道理——我首先把学生身体的健康、心理的健康放到第一位,因为今天的孩子确实不大健康，从身体到心理都是如此。

一方面在西部山区的孩子营养不好，身体不太健康；另一方面像北京、上海这样的大城市里的孩子营养过度，不少人成了小胖墩，这也是不健康的。还有这样的孩子，因为家庭很贫穷，导致心理扭曲的不健康，当然也有富人的子弟，患上炫富斗奇之类的怪癖。现在有"父母皆祸害"小组在豆瓣网上说"身为教师的父母之爱是最大的祸害"，这反映了两代人关系的深刻危机。今天的学生有问题，学生的问题说明家长有问题，家庭问题说明教师也有问题；父母的爱和教师的期待（特别是二者高度合一）构成了强大的压力，使孩子觉得这种爱和期待对他的健康成长是一个最不利的因素，他要反抗！孩子对亲人的爱不是感恩，是憎恨，由此挑战了中国人伦的底线。这种现象需要我们反思：问题的根源何在？

第二，"求真"。追求科学的知识，科学的方法，乃至科学的精神。千万不要以为求真就是仅仅增添自然科学知识或实用的技能，知识、方法和精神，这三个方面可以构成一个整体、一个系统，这反映了教育的独特价值。陶行知先生当年说"千教万教，教做真人"，这个"真"就包括了科学方法和科学知识。德智体美全面发展中的"智"，就包括了"真"，它不仅仅是自然科学知识的灌输。"真"与"科教兴国"这一国家战略发展规划以及"科技是第一生产力"分不开，所以给孩子在中小学阶段打下求真的科学素养的基础特别重要。20世纪90年代对中国民众科学素养的调查数据证明了中国与发达国家的差距，尤其是在科学的态度、价值和精神等维度。到了21世纪，新的调查数据说明差距仍然很大。尽管中国的GDP总量正在和美国接近，甚至有望不久的将来超过美国，但是如果用公众科学素质去衡量，中美差距就不是短期内能缩小的。所以尽管中国学生的计算能力是世界第一，但这在求真的层次上还是低位的，因为科学素养中最重要的是科学精神，而计算能力仅仅是实用层面，科学的方法、态度、探索精神是更重要的，它折射出民族文化的传统和民族心理的特征。

第三，"致善"。现在对素质教育的流行阐释是：德育为核心，实践和创新为重点。我们可以进一步问：德育的核心是什么？人都是在一个群体中生活，讲德育就是讲人和其他人的相处之道，其中最基本的处世规则也就成为了德育的核心。举个例子，北京的一次国际伦理学会议上，外国学者提出一个问题：有没有普世的伦理价值观？会场上鸦雀无声，尽管在座的不少是中国顶尖大学的教授。这位美国教授看无人回答，就说：有，就是孔子的那句话"己所不欲，勿施于人"，于是学者们一起热烈鼓掌，这真是"礼失而求之野"了。我想，这句话大概确实是做人的基本原则，也是德育的核心。

就这句话,还可以拓展说一下,因为做人的方式通常是三种。第一种是"己所不欲,必施于人",这是一种强盗逻辑,即使得逞于一时一地,也是行不久、行不广的。第二种是"己之所欲,必施于人",比如说我喜欢喝酒,我就让你也喝酒,但是你觉得好的,别人不一定有同样的感受,所以说这第二种方法也是有问题的。第三种是"己所不欲,勿施于人",因为第一种方法和第二种方法都不能接受,那就剩第三种方法了,它看似消极,却是正道。今天讲素质教育,讲德育的核心,我认为德育的核心就是"仁",也可以说是"己所不欲,勿施于人"。

第四,"达美"。从建国初期一直到现在,美育的地位就不稳固,20世纪50年代学苏联,提倡"德智体美劳"全面发展,用劳动教育替代苏联的综合技术教育也算有点中国化和创造性,后来只剩下"德智体"三育了。改革开放后把美育放了进去,还是在最后一位。民国时期教育总长蔡元培先生当时把美育写进教育方针,他认为美育的地位很高。王国维认为一个人的发展包括身心两方面,心理学的概念是知、情、意,相对应的教育学概念是智育、美育和德育。尽管现在国家的政策文本中写了"四育",但假如人们并没有意识到美育的价值和地位,这第四个"育"——美育随时有可能被拿掉,因为在中小学日常课程中美育还是没有地位,美术课、音乐课可以用来讲数学、读英语。现在青少年为什么要追星?他们是在追美育之星!因为学校教育有缺失。前两天上海世博会现场,为了追韩国的一个明星,数千个女孩子挤演唱会差点出安全事故。老师们要想想,我们的孩子为什么追星追到了这个疯狂的地步?与其不让他追,还不如给他引导,给他搭建平台,让青少年的情感有抒放的地方,让他抒放得更艺术、更灿烂。

第五,"成乐"。假如教师能够把前面的四个要素整合起来,学生就能达到一个愉悦的境界,也是孔子所追求的教育理想——"成乐"的境界;用马克思话说就是达到人的自由全面发展的理想境界。中国当下在推动和谐社会的建设,这需要和谐教育的支撑。和谐教育所感化的个体生命的幸福快乐是和谐社会的最坚实的根基,当众多的个体生命因和谐而成乐,社会自然也就和谐了。

六、How

第六个"W"是达成目标的手段、方法,主要有四条途径。

第一,自省。当年曾子讲"吾日三省吾身",一个成熟的人要懂得反省自己、超越自己。康德说人应该对两样东西保持敬畏——头上的星空和心中的道德律。星空指向的是自然——我们的地球家园，不能为所欲为，要持有敬畏之心。道德律讲的是做人的规矩，人之所以为人，要对人的基本准则保持高度敬意。由敬畏之心最终达到人性的自觉。这是第一条途径，要时时反省。

第二，自理。"理"和"欲"是对峙的，当然我不认为用天理去灭人欲是正确的，在"理"和"欲"冲突的时候，我们能否给"欲"一个更好的释放途径？这就是以理导欲，让生命的能量沿着"理"的途径更好地发挥出来，这就需要教师的智慧。从学生的优异学习成绩可以透视他的学习动力和生活习惯以及生命的自觉，成功人士无不如此，只有超越个体欲念的局限达成生命的自觉才能够成就一番伟大的事业。自理更多的和自信分不开，我不提倡头悬梁、锥刺股，关键是涵养内在的情感、信心和理性。

第三，自学。学生、老师，甚至校长的聪明与否，很大程度上取决于个人自学的能力，更何况我们现在身处在学习化社会和终生教育的时代。当今的知识变化是何等之快，不学习是无法适应变化的现实的，所以老师们应该积极参与各类的培训活动，但更重要的是自我恒久的"修炼"——自学。自学可以让你的教育教学越来越富有成效，让你的教育的幸福度越来越高，从"学而时习之"真正达成"不亦乐乎"。教师和校长是这样，学生更是这样，因为有什么样的校长就有什么样的教师，有什么样的教师就有什么样的学生。

第四，自悟。如果自学是按部就班，自悟就是一种境界的飞跃和提升。这个"悟"就如王国维在《人间词话》说的三种境界，第一种是"昨夜西风凋碧树，独上高楼，望尽天涯路"。今天做校长、做老师的可能有种孤独感，但是选择了这样的一个职业，就要敢于面对困境，甘愿为学生"消得人憔悴"，这就达到第二种境界。再提高一下，我想可能达到"蓦然回首，那人恰在灯火阑珊处"的第三种境界。

最后，谢谢大家！

（2010 年 8 月 12 日在安徽淮南市中小学校长高级研修班的讲演）

3. 新人文精神建设与幼儿教育发展

各位园长：大家好！

两个小时的交流时间是很有限的，今天讲演之后，如果诸位对我有进一步了解的愿望，想找到我讲话背后的学术依据，可以阅读我近期出版的《教育十大基本问题》。

今天交流的话题是"新人文精神建设与幼儿教育发展"，我们不妨从当下的问题说起。

引言——幼儿教育的现状与问题

在中国，今天的幼儿教育可谓是奇货可居。我在 2010 年 6 月 22 号的《文汇报》上看到一则资料，是权威机构发布的一项调查，指出目前上海地区对于义务教育是最满意的，因为通过近年的布局调整，较好地解决了义务教育的均衡发展问题，但目前对于学前教育的评价最低，这当然不代表学前教育的质量不高，而是对于当前上海市提供的优质学前教育资源的稀缺相当不满意。

这篇文章的标题是"上幼儿园竟然比上大学还难"。30 年前有一句话是指上大学难的："千军万马挤独木桥"，10 年前大学扩招后，部分地缓解了这个问题，现在到是幼儿教育真的成"千军万马挤独木桥"了。北京的一所优质公办幼儿园的入园资格，是需要爷爷奶奶、爸爸妈妈几天几夜轮番排队的，其他地区的优质早期教育资源的获取大概更要艰辛得多。这就是学前教育面临的"奇货可居"、供不应求的现状。

但是现在的幼儿教育还存在另外一些问题，比如媒体报道，一方面优质的早期教育资源很不平衡，很难获得；另一方面进入幼儿园的孩子，家庭在这方面的花费也是不太合理的，调查显示现在有些家庭在学前教育上的月消费已经超过了 7 千元，成本还是挺高的。有的教育专家就此提醒家长警惕幼儿教育的"富营养化"，其表现有以下三个方面。

第一，陷入投资越大越好的误区。现在中国实行独生子女政策，家里只有一个宝贝疙瘩，有的甚至是三代独子独女，所以家长在幼儿教育上花钱是不心疼的，再加上中国社会重教的传统，因此父母也更舍得在孩子的早期教育上投资。有人戏说当下中国出现了新的"三座大山"：教育是一座大山；医疗是一座大山；养老也是一座大山，当然还有房子，这负担更重了。但教育这座大山，虽然重，家长背在身上还可能乐此不疲，甚至可以把其他几座大山的承载力也移过来担当第一座大山的重量。当他们选择幼儿园时，选择的依据就是：一分价钱一分货；便宜无好货。所以幼儿园如果让每个家长每月交700元，人家就会觉得这所幼儿园质量是不是很一般：老师一般，设备一般，所以收费也是一般般。你这位园长现在每月敢收我7000元，就说明你这所幼儿园软件也好、硬件也好、师资也好、课程资源也好，样样都是顶呱呱，这就是陷入了投资越大越好的误区。当然反过来说，物有所值，收费高可能也有它的道理。

第二，陷入学习越早越好的误区。现在大家信奉这样一句话：不要让孩子输在人生的起跑点上，所以孩子的早期教育从0岁抓起，这就导向"让孩子越早学习越多知识则越好"的价值追求。在这一教育价值观的驱迫下，家长们就变得越来越着急，甚至患有焦灼的症状。本来孩子很正常，每天正常上课、学习，但是有一天突然发现隔壁王家一到周末，父母就牺牲休息时间，一大早把孩子送入小区刚开办的钢琴课堂了；李家大爷也是大清早就把孙子送往刚开设的剑桥少年英语班了。所以家长就耐不住了：既然你们都重视"独养苗"的早期教育，那我们家的孩子也不能输在起跑线上。我家的孩子不仅要学钢琴，也要学剑桥英语，甚至还要学绘画、少儿奥数、少儿作家等其他的课程。这样一来，互相的攀比、传染导致了集体的恐慌。我当年也有些恐慌，所以早早让女儿学练钢琴，广告上说：学琴的孩子不会学坏嘛。我虽然知道女儿未必喜欢弹钢琴，但迫于各方压力，最后还是做了违心的事情。可见超前起跑"恐慌症"的厉害！

第三，陷入技能越多越好的误区。拿我刚才举的学钢琴的例子来说，我认为学钢琴、学画画都是技能，多学一种技能对于孩子的未来还是有很大好处的，那让孩子早学一点技能也是一件好事。但问题是，你让孩子在心智并未完全发育成熟的情况下学习太多的技能，他的情感世界、精神世界你可能并不了解。你不要看孩子小，实际上他的心理是极为丰富的，他对事物的感知也是非常敏锐的。问题就在于成人现在缺乏敏感度，不能体味孩子们对于父母给他们设定的发展路径的感受甚至反抗，这就会导致孩子心理的早期扭曲,从而埋伏下日后人格发展的隐患。

针对这样三种早期教育的病症,我想起了陶行知先生,他是你们的老乡,他当年就看到了中国幼儿教育的三种病,即花钱病、富贵病、外国病。陶先生讲的三种病,到今天还未治愈,我看现在又有了第四种病,叫生气病,就是搞来搞去大家都很疲惫,颇有怨气。今天我们不讲裴斯泰洛奇的儿童早期的情感世界,也不讲蒙台梭利的幼儿智力与玩具的开发,专门来说说如何应对早期教育出现的上述病症。

一、为何要讲人文精神建设?

今天幼儿教育问题多多,其热点问题表现在这些方面:

一是学前教育的超前化取向。也就是信奉"不要让孩子输在人生的起跑点上",所以就会把孩子的教育过度提前,现在流行胎教,当然胎教也不是一个新事物,早在南北朝时期的《颜氏家训》中就有提到,提倡胎教有一定的合理性,但是不能搞得太过分。

二是关于幼儿园改制的问题。我知道在座的园长相当部分是公办幼儿园的,也有的是民办幼儿园的。那公办、民办之间的关系怎么来处理?改革方向是国家大力举办公办幼儿园,还是鼓励社会力量办幼儿园?还有一些幼儿园是公办改制的,他们到底是改回来还是改过去?品牌幼儿园要扩大优质资源,是否需要组成幼儿教育的集团?

三是关于幼儿园安全和幼儿安全教育的问题。大家应该还记得南京某幼儿园发生的幼儿被砍的事件以及福建南平某小学门前的小学生被杀害的事件,校园安全已成了悬在园长头上的达摩克利斯之剑。

四是关于幼儿教师的专业发展问题。

五是创新幼儿教育模式的问题。

六是科学育儿及幼儿心理健康的问题,现在的孩子大都是独生子女,而且是独生子女抚养教育独生子女,在早期教育阶段,很多家长过早把负担压在孩子身上,使孩子的心理产生很多问题等等。

从上述热点问题的列举中,足以说明当今幼教界面临诸多挑战,但是在今天这样一个高级研修班上,仅仅罗列谈论这些问题是不够的,我们应该把握纷繁复杂的热点教育问题背后的"母体问题"。我前面就讲过,现在家长抓家庭教育还是比较严的,我刚说了学钢琴、学绘画、学英语,三个都要学,当然这是可以理解的。如果人家的孩子学习6种技能,那么我的孩子怎么办?如果家长的时间有限,学生的时间有限,家庭的经费有限，孩子的接受能力也有限，在这个有限性的制约下，怎么来进行选择？有的老师说要根据孩子的兴趣特长来选择，也有的家长是根据收费多寡来选择，当然这个选择涉及的是投入产出的问题。就我个人的经验，还是主张家长、教师通过平时的观察，基于对孩子的个性和兴趣的了解来进行抉择。可以说人生无处不选择，面对无限丰富的资讯、开放的机会，家长和教师都需展现你选择的智慧。

我说一个哈佛商学院的经典案例。教授有一天来上课，他除了带讲义、教材，还带了一个杯子、一盆水以及一些鹅卵石、小石子和沙。同学们很纳闷，心想教授今天到底要讲什么。教授说，请大家看我的演示。他拿出杯子，在里面放满鹅卵石，问同学们还能放什么？有同学说：小石子；又问：然后呢？又有同学说：还可以加些黄沙。老师说对，再后呢？有学生说：当然还可以加些水。教授照此一一演示，然后问：这个实验大家有什么收获和感想？

今天我也问问在座的园长，从中可以得到什么启悟？

（有园长答：各种物质都能充分发挥自己的特质，使这个空间得到最大限度的利用。）

我发现这位园长要比 MBA 的学员更聪明，因为哈佛商学院学生的回答是：这个实验告诉我们，人的潜力是无限的，无论取得多大的成功，人也不能满足，依旧要继续进取，不断开发自身的潜能。所以人要不断攀登，不断进取，才能取得更大的成功。

哈佛大学教授说：你们通过这个实验获得的启迪，证明了你们的聪明但又不够聪明，因为我今天要告诉你们的道理是：假如我反过来，先在杯子里装满了水，还能装什么呢？它给我们的启示是：人生如果错过了这个村，就再没有这个店；做任何事情，不能搞反了顺序，因为生命不是杯子，再不可能重新来过。千万不能本末倒置！人生的最高智慧，就是在适当的时候选择做正确的事情。

我想，学生的正常健康的成长，从幼儿早期教育到博士后教育，在适当的时机都应做出正确的选择。在早期教育的最初阶段，要给孩子夯实什么样的教育基石，为他一生的幸福生活奠定坚实的基础？

今天很多学校，从幼儿的学前教育到大学教育，有些安排并不符合教育规律。比如在幼儿园教育时期高唱理想，学生到了 18 岁，跨入了大学，校长就开始给大学生矫正日常的行为方式，诸如不要随地吐痰、不要大声喧哗、不要随地乱扔果皮纸屑……这类现象并非个案，要不然为什么到大学了还要提倡"文明人"的基本常识？显然是问题成堆，成为普遍现象了。

基础教育界的办学目标很高、很大,但实际生活中更多的日常问题值得我们去思考。2008年北京举办了非常成功的奥运会,但是代价也非常大。为了安全和其他种种,我们投入了很大的人力、物力,2010年的上海世博会也是如此。世博园里的"小白菜"(志愿者)很辛苦。因为要去劝阻某些游客不文明行为,还要去捡垃圾,花了很大代价。与之对比,1994年10月第十二届亚运会在日本广岛举行,闭幕式结束,广岛亚运会的体育馆有6万多人,散场后竟然没有发现废纸片和净水瓶,因此不少媒体惊叹"可怕的日本人"。日本人的可怕,不在于高精尖科技和GDP,而在于重视基础教育,在于公民守法的行为习惯和遵文明、讲礼仪的道德秩序。从衣食住行里最容易看出国民的文明程度和个人的修养,我在这里就不一一展开了。我想安徽的老师们如果不健忘的话,就会想到当年的阜阳造假奶粉、大头娃娃,以及河北三鹿集团的三聚氰胺超标奶粉。现在有多少食品是我们能放心的? 民以食为天,现在的食品安全已成了天字第一号的大问题。这类事情的频繁发生,固然说明监管不力等制度性弊端,但肇事者竟然突破道德底线,则在一定层面上反映了国民的基本素质有严重缺陷。

只要大家做一个有心人,就会发现生活中处处都有着与教育密切相关的现象。当然这并不是要把社会的责任都揽在教育工作者身上,但是"在教言教",我们还是需要从教育的角度多加观察和思考。假如教师有正确的理念和行为方式,至少能在一定范围发挥积极的作用。世界上一切事情都是人类做出来的,解铃还须系铃人,其中有效的解决办法之一就是良好的教育。你不能把犯错误的人打死,更不能把道德失范者关入监狱,只能多办几所学校、多拍几部电影、多出些书、多印些报纸,用文化的、柔性的力量去慢慢感化他、教育他,也就是通过正道去引导他、规范他。教师的职业就具有这种伟大的力量,其变革社会的力量虽然潜移默化,润物无声,却也是不可估量的,正所谓"其始也细,其至也巨"。

1876年《沪游杂记》作者记载了上海租界的情况,当时立了20多条租界例禁,其中有4条:禁路上倾倒垃圾;禁到处小便;禁施放花炮;禁攀折树枝等。乱倒垃圾、随处小便的现象今天还广泛存在;关于燃放花炮,上海市每年都要发公告:内环以内是不能燃放的;我居住的小区也贴出告示:如果需要燃放鞭炮,那到指定的地点。可是相关条例根本不起作用。还有"不要攀折树枝",你现在到上海世博园去看看,草坪花坛不少已被践踏采摘得不成样子了。从1876年至今,一个多世纪过去了,也许当年中国人素质比较低,需要洋人来管,洋人只能管到租界里,所以当时那些戒律其实都是针对华人的,好像有点歧视华人的味道。但我们不能自己歧视自己,结果倒好,这些坏习惯继承下来了。

如今的幼儿教育面临着挑战,我们强调要"以人为本",尊重受教育的对象、尊重家长、尊重社会对教育工作者提出的要求,幼儿园的管理也要尊重老师,所谓尊重人,是否意味尊重人性?人的本性是什么?俗话说"江山易改,本性难移",但教育依然能发挥影响,变化人的天性。但人的自然属性最基本的,比如说"食色性也":食物保证我生命当下的存在;性保证我生命基因的未来存在。要吃饭,要生儿育女,这两点是最基本的人性。当然,人性最基本的要求有没有一个限度?比如除了日常吃饭,竟然想吃穿山甲了,要吃猴脑了,或者要吃熊掌了,这个就是"欲"。我们要尊重人性,但不等于我们要向人的欲念投降。

一个自然人需要通过教育"做规矩",当然做规矩也要讲究章法,要尊重教育的规律,但同时也不要去压制孩子,尊重他的天性。人刚生出来的时候,是一个尚未开化的人,通过接受教育,人慢慢被"化"了,就是用文明、文化去影响他、感化他,就是接受教育的过程。人进化的历史实际上也就是一部"教化"的历史,这个过程是纷繁复杂的,有前进也有倒退,就像1876年《沪江游杂》所记的四条禁令,为什么过了130多年似乎还未过时?人在日常的衣食住行中暴露出来的人性丑陋的一面,为什么今天还依然存在?父母教师都希望孩子更加完整、更加健康、更加丰富地发展,但学生为什么把学校这个本该是乐园的地方视为痛苦的拘禁之地?教育为何发生如此的异化?这是需要园长们思考的,因为教育本来是要让每一生命、每一个性都自由健康地发展。

今天我们在强调和谐社会的构建,教育需要发挥积极的引领作用,因为社会是由我们每个人构成的。只有每个人和谐了,才会有社会的和谐,如果没有众多个体的和谐,就算是构建起了所谓的"和谐社会",那它也是"沙上美丽的塔",终究要倒掉。

二、什么是新人文精神?

我想新人文精神大概涉及下列六大要素。

(一) 古今关系

古今关系指的是人与时间的关系,因为人的生命的成长是在时间中展开的,而教育的意义也必然是与时间相互关联的。从时间维度上来说,教育具有两个最基本的功能,第一个功能是传承,通过正规的学校教育,把人类文明、文化一代接一代地往下传,特别是在工业社会之前,学校教育基本上都是坚守这样一个功能,正因为如此,学校教育保证了人类能够站在文明的最新高度处继续向前发展。

工业社会以后,科技快速发展,推动社会也发生巨大的变化,要适应变化的社会,学校教育就必须给学生适应变化的准备,这就需要改革、变革和创新,使学校与变化的社会相适应。于是,学校教育的另一种功能——创新、变革的功能开始发展起来,而且越来越突出。当今的素质教育强调创新,尽管这样,学校教育的传承功能,仍然具有重要的作用。教育发展的历史就是如此,如果说它是一枚钱币,那么这枚钱币就有两面,继承的一面和革新的一面,都是重要的。如果你只坚守一面,就会违背教育规律。

举个例子,"文革"期间我们过分偏向于变革的方面,在教育领域大倡革命,而拒绝继承,所谓的"文化大革命"成了"大革文化命",结果是教育衰弊、野蛮横行。有一个时期,"革命"成了神圣的符号,成了集体无意识的精神图腾,但我们不是为革命而革命,革命仅仅是一种手段,是非常规社会的非常规手段,不能普遍使用。当然,今天的教育革命、科学革命、文化革命、观念革命等概念也经常在用,其实这样随意地使用这个概念我觉得也是有问题的,哪有一天到晚革命的? 教育革命、科技革命、文化革命,仅仅是比拟的说法,指重大的变化。科学革命是指范式的转型,比如说爱因斯坦提出的理论,把传统物理学的概念打破了,这才叫物理学的革命。你本事再大,也不可能一天到晚革命。常规的社会就是点点滴滴的建设和改良,只有在特殊的时代,比如说社会制度的转型,比如说科学技术的根本性变化,在这样的特殊情景中,才可以用革命两个字。因为"革命"的本意在中国文化传统中就是改朝换代,所以不能轻易用。

教育的本质属性和功能就是继承和创新两个方面,而在人类社会非常长的时期里,它主要是继承,特别是在基础教育阶段。大学要培养学生自主创新的意识和责任,基础教育界也需要给孩子培养一定的创新能力,这当然是毫无疑义的。要而言之:教育的本质是传承文明、创新发展,教育的目标是开创学生幸福的人生。为孩子一生的幸福,在幼儿教育、基础教育阶段,夯实基础。把教育的基石,放得稳固。

(二) 中外关系

如果第一个命题讲的是人与时间的关系,那么中外关系可以看作人与空间的关系。实际上就是中华民族与其他民族、其他地区、其他国家的关系。这个命题是基础教育界,包括幼儿教育的园长不能忽视的大问题。今天学校培养的青年一代,再过十年、二十年,正好赶上中国综合国力可能与美国相媲美、甚至经济总量超过美国的时代，中国经济达到这样一个高度，届时青年一代对待中外关系的态度，将直接影响着中国乃至世界未来的发展路向。

今天的世界有些害怕中国的强大，特别是西方发达国家，比如美国，哈佛大学的教授塞缪尔·亨廷顿发表了《文明的冲突》的论断，就是担忧像中国这样的国家，经济全面强大以后与美国对抗，他认为中国的价值传统与西方的文明格格不入，中国有三千年的深厚文化底蕴，再加上经济实力的空前强大，必然会与美国发生严重的冲突。面对西方世界的怀疑、担忧甚至挑衅的冲突的语言，有些青年大学生乃至个别学者也说了些并非建设性的话：好得很，中国终于强大到让你担心了，再过20年老子成为世界第一，到时来教训你们。这种心态让人甚为忧虑，难道不同的文明只能冲突，而不能达成共识，甚至合作吗？我认为"人同此心，心同此理"的共识还是有的，就是孔子的话——"己所不欲，勿施于人"，教育工作者对这个问题自身要有智慧的认识。

我们未来的一代，应该懂得：地球只有一个，这个家园是我们共有的，地球家园上的人们应该是一家人，所以我们要走共存、共荣、共同发展的路，家里人有些不同的想法或利益的摩擦很正常，可以交流、互补、合作、共赢，这就是中国"和而不同"的价值诉求。面对矛盾时，我们不能使用"你死我活"的丛林法则，而应该寻求对话和共识。

中国在了解世界，世界也在了解中国。加拿大温哥华卑诗大学校园景观之一，就是把中国儒家文明的核心概念"五伦"——仁、义、礼、智、信刻在五块大石头上，实际上，人类社会在某些价值观上是会达成共识的，我们可以存异，我们也要求同。费孝通先生晚年提出来一个重要观念来处理国家与国家、民族与民族、文化与文化之间的关系，就是"各美其美，美人之美，美美与共，天下大同"，这是值得我们深思和借鉴的。

我这里说一个早期教育的案例，幼儿园里的一个男孩，在上室外体育课时换服装，结果衣服一脱，全场的小孩子有的惊讶、有的大笑，因为这个男孩的背部有两道伤疤，可能是手术留下的痕迹，小男孩听了同学们的嘲讽后很自卑，于是他偷偷地在一个角落里换衣服，慢慢地他形成了封闭的性格。这个时候，幼儿园来了一位新老师，了解了这个小男孩自卑的缘故后，她在一个合适的时候，就向小朋友们说：我原来不知道，我们班上某某男孩，是这样一个独特的孩子，他的身上居然留下了天使的印记，因为当年，他就是由天使转化成了人，而天使在进化的过程中，会把翅膀蜕化成人的手，我们大多数的人，蜕化的痕迹没有了，而这个男孩居然还留着，因为天使对他特别宠爱。小朋友们说：原来是这样。我们觉得古怪的、搞笑的、丑陋的东西原来是非常美丽的、独特的东西，这个小男孩听了老师的话，也就慢慢由自卑变得自信了；而他的伙伴，由原来的看不起，变成羡慕。当然这位老师对男孩背上疤痕的解读是不是符合科学？这是一个可以探讨的问题，但是从这个教师的爱心，从这个孩子的心理健康发展角度，老师编的这样一个美丽的故事，我看也没有太离谱。比如今天很多年轻人，要在正常的身体上去文身，文身就是证明我的不一般，文身里面就有文化的意味。你看男孩子一般喜欢纹龙、鹰、虎之类的，显示孔武有力；女孩子则喜欢纹朵花、蝴蝶、小鸟之类的，显得比较可爱。文身可能是一种比较独特的身体文化，我们不妨也可以抱着欣赏的眼光去看待。尽管我自己不会去文身，我当然也不会希望我的女儿去文身，但是我至少持宽容胸怀去看待这样一种文化的现象。我认为，这位幼儿园的老师做得很好，因为她有仁心，对待孩子身上异样的东西，能持一种欣赏的眼光，这个对于幼儿教育是非常重要的。

在学校教育发展的过程中，我们要用东方文化的魅力去与人家媲美，与他国相互交流。上海世博会就是一个窗口，在中外文化密切交流的过程中，我们要倡导和谐、和善、祥和的理念，把这些中国文化最突出的表征符号展示给世界。

（三）天人关系

天人关系也就是人与自然的关系，我们必须面对这样一个严峻的生存问题：空气还能吃多久？今天的自然环境，已经糟糕到了每个人必须正视的时候了。大自然是人类的母亲，因为整个的宇宙空间到目前为止的发现，还只有地球是适宜于人类居住的唯一伊甸园。如果人类伟大到用自己所创造的科技力量去把地球给摧残，那我们无异于自掘坟墓。在一个知识化、高科技的时代，也是在这样一个自然环境急剧恶化的时代，我们人类生存的第一要素——空气和水，都处于不安全及匮乏的状态。所以教育界的人士，要培养未来的一代形成健康的消费观、发展观，才能使地球承载起人类的生命，也才能留给子孙后代一个仍然美丽，能让他们继续生存下去、生活下去的家园。

生态问题对于每一个教育工作者都是责无旁贷的、必须思考的现实命题，要解答这道命题，首先要告诉世人，我们这所学校本身就是天人合一的典范，幼儿园的自然环境，花草树木是美的；老师、学生是美的，我们人际关系是和谐的，我们人与自然的关系也是和谐的。然后以我们的学校为基础，用我们的力量去带动社会，改善社会的人际关系，改善人类社会与自然的关系。因为现实的状况是由于人类不懂得合理使用自身的力量，人类的欲望已经超过了生存的底线，地球已经很难承载今天人类这种不合理的消费习惯，我们迫切需要重视生态教育、绿色教育。

(四) 公私关系

公私关系讲的是个人与社会(集体)的关系,大家知道,素质教育就是以德育为核心,以创新能力和实践能力为重点的教育。中小学教师一般都是这么理解的,如果我们认可素质教育的核心是德育,那德育的核心是什么呢? 对于这个问题,大概很多园长和老师未曾想过。

中国本来就有注重德育的传统,中国是一个以德立国、以教治国的国家。礼教就是中国传统儒家的教育,发展到宋代理学,礼学的教育就从做人的规范教育,转化到个人内在的体认、自觉的行动上,从天理落实到人心,就是用天理来克服人欲,克服的过程也是寡欲的过程,"寡之又寡,以至于无",这就是"存天理,灭人欲"。孟子主张"寡人欲",他没有说"灭人欲",到了宋儒把它发展到极端,变成灭人欲,这个"灭人欲"就是把人的正常的物质和精神消费的合理性也给否定了,这当然会造成严重的问题。可见一个事物有它合理的边界,当它僭越这一边界时,就需要我们去省思了。那么到了"五四"新文化运动时期,开始否定旧礼教,鲁迅的《狂人日记》中"救救孩子"的呼吁,就是对以宋代理学为代表的传统德育的批判。其实早于鲁迅的戴震已经看出了程朱理学命题的不合理性,他认为"理"与"欲"是很难截然分开的,"天理"存在于"人欲"之中,"民以食为天","男女饮食,人之大欲存焉",如果你把这个合理性否定了,那么这就是"以理杀人"。

所以说凡事都有一个度,"欲"犹"药"也,能活人亦能杀人;"利"乃"义"焉,可治世亦可乱世,"天理"有存在的正当性,犹如"革命"有特定时期的合理性,但超过一定范围而任意扩张,造成的只能是一个时代的悲剧,其中的道理是一样的。所以我们说以人为本,只要是人,就有他的自然的、正当的要求,就应该满足他,当然要考虑到现实的情况是否允许的问题,然后进一步就是"己所不欲,勿施于人"这个伦理的黄金定律,这应该就是德育的中心了,以这种方式就可以处理好人与人之间的关系。

陶行知先生当年说"捧着一颗心来,不带半根草去",做一个心怀天下、爱满天下的教师。千教万教,教做真人;千言万语,学说真话。所谓的真,所谓的善,所谓的美,所谓的爱,它正是教育的真谛。

(五) 人己关系

然后我们来思考一下人与自己的关系,之所以要思考这对关系,是因为人是一个多种要素的结合体,我们有身、有心,德智体美全面发展就是讲人的身心的全面发展,之所以强调身心的全面发展，就是因为今天学生的身心还不够全面发展，不够和谐发展。不仅是学生的身心未能和谐发展，他的精神世界也不是和谐发展的。现在不少学生学了很多的技能，但情感枯竭、苦闷，比如考入了清华大学，却用硫酸去泼熊，要观察熊的痛苦表情和人相比有多大差异，这就是精神世界的不健全乃至人格的缺陷。"人己关系"一定程度上也是"名实关系"，所谓的"名"指向的是一个抽象的精神、文化的世界；所谓的"实"指向的是一个血肉的生命、物质的存在，这两者如果不能很好协调，人的生命是不可能幸福的。

我们先思考这样一个问题：王国维为什么跳昆明湖？接下来问：中小学生为何自杀？王国维是"体智德美全面发展"在中国的最早提出者，民国成立之前他从德国留学回来，就提倡教育的根本宗旨：培养身心和谐发展的人。心的教育包括了认知教育、意志教育和情感教育，这是心理学的概念，相对应的教育学概念就是智育、德育和美育，知情意三方面的心的教育，就是一个人的精神世界和谐发展的教育。王国维对德国心理学和哲学有研究，他对教育本质、教育宗旨有非常好的理解，又是中国传统文化最好的承载者，可以说中国的传统文化到王国维身上达到完美的体现，他是红楼梦研究的开山大师；中国戏剧史研究的开山大师；对历史学的研究首倡双重证据法，还是甲骨文研究四大代表之一，他在很多文化领域里都是开创性的大人物，包括在教育学里最早提出人格的完整发展。但他处于当时社会的急剧变化之中，"五四"新文化运动似乎宣判了中国传统文化的死刑，而他作为这一文化的承载者，也就是没有了价值，所以痛苦到最后，跳河自杀。

正如陈寅恪说的，王国维是殉传统文化并非殉清，实质是新旧文化撕裂了他的人格。生命走向终结往往缘于心灵的分裂，当今社会自杀现象也印证了这一点。今天如果要让孩子生活得幸福，千万注意：早期教育，中小学教育，是学生身体和精神完整和谐发展的奠基教育，到了大学，才开始进入专业化的教育，更何况大学教育都在强调通识教育，道理是一致的，幼儿教育更应该强调全面和谐发展，园长们要把这个问题想清楚，然后来实践这一教育理念。这是孩子一生发展的根基，足以支撑未来的摩天大厦，没有那个地基，大厦是造不起来的，造起来也要垮掉，你即使把他送到清华去了，送到哈佛去了，他最终也有可能跳楼。

（六）知行关系

中国古人讲即知即行，王阳明倡导"知行合一"，杜威教育思想的核心是行动和经验。教育学是最具有实践特性的人文社会学科。学了教育的基本理论,我们要把它融汇到教育实践中去,不要理论是理论,实践是实践,成了两张皮。智慧在你手中,行动在你脚下。你可以把掌握的理论与你的学校日常管理工作紧密结合起来,不要觉得自己渺小,只要把理论问题想清楚,我们就算带着镣铐,照样可以把这个舞跳得非常精彩。我看到有些幼儿园办得就是漂亮,确实拥有那种理论的底气,所以会演出那样精彩的舞蹈。我们不要去争论理论重要还是实践重要,不要去探讨那些玄妙的问题,比如究竟是先知后行,还是先行后知;是知易行难,还是知难行易。关键是知行要统一,理论与实践要一致。今天大学的教育工作者与中小学、幼儿园老师一起紧密合作,就是为了适应这样的统一趋势,真正的和谐教育也就是把学到的理论与具体的实践紧密结合起来。

如果两所幼儿园办学水平不一样,两位园长不一样,两位老师不一样,不一样在哪里？比如我们买香水,同样一瓶香水,都蛮香的,凭什么这瓶法国品牌香水卖 5000 元；中国某个乡镇企业制造的只卖 50 元？我们一化验,百分之 99 都是水,唯独百分之一的那点香精不一样,这就是人家的独秘武器了。学校教育质量的高下也不是你短期里,甚至花大价钱能买到的东西,这是一所学校的核心竞争力。让一所学校胜出的百分之一的独特性究竟是什么呢？或许就是一所学校知行合一的能力,也就是把理论与实践创造性结合的功力。

三、如何培育新人文精神？

我们最后来谈谈怎样培育新人文精神的问题。

(一) 提升人文性,丰富精神内涵

学校教育的管理要体现人性化的特点,至于人性化管理的必要,我们可以借助教育界的流行话语来理解:"三流的管理靠威权",也就是刚性的规范,我是园长,我说的话就是"园规",你不听话就炒你鱿鱼,打破你的饭碗,给你惩罚,这是威权管理。威权还是人治,管理更需要的是法治,因为人都有惰性,有作恶的冲动,所以人需要法律约束自己,而法律就是威权的最高化身。这就上升一步,所谓"二流的管理靠制度",有了制度的管理,学校管理就走上轨道了,但是制度是死的,人是活的,人可以创造性地执行制度,也可能毁灭性地去破坏制度,这也是人的复杂,道高一尺,魔高一丈,防不胜

防。所以仅仅靠威权和制度,没有人的道德自觉和文化自觉,人还会钻制度的空子。这就又上升了,达到"一流的管理靠文化"的境界。真正一流的好学校,靠的就是自觉的文化,也就是说,一流的学校作为品牌学校,会形成一套独特的文化,它会内化为学校师生员工的自觉体验和行为方式。

今天的学校教育管理者,要使自己的学校达成这样一种理想的境界,首先要提升自己,因为只有你不断提升自己,你才能够引领他人,引领你的学校,不然你可能处于被领导的状态,就是某个老师在领导你,你的秘书在领导你,你的办公室主任在领导你,因为你的讲话稿是办公室主任写的,你说的话是秘书要说的话,这个秘书成为了你的脑袋,你成为秘书或办公室主任的传声筒,或者说你成为局长的传声筒,道理是一样的。

什么是人性化,如何了解一所学校人文教养的程度?我讲一个小故事,有些留学生不愿意回来,原因有两条:一条就是水和空气不如人家,第二条就是教育也不如人家。我们中国人,是把教育放第一位的,我的某位朋友从国外留学回来,当然要为孩子找个好的幼儿园,他就考察上海的品牌幼儿园,看了好几所,举棋不定,直到第六家,他做了选择。我问为什么最后选择这所幼儿园,他自己也讲不清楚,好像是一种感觉,因为都是品牌幼儿园,硬件没有多大的差别,园长都很智慧,甚至都很美丽,之所以选择第六家幼儿园,应该是一点缘分吧,但缘分里面也有规律。他说在与园长谈话时,调皮的孩子不见了,原来跑到幼儿园草地上去了,他从园长办公室窗口望去,夕阳余晖下,一对老少,头发花白的看门老头和自己的宝贝儿子在草坪上游戏玩耍,那样一幅含饴弄孙、天伦之乐的景象,让他感触良多。然后他就过去,叫孩子上车,要回去了,孩子依依不舍。这么短的时间怎么会对这位爷爷,或者说对这个美丽的草坪,对这所幼儿园依依不舍呢?我这位朋友就有点感动,孩子的心似已有所属,这个幼儿园看门的老头没有必要和这个小孩玩耍,如果弄出事来,还炒你的鱿鱼,罚你的款,他是出自天性或良知,对孩子就好像自己的孙儿一样,这就是令我朋友感动的地方。如果这个幼儿园看门的老人在这样短的时间里就跟他的宝贝儿子有这样一种缘,那这所幼儿园还有什么不放心的?最后就这么决定了。

很多事情说来是缘分,其实有规律,我们的园长,到底凭什么去管理幼儿园,如何让幼儿园充满人性的关怀,这个案例或许值得我们深思。

（二）营造良好的教育氛围

这个教育氛围，我称之为"三宽"的环境，我们今天的孩子太苦了，"零岁不要输在人生起跑线上"，但过早过大的压力可能会让孩子倒在中途或输在终点。当然要注重早期教育，但不要给孩子恐慌感、压迫感、沉重感，要给他欢乐感，也就是在玩中学，学中玩，在玩中间奠定人生的根基。

我们说教育要返璞归真，首先就是要回溯到幼儿园时期教育的纯真，让孩子张开想象的翅膀，让孩子解放手脚，草地上面爬一爬，蓝天白云下唱一唱，不要关在笼子里，动都不许动。你看到小孩子调皮一点，就说"不许动"，出去了，就说"你不要命了"，这样你不仅搞得自己很紧张，最终小孩子也被你弄得很苦。你说你也痛苦，但你不要把这种痛苦再转交给孩子了，我们社会的痛苦已经多了，尽量自己减少痛苦，减少他人的痛苦，对孩子的发展"宽松"一点，对孩子的行为"宽容"一点，面对孩子要有一点"宽让"的心。有个成语叫心宽体胖。为什么心宽了，体就会胖起来呢？因为发展的余地就大，人与人之间是这样，师生关系是这样，小孩子成长也是这样。

当然，宽一点不是无原则、无界限的宽，这里也有一个度的问题。"以人为本"也有个边际、有个度，老师的宽松是给孩子创造机会，提供儿童成长的土壤，并非不讲教育规律，一味宽松、宽容、宽让。

（三）挖掘幼儿教育的历史文化内涵

大家是安徽来的幼儿园园长，安徽的教育资源实在是太丰富了，光陶行知这个宝库，你可能一辈子都挖不完。如果你把陶行知、陈鹤琴的思想资源挖掘出来，把幼儿园办好了，形成了你独特的办学风格，确立了你的品牌，你也许就成了当代的陶行知，当代的陈鹤琴，你就在安徽、乃至中国的幼教界竖起了一面旗帜，那是不得了的贡献。我们要善于从身边的历史资源来寻求养料，所谓的历史人文传统，当然有中国的，从孔夫子到陶行知，包括中国传统典籍，比如像《弟子规》、《百家姓》、《千字文》，也包括国外的，比如杜威、福禄贝尔、蒙台梭利等，这些都是很宝贵的资源。

我这里举个国外的案例。当年看法国昆虫学家法布尔的《昆虫记》，作者小时候很调皮，到山上去玩，发现四个鸟蛋，他拿在手里跑下山来，被清晨散步的牧师发现了，牧师说：这是珍贵的萨克锡柯拉鸟蛋，你从哪里得到的？他说是在山坡上的岩石背后鸟窝里掏来的，牧师的脸一下从灿烂变得忧郁，说孩子，你要知道你拿走这四颗鸟蛋，鸟妈妈有多么痛苦，你赶快把鸟蛋放回去。作者说：牧师从来没有用这种眼光、这种表情、这种音调跟我说过这样的话，他想这件事肯定很严重，如果不照牧师说的做，仿佛犯下了弥天大罪，所以他赶快把鸟蛋放回去了。等到成年后，他明白当年牧师的这番话在他幼小的心田里面播下了两颗种子，一颗是科学的、探求的、发现的种子，他惊讶于牧师的知识为何那么渊博，一看鸟蛋就知道是什么鸟下的，而自己为什么这么无知，这就是科学的种子。还有一颗种子是仁爱的种子，牧师的知识那么丰富，他为什么又这么仁爱，他能够想到拿走鸟蛋对鸟妈妈可能造成的伤害，所以他教育我应该怎样去对待大自然、对待一切生灵。所以法布尔后来成为一个昆虫学家、一个科普作家，原因正是当年两颗种子的萌发、成长。我举这样一个外国作家的故事告诉大家，我们如果去挖掘幼儿教育的历史人文内涵，对孩子影响的价值是难以估量的。

（四）整合社区的自然人文资源

合肥是一个非常美丽的好地方，学校教育要让学生爱自己的家乡，爱自己的学园，爱自己的家庭；要把我们的幼儿园打造成一个美丽的花园，可爱的家园，更是一个幸福的乐园。安徽有着特殊的地域文化和深厚的教育底蕴，有着美丽的自然山川，要将这些珍贵资源开发整合，化为早期教育的智慧宝库。

还要将幼儿教育与家庭教育、社区教育更好地整合起来，一方面争取家庭和社区对幼儿园教育的全方位支持，另一方面，甚至要有这样的雄心：以幼儿教育去引领家庭教育，引领社区教育，让小孩子幼稚的小手，牵起他们父母的大手，在一个更好的、更健康的、更幸福的人生路上，一起往前走。我们的时代正在从以往的"前喻时代"（前人教育后人）往"后喻时代"（后人教育前人）转化，前喻时代年纪越大，越有知识，然后年长者来教育年幼者，信息和知识时代，我们的孩子可以展现给他们的父母长辈奇异的力量，可以用自己的行动、自己的智慧推动成人世界的发展。

（五）弘扬爱的精神，提倡爱的教育，学会爱的表达

我看到温州瑞安市有一年提倡教师做一份暑期作业：读一本爱的书籍，记一篇爱的真情故事，做一次爱心家访，参加一次扶贫助学献爱心的活动。温州市的这个举措很好，因此我乐意在很多场合向更多地区的老师、校长们介绍。我们要努力让我们的孩子，从爱父母、爱老师、爱同学，慢慢地到爱学校、爱家乡、爱祖国，乃至爱人类、爱地球。我们要懂得，把何种种子放入年幼的孩子心中，就会有何类东西慢慢萌发。所谓的爱，不是溺爱，而是充满了教育智慧的爱，教师的爱是一种智慧的表达、智慧的引领。

通过幼儿园老师爱的教育，也让孩子的爸爸、妈妈学会如何进行爱的教育。

尼采说得好，每个人都能从自己的母亲身上来营造出他所爱的人的形象，因为最早的爱和温情向慕是与母亲天然联系在一起的，就像裴斯泰洛奇说的：母亲决定孩子将来的世界观。事实上，孩子和母亲的关系将决定着随后所有的关系，把这个观点再拓展一下，幼儿园老师与孩子的关系，我们对孩子的早期教育，实际上也决定了这个孩子随后所有的活动路向，这就印证了中国的老话——三岁看大，七岁看老。不要把这个话作为"不要输在起步线上"的理由，然后给我们的孩子无限加压，而是要运用我们的智慧，在孩子的生命早期给他们播下爱的种子，夯实智慧的根基。

（六）开展多姿多彩、卓有成效的校园活动

学校要开展各种活动，让我们的校园、家园、社区动起来、舞起来、乐起来；让我们的孩子幸福起来、健康起来、成长起来。校园里有巨大的创意空间，足够让我们的园长和老师把自己的才华充分施展出来。

我这里有很多案例，时间关系，不一一列举，比如有的幼儿园老师指导小朋友设计名片，互相帮助来制作、展览和赠送名片。通过名片，小朋友间建立深厚的友情，然后两个家庭、几个家庭建立一个友好的纽带。还可以通过计算机网络，通过电话，开展"小手牵大手，家园传友谊"等创意活动。

我还可以举一个英国女孩放飞气球的例证，四岁的爱丽丝参加氢气球比赛，让气球系上孩子的名片，让捡到气球的人再把名片寄回活动举办方，那么他就可能免费获得参观英国切斯特公园的门票，而把气球放飞得最远的小朋友将成为比赛的幸运冠军。于是，四岁的爱丽丝就成为了中国的新闻人物，因为她在英国放飞的气球，竟然不可思议地飘落在万里之遥的中国广州，被一名中国的小伙子捡到。这就是创意的空间，创意的力量！

幼儿的想象力是无限丰富的，幼儿园的园长、老师应该激发出孩子伟大的创意，通过各种创意，让我们孩子的生命力得到释放，让他们的幻想、梦想、理想，通过五彩缤纷的气球，在我们地球家园的上空灿烂开放。

最后，我想提出一个问题，来结束今天的演讲，并与诸位共勉：为了新人文精神的建设，为了孩子终身幸福的奠基，我们能做什么？我们将如何做？

（2010年8月5日在合肥市幼儿园园长高级研修班的讲演）

4. 中外家庭教育经典思想对当代父母的启迪

各位朋友,大家好!

非常高兴有这样一个机会,认识来自全国各地的家庭教育方面的行家里手。刚才浙江省妇联的金主席说明了研修班的主旨并介绍了浙江省经济、社会和文化教育的情况。我自认为对浙江还算比较了解,刚才听了金主席的一番讲解,又加深了对浙江的认识。我们常说"人杰地灵",这个地方为什么有灵气呢? 核心就是人! 人有了灵气,地方也就有了灵气,浙江就是一个好地方,我相信在座各位也是来自各种好地方。

诸位知道全国家庭教育指导大纲已经颁布了,这是一个重要的纲领性指导文件,大纲引领的现代家教理念的重要特征之一:在充分重视中华民族优良传统文化的基础上,注意吸收国际上先进的文化成果,内外结合,体现时代性和本土化的特点。

家庭教育不是今天突然冒出的新名词,自古至今中国人就非常重视家庭教育,把"非常"改为"最重视"应该也可以成立。世界上最重视家庭教育的一个是中华民族,另一个是犹太民族。受中华民族优良教育文化深刻影响的东亚地区,比如韩国、日本、新加坡等,也非常重视家庭教育。中国人一直以为家庭荣辱兴衰的关键是子女的教育,所谓"子孙贤则家道昌盛,子孙不贤则家道消败",所以"家之定则国之定"。家庭是社会的细胞,家庭教育不管是对个人修身立命还是对于治国安邦,都具有举足轻重的地位。

我们担负着影响人的重要的工作,这会持久地影响到当地——从经济到社会的方方面面,这项任务很重大也很光荣。今天的研讨主题是中外家庭教育经典思想对当代父母的启迪,我们可以分三个部分来交流:第一部分是古今教育家对家庭教育重要性的认识,第二部分是家庭教育的几个重要问题领域,第三部分是中外家教思想对现代父母的启迪。

一、古今教育家对家庭教育重要性的认识

中国有着浩如烟海的文化典籍,其中先秦的礼法,汉代的家法,六朝以后出现的家训、家规等,包含着家庭教育的专门论述。此外,大量散见于经史子集中的有关家教的名言、名篇和古代传统家书及广为流传的教子诗文等,也无不蕴含着丰富的家庭教育思想。我国古代对家庭重要性的认识可以分为两个时期。

第一个时期是战国至秦汉年间,这时期的家庭教育以《大学》为思想纲领:"古之欲明明德于天下者,先治其国。欲治其国者,先齐其家。欲齐其家者,先修其身",从大到小,从天下看到自身的修为,即远大志向的落实,基于个体的修身养性,所谓"身修而后家齐",家庭的兴衰离不开个体的积极作用,个体好了,家庭就好了;"家齐而后国治",社会的细胞好了,社会也就好了;"国治而后天下平",国家好了,就为平天下奠定了基础。这种思想,实际上是以教育为治国的基础,又以修身齐家为教育的基础。

第二个时期是魏晋南北朝时期,这时的社会上涌现了大批家庭教育著作,如诸葛亮的《诫子书》,嵇康的《家戒》,向朗的《戒子遗书》等。尤其是颜之推的《颜氏家训》,堪称是我国历史上第一部内容丰富、体系宏大的家训。颜之推在论述儿童教育时对家庭教育的重要性提出了较为系统的观点。他以自己从小受到严格的家庭教育而成才,以及历史上正反两方面的事例,说明家庭教育有着学校教育、社会教育不易达到的效果。

近现代以来,人们对家庭教育重要性的认识又有了深化,比如曾国藩,他自幼学习中国传统文化,深受传统儒家思想的影响,对家道兴衰有着深刻的认识,他说:"凡家道所以可久者,不恃一时之官爵,而恃长远之家规,不恃一二人之骤发,而恃大众之维持。"又说:"家中要得兴旺,全靠出贤子弟……子弟之贤否,六分本于天生,四分由于家教。"我觉得这话讲得不错,联想到刚才金主席讲的浙江如此人杰地灵:全国百分之一的耕地贡献了百分之七的 GDP 及百分之六的国家财政收入。浙江历史上还出了那么多文人雅士、那么多院士。我这里也补充点数据:新中国成立后评选的院士(最初是学部委员)籍贯,从 1955 到 2007 年的统计数据显示:占第一位的是江苏省,占第二位的是上海市,占第三位的是浙江省,这一时期中国出院士最多的地方是江浙沪地区(而上海原来属于江苏省,建国后成为直辖市),可见江浙不仅是富庶之地,其文脉亦源远流长。南宋后的经济、政治、教育文化中心的迁移,带动了江南地区人才的发展和集聚。

区域的发展不是偶然的,它有各种各样复杂的因素,其中最关键的是人,尤其是杰

出的人才。人和人才都与教育有内在关联,不仅与大学教育有关,还关联到基础教育以及家庭教育。"六分本于天生,四分由于家教。"这个"天生"就是天时、地利、人和,包括几百年的文化积淀。一个家庭一代可以出暴发户,但是三代还培养不出贵族(所谓贵族就是有文化内涵的特质)。

鲁迅认为,父母是孩子最早的教师,儿童教育首先要从家庭教育开始。鲁迅非常重视儿童教育,他倡导"以孩子为本位"的教育思想。这跟我们今天"儿童本位"、以人为本的和谐教育思想、和谐社会的建设不是一致的吗?

著名幼儿教育专家陈鹤琴认为,可以通过对广大儿童的教育来实现国家富强。在他看来,"幼稚教育,是一切教育的基础,它的功用,正如培植苗木,实在关系于儿童终身的事业与幸福。推而广之,关系于国家社会"。而"一个人的知识丰富与否、思想发展与否、良好习惯养成与否,家庭教育应负完全责任"。他没有说学校教育应负完全责任,而是把重点放在家庭教育。我也经常跟家长交流:孩子发展的关键一半在学校,一半在家庭。

国外也非常重视家庭教育,比如古希腊时期,柏拉图在《理想国》中就提出了"儿童公育"的思想:儿童在 3 岁以前,有女仆专门负责饮食起居。这肯定了儿童教育的重要性,强调社会应该把它作为一项公共的事业,有专门的女仆来负责。

1632 年,夸美纽斯出版了《母育学校》一书,在人类史上首次制定了 6 岁以下儿童详细的教育大纲。夸美纽斯认为,家庭是儿童的第一所学校,家庭教育是学校教育的初步阶段,父母是儿童的第一位老师,特别是母亲对孩子的教育负有特殊的责任和义务。

瑞士教育家裴斯泰洛奇认为"家庭是教育的起点",成功的教育是建立在理想的家庭生活及父母之爱的基础上的教育。教育应从摇篮开始,应从儿童生下来的时候开始。因此,爱的教育应该从家庭开始,从母亲抚育幼儿开始。说得很有道理。顺便说一下,我是 1977 年恢复高考后全国统一命卷的第一届学生,读的是中文系,可是不知为什么,我一进大学就开始研究教育了。第一学期的校庆研讨会上,中文系就我提供的是一篇教育学的论文,当时主持科研工作的大学校长对中文系学生竟然提供教育学的论文感兴趣,所以也来听,并把我的文章拿去发表在刚刚复刊的大学学报上,那是我发表的第一篇论文,也引用了裴斯泰洛奇这句话,当然还拖了个尾巴——说这属于资产阶级人性论思想。要是不加这个尾巴,当时还发不了文章。那时还心有余悸,还讲点保险系数。实际上这是多余的话,无产阶级难道就不讲感情吗?我们对家庭、对学校、对社会、对国家的爱,都是从对母亲的爱开始。

德国教育家福禄贝尔曾说,人类的命运,与其说是掌握在当权者手中,不如说是掌握在母亲手中。这就是德国人的智慧。二战后为什么德国和日本能迅速从战争的废墟上站起来?有一个重要的因素,就是这两个国家都很重视国民教育及家庭教育。

此外,洛克的《教育漫话》、卢梭的《爱弥儿》、斯宾塞的快乐教育、卡尔维特的教育、斯托夫人的自然教育、杜威的儿童中心论等等,都包含了非常丰富的家庭教育思想,对家教实践产生了很大影响。

二、家庭教育的几个重要问题领域

在家庭教育发展的漫漫长河中,有一些问题领域引起了大家的普遍关注,比如自然教育、宽严相济、全面发展、敏感期及儿童的伦理观——孝敬父母的问题等等,许多教育家提出了相应的观点,仁者见仁,智者见智,虽然有些不一致,但也有很多共同性,值得我们深思和借鉴。

(一) 自然教育思想

传统社会中,对儿童的教育过于专制,忽视儿童的地位,压抑儿童的天性,直至今天,好多家长还认为孩子是自己的私有财产,把自己的意志强加于孩子身上,使儿童难以自由发展。针对这一现象,历史上的自然主义教育思想留给后人有益的借鉴:

卢梭(1712—1778 年)是法国著名思想家,他认为教育的主要目的是培养自然人。这一观点针对专制教育对儿童的摧残,要求提高儿童在教育中的地位;他主张改革教育内容和方法,顺应儿童的本性,让他们的身心自由发展。

杜威的"儿童中心论"受到了这种思想的影响,包括马克思的全面发展理论也受惠于卢梭。卢梭的教育论著《爱弥儿——论教育》,表达了独特而自由的教育思想,是一部儿童教育的经典著作。这本书好似小说,卢梭是用文学想象来表达他的教育思想。这对后来的教育学说产生了深远影响,乃至掀起了一场哥白尼式的革命。大家知道,哥白尼掀起了一场天文学的革命,他提出了太阳中心说,这对以往的地球中心说是一个根本性的转变。当然这种观点也不是正确的,但在当时确实产生了颠覆性的影响。以此来比喻《爱弥儿》对教育的巨大影响也很恰当。传统教育一直是以成人的能力和需要为标准的,把成人的意志强加给儿童。卢梭却大声疾呼打破这一传统。他在《爱弥儿》中说，出自造物主之手的东西，都是好的，而一旦到了人的手里，就全变坏了。他认为人性善良，教育应"归于自然"，就是相信人的可发展性、可引导性。人心中本来就有向善的种子，你不要去扭曲它。这样一种人性向善、归于自然的观点，与中国古代儒家教育思想异曲同工。如孟子主张"性善论"，他说"人皆可以为尧舜"，强调仁义礼智信是人的良知，是人性固有的，主张"大人者不失赤子之心"。

由"归于自然"的理论出发，卢梭主张应根据受教育者的年龄特征而实施教育。他说："处理儿童应因其年龄不同而不同。"又说："在万物中，人类有人类的地位，在人生中，儿童有儿童的地位；所以必须把成人看做成人，把儿童看做儿童。"他抨击传统教育不顾儿童的天性发展，抹杀了儿童与成人的区别，硬把适用于成人的教育强加于儿童，使儿童成为教育的牺牲品。

美国的斯托夫人（1881—1952年）也主张自然教育思想，陈鹤琴等就深受其影响。她的女儿维尼夫雷特三岁开始写诗歌和散文，四岁能用世界语创作剧本，五岁能熟练运用八个国家的语言，并能把各种语言翻译成世界语；在数学、物理、体育、人品等方面都优于其他的孩子。有人说这完全源于维尼夫雷特的天赋，但斯托夫人认为是得益于良好的家庭教育。斯托夫人的"伟大始于家庭"的观念深入美国的千家万户，并使越来越多的美国家庭从中受益。《斯托夫人自然教子书》记录了其家庭教育的理念及实践。

自然地开展教育以及追求自然的发展是斯托夫人教育思想的核心，她将教育贯穿于日常生活中，衣、食、住、行等方面无不包含着斯托夫人对女儿的教育。斯托夫人家庭教育活动的目的是促进女儿自由成长。人的发展是其自然属性在良好环境中互动而产生的综合效应。环境可以是约束，更重要的是解放。因为任何一种教育都要有规范，而规范要依据儿童身心发展的规律，所以又蕴含着解放的功能，在自由和规范中把握一种"度"，斯托夫人家庭教育的"度"是其自然教育的智慧所在。

（二）全面发展的问题

今天有些家庭片面发展孩子的智育，忽视了其他方面的教育，甚至把智育等同于考试成绩。家长把时间、精力和财力都花在提高孩子的学习成绩及特长的培养上，对孩子的综合素养诸如道德品质、劳动技能等方面则严重忽略。历史上众多教育家都重视孩子的全面发展问题，值得我们深思和借鉴：

英国教育家洛克主张在家庭中对孩子进行体育、德育、智育等方面的"绅士教育"，强调人的全面发展，注重循循诱导、循序渐进。他尤其注重健康教育，在《教育漫话》中强调"健康之精神寓于健康之身体",还提出了一系列保持身体健康的建议,主张多进行户外活动,养成健康的体魄。其实英国贵族学校对于学生的培养首重体育,伊顿公学的体育课程包括两军对阵的模拟情景,以此培养学生的勇敢精神和身体素质。贵族教育并非仅教给学生很多书本知识,或弹琴绘画,还强调男子汉的阳刚之气、责任心、勇敢、正义的品性等等。所以越是贵族子弟,越要有牺牲精神,比如去社区参与公益活动,在学校里领导社团活动——锻炼号召力、影响力,激发领袖的潜力。所谓领袖的精神气质就是既要有为人服务的精神,又要有为人办事的本领,还要有健康的体魄。

在洛克看来,品德教育是"绅士教育"的灵魂,这是个体终身幸福和事业成功的基石。对儿童的品德教育应当及早进行,品德教育包括精神品质或人格的塑造以及德行、智慧、礼仪和勇敢等品德的培养。他提出了品德教育的方法:一是要了解儿童的性情与特点。要教孩子,首先必须了解他,使教育符合儿童的年龄特征、个性特征与才能倾向。做老师的都是聪明人,不聪明不能从事教育。常言道"知人者智",看一个人聪明与否,固然要看他读了多少书,更要看他是否读懂人心;还有一句是"自知者明",对自己也要有所了解,所谓"知彼知己,百战不殆"。二是利用榜样的力量。家长的榜样和示范对孩子的品德培养非常重要。家庭教育尤其是品格教育不是说教,而是示范,马克思说"人的一个行动胜过一打纲领"也是这个道理。三是让孩子养成良好的习惯。规则是做出来的,中国人的传统家教是"洒扫应对",小时候先教你做事,长大后再教你明理。良好的习惯非常重要,习惯就是性格,性格决定命运。

洛克把智能教育放在品德教育之后。他认为,学问对于德行和智慧都是有帮助的,可作为"辅助更重要的品质之用"。学问使儿童的智慧和才干得到发展,能增长儿童处理事务的能力。他认为学习的根本目的"不是要使年轻人精通任何一门科学"或"扩大心的所有物",而是"打开他们的心智,装备他们的心智,增加心的活动能力"。在教学内容上,洛克提出了广泛又实用的教学科目。在教育方法上,他主张遵循儿童的心理特点去引导、鼓励和培养儿童的好奇心和注意力;还强调由浅入深、由易到难、从简到繁、循序渐进的原则。

马克思也提出了人的全面发展思想,这是指导新中国教育发展的重要理论基础。马克思的全面发展观是指人的各种需要、素质、能力、活动和关系的整体发展,包括物质和精神方面的全面性,核心是人的能力的全面发展。马克思认为,人的发展包括人的劳动能力的发展、人的社会关系的发展和人的自由个性的发展等,是"全面地发展自己的一切能力","发挥他的全部才能和力量",包括体力和智力、自然力和社会能力、现实能力和潜力等。新时期教育所彰显的人文精神的要义，就是一个"人"字。要让所有的孩子受到好的教育，包括家庭教育。不要把孩子分成三六九等，要面向所有儿童，这就是面向全体的教育；同时，不要用同一个模式、同一个标准要求和衡量孩子，应该用个性化的教育去适应个性化的孩子。新人文教育的第一条原则是面向全体，第二条原则是尊重个体。马克思全面发展的思想至今是家庭教育的宝贵资源和重要理论。

(三) 遵循儿童心理发展规律的问题

儿童心理发展是有规律的，一些教育家都高度关注这一点。

蒙台梭利(1870—1952年)是意大利幼儿教育学家，蒙台梭利教育法的创始人，她提出了敏感期的原理，并将它运用于幼儿教育。蒙台梭利根据对婴幼儿的观察与研究，归纳出以下九种敏感期。

1. 语言敏感期(0—6岁)：婴儿开始注视大人说话的嘴型，并发出牙牙学语的声音，就开始了他的语言敏感期。这时候，他对母亲同自己讲的话语更敏感，母亲对孩子早期语言的发展至关重要。语言能力将为幼儿以后的人际关系奠定良好的基础。

2. 秩序敏感期(2—4岁)：孩子需要一个有秩序的环境来帮助他认识事物、熟悉环境。一旦他所熟悉的环境消失，就会令他无所适从。蒙台梭利在观察中，发现孩子会因为无法适应环境而害怕、哭泣，甚至大发脾气，因而确定"对秩序的要求"是幼儿极为明显的一种敏感力。幼儿的秩序敏感力常表现在他对顺序性、生活习惯、所有物的要求上，成人应该提供一个有序的环境，使孩子能建立起对各种关系的知觉并逐步建构其智能。

3. 感官敏感期(0—6岁)：孩子从出生起，就会借着听觉、视觉、味觉、嗅觉、触觉等感官来熟悉环境、了解事物。因此，蒙台梭利设计了许多感官教具，如：听觉筒、触觉板等，以敏锐孩子的感官，激发其智慧。可以在家中用多样的感官教材(如现在国外开发有可视、可食的物品，以发展孩子的视觉、味觉等)，或在生活中随机引导孩子运用五官，感受周围事物。当孩子充满探索欲望时，只要其行为不具危险性或不侵犯他人、他物时，应尽可能满足孩子的需求。

4. 对细微事物感兴趣的敏感期(1.5—4岁)：忙碌的成人常会忽略周边环境中的细小事物，孩子却常能捕捉到个中奥秘。因此，如果您的孩子对泥土里的小昆虫或您衣服上的细小图案产生兴趣时，正是您培养孩子巨细靡遗、综理密微的良好习性的绝佳时机，父母们千万不要错失教育的良机。

5. 动作敏感期(0—6岁)：两岁的孩子已经会走路,最是活泼好动的时期,父母应充分让孩子运动,使其肢体动作正确、熟练,并帮助左、右脑均衡发展。除了大肌肉的训练外,蒙台梭利更强调小肌肉的练习。注重手眼协调的细微动作的教育,不仅能养成孩子良好的动作习惯,也能帮助其发展智力。大家知道皮亚杰的发生认识论原理,他通过心理实验证明,幼儿逻辑思维的发展与动作分不开,运动可以帮助大脑发展。孩子小时候的逻辑思维往往表现为动作思维,不运动则孩子的思维就缺乏相应的刺激和锻炼。

6. 社会规范敏感期(2.5—6岁)：两岁半的孩子逐渐脱离以自我为中心,对结交朋友、群体活动有了明确倾向。假如你在游戏中不遵守活动规则,小朋友是不愿意和你玩的。这时,父母应帮助孩子建立相应的生活规范、日常礼节,使其日后能遵守社会规范,拥有自律的生活。

7. 书写敏感期(3.5—4.5岁)：这个年龄的孩子手的协调动作有了发展,开始对书写感兴趣,此时,父母可教给孩子正确的握笔姿势,引导他们在合适的地方写写画画。

8. 阅读敏感期(4.5—5.5岁)：孩子的书写与阅读能力也许发展得较迟,但如果孩子在语言、感官肢体等动作敏感期内,得到了充足的锻炼,其书写、阅读能力便会自然提升。此时,父母可多选择读物,布置一个书香的居家环境,使孩子养成阅读、书写的好习惯。

9. 文化敏感期(6—9岁)：蒙台梭利指出幼儿对文化学习的兴趣,萌芽于三岁,但是到了六至九岁则出现探索事物的强烈要求,此时孩子的心智就像一块肥沃的田地,准备接受大量的文化播种。成人可提供丰富的文化资讯,以本土文化为基础,延伸至关怀世界的大胸怀。

敏感期是自然赋予幼儿的生命助力,如果敏感期孩子的内在需求受到妨碍而无法发展时,就会丧失学习的最佳时期,日后若想再学习此项事物,尽管要付出更大的心力和时间,成果也不显著。人们说不要让孩子输在起跑线上,重视早期教育,这是对的;但这不意味着在孩子幼年时给他灌输大量机械的知识,压抑了他的天性。父母应该在孩子出生时就重视家庭教育,制定培养计划,为孩子一生的发展奠定良好的基础。

又如德国教育家卡尔威特,把出生时本是弱智的儿子教育成为天才,他在其代表作《卡尔威特的教育》中提到这样一个例子：司各特伯爵夫妇携新生儿出海旅行,遇到大风暴,全船的人都遇难,只有司各特伯爵夫妇带着儿子爬上了一个无人的荒岛,夫妇俩很快被热带丛林里的各种疾病夺去了生命,只留下孤零零的小司各特。后来一群大猩猩收养了只有几个月大的小司各特。二十多年后，一艘英国商船偶尔在那里抛锚，人们在岛上发现了小司各特，他已经长成一位强壮的青年，像大猩猩那样灵巧地攀爬跳跃，在树枝间荡来荡去，但是他不会用两条腿走路，也不会一句人类的语言。人们将他带回英国，科学家们像教婴儿那样教导小司各特，花费了十年功夫试图让他学会人的各种能力，终于他学会了穿衣服，用双脚行走，但他还是更喜欢爬行。而且他始终不能说出一个连贯的句子，要表达情绪的时候，他更习惯像大猩猩那样吼叫。之所以出现这种情况，就是因为学习语言能力的最佳时期是在人的幼儿时期。小司各特当时已经二十多岁了，他错过了这一时期，他的这种能力就永远消失了。

敏感期对儿童的成长至关重要，上述案例从反面说明孩子一旦错过敏感期就再也没办法补救了。因此父母要善于利用这一时期，帮助孩子更好地成长。

（四）家庭教育的环境问题

《论语》中提出了教育环境的选择问题，比如："里仁为美。择不处仁，焉得知？"

"里"是居住，就是说，跟有仁德的人住在一起，处于风气良好的环境里才是明智的。如果你选择的住处没有仁德之人，怎么能说你是明智的呢？孟母三迁的故事也说明教育环境的重要性。每个人的道德修养必然与所处的外界环境有关。重视居住的环境，重视对朋友的选择，这是儒家一贯注重的问题。近朱者赤、近墨者黑，与有仁德的人在一起，耳濡目染，就会受到正面的影响；反之，就有负面的影响。所谓的"隐性课程"，通常就是指环境。

颜之推有感于梁朝时世风败坏、道德沦丧，结合自己的经历和体验，著成了《颜氏家训》二十多篇，其主要内容是用儒家思想教训子孙。它题材广泛，内容丰富，体例宏大严整，理论系统深博，被后世称为"家教规范"。他的家教思想包括教育环境的影响问题，如重视环境和师友的影响，认为师友这种特殊的文化环境对子女的影响非常重要，所以子女结交师友一定要谨慎，以防误入歧途。因为人在幼年期可塑性大，容易受外界影响。所以父母在进行家庭教育时，要营造温馨、和谐、向上的环境。

陈鹤琴明确提出了家庭教育的环境问题，认为"小孩子生来大概都是好的，但是到了后来，或者是好，或者是坏，都是因为环境的关系。环境好，小孩子就容易变好；环境坏，小孩子就容易变坏。一个小孩子生长在诡诈恶劣的环境里，长大了也会变成诡诈恶劣的。一个小孩子生长在忠厚勤俭的环境里，长大了也会变成忠厚勤俭的"。他的《家庭教育》第十三章名为《为儿童创造良好的环境》，专门论述了这个问题，从游戏、劳动、科学、艺术、阅读五个方面加以阐释：

首先是游戏的环境。家庭教育要适应孩子身心发展的规律，幼儿时期先要学会玩，不是只学知识。儿童在游戏中不知不觉就学到知识了。小孩子都是喜欢游戏的，它可以带来快乐、经验、学识、思想和健康。父母要注意小孩子的游戏环境，给孩子好的设备，使他可以充分运动，让他有适宜的伙伴，使他得到积极的影响。

其次是劳动的环境。现在大多是独生子女家庭，父母总喜欢包办一切。当小孩子年龄小、能力弱的时候，当然要父母帮忙；不过在他发展的过程中，父母应渐渐使他独立。比如孩子自己学会穿衣、吃饭、扫地等活动，在可能范围内，让孩子有劳动的机会来发展他做事的能力。马克思说：劳动是创造的源泉。现在的孩子不厌烦劳动，他最厌烦做功课。父母应培养儿童自己劳动的习惯及独立能力。

复次是科学的环境。比如父母应当在家里给孩子营造一种科学的环境，引起他研究科学的兴趣。可以根据孩子年龄的不同，选择适宜的玩具、材料，让他做自己感兴趣的事情。给孩子提供科学上各种活动的机会和设备，发展他科学的兴趣和技能。有些家庭买了高级玩具，但又不让孩子玩，好像这些玩具是给孩子看的。玩具是给孩子玩的，他要拆就拆嘛！能复原可复原，不能就算了，拆的过程培养了孩子的动手能力，是有价值的。玩具材料也要合适，家境条件差的父母没钱给孩子买遥控玩具，也可因地制宜，陶行知曾指导农村幼稚园老师就地取材，因为乡村有取之不尽的自然教材，农村有农村的特点，城市有城市的优势，各取所有，不妄自菲薄。

又次是艺术的环境。陈鹤琴把艺术的环境分为音乐、图画和审美的环境。他认为，听觉宜从小训练，学习音乐则有训练孩子听觉的功能。小孩子喜欢画画、随处涂鸦，父母不应责骂，应该给他纸和笔，教他如何画。父母在装修新房时毋宁简单些，给孩子留出涂鸦的空间。孩子的涂鸦可能是家里最有特色的装饰画。上海一所实验学校里不少墙面都是学生的涂鸦画，成为校园里最美的风景。

加德纳的多元智能理论涉及艺术的智能，他主持的课题研究提出，传统教育偏重在科学研究等逻辑思维上，对于审美的研究、形象的思维还没有真正展开，所以他认为其课题研究属于国际零点课题。这固然说明艺术教育是一个薄弱领域，应该关注；也说明国外大学教授对中国传统教育的认识不充分，因为中国文化的审美意象是相当突出的，孔子说"不学诗无以言"，说话富于诗意正是审美的展现。

最后是阅读的环境。父母要养成天天看书、读报的习惯，营造阅读的氛围；孩子的房间里有书桌和书柜，有适合于兴趣的读物，开展亲子阅读。现在好多孩子不爱读书学习,父母不知道毛病出在哪里,就出在自己身上。一些父母忽视了这一点,常常带孩子去不适当的场所娱乐,孩子从小耳濡目染,学会了搓麻将、抽烟喝酒,等家长醒悟问题所在时,悔之晚矣。钱多是好事,但是钱多了而没有文化一定是坏事。经济达到一定的程度就必须更关注教育和文化的问题,要不经济也发展不下去。环境对孩子的成长影响重大,父母必须予以高度重视。

(五)宽严相济的问题

一些父母很困惑,对孩子是严格一些好呢?还是宽松一些好?从整体来说,家庭教育要把握严慈结合的原则。

《颜氏家训》提出了儿童教育的一些原则和方法,其中重要的一条是严慈结合。他认为善于教育子女的父母,能把慈爱与严格要求相结合,并能收到良好的教育效果。不善于教育子女的父母,则往往溺爱轻教,任其为所欲为,不加管束,以致在子女面前没有威信,待到儿童已经形成骄横散漫的习气,却又以粗暴的体罚手段惩罚他,收效甚微,还伤害了两代人之间的感情。因此,颜之推认为,父母应正当地对待儿童,子女才能成器。

为什么今天的父母会宽严失度呢?因为孩子大多是独生子女,父母都比较宠爱,于是宽松有余,严格不足,这是客观因素造成的普遍现象。其实,父母是有私心的,都期望孩子的学习成绩很优秀,能考进重点中学、名牌大学,所以孩子的考试成绩一旦不符合期望时,父母就很失望,会对孩子的要求过于严苛。现代独生子女家庭常出现"两个过分"的现象:或关爱过分,或要求过分。古人讲的宽严相济还未必是在学习成绩上,更多是在孩子品行习惯方面,这是值得我们深思的。

陈鹤琴对这个问题也有很详细的论述。陶行知说他的《家庭教育》这本书"出来后,小孩子可以多发些笑声,父母也可以少受些烦恼了"。因为陈鹤琴提出了家庭教育的 101 条指导原则,对父母指导孩子健康发展提供了具体的帮助。他结合"心声"和"知非"两个例子论述了"对小孩子不要姑息也不要严厉"的原则。心声的父母非常疼爱孩子,任其胡作非为。他要打人,别人只好给他打;他夜里醒来想吃月饼,家里没有,他就乱吵乱闹;抢了邻居小孩的玩具,他父母竟然对邻居说玩玩又有什么关系——这种"姑息养奸"的教育,使他成了倔强刚愎的孩子。知非的父母恰恰相反,对孩子非常严厉,吃饭时禁止他说话;不让他去玩水,怕弄湿衣服;不让他玩游戏,嫌他顽皮——这使孩子成了一个萎靡不振的小成人。

父母教育孩子应该把握中庸的原则：既给他自由，让他有机会发展能力和开阔视野；又加以必要的限制，使他养成良好的习惯和品行。这样有利于孩子的健康成长。中国传统家庭教育的特色是"严父慈母"，父亲扮演严格要求的角色，母亲则扮演慈爱抚慰的角色。现代父母可以共同协商，把握好教育孩子的"度"。

（六）家庭伦理规范的问题

现在的孩子大多为独生子女，他们往往在父母的精心呵护下，衣来伸手、饭来张口，享受着父母的百般照顾，还认为是理所当然的，并不知道感恩父母。豆瓣网上有个小组的名字叫"父母皆祸害"。有的老师在笑，想必也知道这件事。按中国的传统价值观来讲，父母生你、养你是最大的恩德，为什么还说"父母皆祸害"呢？

据调查，这个小组的成员大部分是 80 后，他们认为从小受到的是一种僵化、机械甚至奴役的教育。教育的责任人是老师和父母，如果在小学或中学受到的教育是有严重问题的，那么教师就是祸害。当然教师假如是祸害，它是有限的，小学或中学毕业了，教师就不能再祸害我了。但假如父母又不幸身为中小学老师，那孩子一辈子就无出头之日了，所以身为中小学教师的父母才是最大的祸害。

我看到这样的材料，真的很纠结。中国的传统教育有一种价值观取向叫"天地君亲师"，"天地"是人类之母，"君"代表国家，这里先不谈。父母和老师是仅次于天地、国家的最大恩人，是孩子应该发自肺腑尊敬和感谢的对象。可是这个小组说父母和老师是最大的祸害，为什么会出现这样的问题？

其实今天不少父母的家庭教育是有问题的。我们来看一下儒家教育中的孝道教育。前面提到"欲治其国者，先齐其家"，即说明家庭教育对于治国安邦具有重要的作用。构成家庭人际关系的首先是父母和孩子，有父母才有孩子，所以二者间有天然的血缘纽带。父母总是希望儿女好，辛苦抚育儿女而无怨无悔，这叫"父慈"；儿女感受到父母的爱，要回报，这叫"子孝"，讲的是中国传统教育里第一伦的关系（五伦包括：父子有亲，夫妇有别，长幼有序，君臣有义，朋友有信），所以孝敬父母是中国的优良传统。

《论语》里有很多关于孝的讨论：

孟武伯问孝。子曰："父母唯其疾之忧。"什么是孝敬父母？首先要想到身体是父母对你最大的恩惠，人的生命的健康存在是最高的价值，做子女的不应去做不当之事，使得父母除了孩子的疾病之外不需担忧其他事情，只有让自己品行端正、身体健康，这才是对父母最大的孝。

父母对你这么好,你怎么回报父母呢?

子游问孝。子曰:"今之孝者,是谓能养。至于犬马,皆能有养。不敬,何以别乎?"现在子女有钱了,反过来回报父母:你们当年养我不容易,现在你每年要多少生活费,只要开口。"至于犬马,皆能有养",动物世界也知道反哺,同类相助,父母老了,不能捕食了,你要捕食给父母吃。"不敬,何以别乎?"如果只是给父母生活费,让父母吃饱穿暖,那么这种孝跟动物的孝有什么区别呢?嗟来之食不可食,父母需要儿女发自内心的关心敬重,不是简单地给些钱。

子夏问孝。子曰:"色难。有事,弟子服其劳;有酒食,先生馔,曾是以孝乎?"这里讲到师生关系,老师有什么事情,学生应主动协助;长幼有序,吃饭时尊者先坐。这样就称得上孝了吗?孝不是简单的礼仪,更需要从日常的洒扫应对及发自肺腑的情感、举止等方方面面透露出来。

《弟子规》是传统教育中的重要文本教材,提出日常生活中人必须修习的礼仪方式,涉及不少孝的准则,如:"父母呼,应勿缓;父母命,行勿懒;父母教,须敬听;父母责,须顺承。冬则温,夏则清;晨则省,昏则定;出必告,反必面。""事虽小,勿擅为;苟擅为,子道亏;物虽小,勿私藏;苟私藏,亲心伤。"等等。

此外,《三字经》《颜氏家训》等经典著作中都提到了家庭教育中的孝行,孝的教育一直是儒家传统文化的核心概念。中国古代社会"三纲五常"的伦理观念虽然有其局限性,但是子女对父母的孝心一直是中国传统文化的精华。不管社会如何变迁,孝敬父母的主题不应改变。更何况中国正在进入老龄化社会,这个问题更加具有现实意义。今天出现了一些不孝的案例,给家庭教育敲响了警钟,让我们不得不反思今天的家庭教育,应该着重培养孩子对父母的爱以及对他人的爱,在日常教育中突出感恩的内容。

三、中外家教思想对现代父母的启迪

目前,家庭教育的现状令人堪忧:大多数父母把培养成绩优异的子女作为家庭教育的目的,他们只关心孩子的学习成绩,考好了孩子就能得到梦寐以求的物质奖励,考不好就会受到惩罚,考试成绩成为很多父母对待子女的"晴雨表"。父母不了解孩子,也不关心孩子在想什么。当孩子有了失误,就一个劲地批评,总拿"我为了给你提供一个好的学习环境努力工作,累死累活,你却不知珍惜"等诸如此类的话来责怪孩子。孩子也抱怨父母"我又没要你给我提供优越的物质条件，你干吗要逼我，我又不是读书的料，上了清华又咋的……"

这让我想起加拿大多伦多大学的高等教育研究专家许美德来中国做当代教育人物的研究，她采访的人物中，有一位浙大的副校长，他说浙大的学风是"求是"，培养的是工程师，毕业的学生至少会做事。当然与清华、北大不好比，清华的学生毕业后是当官的，现在不少高官都是毕业于清华；北大的学生很豪迈、勇敢，有的学生出来要坐牢的。现在的孩子很功利，要他去清华，他认为不是做官的料，何必上清华；北大则不敢去，去浙大又怕吃苦，结果什么都做不了。你让他上大学，他会说：上了大学又咋的？还不是"大学毕业就等于失业"？一些父母也乱了方寸，不知道怎么去引导孩子。

总之，现在的家庭教育越来越功利化、实用化，忽视道德教育和伦理教育，使家庭教育的内容出现了偏差，也影响了学校教育和社会教育的质量，很难满足社会的需求。面对这样一种价值误区，身为家庭教育的指导者或辅导师，我们要从根源上重新审视家庭教育的目标、手段、方法、内容等。其中有一个重要的维度，就是古今中外的经典家教思想对今天的启示。只有站在前人的肩膀上，结合时代的发展，才可能有家庭教育的创新。了解中外家教的经典思想，可以获得以下六个方面的启迪。

（一）提高自身素质，贵在榜样示范

古今中外，不管是帝王家教还是平民家教，都很重视施教者自身的素质。如唐代李世民强调为太子诸王精选师傅，提高为师者的素质。古人为什么那么强调门当户对？也有一定的道理，家教好的人家一定会找有修养的孩子，以保证子女的遗传素质和后天教养。如清代汪辉祖提倡母教，认为母亲的素质对子女的影响至关重要，他在《双节堂庸训》里说：妇人贤明，子女自然端淑。其母既无不孝不仁之念，又无非道非义之心，子女禀受端正，必无戾气。他看到了母亲素质与子女品性的关系，认为母亲的一言一行会深深地影响子女。人们说，一个成功的男人背后，必定有一个伟大的女人；同理，一个优秀的孩子背后，也一定有一个伟大的母亲。

举个例子，我认识的一位政治老师，她成长为一所示范性高级中学的校长。她的女儿也很优秀，高中毕业前，当其他学生正在为 985 大学、211 大学或"一本"、"二本"焦灼的时候，她同时拿到了三所美国名牌大学的全额奖学金的录取通知书。她选择了康奈尔大学。我问，为什么不去哈佛？其实这个问题很傻也很功利，在我的意识里，哈

佛是最好的学校。这位校长说，原来也考虑过哈佛，可后来选择了更适合女儿发展的康奈尔大学。因为康奈尔大学提供的奖学金不仅免了学费，还提供了全部的生活费用；哈佛只是免了学费。作为普通工薪阶层，这是必须考虑的因素之一。更重要的是她女儿对生物学特别感兴趣，而康奈尔大学的生物学在北美首屈一指。我觉得这位妈妈蛮智慧的。她送女儿去机场，女儿登机前，她从包里拿了一摞日记本说，这是妈妈给你的礼物，是你来到人世后妈妈记载你的成长日记，现在你18岁了，要到美国读书去了，妈妈没法记了，你可以自己记下去。女儿揽住妈妈掉眼泪：为什么我这么幸福，有这么好的妈妈！

当年陈鹤琴先生研究家庭教育，他怀着初为人父的喜悦，使用照相机和纸、笔记录下自己的新生儿一鸣的每一个表情和动作，从而开始了长达808天连续观察实验，留下一份中国现代教育史上最早的观察记录。在此基础上，陈鹤琴先生写作了《儿童心理之研究》，一鸣自幼喜爱绘画，陈鹤琴潜心培养他，从涂鸦开始，一步步走近绘画世界；同时，陈鹤琴将儿子从1岁到16岁的561幅图画收集起来，从中发现儿童的心理在遗传的影响下，通过生活经验和教育实践，如何由简到繁逐渐发展；以及儿童的绘画如何以儿童生理的发展为前提并受到心理发展的制约。在陈鹤琴的早期研究工作中，经常能出现一鸣的身影。1925年，《儿童心理之研究》姊妹篇《家庭教育》出版，教育家陶行知在推荐这本书时写道："书中取材的来源不一，但有一个中心，这个中心就是陈先生的儿子一鸣。"上述案例都说明了父母在家庭教育中的重要作用。

这里还有一个案例：一对精通七国文字的高级工程师，女儿在德国留学。小外孙刚诞生时，他们跟所有的中国父母一样，帮着女儿带孩子。当孩子幼儿园毕业上了小学，他们突然发现洋女婿对自己有些反感了，说你们老是到孩子的房间去，这样不好，小孩子大了，要有自己的独立空间，你们不要去干扰她。两位老人知道，呆在德国已经成了女儿、女婿的累赘。回国后，老人的生活就没有了目标，不知生命的价值何在。有一天，父亲写了一封邮件给女儿，说哪一天你给家里打电话没有人接，就意味着家里出了大事，赶快联系至亲好友来关心一下。女儿看到这个邮件感觉不好，就抓紧打电话，果然没人接，她就打电话给爸爸最好的朋友，让他去看一下。这位朋友发现门缝下有一张给女儿的纸条，上面说父母现在不能帮你的忙了，为了让你在德国更好地发展，不让你有所牵挂，我们就去见上帝了，老人已选择了自杀。其实懂七国文字是很可贵的人才，怎么说没用了呢？可见教育的智慧高于语言知识，老人懂七国文字，可惜不懂人性的智慧。所以成人也是需要学习、需要成长的。

在座的各位指导老师，不仅要指导家庭教育中的父母双方，还要指导父母的父母。现在中国的不少家庭面临着"六对一"的特殊国情——六位长辈对着一个孩子，上面的祖父母、外祖父母也需要良好的家庭教育辅导。如果上面四个人跟下面两个人闹矛盾，就会使得孩子不知所措，为了自己的小宝贝疙瘩搞得三代不和，就是缺乏智慧。有的家庭有了宝贝孩子后夫妻感情越来越亲，就是因为家庭成员有了教育智慧，形成了教育共识。但父母为了孩子的教育问题闹离婚的也有，有个生物学的研究员毕生研究昆虫，就因为孩子的教育与妻子闹矛盾——妻子也是昆虫学专家，但他们缺少教育的智慧，因为孩子要比昆虫复杂得多。

父母要提高自身的修养，为孩子做一个良好的榜样，让孩子像父母一样，温文尔雅、知书达理、好学善问、严谨务实。为了让子女能够更好地适应社会，家长有必要用正确的言行训练和教导子女，使其讲文明、懂礼貌、生活愉快、善于合作，这对于子女形成健全的心理品质，无疑具有重要作用。

（二）重视道德教育，培养公民意识

中外家教思想都非常重视道德品质的培养，中国传统教育的评价是以道德为准绳的，孩子道德品质的培育一直是家庭教育的核心内容。国外也非常重视家庭的道德教育，如斯托夫人明确提出，品德教育始于摇篮。当维尼芙雷特在襁褓中时，斯托夫人就通过自己的言行及与女儿的交往，有意识地培养她的美德。

现在的家庭暴力、青少年犯罪事件等层出不穷。为什么？很重要的一个原因是父母自己粗暴地对待一些人和事，对孩子有不良的行为影响。不少孩子出自于独生子女家庭，他们中的许多人从小受到溺爱，父母极尽所能给他们以物质享受，却忽视了孩子的精神需求，父母的注意力只集中在课程知识的某一个狭窄的领域，而忽略了丰富的道德情感，自己待人自私冷漠，缺乏同情心，孩子看在眼里，以后也会以这种方式对待父母。

同时，国民普遍缺少公民的责任意识。在这方面，学校教育要起到引导作用。有没有引导是不一样的：如果学校引导了，可能会帮助家长走出误区；如果学校不善引导，父母亲就不会配合学校做好家庭教育——比如学校教师这样讲，家庭教育却另搞一套，两种力量就会相互抵消，1＋1不等于2，相反变成了负效应。有的家长对孩子实行虎狼式教育，对孩子说你不能软弱，如果你太软弱，就会被小朋友欺负。孩子在学校

受了点委屈,家长到学校给孩子做示范:找到欺负他儿子的同学,上去就扇两个耳光,责问:为什么欺负我的孩子?我今天来伸张正义!然后又对自己的孩子讲,人家打你一拳,你要踢他两脚,以后他就不敢打你了。父母固然要教小朋友学会自卫,但不能教小朋友以暴易暴,这将害孩子一辈子。虽然当今社会有"与狼共舞"、"七匹狼"及狼图腾等文化现象,但作为教育工作者,对此要有清醒的认识。虎狼的本性还需要教吗?动物生下来就有的。人的教育就是驯化、感化、柔化动物性的粗暴之气。就像孟子说的,人要像个人,作为人而不知仁义礼智信,与动物有什么区别?

我们来看社会现实:小悦悦被车碾了,18位路人竟然冷漠地走过;看到当街抢劫,周围的人唯恐避之不及。身为中国公民,连基本的正义感都没有!如果任社会充斥着世态炎凉、人情淡漠的氛围,下一代生活在这样的环境里,会幸福吗?反过来想,如果你的孩子受到不公正的待遇,你不希望路人有正义感吗?

现在小区里的车越来越多,车多未必是好事。有位朋友说,退休后要去乡村呼吸新鲜空气,在城市里想要散步都不得安宁。因为他家附近是繁华商业区,一路上都是小汽车排出的废气,出去散步不是锻炼身体,反而是被污染的空气折寿了,所以盼到退休,赶快去乡下呼吸新鲜空气啊!其实农村早也不是净土,去了也不一定真能享受清新的空气。再一个,现在女人显示自己的身价是牵条名贵的狗,以前是挎个包,现在挎包也不稀奇了,牵狗才上档次。问题是牵了狗就是贵族吗?狗随地大小便,一不小心狗屎踩到脚底下了。走路时脚下又添了不卫生的隐患,所谓高档社区的生活质量是在提高还是在降低呢?

父母不注意文明,孩子会跟着学样。父亲在二楼抽烟,扔得底楼邻居的花坛全是烟蒂,孩子也如法炮制,赃物满地扔。邻里的纠纷啊,同事之间的矛盾啊,就是从这些细小的地方开始的。家庭尤其要注重培养孩子的公民意识,将心比心,己所不欲,勿施于人。有的社区标语写得很好——"小区是我家,大家爱惜她",你把家里装修得赛过五星级宾馆,外面却像垃圾场,生活在这样的环境你舒心吗?

父母应检讨以往家庭教育的片面性,要重视孩子德智体美的全面发展,尤其要注重德育,要将道德品行的培养贯穿于生活的方方面面:从小要求孩子团结友爱,乐于助人,体会到助人带来的满足感和幸福感。让孩子从小具有社会的正义感、公民的责任感,培育社区邻里的友情和互助精神。只要人人履行好自己的公民责任,热心公益,友善处世,整个社会就会充满温情。

（三）自立自强，言行一致

以前的家庭教育，父亲和儿子不能太亲近，太亲近了就没有敬畏感，就把孩子送给人家教育，人家则把孩子送给我来教育，称为"易子而教"。如《论语·季氏》云，陈亢问于伯鱼曰："子亦有异闻乎?"对曰："未也。尝独立，鲤趋而过庭，曰：'学诗乎?'对曰：'未也。''不学诗，无以言。'鲤退而学诗。他日，又独立，鲤趋而过庭，曰：'学礼乎?'对曰：'未也。''不学礼，无以立。'鲤退而学礼。闻斯二者。"陈亢退而喜曰："问一得三，闻诗闻礼，又闻君子之远其子也。"

孔子于孔鲤过庭时所讲的这番话，就是"过庭语"。"过庭语"寥寥数字，概言之，就是"不学诗，无以言，不学礼，无以立"。但从这则记录中，可以窥见孔子家庭教育的目的。言，不仅指能发声，会说话，更指恰当的表达，优雅的谈吐，良好的沟通。孔子是不讲究话多的，叫"君子讷于言敏于行"，说话要谨慎，行动要敏捷。当然他不反对学话，他主张要学诗，学有风度的话、得体的话。现在有很多孩子不大会讲话，从孔子的家教中可获得启发。立，是立身，是在社会中适应各种规则，求得生存并生活得更好。言和立是一个人应具备的重要能力。因此，孔子的家庭教育，是教孩子学做人，培养处世的能力。

目前父母对孩子的关注主要停留在知识的层面，其实家庭教育应注重实践能力、生活习惯、道德品行等方面，来弥补学校教育的不足。

（四）尊重天性，培育个性

学校教育在发展个性、拓展空间方面受到种种局限，家庭教育应补充学校教育这方面的不足。

清代王士俊《闲家篇》批评"惟事扑责，不顾子弟之所安，不谅子弟之所禀，与其学问之生熟，而惟欲速以求即成"的错误方法，主张循序渐进，毫不放空，亦不逼迫，优而游之，"顺其天真，养其灵觉，自然慧性日开，生机日活"。卢梭在《爱弥儿》中也主张改革教育内容和方法，顺应儿童的本性，让他们的身心自由发展。

今天，各种各样的辅导班正在社会上蔓延，家庭作业铺天盖地，孩子的课余生活被安排得满满当当——孩子没有了自己发展的空间。假设家里面装修得很好，但是客厅里各种家具和装饰品塞得严严实实，我们进去一看，就会觉得这个人不懂装修、不会装修。家庭装修要留出活动的空间，现在这么多东西一塞，让孩子到哪里活动? 一活动就怕他把贵重的东西搞坏，是孩子重要，还是摆设的东西重要? 其实，空间与时间是可以互换的,你不给他时间活动,空间也就失去了意义。学校从早上七点到晚上六点都给学生排满了功课,周末和晚上难得的一点时间,又给各种校外辅导机构的训练侵占了,孩子既无时间,哪里还有个性发展的空间?

有人说现在的孩子越来越笨,你以为把他弄得像个陀螺似的,他就聪明吗?你越是将他的课余时间填满,他就越笨,这是辩证法。如果孩子的时间没有被填满,说明他还有潜力。现在大学的自主招生,主要不是看你的应试成绩,面试考的是学生的博闻和创见以及应对能力、发散思维的能力,这是书上学不来的。自主招生看的是学习效率和学习潜力,如果他考了五百分,你考了五百零五分,而他每天用于看书学习的时间是两小时,你用了四个小时,多花两小时多拿了五分算什么稀奇?人家不用那么多时间死读书,表示他有潜力。

(五)父亲应主动承担家庭教育

中外历史上出现过不少家庭教育的"父亲典范",我国有颜之推、曾国藩、陈鹤琴等,外国有卡尔威特、苏霍姆林斯基等,他们的教育著作广为流传,他们的子女素质优良,充分显示了父亲在家庭教育中的作用。但是长久以来,我国一般家庭通常不太重视父亲在家庭教育中的作用。社会上流传的"父严母慈"、"相夫教子","男主外、女主内"等,似乎家庭教育的主要责任在妈妈身上,这就不对了。

许多男士以成功人士自居,认为自己是家庭的经济支柱,全力在外打拼,母亲应在家相夫教子,家庭教育的责任全部落在母亲肩上,父亲很少有时间、精力与孩子游戏、沟通、互动,而父亲对孩子的教育愿望及教育措施,一般通过母亲来进行,这导致了家庭教育中父职的缺失。儿童的健全人格与良好品德的培养需要父母双方的共同教育,父亲的长期缺职必然不利于孩子的发展。久而久之,孩子就养成了依赖的习性,父亲在家庭教育中的角色缺失,使孩子缺少了阳刚气,更让男孩缺失了责任感和勇敢精神。

现在的中小学校,女教师占据了相当的数量,把男生调教得有些女性化,日常的家庭教育中父亲就有责任去弥补这一性格上的缺憾,可是不少青年爸爸难以承担责任,因为他自身也女性化了。社会上充斥着"成人幼稚化"现象。如80后、90后的学生,语言都有幼稚化的现象,故意奶声奶气,吃饭不叫吃饭,叫"饭饭",还有什么"东东"、"漂漂"这种网络语言,有人说是学生的原创语言,我看是幼稚化的语言。现在的大学里都是这样,让人恍如进入了幼儿园。幼儿园的孩子讲话奶声奶气,因为他们幼稚嘛!就像说"爸爸"、"妈妈",发音和表达简单了嘛!中学生、大学生为什么也追求幼稚、简单的话语？表明青年一代躲在父母的羽翼下，不想长大，不愿意在严酷的社会环境中竞争，有些还成了"啃老族"。

在座有不少女老师，你们有没有责任？有一次，我在书坊看到一本书，名字很抓眼球，叫《把男友训练成一条狗的66条妙计》。女人要把男人变成一条忠实的狗，还有66条妙计！我也算是有计谋的人，也研究了若干条计策，仅仅帮助教师、学生走出厌教或厌学的误区——她比我伟大得多！男人在这样的女人调教下，怎么还会有阳刚气？都成了宠物狗了！当今时代，"男人女性化，女性幼稚化，儿童宠物化"的社会现象值得人们深思。

父亲应强化自身在家庭教育中的角色地位，真正站在家庭教育责任人的角度来思考如何在家庭教育中发挥作用，意识到自己在家庭教育中具有不可缺少的重要作用，从而调整工作和休息时间，把家庭教育和亲子关系列入自己人生发展和家庭和谐的重要内容。为此，父亲要学习儿童发展的相关理论，真正了解孩子在不同阶段的生理、心理特征和教育需求，并根据孩子的需求确定自己该做什么，当一个称职的好父亲。

（六）让家庭教育充满乐趣

我们要彰显家庭教育的艺术魅力。实际上，人生是很有趣的，人类社会有家庭，父母有孩子，人类的生命在延续，一代一代往下传。不像自然界的动物，仅仅是物种的自然延续，人类还有文化的延续，使我们的后代站在前人的肩膀上，超越父辈，有一个更美好的未来。

教育是一门科学，更是一门艺术，可以带给人美的享受。家庭教育是教育的一个子系统，教育对象主要是未成年的孩子，尤其要讲究教育艺术。父母不要把家庭教育看作负担，而应视为亲子共历成长的欢乐家园：让孩子在享受中获得知识，体会成长的乐趣；让自己在教育中获得经验和幸福感，也体会到乐趣。

欧阳通是唐代著名书法家欧阳询的儿子，他早年丧父，母亲徐氏为使儿子继承家学，常教子学习父亲的书法。但徐氏毕竟不是书法家，无法教子深入地学习，只能引导儿子自己去钻研。如何引导呢？她拿钱叫欧阳通去市场上买其父的遗迹。当时欧阳询所写的书牍在市场上广为流传，人们争相购买、模仿。欧阳通看到其父字迹那么受欢迎，深受触动，回家后便刻意模仿以求出售。几年以后，其书虽亚于其父，但也父子齐名，被号为"大小欧阳体"。母亲的诱导教育终于获得丰硕的成果。这就是前面说的，一个成功的男人背后必然有一个伟大的女人，一个优秀的孩子背后也一定有一个伟大的母亲。

在教育艺术的运用中，游戏是最普遍的一种方式。比如，福禄贝尔强调游戏是发展儿童自主性和创造性的最好的一种方式，而儿童的游戏最初是在家庭中与母亲的相处中产生的，孩子也是从最初与母亲的游戏中开始了解自我，了解客观世界的。母亲要利用好游戏这门艺术，以愉快的游戏、逗引的方式引导孩子去认识未知的世界。

结语

现在教育界"与世界接轨"的呼声不断，讲到接轨，大概不是接非洲肯尼亚的轨，也不是接越南、朝鲜的轨，主要是接发达国家尤其是美国的轨。

美国的中高层家庭认为，一切都可以外包，比如家务可以雇钟点工，旅游可以雇导游等，唯独孩子的教育不能外包。所以具有良好文化修养的母亲，为了孩子的家庭教育，甚至可以辞职。现在美国有各种教育公司冒出来，以适应不同家庭、不同孩子的个性化发展要求。

美国的这种家庭教育态势与中国的中高层家庭的教育形成一种鲜明的比较。因为中国人现在最引以为豪的是家庭富有，而富裕的标志是孩子全托了——从幼儿园开始就24小时全托，小学全托，中学全托。我跟这些父母说，全托害了你，这个孩子不是你养的，是全托学校的老师养的。20年以后，你哭还来不及，因为孩子对你没有感情。不少父母不懂得这个道理。一些中国父母最大的时髦和炫富方式是孩子由他人"全承包"，这在美国人眼里可能是违法——你没有尽到作为未成年人监护者应负的责任！

现在有所谓的"狼爸"、"鹰爸"、"虎妈"等各色新潮的家教法，我对这类时髦现象暂时不做分析评论。我要说的是，不管是什么样类型的家庭教育，不管用狼、鹰、虎等抓人眼球的词汇来形容对孩子的教育有多大的合理性——我们绝对不能照搬！假如父母头脑简单到以一种动物来命名自己的家庭教育模式，那天下真的无难事了。也许对某个家庭的教育来说，狼有狼的道理；当然对另一个家庭的教育而言，鹰有鹰的道理；还可能对虎妈这个美国华裔家庭的教育来说，虎也有虎的道理。但是一旦进入中国大陆、进入浙江、进入杭州、进入在座各位的家庭教育，落到每个孩子身上，非狼、非鹰、非虎才是适合的。

聪明的父母要学会自己拿捏，只有依据孩子的个性特点灵活变动才是正确的应对之道。怎样才能拿捏到位？要让自己聪明起来！除了认识家庭教育的重要性，还要对家庭教育的内容和方法进行全面研究,借鉴、学习、吸收并消化一切对我们有利的知识。面对今天家庭教育的种种问题,身为家庭教育的指导者,我们也要不断地反思、修炼。为了我们的孩子、为了我们的学生,身为父母和教师的我们,应该让我们的家庭和学校更幸福、更快乐、更和谐!

最后,谢谢研修班的各位学员!谢谢这次会议的组织者!

（2012 年 3 月 26 日在杭州"全国家庭教育工作研修班"的讲演）

5. 蔡元培美育思想与当代学校人文艺术教育

尊敬的书记,尊敬的各位老师:

很高兴有这样一个切磋学问的机会,来到美丽的三新学校。松江是不陌生的,我老家是原上海县,与松江是近邻。小时候,松江给我的感觉是蛮远的,去一次不容易。但由于这几年华东师范大学和松江区教育局的合作关系非常密切,所以我也经常有机会来松江,过一段时期,感觉松江的面貌又发生变化,环境越来越漂亮,学校硬件和市区没有差别了,甚至,我觉得是超过市区了。空气的质量,居住的环境,市区远远不如松江,所以感觉你们在这里工作、学习,真是一件蛮开心、蛮幸福的事情。而且我看到,在座的老师都这么年轻,年轻意味着生命和活力,意味着这所学校的潜力。与这么多年轻的朋友来切磋学问,切身感受大家的青春活力,所以我觉得非常高兴。

我来这里是做应试作文了。在座的领导给我出了个题目,要我来谈谈蔡元培的美育思想。那天,学院科研部的主任给我打电话,我说美育和基础教育的改革这样的演讲主题没有问题。他说这次是有特别的要求,是专门谈一谈蔡元培先生的美育思想。我这几年跟基础教育界切磋来往非常多,好像还没有一所学校主动要求谈一谈中国近代教育史上某一位人物的教育思想,松江区的一所学校怎么会有这样的雅兴呢?原来我们这所学校的办学理念,就是"美育领先、人文见长、素质立身、文化兴校"。我就觉得这个口号或者理念提得非常好。

为什么说这个理念非常好呢?因为就我所知,在中国的基础教育界能够把美育提到这样一个高度——"领先",好像还没有,假如有,请你们提供给我。我想起两年前,到上海市嘉定二中,承蒙吴晶校长信任,去开发一个校本课程,就是总结嘉定二中50年走过的路,出一个图文并茂的画册,来反映嘉定二中成功的办学理念。我问学校的办学理念是什么呢?他说是"文化立校、美育立身、能力立足",我也觉得这个提法很好,我就说,理念很有特色,美育立身,中小学似乎还不曾见。吴校长对我说:也有像您这样的大学教授,或教育局的领导,建议"改一改,最好把'美育立身'改为'德育立身'"。我问:你们怎么没有改呢? 吴校长说,我们想来想去,就觉得美育跟德育是不矛盾、不冲突的,而"美育立身"则更好地反映了我们这所学校的特色,所以还是坚持没有改。我说很好,这就是校长的素质,怎么能把一所学校的特色轻易改掉呢? 提这个建议的专家或领导,可能还没有深入你们学校的实际,不了解你这句话背后真正的内涵是什么,确实如你所说,"美育"和"德育"是不矛盾的,相反,可能比"德育立身"这个普遍性的、没有特征的口号更能够切近你这所学校的师生。

今天,我还在想这个问题:为什么这样一种重要的观念——美育,对于中小学的老师和学生非常重要的思想,教育界的一些专家和领导,还理解得不是那么深呢?

好了,这就回到今天的话题上来。这个命题作文虽然给我画了一个圈,我还是非常有兴趣来跟诸位做一些交流。

我与诸位交流四个方面:第一是"学校美育的四重依据",第二是"美育的意义和蔡元培的独特地位",第三是"蔡元培美育思想的基本内涵和特征",第四是"学校美育(包括人文艺术教育)的前景与展望"。在做这四个方面的交流之前,我要从引言说起。

一、引言

刚才,我举了一个例子,是从嘉定二中的办学理念谈起,就是某些专家、领导建议把学校的"美育立身"改掉,我说不改更好。那么,他们为什么有此建议呢? 这是因为受传统思维模式的影响由来已久。

比如,今天讲到素质教育,请问老师们,素质教育的内涵是什么? 大家就像唱山歌一样,"以道德教育为核心,以创新能力和实践能力为重点",大概不会提到"美育"。问题就在这个地方,所以当我们提出一个新的概念,他首先就会觉得很不适应,很不习惯。这个提法对不对? 为什么有这个新的提法? 他就习以为常地认为,这个提法要斟酌,不是很贴切,乃至要把它改掉;其次,他以为这是个全新的创造,他不知道这样一种提法是有历史依据的,是渊源有自的。所以,老师们,今天基础教育界创新、改革、发展的新提法有很多,但真正能把握内涵的,懂得在现实的基础上去推进、去发展、去创新的人并不多。甚至可以说,有些人,他不知道问题的症结所在,或者是他在重复一些人们已经做过的事情,他却自认为是一种全新的创造。上海教育局的一位老领导吕型伟先生,他近年在全国各地一再呼吁,要中小学校长和教师读一点教育史,补一补近代以来中国的教育、世界的教育怎么发展过来的基本常识的课。因为不知道教育史的ABC,却在盲目创新且沾沾自喜的现象比比皆是。

讲到教育史的常识课,我今天还在与你们教师进修学校教师培训部的负责人探讨。她说:"金老师,上次你到我们这里来讲课,提到教育的基础知识有四大主干?"我说是,它包括教育史学、教育哲学、教育心理学和教育社会学,这是支撑教育知识大厦的四根立柱。要造房子,首先要有四根支柱。现在中小学领导和教师有关教育史学的ABC几乎是个空白。我在《衡山夜话》里专门有一篇文章,说的还是校长。我说校长忙忙碌碌十几个小时在忙什么,他忙不在点子上。我为什么说这个话? 1999年,我在上海某个区的校长培训班上做调查,60多位校长仅有两人看过《学会生存》这本书。我在全国各地,每次做报告,我就做随堂调查,用这么一个简单的题目来考量,结果,我在某个市级的暑期骨干教师的讲习班上,面对600多位老师发问的时候,竟然跟今天一样,没有一个人举手。时间已经从1999年跨入2008年了,近十年过去了。(面向书记),书记啊,我觉得真的没有多大的改观。有一次,有一位校长,坐在第一排的,他在我调查后,马上就脸色很难看。他说"金老师,我就是没有看过,那又怎么样?"我说没有怎么样,作为一个中国的公民,承载着3000年的历史文化,今天有个人问我,你有没有看过《论语》,我说没有看过。他说你一个中国人连《论语》都没有看过,回答是:没有看过又怎么样? 如果问一个从具有西方文化传统的国家来的教授,请问《圣经》你看吗? 回答是:没有看过又怎么样? 问一位中共党员,你看过《共产党宣言》吗? 回答是:没有看过又怎么样? 我说,没有怎么样,但是否有一些小小的遗憾? 改革开放三十年了,《学会生存》应该是一本当代的教育经典著作了,老师们,我为什么强调这本书啊? 因为这本书确实对中国教育的改革开放起了很大的影响。今天在座的各位老师,像样的教育史的ABC,您是否具备呢?

那么,从一滴水里面折射出来的是什么? 今天的老师、今天的校长有没有必要了解一点教育史的ABC? 如果你有这样的基础,你就不至于跑到中小学去乱说话,人家很好的办学理念——"美育立身",你却建议改成"德育立身"。当然,你是出于好心,但是你缺少ABC,所以就讲了外行话。

这是引言,接下来进入正题。

二、学校美育的四重依据

今天三新学校提出"美育领先、人文见长、素质立身、文化兴校"这样一个十六字的办学理念，它不是校长的心血来潮，也不是领导班子几个人一时兴起拍着脑袋想出来的，它一定是扎根于中国本土的教育实践，是依据松江地区的具体环境，是基于学生的来源、学校的特色等种种考量而提出来的，是引领这所学校发展的一个关键术语。

既然是关键术语，我想它自身一定要有坚实的依据。我们讲话要有依据，办学难道可以没有依据吗？支撑"美育领先"理念的根据是什么？我可以为此提供四重依据，当然，我想学校的领导，也许早就有了这样一种考量，意识到了这么一些要素，只是没有像我说的这么学理化而已。

（一）现实依据

今天非常有必要在中小学推广美育，因为现实呈现给我们太多的例证：由于缺乏合适的美育，使新一代青少年的成长、人格的发育不完整，甚至造成了很严重的社会问题。

我在这里举几个例子。大家知道2007年有件在网络上炒得很厉害的事情，就是内地有一个刘德华的歌迷，叫杨丽娟，她痴迷到哪怕倾家荡产，也要到香港去参加歌星的聚会，目睹一下她心目中的偶像。但是她没有被接纳进入刘德华的小型茶话会，于是非常失望，而她的父亲为了帮助女儿，不惜用死来感动歌星，于是跳了维多利亚港。我看了报道是很痛心的。痛心这位女儿，更痛心这位父亲。我们今天怎么做父亲呢？我们今天怎么做教师呢？可以说这是双重的失败，学校教育的失败和家庭教育的失败，导致这样的后果，这是第一个事例。

第二个事例，由于2005年湖南卫视"超级女声"节目的成功举办，因此在全国出现了一批"超女"迷，到了第二届超级女声大赛再举行时，就有人不择手段去竞争。原来超女要超越他人，除了天赋、努力，还少不了钞票，因为摁一下手机参与海选就是一块钱呐。一个选手要能得到数百万张选票，得有多少钱摁出来？所以为了进入第二轮竞赛，有的选手发动朋友，以各种方式去支持，已经花了十几万，她的妈妈现在很担心，说好不容易进入第二轮，如果再进到第三轮，后面是不是要花更多的钱？如果杀入最后的决赛，不知道还要花多少钱？看了这个报道，我有点担心，搞得不好，第二个杨丽娟现象又要出来了。

第三个例子，2004年万维网调查青少年心目中的十大文化英雄，第一位是谁呢？（有师答：纪晓岚）纪晓岚不是文化英雄啊，有可能你刚刚看了有关纪晓岚的电视片。第一位文化英雄还是鲁迅，这是一个严肃的调查，鲁迅占第一位，我觉得毫不奇怪。因为中小学生，可以说是喝着鲁迅的奶长大的。从小学课本到初中到大学，选了鲁迅多少的文章，现在我们要反思一下，究竟选多少篇合适？而且选什么内容？我们还要思考，是否因了选文的数量，所以鲁迅自然而然成了第一文化英雄。第二是谁呢？（有师答：古龙、郭沫若）郭沫若不在里面，（有师答：金庸）也许这位老师看了这方面的报道。排序大概是这样：鲁迅、金庸、巴金、老舍，包括钱钟书，好像还有梅兰芳，最后好像还有钱学森和杨振宁。我所以发感慨，是南方周末的记者去采访金庸：你现在成为青（少）年心目中的文化偶像，排在第二位，请问你有何感想？结果金庸怎么说呢？他说：文化英雄本人实在是愧不敢当，实际上，现在想想年轻的时候，没有好好读书，光会写小说，是一件很吃亏的事情。与剑桥、牛津的教授沟通，觉得他们非常有学问，更显得自己心虚，底气不足。写小说不是好事情，是往外掏，做学者，是不断地往里堆积，充实自己，所以文化英雄我是不敢当的，我怎么敢与陈独秀、胡适这样的人并列呢？

金庸是不是老糊涂了？因为十大文化英雄没有陈独秀，没有胡适。他说，我怎么能够跟鲁迅、钱钟书并列呢？我更不敢跟杨振宁、钱学森并列了，我是个写小说的，怎么能够跟陈独秀、胡适并列呢？请问金庸先生，谁拿你跟胡适、陈独秀并列了？十大文化英雄根本就没有这两个人。问题就在这个地方，我看金庸他不糊涂啊，他心目中的英雄或许另有所指啊。问题是，青少年为什么会有这样的投票结果啊？是你们老师教出来的。如果教师缺乏文化历史背景，学生就很难知道除了鲁迅、钱钟书、金庸、老舍之外，还有譬如胡适、陈独秀以及我们今天要谈论的蔡元培等，还有梁漱溟、陶行知、黄炎培等等。当学生的知识结构是欠缺的，他怎么可能知道文化的天地是何其之大？他们所推出来的名人榜、英雄榜本来就是有争议的。评上又怎么样，不评上又怎么样？对青少年而言，他心仪的人评上就很兴奋，评不上他就跳河？这就是他的不成熟。那么，面对不成熟的青少年，成熟的老师在哪里？老师本身也是不成熟，老师的知识结构也是欠缺的，当今教育界的可悲恰恰就在这个地方。

这样的例证还有很多，我想举三个就够了。

就在两个月前，中国人民大学文学博士余虹教授跳楼自杀了，我真的很吃惊（2007年12月5日中午，中国人民大学文学院教授、博士生导师余虹从10楼坠下身亡。这名国内文艺理论与美学领域颇负盛名的学者，生前研究海德格尔、福柯。对于他的死，有人写道："在正午,一个尼采式的时间,他从高空坠落,像一片落叶? 抑或一只飞鸟?"多家媒体引用这句话,用来渲染余虹自杀所含的哲学意味),但我也觉得不奇怪。为什么啊? 因为我的好朋友——华东师范大学的一位文学博士,拿到博士学位仅两年,也跳楼自杀了。这是很痛心的事情,高级知识分子想不通,照样跳楼自杀。这就是四重依据里面的第一重——现实依据。从中小学生到大学教授、博士,从我们的学校课堂生活一直到社会的方方面面,反映出来的是人文素养、美育素养与环境要素的不协调产生了严峻的生存问题。

(二) 历史依据

美育为先,有没有历史依据呢? 有。中国的教育源远流长,学校课程可追溯到六艺。六艺是礼乐射御书数,乐排在第二位。但这个排法是周代确定的。如果考证一下,恢复历史的本来面目,最初的排序是乐放在最前面,《论语》里面孔子说:"兴于诗,立于礼,成于乐。"可见教育的发展其开端是美,终端还是美,中间的过程当然需要礼。所以我们重视美育,不是心血来潮的新发明,而是渊源有自,它是符合人类发展规律的,也是符合教育发展规律的。西方文艺复兴运动后,审美教育、艺术教育成为近代化过程中间一个非常重要的力量。包括美育这个词,就是席勒首先使用的,中国人原来不说美育,说的是乐教。音乐的乐,快乐的乐,这是一个多音字。乐(yue)就是乐(le),乐(le)就是乐(yue)。

梁启超说,"欲新一国之国民,必新一国之小说",为什么美育重要? 它蕴含着特殊的功能,五四新文化运动以后的新文学和新教育,对中国的影响有多大? 这就是历史依据。

(三) 理论依据

中国的教育方针和目的是德智体美全面发展,这是在座的每一位老师都能背出来的,既然教育的目的、方针如此规定,我们能不提美育吗? 但事实是许多学校就可以不提美育,甚至提了美育也是不实施的,它只是一个漂亮的口号,放在墙上看看的。这样的学校我看得太多了。讲实在的话,校长不知道怎么开展,他心中也没有谱,是吧? 美育有心理学的依据,心理学有关人的心理活动领域的划分,通常指认知、意志和情感。对应认知、意志和情感的是教育学的概念:智育、德育和美育。人的全面发展,是身心的和谐发展;心的全面发展就是认知、意志、情感的和谐发展。用教育学的术语来说,是智育、德育、美育的全面发展。教育学概念的表述至少应遵循形式逻辑，要严密、要规范。心理学的表述比较规范，认知、情感、意志——三分法，那么教育学的表述为什么是德智体美全面发展？美育是个小尾巴拖在后面，这就没有考虑概念的逻辑关系。所以我刚才跟书记说，哪所学校的校长敢把美育放在最前面的？按照三新学校的说法，就应该是美智德体全面发展，你敢不敢这样提？人家都是德智体美全面发展，三新学校怎么搞了个新花样？你怕什么嘛？只要有学理的依据，你就这么用，要相信教育是有规律的，人们能形成共识。

当一代成熟的教师、一代成熟的校长不断成长起来，人们的思想观念就会发生变化。领导靠什么领？领导的领，永远是思想的引领，当然也需要组织的保障。我们有心理学的依据，有教育学的依据，还有马克思主义的理论依据。马克思说：人的自由全面发展是社会发展的条件，是共产主义的理想所在，也许我们现在很难实现它，但它永远是我们的奋斗目标。换句话说，所有人的自由发展是我个人自由发展的条件；而只有当我能够真正自由发展的时候，其他人也才能够达到自由发展。所以自由发展、全面发展是学校一切工作的目标。我们今天正在进行着的中国特色社会主义的建设，要用科学发展观引领学校教育的发展，这就要体现以人为本，而以人为本的核心，当然就是人的全面、自由、健康的发展。请问，一个自由、全面、健康的人格，能不包含美育这样一个重要元素吗？这就是理论的依据所在。

（四）未来依据

最后，我们或许还可以提出一重未来的依据。今天这个时代，有一个非常大的转向，从物质消费向信息消费的转向，这样的转向正在悄然进行着，你不转也不行了。为什么？你去看环境污染、资源枯竭造成越来越大的问题，需要人们将消费的重点从物质层面转到精神层面。精神层面的消费会越来越多地与美的艺术发生联系。三新学校的美育领先，领得理直气壮。不要觉得心虚。别的学校都是德育为先，我们怎么来了个美育领先？一个真正有思想的校长，他要引领这所学校的发展，没有一点勇气是不行的。但他绝对不是鲁莽，因为有四重依据在支撑着他，他才有底气敢说这样的话。更重要的是，这样做，对孩子的终身成长有利。

书记刚才跟我说：怎么样来检验三新学校老师工作的成绩？现在可能还看不出来，尽管我们也有测量指标。三年、五年乃至八、十年以后，学生回来看母校的老师，问学生成长过程中，学校到底给你留下了什么？书记刚才说，有没有可能留给三新学校的毕业生这三样东西:自信、习惯和兴趣? 说得多好! 这是你的发明,还是你们学校的共识? (书记答:努力的方向!)好,给学生知识,他可能会忘记。但给他良好的习惯,他一辈子受用。兴趣、自信同样如此。

我想起一个人:胡适。刚才不是提到了吗? 现在请老师告诉我,胡适是谁? (有师答:民国第一文笔)哦! 这就是你的创造了。民国第一文笔,有没有根据呢? 这话也不能说完全不对头。新文学标志是白话文。它从中国传统的书面表述方法文言转化为白话文,这是形式的重大转变。同时,它的内容也发生了变化,反映新人新思想——个性解放的思想。从内容到形式,新文学都发生了深刻的变化。而胡适的最大贡献是在语言文字形式变化上。有人也许会说,形式算什么? 内容才是最厉害的,鲁迅最厉害,他代表内容。我说,这两个人都很厉害。个性的思想,鲁迅是最突出的;胡适最大的贡献是语言文字的转变,《尝试集》是他写的。当然新诗的艺术水平今天看来,不怎么样,但他的首创之功非常了不得。所以这位老师刚才说民国第一文笔,当然是有争议的,但他至少在语言形式上立了大功。千万不要小看了语言文字的形式,我认为,有的时候形式比内容更厉害。我们曾经批判胡适,但是能把中小学的白话课本改回"之乎者也"吗? 改不回去了。

胡适当过北京大学的校长,大学生毕业的时候,都要请校长讲话,连续几次都请了胡适,他说,诸君又要请我送别大家,我想来想去贡献给你们三张方子。胡适的祖上是不是开中药铺的? 不是,是开茶叶店的,但是大家知道,中国的宝药是滋养身体的,给你开个方子,可以强身健体。胡适说,诸君都是读书人,今后离开北大,要在社会上继续健康地生活,就要有三张滋补身体的方子。第一张方子是"问题丸",总是要有几个问题在缠绕着你,你为了解决它,要去研究它,生活才会有趣味,你不会堕落,会继续看书,会保持读书人的本色。第二张方子,"兴趣散"。总要保持对某种事物的兴趣,你的生活才会有味道,你也才会继续不断探究进修,提升自己。第三张方子,"信心汤"。喝了这个汤,补的是这个信心,作为一个人,来到世界上,相信自己总可以做点有益的事。胡适强调,只要记住这三张方子:问题丸、兴趣散、信心汤,北大学生就不会堕落。

所以我说,书记你是不是看了胡适的这三张方子,你和他的这个说法怎么就差不多? 自信,是不是那个信心汤? 兴趣,是不是兴趣散? 还有个习惯,因为有问题固然很好,但是对中小学生来说,也许习惯更重要,这个与大学的要求还有点不一样,这也是符合实际的。

老师们,教育规律是古今中外相通的,只要符合教育规律,就有生命力。我认为,三新学校的"美育领先",具有现实的依据、历史的依据、理论的依据甚至未来的依据，它是完全站得住的。

三、美育的意义和蔡元培的独特地位

说到美育的意义和蔡元培的独特地位，可以分三点来梳理一下思想。

（一）建国以后美育精神的失落和美育课程的缺失

建国初期提过"五育"，这是学习苏联，指德智体美和综合技术（劳动）教育。但是很快随着中苏论战，五育的概念慢慢消失了，出现了"三育"的提法，三育就是德育、智育、体育，这一提法持续了很久，直到改革开放，到了90年代，又提出四育：德智体美。这里面，从五育到三育又到四育，就是一个数字的变化。当然还可以看到顺序的问题，因为苏联的五育，其顺序是智德美体综合技术教育，到了中国，顺序也发生了变化。这样的变化和顺序，反映的问题是什么？我觉得就是美育地位的不稳固，乃至在某些时期美育精神的失落，随之而来的是中小学美育课程的欠缺。

尽管在这段时期里，比如说20世纪60年代，有美育的讨论，但是这样的讨论很快就结束了。即使今天，美育的实际地位怎样呢？我觉得还是不容乐观。我所了解的很多中小学，美育的地位相当薄弱。比如，我前段时间到某地去做课题指导，在一个区的特级教师座谈会上，有一位美术特级教师，是最后一个发言，她说：为什么我要最后一个发言？因为我觉得自己的地位是最低的，本来不想说的，承蒙你还看得起美育，实际上我觉得自己很可怜，尽管也是个特级教师。我说：你为什么会觉得自己可怜啊？你只要不可怜自己，大家就不会可怜你。她说：不是我可怜自己，而确实是我处在一个非常可怜的地位。我说：你举个例证给我听，可怜到什么样的程度？她说：今天我上美术课，十分钟不到，某个数学老师推开门，某某出来一下，学生就出去了，甚至不看我一眼，好像没有我这个老师的存在，这就说明了我的地位。如果是他上数学课，我这个美术老师可能这么做吗？我说：恐怕是不可能。她说：这不就说明问题了？

可见学校有了美育课程，它也不一定真正能落实下来。

（二）美育的独特意义

为什么中小学不重视它，或者说这个课程名存实亡呢？是由于我们对美育的意义缺乏充分的认识。我用一所学校为个案，来说明美育的独特意义。这所学校与三新学校有类似的地方。这所学校的校长有他独特的办学思想，这就是刚才说到的嘉定二中。我到这所学校去，在校长室看到一幅学生跳舞的照片，舞姿很优美；对面墙上是一幅漂亮的书法，写的是"欢乐的恰恰是青春的蓬勃"，我琢磨这话语好像有问题。我这个人比较喜欢挑刺，我想，难道欢乐是年轻人的专利？校长说：金老师，这个字写得不错吧！欢乐的"恰恰"是这幅照片的内容啊。原来书法是跟照片配对的，照片上学生跳的是"恰恰舞"，这个恰恰舞当然是青春蓬勃，是欢乐的。哦，我明白了：欢乐的"恰恰舞"是青春的蓬勃！转念一想：这个校长胆子大，不仅让高中男女生共跳"恰恰舞"，还把巨幅照片挂在校长室里张扬。你说哪所高级中学的校长敢提倡学生跳"恰恰舞"？不跳舞，男女生的感情还要出问题，一跳那还了得？我说：吴校长，你这所学校有特色。他说：这不就把你请来了吗？我们学校的办学理念有一条是"美育立身"，不跳舞怎么站得起来呢？这是我们学校的特色。

嘉定二中的办学理念："文化立校，美育立身，能力立足"，还真是有道理！我要提供这一个案给三新学校的老师来思考。三新学校的理念不是有四句话吗？这四句话你们要把文章做足。嘉定二中的校长是有思想的，当然他希望自己的想法更完善。现在提倡大学和中小学合作，华东师大的专家去跟他合作，他还是很满意的，他说：专家的眼光就是不一样，通过你们的解读，真的能够帮我把思维打开，使学校的办学理念表述得更完善。我们的本事是什么？就是为校长提供依据。他说了这句话，觉得底气不足，我给他三条支柱，他就很放心了。吴校长也是这样，说人家还叫他改，改为德育立身。我说你千万别改，你改了我还不来了。德育立身我还有什么话好讲，我讲不出东西来，大家老讲，也不能发挥我的所长。

我说，这三句话真的是好。好在哪里呢？就说这个"文化立校"，我们首先要问：什么是文化？现在到处讲文化：茶文化，咖啡文化，面包文化，学校也有文化，作为学校的文化阐述，当然要有学理依据。学校文化是真善美的文化：求真的文化，立善的文化，臻美的文化。三个文化的概念一确定，校本课程的开发就要围绕它转，就不能光顾着数学、自然科学或综合常识课了，你要平衡兼顾了。艺术课要上来，思想品德课也要上来。因为立善的文化，臻美的文化和求真的文化，这是学校文化的三根立柱。

为什么说美育立身呢？美里面就大有文章。首先，美是什么？我今天穿了件新潮的衣服，头上有个发夹，很漂亮的，戴个耳坠，挂个小摆设，手机贴个漂亮的纸贴。这是美吗？当然是美，这是形式的美，外表的美。这位老师心灵很美——讲话很有礼貌，举止很得体，是不是美？当然也是美，都没有错。但是我们要从学理的角度，给美做个界定。美是什么呢？学生要问你老师的，因为我们学校的特色——美育，而且是领先，有四个核心概念聚集其中。

1. 美在生命。老师们如果注意基础教育改革的动向，就会发现，基础教育现在越来越重视学校生活中学生和老师的生命成长。出现这一趋势是有道理的。你想，学生在学校花的时间，这么长！如果你不尊重生命成长规律，教育必定是有问题的。而美最能表现生命的特征，美本身就表现为生命。如果一个事物缺乏生命力的，它就不美了。一般来说，我们看一个姑娘，十七八岁，即使长得丑一点，还是觉得蛮漂亮的，为什么？她内在的生命力活化在整个表情动作上。爱年轻的姑娘是人之天性。美在生命，她的生命在蓬勃成长。当然，老年人有老年人的美，那是智慧的美，但不是生命蓬勃增长的美。所以，美首先是源于生命，它与中小学教育有内在的紧密关联。你说美在医院，生了病有残缺了，你说他美，这就牵强附会了。特殊学校的教育是不是美？这是个特例，我们可另外探讨。一般而言，中小学教育阶段孩子的生命，它本身就是美。中小学的老师面对着美的对象，你要不美也不可能，不美你就是摧残生命。是吧？

2. 美在自由。因为美它一定是自由的。比较而言，德育是不太自由的。德育是给你规范和制约，很多人为什么不敢提美育，原因就是：一个是规范你的，一个是放松你的。小孩子要给他做规矩，做习惯，你一放松那还了得？所以美育比德育更难抓，更不容易。为什么？因为它是自由的，自由的你就很难用一些程序去规范，老师需要有更高妙的手法、更高超的意境才能够驾驭美育。

3. 美在创造。美一定是带有创造力的，重复不是美。孩子他每天的活动本身就是创造。学校教师的工作也是一种创造，符合创造的，它就体现为一种美，而教育本身就是一个充满创造的事业，所以古往今来的教育往往被称之为艺术。

4. 美在和谐。因为有多种要素统一整合在一个规律中间，一个表现的形式中间，所以参差不齐，和而不同，因此展现为一种美。中国传统文化的这个思想——和而不同就体现了和谐的内涵。

这就是美的四个要素：生命、自由、创造与和谐。所以说"美育立身"能立起来，它是有道理的。

而"能力立足"，这个能力指的是什么？我们对嘉定二中"能力立足"的解读就是三种基本的能力。

首先是谋生的能力，谋生的能力包括了三样东西：一个是工具知识，中小学阶段，语数外课程确实很重要,因为它是最重要的工具。一个是基础知识,因为基础知识能给学生发展以重要支撑。再一个是兴趣特长。

其次是处世的能力,包含人际交往、怎么做人的问题。也提出三个概念,第一是公民知识。即使小学生、初中生,未到18岁,也要具备公民的基本知识,做一个合格的公民。第二是法治意识。要做一个守法的公民,法律意识很重要。第三是仁爱情怀。要有同情心,与人和谐相处。公民知识、法治意识、仁爱情怀,这是处世能力包含的三个核心概念。

最后是发展的能力,发展能力也包括了三个要件:第一自学能力,离开课堂回到家里,会自己学习;离开学校后能终身自学。第二独立能力。第三创新能力。发展的能力包括了自学、独立和创新。

总起来就是"文化立校、美育立身、能力立足",三种文化的构建,真善美的统一,到美育立身的自由、生命、创造、和谐,到能力立足的谋生、处世、发展,这样的推进,就是这所学校的办学理念扎扎实实地落到了实处。我看到有些中小学理念不错,但问题是它没有扎根在课堂上,理念是浮的,深不下去。从嘉定二中的个案可以看到,美育把学校工作整体串起来了。

历史上也有美育见长的学校,如浙江上虞县白马湖畔的春晖中学,中国近代史上一批名人在那所学校教书,丰子恺那时还是学生,他的老师是李叔同,李叔同的音、诗、画乃"三绝",他在春晖中学教音乐课。大家知道,音乐课在中学能有什么地位?但李先生上课,教室座无虚席。课上完,学生们还不想走。学生们课余都喜欢谈论李先生,津津乐道他的音乐课,你能感受到他给学生心情带来的变化,这是非身临其境的人所无法体悟的。我从后人的描述里感同身受,李叔同的音乐课达到出神入化的地步。为什么一个音乐教师在中学生的心目中有这样一种崇高的地位?所以老师们啊,我们不要去埋怨美育不受重视,也不要哀叹美育老师的地位不够高,而是要问:我们这所学校有没有为师生的成长创建好的平台?今天三新学校已经为在座的老师构造了很好的平台,我们应该珍惜它,来演出有声有色的活剧。大家能否像李叔同先生一样,上出精彩的音乐课、美术课,充分发挥美育在各个方面的作用呢?

(三) 蔡元培美育思想的独特地位

讲到美育的重要意义,就要了解蔡元培教育思想的独特贡献。

第一,他把美育放入了新教育的方针。当然,中国近代最早提出美育思想的是王国维,王国维说人的心身全面发展的教育,包括了体育和心育,心育包括了知情意的全面发展,而知情意的全面发展指向教育领域就是智育、美育、德育。这叫做完全人格之发展。蔡元培虽然是次于王国维进一步强调美育的重要性,但因为他是作为民国第一任教育总长,以其特殊的身份、地位和崇高的威望来倡导美育,并把它写入中华民国的教育方针,推动了全国教育领域美育的发展,从而做出了特殊的贡献。

第二,除了在思想层面,在教育方针层面有贡献,他在实践领域也有重要贡献。蔡元培曾经在北京大学,乃至整个教育界身体力行推广美育。他利用独特的身份,在不同场合不遗余力去推广美育。这也奠定了他独特的地位。

第三,蔡元培用美育的精神治理北大,给北大开了一代新风。他治校的理念:兼容并包,思想自由。这一理念正好是美育的精神所在,所以他实际上是用美育的精神治理高等教育,使北大在中国新文化运动发展史上,在中国近代教育史上,发挥了特别重要的作用。仅此三点,已足以奠定蔡元培在中国教育发展史上,特别是美育发展史上的重要地位。

四、蔡元培美育思想的基本内涵和特征

因为时间关系,我从六个方面简要梳理一下。

第一点,蔡元培的美育思想,体现为教育各个要素之间的和谐配合,不能够一轻一重,更不能为了某种近期效应牺牲学生成长发展中某一个重要方面。用蔡元培的原话来说,即"五育并举"。哪五育? 军国民教育,实利主义教育,公民教育,美育和世界观教育,他认为军国民、实利、公民,都是人世间的现象方面的教育。世界观的教育是实体世界的教育,而美育正好把现象世界和实体世界勾连起来。因此美育不仅在五育中地位重要,不可缺少,而且因为它是勾连两个界面,因此美育具有独特性。

第二点,他提出以美育代宗教。他认为宗教的发展,有利有弊,弊的一方面就是宗教有一种排斥其他宗教的倾向,容易引起民族的甚至国家的纠纷,导致社会的不稳定。他指出美育能发挥宗教的功能——给现实的人生一种安慰和希望,抚慰苦难的、受伤的心灵。当社会处于快速变化的过程,当时代处于精神苦闷的阶段,人们往往从宗教找出路,或者从文艺找安慰。我们可以从中外历史上找到例证。比如东汉末年,为什么佛教进来了? 就是身处巨变的时代,很多人找不到精神寄托,就到宗教方面去求发展了。改革开放这么多年,为什么宗教信仰的人越来越多? 放眼世界,宗教越来越成

为人类发展过程中一个重要的问题，有时则成为冲突的导火线。而蔡元培高明的地方，就是他早就看出来，宗教一方面具有好的功能，同时也引出一些弊端，而这些弊端可以用美育来克服。鉴于审美教育有宗教之长，而无宗教之弊，因此他提出可以用美育去取代宗教。这是一个教育家的深谋远虑。当然宗教还有着难以替代的价值，但是蔡元培独特的美育思想是值得我们思考的。

第三点，蔡元培提出了美学研究的方法。譬如怎样研究美？可以通过收集一些案例资料，询问、试验、鉴别、比较、选择、综合等等。他对如何进行美学研究的方法论亦有贡献。

第四点，蔡元培进一步提出了社会美育和环境美育，不仅仅注重学校的美育，而且注重家庭、社会乃至环境的美育，这也是非常了不起的。今天人们的物质水平大大提高，很多家庭的装潢水准都是五星级的，但是一出家门，五星就降为两星、一星了。不少人保持了小家的美，却破坏了社会和环境——大家的美。蔡元培当年已经提出环境美的问题了，环境美是衡量学校、家庭及社区人文指数的一个重要标志。

第五点，蔡元培注重审美教育中教师的作用。他认为：小学老师的地位是最重要的，他的责任超过了大总统。蔡元培是民国的教育总长，也做过北京大学校长，他为什么喜欢从事教育工作？为什么慧眼独具，如此推崇小学老师的地位？他把美育提到相当的高度，又把老师作用提到相当的高度，这不是他的心血来潮，他就是一个坚守教育价值本位的教育家，甚至认为教育作用比政治作用更重要。

第六点，蔡元培先生本人就是他的美育思想的具象化、人格化，我觉得蔡元培先生就是美的化身。他是用他的身体，用他的行为，用他的学说，体现了美，我称之"以美垂范"。我们今天怀念蔡元培先生，学习他的思想，继承他的思想，就要结合学校的实践。

三新学校在美育领先的办学思想指导下，在学期结束时教师培训课的第一讲，就定位于蔡元培的美育思想，这是对蔡先生最好的纪念，也是蔡先生的生命力所在。他的美，今天照样散发着迷人的光芒，这证明了一个教育家的魅力。

五、学校美育（包括人文艺术教育）的前景与展望

我们今天所提倡的美育，不仅仅是人文艺术教育，或者是音乐课、美术课、舞蹈课，当然这些是美育的主体部分。美育更是渗透在学校方方面面的，包括数学课、物理课

等。我们可以从五个方面来展望美育的发展。

第一，21世纪将会迎来一个文学艺术的伟大复兴。正如未来学家奈斯比特在上个世纪预测的，新世纪将会有两股力量取得越来越大的影响，一个是宗教，一个是文艺。宗教的问题我们今天不谈，而文艺要有伟大的复兴，一定与学校的美育有着联系。我们面对这样一个时代的大变化，要有一点超前的准备，要有一个正确的对待。

第二，我们今天要提倡物质文化和精神文化的和谐发展。倡导物质文明、精神文明、政治文明以及社会文明的协调发展，当然还可以加上生态文明，生态文明就是整个自然界和人类社会的文明。这样五种文明的和谐，它本身就需要美的支撑，需要用美的理念去统整和引领。所以面对两种文化、五种文明整体和谐的构建，今天的基础教育界怎样做好美育这篇文章，我觉得是很有意义的，因为和谐就是最高的美。

第三，素质教育的深化必定推动美育的发展。素质教育内在要求当然是包括了传统的音体美等艺术素养，但又不仅仅局限在此。数学家他真正能够对数学有深入的认知，数学就是最美的学科。物理学也是如此，你看爱因斯坦，一个真正的科学家，随着他对科学的深入了解与把握，他走向了自然的大美之境。美育实际上是教育的最高理念，因为美指向了自由，指向了创造。所以在座的物理老师、数学老师，不要觉得学校提倡"美育领先"，大长了文学老师、美术老师、音乐老师的志气，数理化老师好像有点底气不足的样子，其实你完全可以运用美育的规律，创造性地发挥你这门学科的特色。

第四点，今后学校教育的发展会更多地关注目的和过程的统一，不要仅以分数论英雄，只要结果不看过程。如果教师为个别学科提升一分两分的考试成绩，牺牲了学生其他学科的发展，甚至损害了学生心灵的健康成长，那是得不偿失的。如何把目的和过程统一起来呢，就需要用美的理念，去整合学校的课程和教学。在课堂上提高师生学习生活的幸福指数，要用美的理念和手段，达到目的和过程的统一。

最后一点，我们要看到消费时代重点的转移，人们将会从片面追求物质的消费，转移到越来越多地关注精神产品对人的心理需求的满足，这样一个重点转移，势必会对学校提出更高的要求。今天学校的教育，怎样发挥社会的辐射作用？教师要理所当然、义不容辞地承担起引领作用。我们要用健康的教育理念，通过学生影响家庭，通过家庭影响社区，把学校先进文化的辐射力充分释放出去。用我们的实际行动，来确立当代教师、当代学校的重要地位。

互动环节:

问题1:您今天的讲座让我受益匪浅,那么如何让美育真正落到实处呢?

金答:这个问题不正是你们学校的书记、校长在带领大家做的事情吗?总要有一点"问题丸"嘛,是不是?假如我把问题都讲完了,你就没有问题了,所以这个问题我就不回答了。刚才我把胡适的方子借花献佛,正好你可以滋补身体了。你自己去研究这个问题,从你的角度怎样落实?在落实过程中碰到新的问题了,到那时,我更愿意来跟大家做一些沟通。我希望在你们实施美育的过程中产生真正的问题,届时我们再来探讨。

问题2:语文学科如何与美育相结合?谈谈具体的操作方法。谢谢!

金答:这个就更不用谈了,语文本身就是美学范畴,怎么做,你肯定比我更在行。

问题3:美育领先与现行的中考、高考制度相冲突吗?

金答:这个话很委婉,很客气,但是很有杀伤力。大学教授来推广课改,但高考的指挥棒悬在头上,搞你这个东西,考砸了咋办?老师们,我现在与华东师大的熊川武教授,推广"自然分材"教学的实验。我们在全国,从青岛到郑州,到深圳到温州,在一些中小学做实证的研究,就是在回答这样的问题。素质教育不是在玩概念,素质教育要进入课堂,课堂教学的质效和我们提倡的新理念绝对不是冲撞而是互补,我们要用实践来回答这道难题。我想,三新学校的美育领先,最后的结果不会是中考、高考的败北,而是大面积的提升教学质量,又不牺牲我们学生和老师在课堂教学过程中间的幸福指数。当然,要达成这样的教育效果需要我们付出艰辛的努力,这是今天教育改革的难点。我们正在身体力行地探索解答这道难题,让我们一起来携手攻关。

（2008年1月26日在上海市松江三新学校的讲演）

学校管理篇

6. 学校发展规划的制定与实施

各位校长:下午好!

我们将围绕"学校发展规划的制定与有效实施"这一专题,分上、下两篇来进行研讨。

一、上篇:学校发展规划如何制定

我们做任何事情,首先要有一种谋划,用中国的老话来说:凡事预则立,不预则废。做成功一件事情,预先的规划和预测恐怕是必要的。

(一)何为规划

先举一些权威的工具书来对"规划"做一界定,《辞海》的界定是:规划也就是筹划和谋划的意思,同时用来指代一个比较长远和全面的计划。《现代汉语词典》认为:计划是指工作或者行动之前,预先拟定的具体内容和步骤,一般涉及行动目标、设施策略,包括步骤以及保障的措施等等。《教育管理》则说:教育规划是国家或者地区教育主管部门针对教育发展的规模、速度以及如何实现的方法和步骤,所拟定的一套比较长远和全面的计划。

美国学者科乃兹在他《教育规划系统》一书中,首次把规划的概念运用于教育管理领域,进而提出制定的规则以及程序。也有教育经济学家对教育规划的定义是:立足于教育现实条件去探索未来的教育目标,并制定下一步应该采取的行动,且从中"选优"来作为一种教育的依据。

(二) 学校教育规划的由来

规划最初在工商企业中被运用,早在 20 世纪 30 年代,美国管理学家就指出规划是现代企业管理的七大要素之一。二战以后,随着世界政治经济形势发生了很大变化,社会经济的持续快速的发展对人才的要求不断提高,在这种背景下,规划就从工商企业慢慢地拓展到教育领域。尤其是在美国经济学家舒尔茨提出著名的人力资本理论以后,世界上的发达国家开始本着教育先行的理念来思考教育的超前发展问题,当时的"规划"主要是在教育的数量上进行思考的,比如说要扩大高校或高级中学的招生规模等。这种规划更多是增量型的,或者说是外延型的。

随着社会的发展所引发的教育危机,比如大学生就业危机,因此人们开始探讨学校教育究竟能否适应社会的需求,于是就慢慢聚焦到学校的教育质量问题上来了。人们开始围绕如何大面积地提高办学质量来思考改革的路径,教育改革也因此从外延扩张转向了内涵发展。

20 世纪 70 年代,英国率先开始了学校质量的研究,校内的研究最初是以教师为对象的;然后慢慢拓展到学校的自我评估;再深入到技术层面分析,包括学校运作过程中出现了哪些问题,学校各部门之间的配合程度等。最初的研究是草根式的,就是由下面的基层学校率先开始的,不久后,这类项目的研究就为英国的国家标准办公室和绝大多数地方教育当局所认可并采纳,然后加以推广。

到了 20 世纪 80 年代,英国颁布了一个《教育改革法》,在某些方面扩大了基层学校的办学自主权,特别是让家长和社区来参与学校的决策。为了实现学校的自主管理、自主评价以及自主发展的目标,就提出来学校要怎样制定一个发展的规划,这个时候就产生了由英国科学和教育部资助的学校发展规划的研究成果,如哈格里夫的《学校发展规划》,该书的副标题是:给地方教育长官、校长和学校教师的建议,这本书比较系统地阐发了学校规划的思想。进入 90 年代,英国的科学和教育部颁布了学校发展规划的实践指南,呼吁全国中小学来推广。自从英国率先发起规划项目后,很多国家都跟进研究,比如澳大利亚、爱尔兰、丹麦、新西兰、美国等等,后来联合国儿童基金会也开始介入学校教育规划的项目之中,帮助推广。

西方教育改革在这样的项目推进中,呈现出两种态势——"由上至下"到"由下至上"的一个双向互动、双管齐下、彼此作用的过程,首先是草根——学校自主改革意识推动了高层,然后高层加以采纳,再有意识地加以推进,这就形成了基层与高层的互动。国家开始重新分配教育管理的职权,比如减少中间的管理环节,让学校拥有一定的自主决策权，分权改革则有效地推动了校本管理局面的形成，为学校自主发展、自主制定规划提供了外部的条件保证。随着教育项目的推进，科研工作者和大学工作者进入中小学层面，去帮助校长做规划研究，这产生了大学和中小学合作的模式，进而形成了西方的学校效能运动。

（三）学校规划在中国的发展

中国在 20 世纪 80 年代的时候，开始关注并且引进西方有关学校发展规划的思想，慢慢地运用到国家教育发展规划上来，特别是 90 年代后期，随着国际交流的推进，学校发展规划开始进入中小学层面，有越来越多的学校开始认同这一理念，并且进行尝试。譬如在国际社会的资助下，学校发展规划项目在我国进行了一定程度的实验，比如像上海，受亚太经合组织的资助，开展了中小学发展指标的项目研究；同时在上海的部分中小学推行了学校发展计划的实验，有几十所示范型中学的规划通过评审并结集出版。

20 世纪末，由英国国际发展部提供资助，开始在中国的甘肃和宁夏四个贫困县，陆续建立基础教育改革项目，对 671 所学校进行了两轮发展规划的探索，这是一个比较大的样本实验。到 2001 年，联合国儿童基金会支持中国开展了校长培训与学校发展计划，涉及甘肃、陕西、四川等省，大概有 50 个项目县来开展中小学校长的培训试点，这成为促进贫困县初等教育发展的一个项目，启动了学校发展规划的实施，国家教育部人事司出版了"培训创新和学校发展项目"的书，从理论到实践进行了全面的阐述。

（四）学校规划制定的意义

英国的戴维斯《学校发展与教育规划》一书的扉页上写道：学校如果没有规划，必将导致混乱。爱尔兰教育科学部的部长曾经写过中学发展规划指导和中学发展规划简介，并将其作为在一百所学校进行发展规划实验课题的指导性大纲。爱尔兰的教育法案在 1998 年也明确做出了这样的规定，就是每一所学校都要制定学校规划，并且进行日常的自检、修订和更新。要建设一所学校，首先要进行谋划，缺乏谋划的校长，恐怕很难引领学校的发展。

学校规划的重要意义主要表现在以下几个方面：

首先，规划有助于促进学校形成办学的指导思想和具体目标。校长在进行规划的时候,其自身的办学指导思想和具体目标会逐渐清晰化,同时校长在制定规划的过程中间,本身的思想、观念、知识结构都会发生显著的变化,而校长的变化也会带来学校系统的变革。所以,规划的制定有助于学校领导明确思想和责任,提升自身素养,开启学校的系统性变革。

其次,规划是为了应对社会需求和环境发生的变化,同时也是为了应对教育市场激烈的竞争,因而校长势必要提升办学的效益,要提高办学的质量,要有效整合一切教育资源,找准学校需要解决的关键问题,而规划正是解决问题的谋略。

再次,制定规划具有过程性的价值。校长在制定规划的时候,他的领导方式也在发生变化。同时,由于聚集了全校的力量制定规划,它既推动了学校行政部门转变工作职能,又有力推动了学校的教育科研,因为一个好的规划,一定是在研究的过程中产生的。更重要的是,规划的过程也带来教师专业化的成长,有助于公正评价学校办学的真实状况,因为真实的评估是规划的重要前提。

最后,规划有助于校长理顺学校的各类体制,比如说人事管理的体制、教学运行的体制、课程建设的体制、教学评估的体制、学校分配的体制、招生的体制、学生管理的体制以及后勤保障的体制,从而平衡协调一个完整的体制系统,使之高效有序运行。

学校发展规划的制定是凝聚全校师生人心的过程,在制定规划的时候,通过讨论,大家慢慢凝聚到一个共同的发展目标上来。同时,它又提升了学校管理团队的领导力。所以,制定规划过程本身就体现出了推动一所学校发展的作用。

(五) 规划的具体内容

1. 规划的五个方面的内容:一份比较完整的学校发展规划,通常应该涉及这样 5 个方面的问题:首先是你为什么要去做这件事情? 这个实际上在前面第四部分已经回答了,也就是规划的依据和价值。接下来就是我们要做什么,这就是我们要在这个板块里探讨的问题,即规划的内容。然后还要思考做到什么样的程度,因为规划不可能无限地推展下去,规划一般是 3 年到 5 年,作为国家的中长期规划大概是十年。我认为一所学校的规划,3 年到 5 年是比较恰如其分的,当然校长可以谋划和思考得远一点。

我们有了追求,知道要做什么,也知道应该做到什么程度,阶段性的目标出来之后,接下来要思考的就是如何做的问题,也就是方法、手段、策略。最后一个方面,就是检测和保障。

2. 规划文本的六个部分：一个完整的学校规划文本，大致呈现为 6 个基本块面。之所以说是"基本块面"，是因为其不是绝对的，只是给大家一个参照而已。

第一部分，通常是前言，就是交代起因，为什么要去做这个学校规划，也就是动因问题。前面讲的四点意义是就一般而言，但是作为我这所学校的规划意义，必然具有自身的个性，即各所学校具体的起因可能是不一样的。

第二部分，学校规划发展的基础是什么，需要追溯历史的渊源，剖析现实的基础，一般称之为学校背景的分析。到一所基层学校帮助他们做规划的时候，我们一般要做调查，开座谈会，甚至深入课堂听课，包括跟学生和老师的个别交流等等。通过这样的分析，比较了解这所学校目前的状态以及它的历史底蕴，这就为进一步的规划奠定了基础。

第三部分，一般是形势与使命，注意提炼个别的意义，比如说深圳，作为改革开放的前沿城市，需要站得比较高，规划的起点也要高一些，内陆地区不敢尝试，特区是不是应该率先去突破，这与指导思想是有关系的。这里通常要交代办学的基本理念，学校在当地承担的使命等，比如是一所实验学校，那就要向其他学校传播我们学校的经验，尤其是校长的办学思想等，应在这里有所交代。

第四部分，一般是建设的目标和发展的战略，主要是做宏观表述，3 年和 5 年以后，学校要在相应的区域里到达一个什么样的水准。比如深圳的学校，需要站在中国大陆广阔的层面上来思考目标的构建。大概建设到一个什么样的层次，在全国起什么样的表率作用，这就是一个战略性的目标，当然战略性目标还可以分解为年度目标。

第五部分，主要展示的是实现目标的方法，手段和途径，通常称之为发展的策略，它比较具体化，涉及具体的策略、方法和措施。

最后一部分，往往是保障的系统，就是究竟怎么样来保证规划的落实，以及如何对实施的过程加以监控，对实施的效果做出评价。

(六) 相关案例的分析与阐述

结合我近几年指导的学校规划案例，下面做若干分析和阐述。

1. 历史与现状分析方面：比如淮阴中学，它准备申报江苏省的五星级高级中学，以前我们讲重点学校，然后认为重点可能不太适应现在发展的形势，就搞成了示范性学校，江苏省比较超前，它在示范性学校里面再挑出超级品牌学校，拟建为"五星级学校"。当时我们协助制定一个五星级学校的发展规划。淮阴中学的历史文化是很深厚的,所在地是周恩来的故乡,学校在德育方面确实形成了独特的课程资源。这所学校在 20 世纪 90 年代初就入围中国名校的行列,它的前身是江北大学堂,历史非常悠久的名校。这是一个很好的基础,接下来就要思考怎么结合时代特点。首先就是分析它面临的挑战和机遇,超级名牌学校,也有它的问题,比如在教育观念、学校管理、教师素质、学生学习、课程改革、设备环境等方面存在的问题是什么,对整个学校各方面工作做全面的梳理。

2. 目标构建方面:在对历史和现实做出梳理的基础上,我们进行了目标的构建,比如讲,教育理念和办学目标,当然可以基于这所学校的考量,但作为基础学校,一些共性的要素是不能忘记的。特色学校当然要"特",但基础教育的"基础"和"全面"也不能够忽略,做规划时要注意这一点。一所学校的规划确实很有特点,但如果片面强调了"特",忘记了基础教育的属性,就会带来新的问题。所以说在规划的理念和办学的目标里面,要站在时代的高度,真正贯彻以人为本,强调人的全面发展,特别是在基础教育阶段,坚持科学发展观的指导,这是务必要关注的。

指导思想里面,有 3 个核心概念是不能忘记的,就是"全面"、"统筹"、"和谐"。好比在弹钢琴的时候,5 个手指都能兼顾到。我觉得很多基础教育的问题,就是对这个根本性的理念没有思考清楚。理念实际上涉及学校的价值定位问题,所谓价值定位往往是含摄了学校历史的传统,反映了学校区域的背景,以及校长、教师,包括学生乃至家长的共同愿望,反映的是学校的学生观、教师观、教育观,所以校长要把握基础教育阶段学校的责任和使命。理念要清楚,然后规划的基本要求也要清楚,就是方向要明确。路径选好以后,就是策略的问题了。

3. 策略方面:策略应该是比较新的,不循常规的,这可以使学校有些超越式的发展。教育是个慢活,有的时候不能太心急,但有的时候也要用一种创新的策略使学校获得超常规的发展。在做规划的时候,要思考这样几对关系:共性与个性的关系,作为普通教育的共性是需要考虑的,基于我这所学校的独特性,这个是个性,也要兼顾。但到底怎么兼顾,所谓"恰如其分"和"度"的把握是不太容易的。数量和质量的关系,要提高办学效益,就要扩大数量,但质量问题也要兼顾。特别是实验学校、名牌学校,尤其要重视质量。重点和全面的关系,学校规划当然是全面的,但当下的抓手就是重点,比如有的学校是先抓科研,有的学校是先抓教师培训,也有的先抓校本课程建设,重点是不一样的。另外就是水平与特色的关系,既要照顾常规,中考、高考不能掉水平,然后还要兼顾特色,比如数学特色、绘画特色等。还有是有所为与有所不为之间的关系,这里面都要把握一个度,要不然就会出现新的问题。

4. 投资预算方面:我们说巧妇难为无米之炊,仅仅规划一个美好的理想蓝图,但缺少物质条件的支撑,恐怕也不行,要实现奋斗目标,还要落实保障措施,投资预算是非常必要的。要考虑经费来源和数量,包括有限的经费怎样花在刀刃上。比如说,学校要求教师一个学年至少写一篇科研论文。教师也是有惰性的,如果不硬性规定,没有奖励,教师未必愿意写。还有,教师写了文章,学校请专家来评审,再给予奖励,就造成教师之间有竞争的态势,教师的科研积极性就会提高。教师是保障学校发展规划的最重要的软件,如果说课程是静态的软件,那么教师就是动态的软件,学校有再好的课程,校长有再好的办学理念,但教师没有积极性或素质不高,那规划就要落空。这就涉及教师继续培训的费用,当然还有教学设备、实验条件等,这些都需要资金投入。

5. 规划目标的分层设计方面:首先是战略规划,战略规划比较多的是校长要考虑的,即学校的整体发展,这是需要宏观思考的,称之为战略思考。其次是战术规划,也是学校部门的分规划。比如,主管德育的校长、教导主任,主管教学的主任,主管科研的主任、学科组的组长,年级组的主任都要思考战术规划。学校的战略规划很好,落实到每个部门,怎么来对应,因为分规划是总规划的支撑。再次,每位教师结合自己的专业和岗位工作,思考怎么来落实战术规划,进入个人的操作规划。所以说,规划不是校长一个人的事情,制定规划的时候要听取教师的意见,这是"自下而上"的方式。但总规划出来以后,怎样落实就要采用"自上而下"的方式来层层推进。

6. 编制学校发展规划存在的问题:目前存在的问题,大体有以下几个方面。

第一,中小学的校长在进行规划时,价值取向有时比较模糊,这样就会影响到价值定位。他只是看到国家和地区、教育局层面的一般政策和目标,而不能看到自己学校的特点。也有些校长对基础教育的价值缺乏深入而独到的理解。

第二,脱离学校的实际状况,也就是发展规划缺乏实际的起点,或者比较低,或者比较高。他会简单地模仿其他学校的发展规划,其实,做规划一定要"自上而下"与"自下而上"地多次反复,即使请专家来做规划,也要让学生、教师、行政和后勤人员一起来参与,因为规划是大家制定的,实践起来就有了群众基础,这就是"自下而上"与"自上而下"结合的好处。

第三,目标的选择有时会过大或过空,这种情况的出现,往往是由于校长根据个人的愿望去制定规划。校长的素养可能是很好的,但是教师没达到这个水平的话,恐怕校长主观的想法与现实的差距还是比较大的,所以这样的目标选择也是不切实际的。

第四，就是规划文本遣词用句的随意性非常大，叙述缺乏系统关联性，一看就是一个拼盘，这取一点，那拼一点；没有逻辑性的思考和安排，好像很全，内容很多，但实际很琐碎。概念很时髦，提法很新鲜，实际是死搬硬套。学校的规划应该是自己学校的规划，不能普遍适用，这就需要根据实际，通过非常审慎的"自下而上"的调查来实现，它不是文人坐在办公室里简单勾勒出来的。

最后，规划的措施不具体，缺乏操作性。有些规划做得蛮好，目标任务也很清晰，问题是具体措施和步骤有缺陷。打个比方，拍摄电影，需要把文学作品转换为分镜头的剧本，它会非常细，比如演员要表现非常痛苦的表情，它就标明泪要流到什么程度，这才能指导演员的演出。学校规划的执行也要做类似的分镜头剧本，让相关人员对自己的工作有一个明确的认识。

二、下篇：学校发展规划如何执行

校长们恐怕都碰到这样的问题：学校规划做得很好、很完善，然后我也做了动员报告，请学校的教师一起来参照执行。刚开始，教职工好像有几分激情，随着时间的推移，三分钟的热度很快就降下去了，这个时候，学校规划的执行就遇到了瓶颈。遇到这样的问题，学校的管理者有时候也没有很好的方法，久而久之，执行学校发展规划就成为一个美丽的泡影，变革也成了一句空话。怎么去把学校发展规划落实下来，真正起到改善学校管理、提高教学质量的效果？下面我们来分析探讨学校的发展规划如何有效地执行。

（一）何谓执行？

我们可以来说个故事：狮子和猴子相遇了，一开始狮子准备把猴子吃掉，猴子很聪明，看狮子来者不善，就上了树。显然狮子没有上树的本领，吃不到猴子，就在树下来回地打转，猴子就告诉它：我是不会下来的，你要吃我这个计划肯定是落空了，但我可以给你指个方向，就是河对面有好多动物，你可以到河的对面去。狮子很高兴，于是就去了，结果河挡住了路，它不知道怎么过去，所以又回来了，它说：你光是跟我说到河对面找猎物，你没有告诉我过河的方法。猴子就说：我跟你说河对面有猎物，这就是给你一个战略目标，你现在要向我请教的问题是怎样过河，这显然是一个战术的措施，它是要靠你自己去找的。

这个故事说明规划是纸面上的东西,还仅仅是一个目标,而要落实下来,是要通过老师们具体的做,它启示我们:除了要有战略的眼光还要有战术的手段。

"战术的手段"也就是"执行"的问题。美国博西迪和查兰合著的《执行:如何完成任务的学问》,强调"执行"就是一整套非常具体的行为和技术,能帮助公司在任何情况下建立自身的竞争优势。我们不能仅仅通过思考养成一种实践的习惯,而要通过实践才能学会一种新的思考方式,正是具体的"做",成为公司管理的战术手段。该书指出,"执行"的三个方面是:首先,它是一门学问,是关于战略组织不可缺少的重要成分;其次,作为企业的领导者,执行是日常工作主要的内容;第三,执行应该是一个组织文化中的核心元素。

中国本土化执行研究课题组,在思考本土化执行模式时指出,执行是西方企业管理中的核心概念,认为:执行就是实现既定目标的具体过程,这个具体过程包括4大元素,首先是心态;其次是工具;然后是角色;最后是流程。

综合各家的观点,可以看到这样三层意思:首先,执行是一个动态的过程;其次,执行是以某个具体的目标、任务作为导向的;第三,为了完成这个目标要讲究效率,就是用最小的投入得到最大的产出。我们也可以给"执行力"做一个界定,即政策的执行者包括校长、教师等,通过建立组织结构,运用各种政策资源,采取解读、宣传、实施、协调和监控等各种方式,把政策观念、文本形态的内容转化为现实的效果,实现既定的规划目标。

(二) 如何有效地执行学校发展规划?

首先,规划执行的效果,并不仅仅是基层教师努力的结果,它同样包含着管理者。校长固然要制定规划,同时也应该亲自去推行规划的实施。人人都应该是规划的落实者,大家都是规划实践的主体因素。

第二,一项好的战略规划,它本身就是执行的前提条件。如果说规划的战略目标出现了问题,那么执行起来就会"南辕北辙"。所以在战略方面,校长们要对目标有清晰的把握,它的现实性、阶段性,关系着可执行性、可接受性,所以要对目标考虑得周全现实一点,才可能达到最终的目标。

第三,要运用沟通,包括老师与校长的沟通,老师与家长的沟通,老师与学生的沟通,通过不同层面的沟通来落实学校规划。我曾在一所高级中学指导规划编制的时候,校长跟我讲,学校在进行新课改的过程中,老师的阻力不是很大,家长的阻力很大,因为家长关心的就是学校怎样提高学生的考分。这个时候就需要沟通,所以该校长就写了一封致家长的公开信。我看了觉得非常好,情真意切。信里解答了这些问题,比如现在学校为什么要进行课改?我们面临的形势和任务是什么?目前学校在当地的竞争地位怎样?新课改的推行怎么能够保证学校的升学水平不降低?通过这种沟通,就让家长吃了一颗定心丸,最后家长就从学校改革的阻力转化成了学校规划落实的助力,这就是通过沟通达到的效果。

(三)相关案例说明与执行过程解析

1. 沟通

一个聪明的校长,他能善解人意,能读懂老师的心,所谓"知人者智",沟通的过程就是了解对方的过程,也是让对方了解校长的过程。一所学校如果没有沟通、对话的氛围,很难真正构建起有效的执行文化,很多老师可能在敷衍你,因为规划没有深入其心。对话的过程实际上就是敞开心灵的过程,也是解放思想的过程。谈话有的时候是正式的,更多的时候是非正式的,而非正式对话的结果可能更好,有助于两人之间形成共识,形成共识的过程就是把学校规划内化于心的时候,再通过行动加以贯彻。所以校长需要警惕"官僚文化",尽管校长的官也不是很大,但有时会阻碍校长与教师之间的良性沟通。

今天的新课改倡导教师与学生之间的对话式教学,但实践起来却很困难,关键是校长自身也不会对话。对话需要校长棋高一招,方能起到引领的作用,否则对话也可能偏离了规划的执行基础。对话展开的前提是大家能够理解规划的实质,不仅要教师理解、学生理解,也要家长理解,如果他们不理解,尽管口头上说很好,行动上却不会配合。对话有时会涉及敏感话题,你敢讨论吗?话题是新鲜的,就能抓住教师和学生的心理。但对话确实需要教师和校长有比较强的能力,一旦学生或教师的思想解放,教师或校长要驾驭对话也真是不容易的,我们一方面要看到执行规划过程中对话沟通的必要性,另一方面还要看到它的艰难性,但不管怎样,校长在实践中必须不断提升自己驾驭对话的能力。很多时候,一个危机可以生成转化为一种机遇,但需要我们具有良好的沟通能力,否则会把好事搞坏了。当然,只有在做的过程中你的执行力才会提高,你的对话沟通能力才会增强。

沟通有多种方式,网络沟通是其中之一,如果要进行网络沟通,就要建立一个校内外的网络沟通机制。沟通需要畅通信息,很多事情由于信息的不畅通乃至阻隔,造成执行的困难。而畅通的途径是多种多样的,比如可以有月会、周会、或者是不定期的座谈会,通过这类沟通,会有一些好点子冒出来;同时一些困难和问题也可以暴露出来,这样就可以及时化解。还可通过非正式的沟通渠道,比如邮件、电话、手机留言等,甚至可以搞一些小型聚会,比如旅游之类的,因为现在年轻老师比较多,他们不喜欢传统的古板方式,可以到公园里去,到某个娱乐会所去,打打桌球、羽毛球等,都可以进行一个良好的非正式沟通,也能够了解一些真实情况。还可以借助计算机网络,甚至来规划一个专业的网络,通过网上的平台使交流更加迅速,比如通过 QQ 这种网上的平台。

2. 考核与激励

考核与激励是分不开的,所谓的激励就是要依据考核来的,有了考核,才有激励,所以一所学校内部的奖励是非常重要的,校长要把奖励与教师实实在在的业绩联系起来,运用多种方式去提高教师的积极性。奖励的方式可以多种多样,但是它达成的效果必须是正面的。一定的物质奖励是必要的,但这不是激励教师执行规划的充要条件。除了物质奖励以外,还可以有其他方式,有时校长的精神鼓励要胜过物质鼓励的作用。

我们要事业留人,待遇留人,更要感情留人。举个例子,我当年在七宝中学教书,当时的校长对我很欣赏,我在七宝中学也是改革先锋,20 世纪 80 年代初就在搞语文教学改革,当时在上海语文教育界也是很有影响的。我的动力从哪里来?校长鼓励、县教育局支持、市教研室支持,当然学生对我也是一种激励,我的动力更多来自精神方面。

3. 监控与调控

除了考核与激励之外,规划执行过程中间还要注意监控,监控是应对预期目标而来的。从中我们会发现,哪个部门在真正贯彻,哪个部门在敷衍。要构建规划的监控机制,监控机制就是让监控者有责有权,甚至要落实到专门的人员。因为校长都很忙,如果无人监控,有些老师就会埋怨,干事的看到不干事的人也没有措施制约,久而久之也不干了。所以校长要学会分权,要让人去帮助你做督察。我辅导一所学校开展课题研究,我与大组长联系,结果三分之二的材料收到了,我就发邮件、发短信与未交的教师直接联系,马上就有了回应,这个星期都把论文发过来了。如果不去盯,我也不能确定什么时候交全。聪明的校长就是不断地分权,聪明的教师也是不断地分权。授权就意味着你对这个老师的信任,当然授权还要授得恰如其分,依照他的特长、发挥他的潜能。

监控很重要,我们要建立规划执行的控制机制,对规划执行的过程和效果进行追踪评估,追踪涉及两方面,既考察结果,同时要面对执行过程中的问题,及时调整。在这过程中,校长谈话也可以,校长授权某某主任谈话也可以,学生、老师之间互相探讨也可以,或者把员工的表现、业绩跟考核奖惩直接挂钩也可以,这些都是调控机制。还可以借鉴企业的管理经验,运用于执行规划的过程管理中间,对学校实行绩效与过程管理,对规划的实施进行全程的优质监控。

4. 规划执行的系统协调机制

规划目标制定出来以后,要把它转化成为具体可操作的目标,也就是分目标的制定。一般来说,一个学校的规划出来以后,我们就可以从校级的总体目标、总体规划出发,然后到中层的规划,比如德育处的、教研处的、科研处的;然后到基层的规划,比如语文教研组、高一年级组等,这就是第三级目标;还有第四级目标,是教师个体的目标。在规划的过程中,首先要显性化、文本化,然后就是目标系统间协调的过程,同样呈现"自上而下"又"自下而上"的相互作用的过程。

除了目标的系统以外,还有组织的系统。一所学校,麻雀虽小,五脏俱全。校长的管理涉及方方面面,从教务处到德育处再到后勤处,乃至到学生家庭、到社区,这些组织之间都是需要协调的。有时会出现这样的怪现象,某个部门越想尽心尽力把工作做好,越会带来更多的问题,因为这个部门太强势了,占有学校太多的时间和资源,会引发其他部门的不满。如果组织之间不能很好合作,有可能形成对抗。比如说德育处某项活动搞得时间太长,就会影响正常的教学。所以,需要做一个合理的协调,教务处、德育处、科研处虽然是三块牌子,但都是围绕学生发展的中心开展工作,彼此需要协调。组织系统的协调是做加法的工作,互相"补台"就是加法。学校有些班集体工作做得好,就是因为班主任协调得好,科任教师相互补台,整个团队能够互相协作。但也有的学校,由于组织间的协调不够,彼此埋怨,最终影响了学校规划的执行。

每个人认知的速度与水准是有差异的,所以在规划执行过程中必定存在先进与落后,通过评估,可以及时追踪发现差距所在。可以建立一个跨部门的协作小组,简化工作流程,选择一个关键的人才到一个合适的岗位上去,进行有效的协调和整合,使各个组织、各个部门都围绕着战略目标来执行规划。

还可以确立优先发展的项目,围绕这个项目做工作,牵一发而动全身,这就是"四两拨千斤"。学校可以制定两份文本,一份叫战略性的规划文本;一份叫战术性的操作文本。这样可以区分目标的长短远近,这样有利于学校规划的具体执行。

最后，可利用校园文化进行协调。一所优秀的品牌学校，它可能已经超越了制度管理的层面，而且利用文化潜移默化地对师生的日常行为进行制约、规范和引导。在这样的学校里，师生会自觉地用文化的标尺去对照自己的行为，如果执行方式偏离了目标就会心里有愧，这就是一种"大化无痕"，是一种非常高明的管理境界。学校规划制定也好，执行也罢，都是为了把学校建设成一所优秀的、有特色的，甚至是引领地区发展的品牌学校。这样的学校就会得到社会的高度认可，生源会越来越好，师源会越来越好，这就进入一个良性的循环之中，而所谓的文化品味就是社会对学校的高度赞誉和认同。

今天很多学生都要择校，实际上择校就是择学校的教学质量；也可以说是选择老师，因为品牌老师是稀缺的；也可以是选择校长，比如知名校长，但最核心的是选择文化。我讲一个案例，一位企业家的儿子要入某所中学读书，该校有政策的允许，可以招部分计划外的学生，就是在"三限"（限分数、限钱数、限人数）的基础上，校长有一定的招生自主权。择校要出择校费，他的孩子显然是低于这个分数，他就找校长商量，但校长也不能违反政策，因为有"三限"。他说我当然知道有"三限"，但是规则、政策都是由人来制定的，也是由人来执行的，凡事都会有特例的。我的孩子就是个特例，特事就可以特办，我可以多出钱让我的孩子进来。校长说不是钱的问题，然后企业家就不断加钱，最后要留张支票在校长处，由校长自己来填数字。校长说，你出这么大的代价让你孩子来，你的用意到底是什么？凭我多年的校长经验，你孩子将来考上清华、北大，或者复旦、交大的希望不大。这个企业家说：我本来就没指望我的孩子进入交大、清华！跟你讲实话，来你这所学校读三年书，让我的孩子广结人脉。30年后，这所品牌学校的毕业生都会成为社会精英，高中三年结下的深厚的同学情谊和人脉关系，有利于我的孩子在未来30年的发展，这不是用金钱能够衡量的。这就是企业家的眼光，把教育看成一个高投入、高产出、高回报的产业。他还说：最重要的是，进入这所名校，孩子一生的基础就奠定了，他就不会学坏了。因为一所学校有它的氛围，有它特定的人际关系。他的孩子看到同学都在做什么样的梦，他们为实现这个梦在做什么样的努力，通过这3年，同学对他的影响，老师对他的影响，特别是学校的文化无形中内化到他心里的那种力量，才是这个企业家最看重的东西。这里可以看出一个企业家对校园文化巨大的协同功用的高度认同。所以，高明的校长应该用一种成熟的文化去引领老师、引领学生、管理学校。

非常感谢校长们，今天有缘分和大家作一番研讨。那么还剩下大概15分钟的时间,留出来与在座的校长互动一下,希望提出批评的意见,或者分享您对这一问题的独到想法。

互动环节:

问题1:我有一个问题,我们学校要搞一个5到8年的规划,你觉得信息化有没有可能做出我们的特色?我们学校的信息化发展以后是个什么样子?

金答:以教育信息化为抓手,在深圳这个开放的前沿城市是一个蛮好的想法。有些学校把信息化作为特色项目经营,也有一些成功的经验,具体应该怎么做,还需要做一些实地的调研工作。

计算机发展的速度是非常快的,可以结合一些专业人士来帮助分析。另外须注意,所谓的教育信息化还是手段,信息内涵是更重要的,这一部分恰恰需要校长发挥特长,我建议你对信息资源库的构成也要多加考虑。

问题2:我们在规划方案的时候,一个重要的问题就是:你花多少钱,买多少东西,这样的现象怎么来评判?

金答:这就是我前面讲的,重视数量和硬件,忽视内涵和质量,这是一个普遍性的问题。注意温家宝总理最近的讲话:要让教育家、懂教育的人来办学。今天绝大多数地区基础教育的硬件已经不是问题,所以在做学校新的发展规划时,软件的因素更需要引起关注。

问题3:我们学校在做规划的时候,能不能结合国家中长期发展纲要,因为这个纲要对我们高考、基础教育,特别是深圳、上海的改革都有很大的影响,所以我们在规划的时候,怎样与国家以及世界的发展结合起来?

金答:你提的这个问题非常好,是我们做规划时必须要考量的,大概深圳也有相应的教育中长期规划,可以结合深圳的规划来思考具体学校的规划,然后把一些比较富有创意的东西融合进来。可以结合国家中长期规划的研读来深化理解基层学校的发展规划,这个问题我们还可以私下交流。

问题4:我有个问题,我想大家可能都有一个共同的感觉,就是规划的衔接性要怎么来操作?因为现在的校长到学校以后,一般会做两件事,一个是我做了一个规划,如果连任下去,就要做第二个规划,那么如何进行衔接?第二个就是,在我来到这个学校之前,一个规划已经提出来了,我怎样用新的规划与它结合?

金答:这个问题很好,这是规划的连续性问题。我想,否认前任校长或前一个规划是不合适的,其实教育发展的连续性是非常强的。当然,在对以前规划落实状况做总结的时候,也会发现一些问题需要改进,在新的规划里要把这些需要改进的东西体现出来。就是有继承、有发展,所以二者是不矛盾的。

谢谢大家,最后希望各位有机会多来上海,来华东师大多交流!

（2010 年 5 月 3 日在深圳市盐田区校长研修班的讲演）

7. 学校特色与品牌学校的创建

各位校长：下午好！

非常高兴，认识河南郑州市教育界的杰出同仁。华东师大，像我所在的教育学系，每年都会有来自河南的优秀考生，我们教育学系的研究生，主要来自河南、山东和安徽。我有几位很好的学生也是从河南来的，所以我很感谢河南的中小学给我们培养了这样好的学生。

今天交流的主题是：学校特色与品牌学校的创建。各位是来自河南郑州的著名学校，我想你们都有自己学校的特色乃至品牌效应，因此交流这样一个话题应该容易引起共鸣。

引言

我上个月看到《文汇报》有个报道，这个报道很有意思，可以做我的开场白。河南一家航空公司的飞机在宜春上空发生了意外，媒体报道不仅给这家航空公司，还对河南省也造成了负面影响。所以仅两三天的时间，河南方面就做出了回应，河南省工商局准备撤销这家公司的河南冠名，因为这家公司没有河南的资本投入，只是注册地在河南，实际上也可以说与河南没有直接关系。从这个事件里，我们可以发现，"名"是双刃剑，可以给你带来利，也可能给你带来弊。

我们到商场买东西，无非有三种感觉：一是物不所值，花了冤大头；二是物有所值，花这个钱值得；三是物超所值，有"价廉物美"的感觉。其实人也好，物也好，都会面临这样的三种情况。所以我们怎么样当得起教师的美名？换言之，一所学校怎么样当得起学校的美名？不让人感到"盛名之下，其实难副"，而是给人"物超所值"的感觉？这是很不容易的。

我们为孩子选择学校就要警惕不要务虚名,踏入名实不副的误区。我们自己的学校则要力争做到"物有所值",乃至"物超所值"。如果你有"实"而没有"名",那也没有关系,你那个"实"最终会透过那个"名",放大那个"名"。

我这里讲个小故事,叫"床头捉刀者,乃英雄也"。讲的是魏武帝曹操,一次他要接见匈奴使者,因为自认为长得不美,"不足以雄远人",于是就叫他的臣下中长相很好的崔季珪代为接见,他自己扮作侍卫立于旁边。接见完毕后,曹操派人去询问匈奴使者,使者就说:魏帝"雅望非常",但又说"床头捉刀者,乃英雄也"。曹操听说后二话不说,立刻派人追杀使者。曹操是个很厉害的人,他在中国历史上第一个提出"唯才是举"的口号。中国历代的用人标准都是德才兼备,曹操却不循常规,战乱时期只要有才即可使用。匈奴使者有识人之才,但不能为曹操所用,所以被杀。曹操有句话叫"宁教我负天下人,不教天下人负我",这既是曹操残暴之处,也是曹操厉害之处。我这里不是评论曹操这个历史人物,而是说一个人只要有内在的气质,则外部的伪装难掩其真。一所学校是好的,迟早会名声在外;一个老师是好的,同样如此。即使现在还没有名气,也没有关系,修炼自己,声誉迟早会来。社会衡量人的标准是接近常态的,即名实一致,所谓的"物超所值"和"物不所值"最后都会还原到名实一致、物值相符的。

但同时,我们需看到今天的社会在一定程度上又陷入了追求虚名的误区,比如专科学院千方百计想晋升本科大学,不少人认为小学、中学与大学相较就是低层次的。我们系有一次开迎新会,有位教授说华东师大教育学系是全国教育研究的带头羊,是华东师大的金字招牌,但他也听有些人说师大的教授出去讲课,举的大都是中小学的例子,能不能举高级点的例证?我对这个问题也有点困惑,但又想,中国的大教育家除了像蔡元培、胡适、梅贻琦、傅斯年做过大学校长和教授,也有像陶行知这样的教授,不要做大学教育系的主任,脱下长衫去做中小幼老师,也成了大教育家。陈鹤琴做大学教授,又去创办幼儿园。又如蜚声国际学术界的皮亚杰,发生认识论的代表,瑞士心理学家,专门研究2—6岁儿童思维问题的,最后成为具有世界影响力的大学问家。如果盲目认为小学为中学服务,中学为大学服务,只有处于学校金字塔尖的才是最好的、最重要的,那就会如傅斯年当年就指出的,中国学界学日本学坏了,只是抄日本的一些名词——大学、中学、小学,认为"大"就是好的,"小"就是低层次的,这实际上是不对的。他认为国民的基础教育是通识教育,大学是专业教育。如果学校名字不是用初、小、中、高、大这样一些抄自日本学制的概念,改用国民教育、专业教育等更符合实际的名称,人们可能就不会陷入如此荒谬的"崇名"误区。我想,傅斯年的说法值得大家思考,我们在选择、使用名字的时候也不可掉以轻心,名字一经使用,那就是泼出去的水,想收回来很难。

一、当今中小学的自身定位与特色

(一) 中小学校的五个"特"

中小学校的定位和特色,可以用五个"特"来把握。

第一,时代特性。说到中小学办学的特色乃至学校的品牌,首先要考虑时代的特性。我们的时代是知识经济时代,是经济全球化、资讯网络化、人权普适化及文化多元化的时代,也是快速变化的时代,又是各种矛盾纠集、区域冲突不断的时期,学校教育如何具有国际意识,适应并引领时代,是校长们需要思考的。

第二,中国特点。前一段时间中国教育新闻网评选年度对教师产生影响力的一百本书,我看见榜单中大约有五十本都是从美国翻译过来的,就好像五十多年前中国教育类的书都是译自苏联一样。今天的中国教育界唯美国马首是瞻,问题是不要忘了自己脚下的土地,千万记住我们建设的是中国特色的社会主义强国,是在中国大地上办中国的学校。

第三,区域特征。我们国家有 960 万平方公里的土地,差异性太大。上海和新疆的喀什、云南的思茅显然是不一样的,黑龙江与海南也是不一样的,河南与上海肯定也有不一样的地方,每个区域都有自身的特点,人家的经验再好,必须结合自身的实际情况有所改造和创新。

第四,学校特色。同样是郑州市的学校,小学和中学就不一样,示范性学校与一般学校可能又不一样。各校的历史不同,教师资源有差异,生源参差不齐,也不可能一刀切。

第五,校长特质。一所学校,校长是关键的人物。在座的有北师大、华师大毕业的高材生,也有郑州大学或河南师范大学的高材生,大都有几十年的教学和管理经验,但即使是两所名牌实验中学的校长,都是很优秀的校长,各自的特点肯定也不一样。

我想上述五个"特"——特性、特点、特征、特色、特质,大概是校长经营特色学校或品牌学校时应思考的要点。

（二）特色学校案例分享

与大学相比，中小学是基础性的教育。大学本科只有四年，而基础教育加上学前教育至少有十五年。"基础教育"在人一生的发展中具有重要作用，基础教育阶段要让学生有个全面均衡发展的基础，也就是为学生一生的发展奠基。我甚至认为，大学的一、二年级时期也是基础教育，只有研究生阶段的教育才是真正的专业教育。我主张大学教育要拓宽一点，这样学生毕业了，假如要他们去做一个幼儿园的园长或中小学的老师，都能做得很好。基础教育的定位很重要，首先是全面，为中小学生的全面发展夯实基础，在此基础上再做出自己的特色。

我在这里援引一些上海的学校做例证，讲到上海的名牌学校，我大学毕业就在其中一所中学里教过三年书，七宝中学当时是上海市的 26 所市重点中学之一，也是上海郊县的四所市重点中学之一。今天上海市有所谓的四大超级"牛校"，就是上海中学、复旦附中、交大附中、华师大二附中，这些牛校靠什么牛？比如今年北大、清华在上海投放 120 个招生名额，那么这些牛校的学生未经全国统一高考就有六十个名额被内定了，因为国际奥林匹克竞赛的金牌与他们有缘，所以这些学校的推荐生，只要分数达到一本线，北大、清华就要了，这就是牛校的资本。比如上海中学和华师大二附中是并驾齐驱的，它的口号就是"全国一流，国际知名，教育高质，管理高效"，学校定位是一流，它有国际部，海外学生占了相当比例。复旦附中也很牛，复旦大学是上海的名牌大学，它的附中定位也很高，就是"国际闻名的高质量学校"，它是不会去和国内一般的学校比的。交大附中的定位与复旦附中有所不同，强调高起点、高要求、高标准，求实、求新、求高，比较注重实际，因为交大就是一所工科见长的大学，培养的大都是实用人才，附中的文化和大学是有关系的，它不可能脱离大学母体。华师大二附中办学定位好像很普通，所谓一个核心，德育；两个重点，创新和实践；三个突破，即教学模式的突破、师资队伍的突破、学校管理的突破。这其实是很不容易的，因为是学校核心软件的突破。上海某中学有位老师，他没有大学本科文凭，但相当厉害，是学校最早开小车的，他培养的学生能够拿国际中学生物理竞赛的金牌，常常获得学校的高额奖金。这类学校的学生大概大学四年后，有些甚至高中毕业后，就直接出国留学了。同样是品牌学校，这类学校各自的定位也是不一样的。

上述的牛校和郑州的学校可能相差比较远，那么我就举一些上海的特色学校，也许更有可比性。比如南洋模范中学，这所学校历史悠久，是从上海交通大学的前身南洋公学的附属小学演变发展而来的，是一所历史悠久的学校。它的特色是人文见长，办学环境是宽松的,倡导个性发展,高扬人格教育的大旗。校标是一个醒狮图,比喻中国这头东方睡狮将要觉醒。可见学校是以天下、国家为己任,中学生要有心忧天下的胸襟;校训是勤、俭、敬、信,都是来自儒家教育的核心概念;校风是四个"实"——扎实、朴实、踏实、结实,同时提倡"四严"教风——严慈、严明、严格、严谨;还有"三度"领导作风——讲制度、讲态度、讲速度,这就形成了学校的特色。

格致中学在黄埔区,也是一所百年老校。"格致"是来自于《大学》的"格物致知",儒家经典《大学》的格物致知讲的是传统修身,这所中学对这个词的内涵做了改造,不仅有传统的继承,还有新时代的拓展,它是科技见长,格致包括现代自然科学的内涵。

光明中学原来是一所区级重点中学,它的特色就是学生的小创造、小发明。它提出"五教五学":教学有法、教无定法、教会思考、教以创造、教为不教;学得主动、学得灵活、学会思考、学会创造、学会做人。教和学的概念阐述是层层递进的。

闸北八中,在座有些校长可能知道,因为它顶着一个"成功教育"的桂冠。当时这所学校在不少上海人眼里就是垃圾学校,刘京海校长认为:闸北八中的成功不是像上海中学、复旦附中、华师大二附中那样出什么"哈佛女孩",而是让普通劳动人民家庭的孩子能够上一个中级职业技术学校或者高级职业学院,获得一技之长,有公民的良好素质,可以尊严地生活着,能感受职业的成功和幸福。刘校长的成功得益于他的胆子大,有闯劲;但他胆子大的背后是有理论支撑的,他在读研究生的几年里天天泡在图书馆里,读了几百本书。可见一所学校的成功,一个校长的成功,背后必定有校长的智慧。

延安中学办学特色是数学特色、理科见长、人文相济、和谐发展;办学策略是以数学为龙头,以科技和体育为两翼。毕竟它还是基础教育,培养的是数学尖子,要求的是和谐发展。办学策略是有重点又全面。

语文同样可以成为办学特色,嘉定二中就是文科见长。它的一个语文老师钱梦龙,我想在座的语文老师出身的校长应该是知道的,最近国家中长期规划里还提学生主体、教师主导,这概念最早是钱梦龙提出来的。他在20世纪80年代提出三个"主",学生是主体、老师是主导、训练是主线。一所学校有一个名师,就闻名遐迩,我在嘉定二中调研时,就听南翔宾馆的经理说现在的南翔不景气,因为钱老师退休了,想当年南翔的宾馆是爆满的,南翔的小笼包不够卖,那时候大家都知道是钱梦龙老师又在二中开公开课了,所谓"北魏南钱",北指魏书生,南就是钱梦龙。

也有学校是以外语为办学特色的,如上海外国语大学的附中,20世纪60年代是情景教学法,70年代是结构功能教学法,80年代是教学过程交际法,现在是"国际型预备英才培养模式",都是扣住自身与母体大学的特色。

加拿大多伦多大学教育学院的许美德教授,曾做中国当代高校重要教育人物的研究,她去拜访浙江大学的一位副校长。浙大的校长很谦虚,说浙大的学生出来可以做点事,没有清华那么牛,出来的学生可以做官;也没有北大那么牛,学生出来可以去"坐牢"。可见大学风格也是不一样的。那么华东师大的学生出来是做人的,因为做老师的必须要会做人的,为人师表,这就是师大的特色了。

二、品牌学校特征与要素

品牌学校就是特色学校的逻辑发展。前面讲的是学校的特色,接下来把它提升到品牌这样一个高度来聚焦。今天的中国面临着挑战,所有的行业都面临着挑战,包括学校,这种挑战来自于对于高水平教育的追求。中国加入世贸组织后,社会全面开放,也包括第三产业的教育,学校面临的挑战就是教育资源在全球配置下的挑战。

品牌,简单说就是符号,复杂说它是承诺,是文化,是无形资产的浓缩,是各类资源的高度整合。品牌的英文单词 Brand,源出古挪威文 Brandr,意思是"烧灼"。人们用这种方式来标记家畜等需要与其他人相区别的私有财产。到了中世纪的欧洲,手工艺匠人用这种打烙印的方法在自己的手工艺品上烙下标记,以便顾客识别产品的产地和生产者。这就产生了最初的商标,并以此为消费者提供担保,同时向生产者提供法律保护。

在《牛津大辞典》里,品牌被解释为"用来证明所有权,作为质量的标志或其他用途",即用以区别和证明品质。随着时间的推移,商业竞争格局以及零售业形态不断变迁,品牌承载的含义也越来越丰富,甚至形成了专门的研究领域——品牌学。

教育品牌是无形的,但它又是有形的,它的力量是巨大的。一旦教育的品牌形成,它不像其他东西的品牌,它是难以复制的。同样,教育品牌在短期内也是难以生成的,是需要长期精心培育的。品牌学校代表着文化的独特性;代表着师生的优质性;代表着学校发展的可持续性;代表着学校各种要素整合的高效性。一所学校最宝贵的就是品牌,这是核心竞争力,尽管它是无形的,所以更需要校长和教师去精心培育。构成品牌学校要素的是:

第一,品牌学校来自于历史资源的积淀。历史积淀是学校独具内涵的价值,正因为它是有价值的,才能够传承下来,形成一种宝贵的传统。这一传统就形成了这所学校特色的稳定性。独特的价值沉淀下来,就变成一个长久稳定的特质。我前面举的南洋模范中学、格致中学等,都具有这样的特点,这是学校宝贵的历史资源。一所优质学校通常都有一定的历史,经受了实践的检验。今天的名校从历史而来,千万不要傻到认为自己学校的传统太糟了,要把历史抹掉。现代化不可能凭空出现,需要奠基于一定的历史资源。其他的一切都可能模仿,唯独历史不能模仿和伪造,从这一意义而言,一所学校的历史是它最珍贵的特色。

第二,品牌学校来自于校园文化的创建。文化既可以是显性的,也可以是隐性的。当我们说文化时,其表现形式是多种多样的,物质文化是文化;制度文化是文化;精神文化也是文化,这些我们就不展开了。文化的力量不是风扫残云,也不是摧枯拉朽,它的力量是点点滴滴、潜移默化的,但却具有滴水穿石的力量。我们现在说的国家要提升软实力,讲的就是这种文化的实力。如果说课程是显性的,那么文化就是隐性的。一所好的学校一定有那种无形的文化,看不见、摸不着,但是你能呼吸到、感受到。它像水、像风,虽然看不见、摸不着,却在无声中显神威,它是学校的灵魂。所谓"春风风人,夏雨雨人",讲的就是文化的育人力量。

第三,品牌学校来自于校长办学的理念。校长很重要,因为一所学校里学生和教师有很多,但是校长就只有一个,所以校长起的作用就更关键。有思想、有理想的校长才会整合一切办学资源,把一所普通学校经营成一所品牌学校。我对校长角色的解读就是一句话:教师的教师。有了校长的名,还需要校长的"实",这就需要做好老师的老师。校长最大的任务就是要了解老师,要把老师的特点找出来,并让他发挥。如果没有特点,就要立足于学校去培养,而不是到处去挖人才。因为光靠钱即使挖来了人才也未必能留住,校长首要的是感情留人,"舞台"留人,然后才是待遇留人,光靠待遇还是留不住人的。所以校长要让教师感受到成长性,帮助教师成长,教师岗位是今天全世界公认为最具有成长性的。如果教师在你这所学校体验不到成长,体味不到幸福,感受的是压制,那么就会出现两种情况:一就是"混",做一天和尚撞一天钟;二就是走人。如果你是高明的教师,去教化他,那么他就会"士为知己者死",这是中国知识分子的特点,这是用金钱买不到的。我认为校长的领导力某种程度上就是教育的能力,所以他要不断学习,提升自我。校长要有思路,有了思路才有出路,才能引领教师的发展。校长要是不具备引领教师的能力,那他自己就要"被领导"了。

第四,品牌学校来自于名牌教师的声誉。校长本事再大,也不可能"包打十三科"——中小学的所有学科都是校长一个人去上课。校长要凝聚一批优秀的教师,培育品牌的教师、教学的专家,乃至教学的大师。我前面讲过"北魏南钱",一所学校出一个这样的老师就很厉害,如果有一群这样的老师那就更不得了。基础教育的人才资源如果开放了,教师就只能靠自己的实力来保住饭碗了。我说个例子,顾泠沅老师是上海市的第一届教育功臣,他20世纪80年代在上海青浦县开展"大面积提高农村薄弱初中教学质量"的研究,他曾是复旦大学数学系苏步青的学生,在"文革"时被"发配"到上海的"西伯利亚"——青浦县,甚至阴差阳错被派到一所小学教语文。刚开始不知道怎么上课,那所学校的校长就让他去听学校里最好老师的课和最差老师的课,不怕不识货,就怕货比货,他从中领悟了上课的诀窍,并悟出了差异比较的研究方法。他在基层扎根做了二十年的研究,成为了一个品牌教师,不仅影响一所学校,还改变了一个地区的教育。说到名牌学校、特色学校,如果没有名牌教师、特色教师,何来名牌学校、特色学校? 教师永远是学校软件的软件、核心的核心、关键的关键。选优质学校某种意义上就是选优质教师。

第五,品牌学校来自于杰出学生的集聚。前面讲了校长和老师很重要,但学生才是最重要的,因为没有学生就没有老师,更何况校长。学校工作的根本就是要把学生的基础夯实,其实生源是非常重要的,如果你这所学校不行,那么你的生源也会比较糟糕,作为老师和校长的工作就很难开展。人是有差异的,当然从人格而言学生都是平等的,但从人的智商、情商、家庭文化背景看,差异是客观存在的。在目前的升学制度安排下,生源对学校发展的重要性不言而喻,你要不承认,那北大、清华每年"打架"争生源干什么? 当然教育更伟大的力量在于它一视同仁的感化,学校要尊重学生的个性特点,人尽其才,当然未必都进入哈佛、北大、清华,能够培养学生成为各行各业的行家里手也可以,但不同的生源决定不同的教育代价毕竟是事实。从这一意义而言,生源是决定品牌学校的关键,而培养学生的质量又衡量着学校的优劣。

第六,品牌学校来自于课程教学的创新。一所特色学校、名牌学校当然课程也是要有特色的,尽管说现在的课程都是国家规定的,但只要能够实现课程的校本转化,那也是一种特色。假如必修课程没有特色,那选修课程有没有特色? 国家课程没有特色,那区域课程、校本课程有没有特色? 课程一方面是通用的,作为共和国基础的公民教育,固然要夯实一般的素养基础;但个性化的特质的课程也不能忽略。共性和个性要平衡。我比较信奉中国的中庸智慧,校长们来自中原文化的地区,应该知道中庸绝对不是一个贬义词,它和我们现在提倡的和谐一样,是好的概念。"中者常也,庸者用也"，常用之道，就是恰如其分、恰到好处。校长要把握国家课程、校本课程、地域课程的平衡，是很不容易的！我前天在《文汇报》上看到一篇文章，讲上海大同中学给语文课程做系统的调整，然后推广到其他学科。有特色的校本课程往往可以成为品牌学校的王牌课程。品牌学校的教师不是一般的读书、教书，是研究性地读书、教书，用科研的眼光去进行课堂教学，才能提升教学的质量。

三、如何创办品牌学校？

（一）目标

一个组织的发展离不开动力和目标，人没有压力就轻飘飘，没有动力就没有成长。认准目标，激发自己，开拓胸襟，就会努力攀登。一所学校的办学方向，它的校训，可能就是这所学校从校长到学生的共识。你看北大的"思想自由，兼容并包"，清华的"自强不息，厚德载物"，辅仁中学的"以文会友，以友辅仁"，都是那样的大气概、大境界。所以校长不要小家子气，要使学生有朝气，要激发学生远大的理想，扩展学生的境界。讲北大、清华也许有点玄远了，我就讲讲我的母校——求知小学堂。这所小学很有特色，在百年校庆的时候，校长把我请去，还请我给学生讲话。它的校训是"争冠治生，手习脑勤，心康体健，乐求真知"。"争冠"是追求卓越，"治生"是对自己最起码的要求，它源自学校南面的冠生园路，上海生产大白兔奶糖的冠生园食品厂当年就在这条路上。学校的西面是习勤路，就提了一条"手习脑勤"，小学生首要的是培养良好的习惯，"手习"了才能"脑勤"。学校的北面是康健路，就有了"心康体健"，心康才能体健，也才能身心和谐。每天清晨，学生从这几条路上汇集到求知学堂，就是来快乐地求真知，即"乐求真知"。这个校训具有本土的、历史的特征，有生命力，又符合这所小学的特点。从校训中，我们可以看出学校的目标定位。

（二）规划

校长治校要有一个蓝图，在这个蓝图里把时空要素和办学理念整合起来，把历史传统和具体环境结合起来，比如我的母校求知小学没有与自己的历史传统和具体环境隔断，校训把学校文化内涵和附近的三条路名整合为一。校长要学会利用周边的办学资源，争取各种社会力量的支持，让当地的企业支持你，让当地的社区委员会支持你。要在开发当地资源方面做足功夫。校长是学校发展的规划师。现在国家中长期教育规划出来了,河南和上海地区教育发展规划也要出来了,我们自己学校的发展规划是否也请校长们开始谋划,要为自己的学校做一套漂亮的"衣服",根据你们学校的具体情况来量身定制。校长做规划的时候,要懂得为自己的学校讲一套漂亮的故事,比如北大有"未名湖"畔的故事,清华有"水木清华"的故事,华东师大有"丽娃河"的故事。钱学森临终之际念念不忘母校北师大附中一批名师的上课风采。学生当年学习的知识时过境迁或已遗忘,但学校精彩的故事代代相传。有了故事,一所学校就有了自己的特色、个性。当然我们要的是真实的故事,不是像有些地方政府,因为觉得当地的风景特色还不够鲜明,就找策划公司来策划故事,乃至胡编乱造。校长要做个有心人,从自己的学校里挖掘真实而感人的教育故事。

规划中除了阐扬学校的故事之外,师资、课程都是重要的。教师培训、校本课程、科研计划等都是学校发展规划的重要支撑点。还有一个就是规划的整体性与实施的阶段性。我们一口吃不成一个胖子,所以在做规划的时候要注意留出空间,要张弛有致,忙而不乱。有了规划就有了行动的方向和尺度,找准了方向,一步一步推行。

(三) 突破

规划之后,如何实践?校长的行动策略可以选择重点突破,然后是要素整合。规划是全面的布局,抓住重点突破则有利于整体推广。培养品牌教师可以是重点,开发特色课程可以是重点,采用一种新的教学方式也可以是重点。我在这里又要讲个故事了,《文汇报》20世纪90年代有一天的报纸一个通栏是空白的,仅有几个大字"可怕的顺德人",然后连续数天的广告充满悬念,直至最后谜底揭晓,原来广东顺德要打造全国最具品牌效应的一所十二年一贯制实验学校——碧桂园学校,还登了一幅漫画,一架巨大的天平:天平一端是洋房、轿车、美女、美钞,另一端是一个嗷嗷待哺的婴儿。婴儿一端重重压在地上,旁边有一行小字:千重要,万重要,不如您的宝宝最重要。这幅漫画一下子洞穿了中国富裕阶层一颗柔弱的心,于是大家拼命买碧桂园的别墅,因为只有该社区的居民孩子才有入学的资格。这是中国房地产商的一个经典广告策略,打的却是教育牌。前些日子顺德地区的校长也有个研修班,我说起这个案例,引起哄堂大笑。但碧桂园的老板确实是个聪明人,当然点子来自新华社的记者,在经营策略中广告也可以是一种重点突破,企业与学校的管理有相通之处。

（四）保障

有了目标,有了规划,有了运作,学校的发展还要有保障措施。保障措施除了有具体的办事条例,更需要制度的监督和物质的支撑。比如上海福山外国语小学,把企业管理的 ISO9001 标准引入学校的日常管理中,并加以本土的改造。尽管在实际操作中略显琐碎机械,但它作为学校管理的保障性措施有着相当的合理性。物质资源当然是办好学校的重要基础,除了争取国家财政资源外,校长还要长袖善舞,开发、整合社会各类资源。

（五）调控

校长要学会调控各方面的力量,规划是蓝图、实施有要点,校长的管理要有一点弹性,我们经常说人是活的,制度是死的,要根据实际的情况有所修正、调整。实施过程中通过反馈,扬长避短。

（六）测评

学校办得好不好,校长自己说了不算,名牌学校是否名实一致? 这需要客观公正的测评。上级领导可以测评,本校的师生可以测评,家长可以测评,教育专家可以测评,还可以引入专业的评价机构。将诸多评价结果综合起来,也许能得出一个相对公正、客观的评价指数。但所有的测评归根结底要经受学生这个最终尺度的检验,只有当学生不仅在毕业时刻,而且在未来发展的人生旅途中反馈的评价信息,才能最终确立学校教育的质量指数。百年树人的复杂和艰巨基于此,教书育人的崇高和幸福亦于此!

校长们,人生有的时候是很无奈的,仅仅两小瓶香水,为什么中国乡镇企业生产的仅卖五十块人民币,法国著名品牌专卖店里的一瓶要卖数千欧元? 其实香水百分之九十五都是水,那剩下的百分之五甚至仅仅是百分之一是不一样的,这就是别人的独家武器、核心竞争力,是五十与数千差别的奥秘之所在。中国最缺的就是这个核心竞争力,中国现在是世界工厂,产品卖给全世界,虽然说很光荣,但是十万件中国的衬衫,还换不来美国的一架先进飞机。我们要想把“中国制造”变为“中国创造”,这就需要从教育实践入手,培育中国学校的核心竞争力。

让我们把校长的理想坚守下去,用我们对事业的赤诚心和大智慧把人生的最后一度水烧开,使我们的学校成为名实一致的品牌学校。

感谢你们耐心地听了这么久。这次能够与河南郑州教育界的精英人士交流,我是十分高兴的。由于时间的关系,有什么问题就私下交流吧。

最后再次谢谢各位校长!

（2010年9月27日在郑州市中小学校长高级研修班的讲演）

8. 学校教科研的实用策略

老师们：下午好！

今天讨论的主题是关于学校教科研的实用策略，因为这是一个实践性的话题，我们不妨先从现状，看一看目前中小学教育科研存在的问题。因此可以分两方面探讨：第一方面是现状与问题；第二方面是思路与对策。

一、现状与问题

（一）现状分析

目前中小学教科研的情况，一方面形势很好，各种科研成果颇丰，另一方面，也暴露了一些问题。这些问题主要是：

第一，"游离式"的科研现象。我们不是为科研而科研，科研是为了帮助老师在日常的课堂教学上，聚焦、解决问题，随着问题的解决去提高教学的水平。然而现在，教学与科研分离了，科研并没有紧密结合中小学教师的日常课堂教学，反而成为其额外的负担，这是一个值得我们思考的问题。

第二，"赶浪式"的科研现象。就是随着基础教育界的热点问题走，看到流行的东西，就追着这个流行去喊口号。比如讲现在流行的是素质教育，那么就去研究素质教育；现在比较关注学生的思想品德，那就抓住中小学生的思想品德去研究……总之，问题不是基于具体情境而产生，而是随着社会的潮流而沉浮，这种现象就是"赶浪式"。

第三，"功利式"的科研现象。学校开展研究是要获得某些利益，也就是为了某种"功利"。比如想通过这个课题，引起轰动，引起上级主管部门或社会各界的关注，或者说搞出一个宏大的研究体系，名垂史册。这不同的表现，实质是一种好大喜功的科研观。反之,就是追求立竿见影的技术性研究,不去思考比较深刻艰难的问题,只关注眼前非常实用的具体研究。表现为一些基层的老师要快速地成功,仅要科研的具体方法和技术,不关心理论。

第四,"被动式"的科研现象。尽管现在教育发展态势迫切需要教师主动投入研究,有不少问题对我们形成挑战,但若仔细追究一下,就会发现很多所谓的科研成果是无奈的产物,因为今天的奖励也好、升迁也好,都基于考核,而考核的一个重要方面就是看老师的科研成果。假如没有,甚至可能面临某种惩罚,所以在考核的大棒下,老师只能被动地去研究一些似是而非的假课题。

(二) 问题症结

我们大致梳理了四个问题,现在来看看科研怪状后面的原因,可能就是中小学教师的研究是一种外塑模式,或者用网络上比较流行的话来说,今天很多老师正在"被科研","被科研"的对立面当然就是主动科研,而这个"被"后面的力量也是很大的,主要有那么几股力量推动着基层老师不得不进行科研。

第一,基础教育界课程改革新的发展态势和要求。因为课程的理念在发生变化,课程的结构在发生变化,课堂的教学形式在发生变化,学生对老师的要求也在发生变化。这些新的要求、新的变化迫使老师去适应新形势,这是当下直接的、重要的推动力。

第二,近几年来对教师的专业化提出越来越高的要求。老师现在的社会地位还不够高,这是因为社会认为教师的专业化程度还不够强。老师提高社会地位,除了要争取国家的相关政策,更重要的是,要基于自身职业的无可替代的竞争力。现在有人不适应原先的职业了,不敢改行去做医生,但他可能会要求到教育系统去做一些事情,教育系统的岗位似乎好做,这就是教师专业化程度较低的明证,要提升专业化的水平,一条重要的途径就是科研。

第三,今天的学校与社会发生着越来越紧密的联系,学校教育与家庭教育、社区教育越来越高度地整合,从而不断地对教师提出新的要求,而教师也必须呼应社会的需求。

上述三方面的压力,成了中小学教师科研的动力。所以从 20 世纪 80 年代一直到今天,基础教育的科研越来越受到关注。同时,中小学的科研也发生了重大的变化,就是在 20 世纪的 90 年代末的时候,由之前采用的"纯"教育科研的路向,也就是采用自然科学方法的研究,采用心理试验、统测等量化的研究,乃至三论——系统论、信息论、控制论等自然科学性质的研究方法,慢慢地转变到了一种质性的方式,如案例研究、叙事研究、行动研究等,也就是从量性到质性的变化,这实际上说明了20世纪90年代末的自然科学方法对基础教育科研的制约已经形成了一种"高原"的现象,中小学教师要进一步地推动科研发展已经很困难了,所以需要超越、寻求突变,而这样一种超越正好也呼应了西方社会科学研究方式的转型,出现了研究范式的变化。

研究范式的变化,实际上也是应对着基础教育研究成果暴露的问题,虽然研究成果数量众多,表面似乎很繁荣,但相当部分的成果又缺乏生命力,可称之为"科研的泡沫现象和塑料花现象"。针对这一现象,一些教育工作者要回到草根的层面上去做一种质性的研究,回到教师的日常的、具体的课堂情境和生活现场,去面对一个个鲜活而真实的生命,也就是回归"因材施教"。

面向教育个体的转型,促使科研路径变化,中小学教师及相关的科研工作者也开始反省教育科学的研究,不难发现基础教育界的科研存在几种缺乏:

第一,缺乏理论的依据。尽管在20世纪80年代中小学科研借用了一些自然科学的方法,用了很多统计、测量信息数据的方法,但就整个基础教育界大量的科研成果而言,还是比较缺乏系统的理论依据,特别对于原创性的理论,中小学教师没有很好地了解。

第二,缺乏历史的依据。我们对某个问题进行研究的时候,应该先看看前人对它有什么样的研究,用学术界通用的话来说,就是站在巨人的肩膀上,让研究真正地具有创新的意义。如果对这个问题的既往研究一无所知,那么所谓的研究很可能是重复劳动,甚至还可能没有达到该领域的学术前沿。有经验的研究者都知道,在做研究报告时,总会先有一个文献综述,就此了解研究的突破点在哪里,如果没有这样一个依据,可能整个研究都缺乏了基础。

第三,缺乏国外的依据。所谓他山之石,可以攻玉,又说旁观者清,人处于自己的问题情境中,一般就会看不清问题的意义所在。但是站在一个超越的层面,就可能看得比较清楚。苏轼说:横看成岭侧成峰,远近高低各不同,不识庐山真面目,只缘身在此山中。当然处在内部,也可能会把一些外面看不清楚的东西看清楚,所以一定要"山内山外两相通",你要能出去,也要能进来。国外的教育研究比我们要先进,人家已经走过来的可能就是你将要走的。但目前中小学科研照搬套用国外模式较多,缺少针对性的借鉴分析。

第四，缺乏现实的依据。归根结底，理论的依据、历史的依据、外国的依据都要回到当下的基点，回到我的实践、我的本原、我的真实的教育情境上来。但今天很多中小学的科研，不光缺乏前三个依据，现实的依据也是缺乏的，不少课题只是抓住个别的点，头痛医头，脚痛医脚，往往基于中小学升学这样一个现实的急功近利的点，对于中小学日常教育中的其他种种矛盾现象采取回避的态度。

这四个缺失，又可以归结于这样一个根本：就是缺少内在生命的依托，不是源于内心深处迫切需要解答的问题，而是来自于外部的压力，这就是外推型、外压型的科研动力，而不是内发型、内源型的科研动力。今天中国整个的科研环境都是如此，面对这样的情况，教师需要为自己找一点思路和方法，去解决自己的问题。

二、思路与对策

针对上述现象，我们首先要强化主体意识和问题意识。"主体意识"涉及的是人类生命价值的问题。举个例子，民国有个著名的教育家梁漱溟，他的父亲梁济看到中国传统文化无可挽回地衰弱，然后选择跳河自杀了。面对生命的困惑，梁漱溟说他不是学问中人，而是问题中人，于是就到宗教里面找出路，他写了《究元决疑论》，当时北大蔡元培校长请他讲印度佛学去了，后来他要继承弘扬儒学的践履精神，于是到乡村去进行改革，搞乡村教育。我们从历史上的教育家可以看到，生命的主体意识和问题意识是那么突出，这就彰显了孔子当年的教育理想，也就是对"道"的追求，价值追求就是生命和问题意识的一个高度浓缩。基础教育界的老师要去进行科研，我想首先就要突出这两种意识：要彰显生命的主体意识——我是我；要有选择研究对象的自主意识——把自己的真实问题凸现出来。科研首先要有个体生命的冲动，要有直面问题的勇气，这是前置条件，我们就先从这里谈起。

（一）如何选题

1. 从自身历史中寻找增长点

比如讲，能否在既往成功的经验中间去寻求新的增长点，不是说现在的教育失败了，我需要去进行研究；而是说本来就不错，去研究就是要让它更好，这就让学校有不断改善和发展的空间。这里提供一个案例：上海长宁实验小学的"创造性集体的培育与形成"的课题，这是上海市的一个规划课题，这个课题做了10年，我是这个课题组的学术顾问。经过长久的研究，最后的成果集名称就叫做《无边的圆——创造性集体的培育与形成》，对"无边的圆"做如此诠释：创造是没有边际的，它来自爱的聚合。在做课题研究的论证时，也有专家认为这个课题是一悖论，因为中国传统教育是注重群体意识的培养，而西方近代教育更多的是促进个性的发展，只有个体生命的自由才能有创造、创新，而集体往往是对个体创造力形成制约束缚，所以这个课题本身是一个悖谬。这位专家的分析可谓击中了这个问题的要害。当然，这个课题好就好在它似乎是个悖论，证明了这个问题的难度，中国的素质教育旨在促进青少年的创新，中小学的新课改，要以创新能力和实践能力为重点，这也是素质教育的必然要求，而传统教育注重集体教育，所以这个课题恰恰是把集体力量和个体创新融合起来了，这就是该课题的价值所在和高明之处。经过十年的艰辛探索，最后的科研成果获得了上海市第七届教育科研的一等奖、全国第三届教育科研的三等奖。这所实验学校是一所优秀的学校，它在自己既往的成功经验之中，找出了新的生长点，抓住了一个非常具有挑战性的难题。

2. 从现实问题中寻找突破点

实际上，学校现实中的矛盾现象就是问题的突破点。我在这里举的是上海市求知学校的发展性阅读研究课题，校长来找我，因为我是这所学校的校友，他说：素质教育就是要把教学主动权还给老师，更重要的是要把课余时间还给学生，我们调查学生是如何利用课余时间的。调查结果发现，学生其实还没有解放，他们把大量空下来的时间拿去看应试性的读物，增强应试的训练。校长是从学校附近新华书店的调查入手，然后结合文汇报一个记者的文章——中国95％学生的课外书都是应试读物，引发教师思考，我们怎样才能引导学生真正走向发展性阅读的道路，课题就是从这里浮现的。这个课题也是上海市徐汇区教育局的一个重点课题，最终成果形成《小学生发展性阅读研究》，由华东师范大学出版社出版，也获得了地区的科研成果奖，于漪老师在这本书的序言里指出，课程改革，离不开"大阅读"的概念，这不仅仅是一个语文阅读的课题，而是用大阅读来提升学生的综合素质，是中小学整体型课程的全方位阅读课题，而这个课题就是从现实问题中生发的。

有些学校的课题，一搞就是高、精、尖，号称与国际接轨，而求知学校这个科研课题是比较朴素的，是基于自身调查结果提出来的问题。又如上海的闵行区现在出现一个新现象，由于改革开放和经济发展，农民普遍富起来了，有些农民因为动迁补偿，家里有几百万存款，也有的农民收着房租过日子。农民没什么文化，拿着一大笔钱，又不知道怎么花,一天到晚看电视,搓麻将,找点刺激,然后他又教育子女,要好好读书,以后才能挣大钱、娶美女。孩子们都很聪明,说家有几百万,父母搓麻将都输掉了,你们不读书但叫我读书,读书苦得很,所以他就要反抗。这个就是学校面临的新问题,也是一个亟待解决的现实的问题,闵行区就聚焦出了这样一个区域性课题:富裕起来的农家子弟不要读书怎么办? 这个研究就可以把家庭教育与学校教育挂起钩来,它来自当下的现实。

3. 从已有的学校课题中间寻找升华点

我经常说学校科研要懂得预设管道,做研究的人就像下围棋一样,做一个小课题就要先布个点,再在另一小格里布一个点,然后又在另一个格里再布一个点,你从中就可以看出这个人的高明,因为这三个点里就可能上升出一个面,而这个面里又可能上升出一个非常有深度的课题。这就叫预设管道,从刚开始一个小小的、个别的研究,到后来上升到一个整体的、系统的研究。这个道理是我从一所以艺术教育为特点的学校中发现的,我原先以为这所学校就是唱唱跳跳,而了解了之后才知道它从事的是一个艺术创造的大课题,它能够把既往的小课题贯穿起来,而新的课题就是扎根于既往的课题上,这是一种智慧的选题路径。

4. 在新的教育方式里聚焦切入点

今天我们提倡培育研究型的教师,教师要不断以专业化提升自己,要体现新课程的改革要求。现代多媒体技术的娴熟运用,当然是教师素养的题中应有之义,包括我现在正借用它,但这里也可以反过来问:是不是每堂课都要使用多媒体? 是不是在一堂课上从头用到尾? 实际上,我认为更好的沟通方式和效果,还是教师的嘴巴和肢体语言。今天衡量中小学教师公开课的水准,据说其中有一条硬标准就看其是否使用多媒体,这样的规定是否合理应当引起我们的深思。其实是否运用多媒体,要根据课程内容和具体情景,现在有些老师一旦课堂离开了多媒体他甚至就不会上课了。有次在外省的一个文艺会堂,某位专家做一个学术报告,结果演播设备出问题了,工作人员搞了20分钟还是不行,我说要不你先开始讲,他说没了这个玩意儿我真不知道该怎么讲了。这其实是一种新的教学异化,比如我今天不用多媒体,你们肯定会说我不会用先进的教育技术,先给我判了死刑。然后你们会说,这是一个不认真的家伙,我们千里迢迢来到华东师大,他却如此随便。其实我也是很害怕的,毕竟人都在乎自己的声誉,最终不论合适与否,开讲座都必用这个东西了。

有一次给教育硕士研修班上课,其中有位学员的作业我打了优。因为他指出了一个问题——为什么评课时要以是否使用多媒体作为上课好坏的依据？他认为这是误导，而他本人就是一个会玩计算机的人，是一所中学的计算机教师——难道我不会用多媒体吗？你凭什么说我今天上课没用计算机，就说我上课有问题，这是荒唐的。这位教师就是在新的教育方式中发现了新问题。有次在科研杂志的座谈会上，我听一位大学的著名化学教授说，这种评课标准荒谬得很，他说我不主张上课必用多媒体，用PPT可能就把教学过程压缩了，这对学生是不利的，我要边讲边写边想，和学生一起思考，有时不用多媒体恰恰是对学生负责的表现。所以，一个司空见惯的现象，可能就隐含着问题，老师们要做一个有心人。

5. 在教育发展的趋势中寻找关键点

现在中小学生的心理跟着这个时代有一个非常快的发展，当中小学生的心理发生变化的时候，你在拼命地给他灌输传统的学习观念，两者就对不上号。科学发展观强调以人为本，学校的一切工作要以学生为本，某种程度上说，就是要准确把握学生的心理趋向和特点。我这里举的案例是上海市嘉定第二中学，这是一所区重点中学，现在是上海市的示范性中学之一，校长的办学理念是"文化立校"。这所学校开发了一个校本课程，图文并茂的画册，叫《青春的舞台》。校长思考的问题是：怎样让中小学生在求学的过程中间生活变得美好一点。有一次我到这所学校的会议室，发现一张很漂亮的照片，是一群朝气蓬勃的学生，照片对面是一幅书法，上面写的是"欢乐的恰恰是生命的蓬勃"。我就想，这个"恰恰"是怎么回事？难道除了年轻人，其他人的生命就不蓬勃了吗？我正在琢磨的时候，校长进来了。他问：书法漂亮吗？我说：字写得好，但这个话的寓意是不是还要推敲？他说：其实这话就是阐明了对面那张照片——学生在跳"恰恰"舞。我说："欢乐的'恰恰'是生命的蓬勃！"你这个校长真不简单！据我了解，没有一所高级中学教男女学生跳恰恰舞的。孩子进入高一，老师家长就开始担心孩子的学习，更害怕他们情感上产生波动，所以要让他们学习不分心，你校长还教他们跳舞？还是男女一对一的热情奔放的恰恰舞！校长说：就是要跳这种舞，因为它正好能抒发青年们的朝气和力量。校长很自豪，说我虽然不能把考进复旦、交大的学生人数和其他重点中学比，但是我们的学生回顾三年高中生活时，会发现他们过得很幸福。虽然他们也许只能上普通的大学，但他们毕业后找到工作，组成家庭也非常幸福，因为高中这三年奠定了人生幸福的基础。今天，当教育界的有识之士正在为学生学习成绩上升、幸福指数下降的悖谬发愁时，不难发现，这所学校把握住了学生身心发展的特点和生命发展的需要，找准了学校科研的关键点，促进了学生健康全面的成长。

6. 从群众的智慧中激发创意点

最后就是充分尊重和发挥群众的智慧,用"头脑风暴法"来产生有价值的课题。我国中小学有一个非常好的传统——教研组的集体备课传统,西方发达国家的基础教育可能缺少这样一种组织制度的安排,组织活动可以把很多教师的能量充分调动起来,前提是要充分利用好教研组这个平台。教研组需要质疑、对话、讨论,而不是统一进度下的形式化活动,在集体研修的平台上,运用头脑风暴法这种方式,可能会产生一些极具创意的课题。在创意课题的"信息积累"基础上,再进行筛选、整合和提升,最后能聚焦出学校有价值的课题,这也是一种有效的选题方式。

总之,课题来源的方式是多种多样的。可以是来自纵向的国家级、省部级的课题,现在中央政府、各地方行政对教育是越来越重视,用于科研的经费每年在增长。横向的课题也可以搞,可以与家庭、社区、社会企事业单位展开横向的合作。当然,中小学教师还要更多地关注自选的课题,因为只有自选的课题才是真正扎根于日常课堂教学的真实情景和问题,其中自选课题里还分功利和非功利两个方面,不少教师的追求可能会给予功利性的课题,但如果我们把眼光更多地聚焦到自身发展的层面,听从内心的召唤,超越短期功利的羁绊,就会达成一个更好的选题策略,它更有助于教师摆脱职业倦怠,走上研究性教师的幸福之路。职业性的厌倦就是重复,研究就是减少教师劳动的重复性,多增加创造性,帮助教师摆脱职业厌倦。

(二) 积极培育学校的读书氛围

要做好科研,就要学会读书。中小学老师是一个引导读书的人,自己要爱读书,当然也要会读书。但是我发现如今的中小学老师不太喜欢读书,或者说是没有时间读书,久而久之就不会读书了。我觉得这个问题是很严重的,因为如果不读书,就会固步自封,也就没有了自身的成长,那么他很难引导学生读书,更谈不上促进学生成长。

至于中小学教师如何读书的问题,我认为应该"古今中外"四个轮子一起转。就是从柏拉图的《理想国》到联合国教科文组织的《学会生存》,从儒学经典《论语》到邓小平"三个面向"的思想,古今中外都要涉猎。我给研究生上教育名著课时开的书目就是60种书,分中外两部。这60种书不要求你一个学期读完,但假如要你一个学期通读一遍,能不能做到? 中文系有位教授说:一个合格的中文系毕业生在他离开大学的时候,除了教材,至少还要读300本书。大学3年6个学期,平均每个学期就要读50本。当然我们也可以一学期只读一本书,这就是精读,总之,要站在巨人的肩膀上,就要认真读一些书。卡莉·菲奥利娜是惠普公司的女总裁,她曾在斯坦福大学学习。毕业25年后,她回到母校演讲说:在斯坦福上过的最难忘的一门课程是研讨会的准备。每一个星期都得阅读一部有关中世纪哲学的著作,一个星期平均要读1000页。每一个周末,得把这些哲学家们的思想言论进行提炼,总结成一份仅有2页纸的精髓,然后参与讨论。她说,人生就是提取精华的过程,她终身受益于此。一星期1000页,至少是3本书,一学期20周,不也是60本书吗?世界一流大学就是这样训练和要求学生的,讲到底,这也是阅读习惯和方法的养成,越不读书,越没时间读书,或者仅仅阅读浅思维的流行书,越可能是阅读能力的退化和阅读趣味的丧失。

苏霍姆林斯基一生写了40多本著作,600多篇教育的论文,800多篇儿童文学作品。我经常想这样一个问题,同样是教师,为什么他的创作欲望那么旺盛。作为学校的校长,除了上课还要经营管理,他的时间从哪儿来?苏霍姆林斯基好读书、喜研究、勤写作的精神,应该成为中小学教师的楷模。

还有一点,就是在读书和用材料的时候要注意权威性,尽量使用权威出版社的书籍和高质量的学术期刊。比如买西方的经典译著,就买商务印书馆的;而中国的经典,则买中华书局的。又比如教育类的书,多选择下列专业出版社:传统的人民教育社、新起之秀教育科学出版社,还有北京师大出版社、华东师大出版社、上海教育出版社等,这些出版社具有良好的口碑和相当的学术品牌的影响力。

阅读材料尽可能选择经典著作和权威期刊,所谓抓两头,一头是学术经典,一头是学科前沿。

(三)科研过程的阶段和程序

现在基础教育界也出现这样一个问题,就是在研究过程中,希望有关的专家、学者帮助基层的教育工作者加工提升,以便形成中小学的科研成果。在大学与中小学合作的过程中,专家做必要的加工是可以的,但它不能代替基础教育阶段教师自身的研究,没有基于研究的专业成长,光要科研成果和技术,那恐怕也是不行的,会让学校的科研没有后劲,缺乏学校发展的持续性。

如何让教师的科研取得最后的成果?可以按照如下的程序和步骤去做,我称之为"三阶段、九程序"。

第一个阶段包括三个程序,首先是"聚合动力"。我们为什么要去研究?学生会面临为什么要学习的问题;校长和教师也会面临为什么要研究的问题,所以要把教师的力量凝聚起来,共同应对这个问题,让教师形成共识,发挥他们内在的积极性,参与学校的科研,这就是科研的愿景。然后进入到"自由选题",这时候要遵循自下而上的方式,至少做到自上而下和自下而上的结合,所以在选题之初,一定要有开放度,真正地提出老师们感兴趣的或特别困惑的问题。自由选题出来的题目可能是五花八门的。我们不可能在每个课题上平均用力,作为一所成熟的学校要有主导性的研究方向,这个时候我们就需要寻求重叠的共识,寻求不同问题相交的切点,能够探寻出引领学校发展的关键问题,这就到了第一阶段的第三程序——"寻求切点"。我们在学校科研的十字坐标架上,来回地聚焦探索,最后锁定在某些问题的切点上,提取出最迫切的问题。

第二个阶段也有三个程序,第一个程序叫"大胆假设",问题锁定以后,我们需要用一些创新的思维,需要突破,用胡适的话讲,科学研究就是贵在大胆地假设。成功的研究者之所以成功,往往就是灵光一现,想常人之不敢想,别出心裁,找到了一个好的方法、好的方向、好的思路。但是如果仅仅有一个大胆的假设,不知道假设是否经得起事实的检验,这还是不行的,所以第二个阶段的第二个程序是"竭力求证",就是要搜集更多的资料来印证大胆的猜想能否站得住。如果事实证明这个假设有问题,就要重新修正这个假设,这也是我们常说的"实践的检验"。然后是第二个阶段的第三个程序——"谨慎推断"。推断一定要谨慎,不能说有了相当的证据,结论就一定是正确的,只能说根据我们目前的研究,这个结论目前是能站得住的。

第三个阶段,经过一个谨慎的推断之后,需要到一个具体的教育情境中间去具体地印证,这就是"个别实验",也就是第三个阶段的第一个程序。随后是第二个程序的较大范围的推广、验证,其中可能需要进一步地修改完善。这样才能呈现一个较好的科研文本,一个显性化的科研成果,这就是研究报告的撰写和出版,以供广大教育工作者(教育消费者)进一步检验。这就是基础教育界科研的"三阶段、九程序"的过程。

(四)研究报告和研究论文的撰写

基础教育研究的成果通常有三类,一类是学术性论文,一类是研究性报告,还有一类是随笔、案例、叙事等。限于时间,鉴于中小学教师对后一类文体大都较熟悉,这里主要讨论前面两类文体。

研究报告包括这样一些内容,首先是导引部分,也可称之为引言、引论、绪论,这里面主要涉及问题的提出、背景、目的、意义,还分析目前研究的状况、假说的依据以及概念的界定等等。其次则有研究过程的展开,包括采用何种研究的方法、运用哪些独特的工具或手段。再次会有相关资料和调查数据的说明，选择哪些调查对象，如何设计调查问题，采用的分析标准等等。如果课题要用实验性的方法，那么研究报告通常会采用统计的方式，包括因果分析、差异度比较等，还会设计研究报告的效度、信度等。最后要有一个比较明确的研究结果，包括研究结论的得出，量性分析中数据的整理汇合。还可以在结论中提出一些建设性的意见，乃至提出进一步探究和讨论的方向。随着研究的深入，还有更深层的问题暴露出来了，所以在提出研究结果的同时，还可指出目前研究存在的问题、不足，以及这个研究可能导向进一步需要研究的问题，这个新问题的提出，会比报告现阶段的研究成果更有价值。

至于严谨、规范的学术论文如何写，有学者提出应该遵循"四宜四忌"：

第一，"忌大"，有些学校为了显现科研的重要性、系统性、整体性，提出一个宏大的问题，但是一所学校，包括人力资源、研究经费和时间都是有限的，目前还不具备做这么一个综合性大课题的基础，而选择这样的课题则仅仅反映了时下人们的急功近利、好大喜功。相对大而无当的论文来说，初始研究倡导"宜小"，选择小一点的课题作深入的挖掘，如果钻得很深，就不小，这就是"小题也能大做"。当然大题小做也能做出味道来，但基层教育界的老师还是小题大做写出的论文质量更好些。

第二，"忌空"，有些文章架子弄得很大，内容很虚，套话空话太多。写论文并非材料多多益善，该用则用，不该用的就不要用，不要堆砌，也不要追求华丽的辞藻，要做到"陈言务去"，人云亦云不云，老生常谈不谈，当然要做到这点还是很不容易的。基础教育界老师的一个特长就是能结合日常的课堂，如此一来，这个研究会变得很实，这是应对空话、套话的有效举措。

第三，"忌散"，做一篇学术论文，不可能面面俱到，什么话都被你说全，四面出击、洋洋洒洒未必好。与其伤其十指，不如断其一指，因为"一"就是举一反三的"一"，通过论述一个反得出三个，这样的效果要好得多。一也是关键所在，围绕重点展开，要比平铺直叙更能直击问题要害。

第四，"忌乱"，要符合形式逻辑，不要"东一榔头西一棒"，一定要弄清楚主标题、副标题、章、节、目之间的关系是什么，段与段之间、句与句之间，甚至是词与词之间的关系是什么，就像一个精致的垂帘，或是一个网状的织物，它的每一部分都是环环相扣的。如果其中有一环不行，整个物件可能就此散掉。论文中有一个点缺乏证据来支撑，整个文章也许就会立不住脚。所以要细细推敲，特别要注意防止出现知识性的硬伤。我主持编写的《中国教育史研究（秦汉魏晋南北朝分卷）》今年获得了中国政府出版奖图书奖,责任编辑说这个奖得来不容易,因为首先看你能否过文字编辑质量这一关,有一点文字的差错或知识的谬误就不能参评了,直接枪毙。这方面过关了再进入学术创新、研究价值的评价。现在的研究生论文答辩,这一关问题甚多。

一篇好的科研论文,还有一些因素也不能掉以轻心,比如标题的设计,这个要把握三点:第一是简洁,不要搞得太复杂、太长,太长的记不住,不醒眼。你看中国的诗歌,能够朗朗上口的,都是简短的五言、七律,现在弄一个意识流的诗,太长也记不住。第二个要准确,简洁不一定准确,要做到题目与内容高度吻合。题目就是眼睛,眼睛是窗户,窗户里面是什么内容,都要通过眼睛来看。第三个是新颖,今天有不少文章,题目不新颖,也抓不住读者的眼球。所以现在有所谓的"眼球经济"、"眼球学说",当然我们不是为了吸引眼球而来设计题目,也不是要做"标题党",但既然研究有了突破和创造,有扎扎实实的内容,标题就应该把内容真实反映出来,真正有创新的科研成果,标题应该是新颖的。如上海长宁实验小学的课题成果集,标题是《无边的圆——创造性集体的培育和形成》,对"无边的圆"及其诠释也是斟酌再三,创造力的辐射和感情的聚合所形成的张力,使书名具有较强的冲击力和新颖度。一篇好的论文标题要紧紧围绕这三点反复构思雕琢。

学术论文的提要也很重要,课题研究的目的、意义、价值以及创新处等,通过三、五百字的提炼让读者能够一目了然,如果提要做得不好,那么也就决定了论文难以发表。杂志编辑有丰富的经验,一看提要通常就知道这篇论文的价值所在、水平高下以及能不能发表。

当然一篇规范的学术论文不仅仅包括题目、提要,还包括引论、研究现状的综述,研究思路的表达、整体结构的安排,材料的铺垫,分析和推导,疑难问题的辨析等等,这些都构成了论文的重要部分,千万不能马虎。一篇规范的学术论文的结语部分,还可以用简要、浓缩的方式重复并加强课题的研究结论,还可以提出相关趋势及展望或新的问题及研究方向。

除此之外,学术论文还应包括注释,就是论文中的脚注、夹注、尾注等。不同的杂志社、出版社的注释体例要求不尽相同。有的要求尾注,放在最后;有的要求脚注,放在当页,一目了然。

我个人比较喜欢用夹注,这是中国传统的著书体,就是在一句话下边用小一号的字注疏,现在通常用括号加入说明。夹注的用意有两点:一是说明此话的依据;二是为读者提供检查的方便。如果放在尾注,读者还要前后比对,那就有些麻烦。引证尤其要重视其准确性,有个学生曾给我看一篇文章,几十个注里面,唯有一个没有标注出处页码,他说因为是转注,页码不好找。后来在我的建议下,他在图书馆泡了一天,在转引的基础上找原引,再加以核对,注明了页码。不仅统一了注释体例,也避免了引证失误。如果确需转引,也要写明作者、卷数、页码等。在搜集资料时就不能掉以轻心,以免引用时增添麻烦。

参考文献的排法也是有讲究的,英文文献通常按照作者音序排列,中国则按照姓氏笔画依次排列,当然也可以按拼音字母排列。也可以分类排列。也有的按照时间,从最初的研究到最新的研究依次排开,或倒过来从最近到最远,这是历史研究的顺序。所以不要小看了参考文献的序列,其中也有讲究,音序法便于查找核对,历史法有助于了解来龙去脉。还可以有附录,一些珍贵的原始资料在论文中放不下就可以放入附录。现在的学术期刊或出版社因为经费、版面所限,有时会要求作者把附录去掉,其实是极为可惜的,因为它蕴含独特的研究价值。还有后记,就是做一些说明,或表示感谢,那些人或那些文本对本研究具有贡献宜一一说明。

最后,我强调一下,就是学术论文的表述一定要规范、严谨,这方面可以参考美国心理学手册。为了与国际接轨,现在中国大多数社会科学的研究文本,包括自然科学的研究文本都要求遵循国际学术界的通行标准。当然学术性、规范性不仅指注释、参考文献等基础性要求,更指向学术创新,如果研究文本通篇是注,没有突破和创造,那其价值也许主要是文献资料的综述和汇编了。

课题研究的时间也应有合理安排,一般人文社会科学类的课题研究时间,选定课题所化的时间大约是占 7.7%,理工科一般也是如此。用在搜集整理信息这一过程的时间,文科是占 52.9%,理科则占 30%。文科的研究者用在思维加工方面大约占31%—32%左右,理科则在实验方面占一半时间以上,理科课题研究者大量时间用于实验,否则是出不了研究成果的,这是文理科的不同。但是在最后,即把研究成果形成论文或报告,文理科又是相仿的,大约都占 8%左右。

课题成果出来后,还要不断交流和提升,彼此围绕这个专题来收集反馈信息,提出新的问题或困惑,互帮互学,这可以帮助基层的老师更有效地提升科研水准,因为时间关系,不再展开。

最后谢谢大家!

(2010 年 8 月 3 日在湖北省武汉市教育科学研究院高级研修班的讲演)

9. 课堂要素与平衡策略

各位老师：大家好！

今天进入教师的舞台——课堂，来谈谈课堂要素及策略的问题。

一、课堂教学的智慧要素

课堂教学的智慧要素，我认为大概有下列十点，提出来与各位同仁分享一下。

（一）"备"

一个是要备课程的内容；一个是要备学生，备学生的知识基础和心理特点。俗话说"兵马未动，粮草先行"，老师们都知道，我们上课讲的都是有限的知识，要让这个有限的知识活起来，就需要把一个学期、一个学年甚至是整个中学六年，把知识的链条贯通起来，做到全局在胸。教师在课堂上可以挑选某个知识点讲，但只有整个知识背景在支撑着某个点，你才可能让知识活化。打个比方，你在给学生讲解一片树叶，你把树叶摘下来解剖，树叶就死了；你让树叶连着枝条，枝条连着树干，那这片树叶就是活的。再打个比方，一位老师能挑一百斤的"担子"，但是今天的课堂上只要你挑十斤，这样你上课时就驾轻就熟，游刃有余。但你只能挑十斤的"担子"，你挑八斤的"担子"也会很累，这个累就是因为某个知识点被孤立后，你自己都不知道它在整个知识背景中的意义了。

那么，学生也是如此。教师要让学生学有成效，就要让他把今天学的知识和既往的知识产生联系，用皮亚杰的话说，既有的知识可以同化今天的知识。所以教师既要备知识，还要备学生，这两句话说起来容易，做起来却很难。单说备知识的逻辑，知识都是人创造的,所以也是在备人类认知的过程,教师不仅要备学科专业方面的知识,还要备学生心理发展的知识、于此相关学科的知识等,从这个意义上说,备的链条可以伸得很长。

譬如说备学生这一头,我们要认识到学生心理认知的规律,比如知识是由感性到理性,由理性再还原到感性的。至于如何切入,则可以灵活应对,我开始讲故事,那就是从感性入手,也可以直奔主题,做理性分析。一个班的学生是有个性差异的,他们的家庭背景不一样,兴趣爱好不一样,知识起点也不一样,每个人的认知误区又不一样。为了应对大班额教学缺乏针对性的难题,有些聪明的老师采取"抓中间,顾两头"的方法,实际上真正做到这一点是相当不容易的。一个常态的教学班有 50 名学生,严格意义上的"中"就是几人而已,大多数学生在课堂上要么失之深,要么失之浅,因此教师在日常课堂上常常以虚幻的"中"聊以自慰,而把两头的大多数放掉了。

所以说,真正的备两头相当不易,教师需要终身的"备",这就是终身学习。

(二)"理"

"理"就是把今天要在课堂上让学生重点了解的内容先理清楚。这个"理"的过程,形象一点的说法也就是教师读书经历一个"由厚到薄"的过程。教师对要讲的课,要处理的材料,已经准备得非常多,但走上讲堂前需要凝炼出精华。之所以要由厚到薄,首先就是课堂有限的教学时间,一堂课的 45 分钟就把教师限制了,你必须思考这堂课的内容怎样和上节课衔接,又怎样为下节课张目,除了课堂结构、教学时间对你的限制,还有学生多样性特点对课程资料的限制。你要在上下左右的复杂情境中浓缩、提炼关键性因素。

当然还要能够由薄到厚,因为所有的要素都已经了然于胸,你既可以把这堂课浓缩成十个字,也可以根据实际情况展开,要做到收放自如。前提是相关的知识和可能的情况已经烂熟于胸,这就是知识的活化,从而让课堂也活起来。我当年在大学求学的时候,半天时间四节课,中间休息的时候我问教授:你没有备课笔记能讲半天?他就掏出烟盒,只见上面写着几个字,而这几个字就是课程的切入点或要义所在,教授要讲的都在他的肚子里,可谓滚瓜烂熟。把那几个关键字掌握了,就把握了整堂课,这就是画龙点睛,那个精华和要点,需要教师"理"的功夫。

（三）"正"

"正"说的是教师的心态要端正。一个人的心态好不好,从他的衣着相貌也可看出几分。如果说"正心态"是内在的,看不见摸不着;那么"端衣饰"就是外在的,看得清楚,见得明白。内在的"正"很重要,但外在的"端"也不容忽视。举个例子,我们有一次到东京大学出席国际会议,同行的教授在日本留学十一年,特意提醒我要穿西装系领带,我说这么热的天,有必要吗? 他说日本人最讲究礼节,为了表示尊重和身份,大学教授总是穿西装、打领带的。那天我们提前到,他们还在整理会场,于是让我们先到休息室,当时我看他们也没有穿西装。但当我们进入会场的时候,日本教授齐刷刷的一排都是西装革履。我们坐下后,主持人说他们也去过中国,感觉中国教师比较洒脱、随意,所以他们刚开始穿得比较随意,但没想到我们这么尊重他们,不仅提前到,个个都着西装,所以他们也改穿了西服。

我借这个例子是想说明,教师的课堂穿着还是要拿捏一下,这其实不是服饰的问题,而是教师上课时的敬畏心态,对于教师这份职业的不轻慢。我的一位同事说他上课前的十五分钟是要提前进入状态的,不能被什么东西打扰。他是走南闯北、大名鼎鼎的教授了,但他对上课还是有所敬畏的。对教师职业抱有一种敬畏心,从教师的穿着也能反映出良好的心态。

（四）"引"

"引"是引兴趣,激发学生学习的积极性和情感。情感是非常重要的,因为非智力因素有时候要比智力因素还重要。原来两个学生的学业水平差不多,经过一段时间学习成绩有了大的差别,也许就是非智力因素在起关键作用。非智力因素,包括个体情感的领域和人格的表现等,有调查的数据表示教师影响学生最大的是他的沟通能力。学科知识的多少高下是教师的必要条件,不是充分条件,不然中科院院士、数学家、文学家一定是特级教师,但是陈景润曾经在中学教书不适应,他不缺知识,可能是在人际沟通这方面不行。中小学教师的调查显示,百分之二十的教师最欠缺的就是和学生沟通的能力,属于师生情意的领域。有时听一个有经验的老师上课,他的开场白似乎东拉西扯不得要领,但他实际上是在积极调动学生的积极性,在激发学生的兴趣和注意力。

德国教育家赫尔巴特的《普通教育学》,其中最核心的词语就是"兴趣"——"兴趣仿佛一盏明灯,它一劳永逸地指明了教学的发展方向",赫尔巴特的《普通教育学》奠定了科学教育学的基础,他把实践伦理学、实验心理学引入到教育学中,因此奠定了科学性的研究基础。赫尔巴特是主智主义的教育哲学家,他重视知识,但他看到了兴趣对于教师有效传递知识的重要性。至于人本主义心理学家则更关注学生的心理世界以及知情意的协调发展。教师在课堂上能否有效教学,取决于是否激发了学生的感情。如果学生刚开始对你这门课不感兴趣,但他对教师还感兴趣,那么他迟早也会对你的课感兴趣,对相关的学科感兴趣。

我们到一所中学做研究,两个平行班的学生是随机分布的,一个班主任是四十多岁科班出身的高级教师,另一个是二十多岁大专毕业的青年教师。教了一个学期以后,数学考试成绩就有了差别,结果青年教师班的平均分要超过另一个班近十分。我们来分析差别因子,实际就是两位老师不同,照理说老教师应该教得好,但情况为何相反?最后调查结果,高分班学生喜欢数学教师,班上有几个学生喜欢足球,而这个青年教师也爱好体育,大学时代是足球队员,所以他们经常在一起探讨,比如昨晚世界杯比赛战况如何,见老师点评得头头是道,男女生都非常崇拜他。后来老师就说,不能因为和学生玩足球把成绩搞下去了,学生就说老师你放心,我们一定会把成绩搞上去,那么课余的时候,这个老师和学生踢踢球,学生也拼命学习数学,于是两个班的数学成绩也有了分化。这是因为学生和老师之间感情的融洽,把学生的积极性和兴趣从足球转化到了数学课堂。

老师不仅要把知识传递给学生,更要给学生学习知识的方法和途径,还要让学生对所学的知识发生浓厚的兴趣,有无尽的动力去追求。有些老师在课堂上和学生玩游戏,好像是在浪费学生宝贵的时间,但实际上他是在设"陷阱",让学生不知不觉地陷入他设的"问题情境"中,学生欲罢不能,对老师讲的东西产生了浓厚的兴趣,学习的积极性也上来了。

(五)"明"

"明"是明目标,立志向。现在各所学校都在倾力打造名师队伍,那么"名"从何而来?是教师拥有一大堆光荣称号,还是学校善于做广告?其实,真正的"名"是奠基在"明"字上的。当教师是一个明白人,不仅书教得好,还给学生指明了学习的路径,甚至指明了学生人生发展的方向,这就是双明(名)合一,即真正的"名师"。所以明师未必是名师,但真正的名师一定是明师,我们不能使之发生错位。

学生在学校里,经过各科老师的教导,他当然学会了各门学科的知识,于是数学老师恨不得学生都是陈省身、陈景润；语文老师恨不得学生个个是巴金、茅盾；英语老师恨不得学生都成为杨宪益这样的大翻译家。但是老师们扪心自问，这可能吗？其实，社会也不需要这么多数学家、文学家、翻译家……大千世界是三百六十行，行行有各自的"巴金"、"陈景润"的，中小学根本上是为了促进每个学生德智体美的发展，夯实公民的基础。为了在课堂上落实目标，需要教师进行目标的分解。

美国教育家布卢姆的"目标分类学"认为，第一，目标要分类，要分层、分阶段。在每个阶段上让学生向既定目标前进。第二，加强分目标之间的连续性，要知道暂时的分是为了达成总的目标，小目标根据具体情况会变，但总目标是确定的，所有的小目标都是围绕总目标在"转"。所以分是为了合，合又会再分，在分合的过程中不断地促进学生身心的发展。同时，对学生的目标要求不要"一刀切"，要注意到个体的差异性，要因人施教。

（六）"叙"

教师上课当然要讲话，新课改提倡把更多的时间还给学生，即使这样，教师还是要讲话的，具体如何讲，则需讲究艺术。有限的课堂时间里，教师要尽可能讲关键点，要把一堂课的重点知识突出来讲，不要面面俱到，也不要平铺直叙。教师要了解学生的心理，如果一年三百六十五天，上课都是一个模式，那不仅学生会厌倦，老师自己也会厌倦，教师要不断进行教学反思。

"叙"首先贵在清晰、流畅，教师说话应受到良好的训练。教师可以把自己平时上课讲的话录下来，看看语言表述方面还有无改进的地方。同时课堂教学的结构应该要严谨，要有章法。怎么开头，如何扩展，何处收尾，这些都需要教师用心揣摩，要懂得分轻重来叙说内容。

（七）"联"

"联"要根据课堂的实际来扩展，不要仅仅在课堂上讲一些学生一看就懂的东西，而是要围绕着教学重点把其他学科的知识巧妙地穿插在其中。所谓上天入地、旁征博引，这都是要围绕教学中心来进行的。真正的名师上课，虽然说是有准备，却可以跟着学生的思维来拓展深化。也就是要在平时做个有心人，终身地备课。有了这样的准备，就可以做到触类旁通、左右逢源，真正让课堂情趣盎然。

(八)"围"

一堂课应该是有个中心点的,或者说要有个具体的教学目标,教师备课就是要确立这堂课需要达成的目标,把握一堂课的重心所在。既然是一堂课的中心,就需要适当的反复。比如我们开会,为了让参与者有个更深刻的认识,会议的主持人最后总结时会再强调重复一下。教师在课堂的最后时刻,把这堂课的重点再总结强调一下,也是为了巩固学生的记忆。用艾宾浩斯的记忆理论来说,开始的时候和结束的时候对学生的影响是最深刻的,所以要抓住这样一些关键的时刻,必要的时候不怕"重复",这就是"围",围绕着中心去强化重点。

(九)"固"

学生学了知识,理解了没有?掌握了没有?会应用了没有?这就需要教师来做适度的检查,检查的目的是发现学生的薄弱点在什么地方。一方面通过反思去帮助学生克服这个弱点;另一方面,在以后上课的时候,在这些方面可以更加关注。这个就是通过应用来巩固课堂上传授的知识的过程。所以检查是必要的手段,也是巩固课堂教学知识不可缺少的环节。

(十)"伏"

一堂课的结束不是句号,它可能是一个省略号,也可能是一个感叹号,更可能是一个问号。问号就意味着形成一个新的问题,让学生在课外去寻求知识,去渴望着下一堂课的分析和解决。所以有经验的教师经常会在课结束的时候埋下伏笔,为下一堂课预作基础。这样一个"伏"的过程就是一个教学互动的过程,是教师调动学生的积极性,引发学生兴趣的绝佳时机。

当年陶行知去听茅以升的课,就说茅先生的课很好。茅以升每次上课总会留出十分钟的时间,问学生上堂课有没有什么不懂的地方,有的学生说没有问题,有的学生有问题。茅先生就让不提问题的学生去回答有问题的学生,这就调动了学生提问的积极性,也调动了学生思考的积极性。首先要让学生敢于提问,接下来是引导学生善问。这个"伏"的环节其实又回到"引"的环节去了,就是引发学生对于学习的兴趣,可见要件之间彼此是相通的。

这里分析了课堂教学的十个要件,真正有智慧的教师是已经把这十个要件"化"到他的每堂课里了。这十个字已经融入他的实践,他的举措符合教学的规律,做到这样就是"通"了。当有教学意外时,教师能从容应对,这就是教学智慧。有经验的教师可以将教学意外化为经典案例,缺乏经验的教师就会惊慌失措。某次公开课有一位教师,看到一位从来都不举手的学生举手了,就请他回答问题。这位学生就紧张得回答不出来,这位老师就让学生闭上眼睛想象他在家的情境,让他把心里所想的大胆说出来。结果他说出来了,而且越说越好。听课的专家说:这位老师很会应对教学意外,而且很有爱心,因为他首先考虑的不是这堂课对自己有多重要,而是帮助学生在那样的场合完成勇敢的飞跃,使学生突破了发展的障碍。这样的意外由于教师的爱心和智慧,升华为课堂的点睛之笔。

课堂教学的十个要件是"备、理、正、引、明、叙、联、围、固、伏",如果教师把这些要件参悟融汇了,那就达到了"通",所谓"通"则不痛,痛则不"通",教师上课时感觉不舒畅,那就是还没有"通";如果是行云流水,自己和学生都感觉很舒畅,那就"通"了。"通"就是不经意中,把十个要素在课堂实践中融为一体了。

要实现贯通,教师对于每堂课都要有个反思,要勤动脑、勤动笔。教师要做个有心人,养成反思的习惯,每天抽出几分钟,反思一下自己上的课和学生的反应,可以简要地记下所思所感,这个过程有助于教师智慧的提升。不仅可以用笔记,也可以用录音或摄像,这些都是可贵的反思材料。

二、教师的平衡智慧

上面分析了课堂教学的十个要件,接下来讨论教师的平衡智慧。平衡在某种程度上就是通,不通则不平衡。平衡是健康人身体的常态,健康就是身体各部分要素的动态平衡。

(一)知识管理的三个要素的动态平衡

所谓的课堂教学平衡不是没有矛盾,而是在一个有限的时间内,各方面的要素处于一个互补的状态。

首先是知识内容的平衡,它包括了显性知识和隐形知识。显性的知识是有明确的文字符号呈现的内容;隐形的知识就是一种学习的氛围,它看不见摸不着,但是我们可以感受到,教师讲课的节奏、音色的变化,师生的情感流通等,确实是构成课堂教学的另一类要素,也是隐性的知识。上课时教师的表情、动作,都能引起学生心灵的变化,这些虽然不是显性知识，但是更能打动学生，这就是隐性知识的作用。教师要把学校里的花草树木、教室里墙报壁画都看成有益的教育资源，这些细节里就反映着一种教学的文化。

其次要协调个体与组织的知识平衡。它包括了个体的需求和群体愿景的统一，个人的发展与组织发展的统一，教师既要满足个别学生的要求，又能照顾到班级团队的利益。对中小学老师来说，可能更多的是在分享中教会学生怎样去把握这其中的度。知识活动的平衡还包括了自学与合作等。

再次是知识价值的平衡。斯宾塞曾提出什么知识最有价值的问题，马斯洛则提出人的五大需求理论，不同需求所对应的知识也是有区别的。所谓知识价值的平衡，即旨在促进各类知识对学生发展的相互补充，它还涉及情感、道德等领域。教师的课堂教学固然要让学生懂得如何学习知识，也要让他们学会做人。从这个意义来说，德育、美育和智育不是彼此对峙的领域，它们是内在交融的。

（二）现代学校教学要素的动态平衡

现代学校教学过程中间，基本的要素是什么？

第一个要素当然是学生，学生永远是学校教学的主体。没有学生就没有教师，没有师生共同体学校也就不存在了。

第二个要素是教师。教师也是独立的主体，这个从哲学上来分析是没有问题的，但是放在学校教育中，所谓的"双主体"毕竟还是有所不同的。因为教师的主体性，是在教学过程中显示出来的，主要体现在对学生成长的主导性的作用上。

第三个要素是目标，目标就是教师要达成的教学的价值和意义。学校有远景的国家教育目的，还有每堂课的具体目标，这双重的目标制约着教师的教学过程，课堂教学就是围绕着这样的目标在进行。

第四个要素是课程，课程是实现目标的载体，是达成目标的手段。

第五个要素是方法，方法包括具体策略、教学手段以及组织形式等。

第六个要素是教学的环境。好的环境有利于学生的有效学习，它既是一个物质的保障，比如教室里的空调设备，又如多媒体演示系统等；它还是文化的软环境，如果缺乏这样的一些条件，上课的效果肯定会打折扣。

最后一个要素是反馈，反馈是改进课堂教学的重要参照。

现代教学的七个要素在教学的过程中间都产生一种影响力，对这些要素加以协调后,课堂教学的效果就会更好。这些要素的协调并不是简单的相加,而是一种无形的融合,进而产生一种放大的合力。

就七个要素中教师这个要素而言,随着新课改的发展和素质教育的深化,今天教师的主导功能也出现了三种比较大的变化。

第一个就是教师的"教"的角色,正在从以往外部的、强制的灌输,转化为内在的、自觉的"引导"。"导"比"灌"更不容易,因为"灌"是事先根据固定的容器来决定的,而"导"是根据对象的具体情况去变化自身的。就如治理江河,水是不能堵的,要去引导的,教师要探索将传统的"教学"的过程转化为"导学"的过程,由原来的教师让学生机械接受转化为让学生自主地学习。如此则学校课程的管理和教学的方式也发生了变化。

第二个就是从刚性的管理走向柔性的管理,刚性的管理就是靠教师、班主任的威权和学校的规章制度,但是最高的管理是柔性的,就是教师的威权没有了,但是这不等于教师没有权威;规章制度也许背不出来,但是师生的行为是符合校规、班规要求的。这就是内化,内化是最高的境界,也就是说一所学校一个班级,具有了一种独特的文化,学生都被这样的文化所笼罩、所感染,行为就会反映出这所学校或这个班级的文化特征。

第三个就是教师对课程和教学关系的理念创新。教师帮助学生在具体的情境中去掌握有意义的知识,就需要进入学生的内心世界,因为新知识只有和学生原来的知识发生联系,才会转化为有意义的新知识结构。而要达到这样的境界,就离不开教师与学生的互动。学生之间、师生之间以及师生与课程内容之间,要形成三种对话的关系。如果更进一步,让学生与家长,教师与校长都来展开对话,那么在这样的五种对话的基础上,校长、教师、学生和家长都可以提升教学的智慧,就可以实现学校课程发展和教学创新的统一。

我不知道在座的老师有没有看过巴西教育家保罗·弗莱雷的《被压迫者教育学》,这本书提出了当今时代是个对话的时代,教育要体现时代的民主精神,就要在学校里展开有质量、有深度的对话,而且要将学校里的这种对话意识凝聚到现代社会民主制度建设的基本路径来加以认识。

归根结底,提升课堂教学的质效需要从教师身上着力,因为教学效率的提升不是把相关要素机械地叠加,而需要教师智慧的融会贯通,以及各种要素的合力放大。如果上述要素不是融合,而是矛盾、冲撞,那么教学效果就是相减,结果可能是零。所以教师去营造融洽和谐的课堂教学氛围是很重要的,教师和校长要营造学校的安全感、满足感、责任感和幸福感,这对于提升课堂教学的质效是非常重要的。

(三) 网络化的管理是教学要素的保障

今天,我们完全可以借助网络条件来构建学生学习和成长的档案库,教师要做个有心人,把对学生的反思资料积累下来。如果建立文字的档案库太麻烦,我们可以建立电子档案库,让电脑来协助教师管理。我们可以建立班级的网站,以网站为载体来促进学生的发展,从而形成一种现代班级教育和教学的模式。根据中国互联网信息中心前两年发布的调查数据,中国的网民已经达到 3 亿多,到今天绝对是全世界第一了,在众多的网民中,学生占到了三分之一以上。面对这样的态势,教师怎样善加利用就成了一个新的问题。

班级网站作为一个虚拟的社区,可能也像 QQ、手机短信一样,成为了青年人的时尚,教师应该乘势而为,运用网络吸引学生参与课堂教学和班级管理。例如班级的博客操作起来实际上也是简单易行的,电子档案可以使日常课堂资料的保管显得更加有序和清晰。有一个案例,中国到日本去的留学生回来后,带回了当时国内还没有的摄像机,有位留学生到幼儿园去研究幼儿的早期教育,给幼儿园的小朋友拍了大量的纪录片,这些纪录片成为他研究的重要资料。十年后,他又利用这些资料做跟踪研究,分析小朋友后续发展情况,而对孩子的家长来说这也具有珍贵的纪念价值,甚至不惜高价购买录制的光盘。教师要做个有心人,建设个性化的电子教学资源库。

为了使各类知识在网络化管理中达到一个平衡有序的状态,需要着重抓住两个基本环节:一是把众多的零星知识转化为结构化的知识,使学生各类零散的知识走向一个网络化的关联。因为只有通过他自身的知识结构将新知识内化、同化,才能产生个体知识网络的关联,有助于学生真正理解和把握知识内容。二是促进个体化的学习和社会化的要求两者的统一,也就是学生的"小我"和班级乃至学校这个"大我"相结合,使得个体的学习成为个体之间分享知识和成功的过程。这样的学习过程实际上又是把显性知识和隐性知识、个体知识和组织知识、个人愿景和班级愿景整合起来的过程。当个体和群体发生关联的时候,单个的知识源就可以呈现出放射性的功效,在相互碰撞中会产生独特的知识意味,甚至会摩擦出创新的火花。

（四）加强教学理论和各科教学实践的连接和渗透

理论永远要回应实践，理论之树才会生命长青。课堂上的各科教学，可以用一个动态平衡的智慧观作为总的指导原则。当这个总原则进入每一门学科、每一堂课的时候，它不应该是一种教条，而应结合具体情境活化、活用。

比如语文学科的教学，如果仅以课本有限资源来提升学生的阅读能力，显然是不够的。所以教师应该为学生提供"超本"阅读的材料，即超越现定的教材，通过提供更多的有意义的材料去提升学生的理解能力。可以运用读、写互相促进的方式，通过借鉴、互动，实现阅读和写作能力的循环上升。

我们需要打破学科的界限，聪明的老师是不会和其他学科老师"打架"的，不会去加剧"五马分尸"的现象，他早就悟出这个道理了，所有学科的关系是互补的。举个例子，钱钟书的母校无锡第二高级中学，现在恢复了原校名——辅仁高级中学，学校的校本课程第一期就开发出了十本，从中学生的学习方法到双语版的历代文人骚客歌咏无锡自然风光的嘉文丽作等。外国友人在无锡旅游碰到这所学校的学生，他可以自如地和外宾交流无锡的自然人文风貌。这不就是运用英语来解决学生的具体问题吗？教师如果给学生一个解决实际问题的情境，让学生去发展解决具体问题的能力，在这个过程中，学生的学习成绩自然会得到提升。数学学科也是如此，可以用数学学科的严谨性、逻辑性去推动学生归纳性、推理性思维的发展，也可以利用数学习题的一题多解，去推动学生发散性思维的发展。这样的训练给学生的不仅是学科内部的各类要素的训练，同时也促进了理论与实践、知识与技能的紧密融合。比如数学教师和学生在数学概念上咬文嚼字的时候，是不是在帮助语文老师？当语文老师在帮助学生编制大阅读网络的时候，是不是在帮助英语老师？当英语老师在提升学生感受外国文化的能力、理解西方思维特点的时候，是不是在帮助语文老师和数学老师？所以各门学科之间的关系不是"打架"的，是互相搭台的。

教师不要人为地去给各门学科设置屏障，要达成一种平衡互动，促进各门学科知识的互补。信息时代的知识分享不是物质时代的苹果分享，苹果的分享是减法，知识的分享是加法乃至乘法。

好了，时间到了，谢谢各位老师！

（2010 年 8 月 16 日在淮南市高中英语骨干教师研修班的讲演）

班组建设篇

10. 班级教育活动的设计与组织

各位老师：下午好。

按照计划，下午切磋的题目是"班级教育活动的设计与组织"。一个班级的学生来自于四面八方，所以要通过班主任老师协调各科老师在课堂教学及日常活动中完成从个体到集体的转化。国家教育行政部门曾以规章的形式确立了有关基础学校的校会、团会、队会、班会等社会实践活动的保障。这是权威机构以指令性计划的形式分配给班主任的必要的教育时间，这是对班主任工作的重视。既然如此，班主任就需要思考如何有效开展班级教育活动的问题。

一、目前班级教育活动的类型、问题及原因

我们可从现状入手，然后针对问题来看如何提升自己的工作水平。先来梳理一下目前中小学班级教育活动的类型。

（一）班级教育活动的类型

班级教育活动是全方位的，其中最重要的载体和渠道是主题班会，有学者对班级的主题班会的形式做过综述，划分了 12 种类型的主题班会。比如：模式扮演、咨询答疑、专题报告、现场体验、现场交流、成果汇报、才能展示、专题展示、实话实说、娱乐表演、总结归纳等。班主任老师可以对照一下，看自己平时组织的活动倾向于哪种形式。当然，由于划分标准不一样，具体的分类形式也可以有差异。

如根据班主任指导的方式，可以把班级活动方式分为讲述式、讲座式、实践式，讲座式要比讲述式更专业，它可以请相关机构的专家来讲。如果讲述式、讲座式则重于

理论的指导,那么实践式就偏向于感性的活动层面。

班主任也可以德育的目标为导向,以德育的内容为基础,以德育的形态为依托,根据目标、内容和形态三个维度来细化子目标,然后根据不同的维度和子目标来组织具体的活动,这也是一种分类,当然班级主题活动的分类还要考虑学生德育的认知水平。

还可以以师生交往的方式作为划分的依据,如把主题班会分为合作式、思辨式、体验式、讨论式等等。所谓合作式的就是大家都要参与的;所谓体验式的就是要还原到一个个具体的真实情境中去;它涉及"只可意会不可言传"的特殊经历。讨论式重在对话。

也可从活动类型上,把主题班会分为表演、叙事及综合等,从体裁上分为一般主题、日常主题及阶段性主题。比如根据不同时段,确定阶段性的主题。像六一节、重阳节、中秋节,都是节日性的主题。也可以是偶发性的主题,班主任抓住班里一个偶发事件,在班级活动中生成一个有价值的主题,以之促进班级的发展。

举了上述一些分类的依据,但到目前为止,对于主题班会及其他班级活动目前还缺乏统一的上位逻辑体系来分门别类。

(二) 当前班级教育活动存在的问题

中小学的班级教育样式丰富,内容繁多,但问题也不少,例如目前一些主题班会挂着某某主题,实际话题分散,缺乏主题词的串联;有的缺乏计划,零打碎敲,活动没有连贯性;更有甚者表面上活动开展得很热闹,但活动背后缺少教育精神,使活动呈现空心化状态,因而效果不佳,这些问题共同的特征是:大杂烩、无特色、一般化。

有人将主题班会的问题归纳为四种常见的形式:随意式主题班会,单一式主题班会,包办式主题班会,放羊式主题班会。从一些问卷调查来看,现在班级活动的开展还未达到自觉成熟的程度,主要表现在:一方面为应付学校的德育任务;另一方面是学校的德育机制不够健全。

基于调查发现,目前的班级活动中学生的主体性远未确立,乃至流于"被参与"的尴尬境遇:

首先,学生参与的积极性不高。调查显示有半数以上的学生对目前的班级教育活动兴趣不大,碍于老师的要求和从众心理而敷衍,看似在参与,实则被动卷入。在班级活动的形式上,39%的学生表示无意参加,原因是不感兴趣,或者是自身缺乏参与的能力。还有的是担心影响学习成绩,认为班级活动是空的,而课堂学习才是硬的;其中也有些学生是怕自己表现不佳,失去面子。更有 49.6% 的学生虽然参加了相应的活动,但大都停留在"执行"命令的状态,缺乏勇挑重担、创造性地应对教育情境的主动意识。

其次,学生参与班级集体活动的角色通常都比较固化,文艺委员一直就搞文艺的汇演,学习优秀的学生就偏重活动文案的策划编写等,大多数学生仅仅参加一些讨论,分配的角色比较固定,得不到更多的锻炼,久而久之兴趣降低。

再次,班级活动的计划性太强,班主任对此是控制有余,开放不足。从时间、地点到内容、角色都是班主任提前安排好的,由班干部按计划执行的,甚至连活动的程序都不能走样,这种僵化的模式,不符合青年学生心理、生理的特点。班级活动给学生动态生成的机遇比较少,而既定的操练性和表演性的成分相对突出。

最后,目前的班级活动内容与学生的实际生活有较大的距离,有的班级活动在形式上热闹无比,搞得眼花缭乱,但是不考虑学生是否对内容感兴趣,活动不是基于自己班里的实际情况,而是模仿他人、追求时髦。

目前班级活动中出现的上述问题,根本是管理机制上的局限,其表现主要在学生主体性削弱,班主任思想上普遍缺少民主意识,组织上缺少良好的沟通载体,内容上缺少扎根于学生真实生活的提炼和升华,实践上缺乏整体的谋划和全员的参与,效果上则缺少反思、跟进和改善。

(三) 班级教育活动问题的原因分析

班级活动出现不如人意的现象,构成原因是多种多样的,以下几点尤须班主任老师予以关注。

首先,班主任自身修炼不够,这是问题的关键所在。教师是学校工作软件中的软件,比课程还重要,同样,没有班主任专业的素养也就难有班主任工作条例的落实。班主任之所以偏好用简单的方式安排和控制班级集体活动,说白了就是不用费心,省时省力。班主任习惯于根据传统的经验模式去做,就是缘于班主任自身的理论素养不高,应对技巧不够。加之日常工作的繁忙,也缺少时间去提升充实自己,一个明显的表征是班主任普遍缺乏专业阅读,也很少有时间去跟学生交谈,因此会想当然地用当年自己做学生时班主任的过时方法,去应对今天学生面对的新问题。

其次,班级活动刚性的控制比较多,这固然是来自学校间接的控制,但更主要的是来自班主任自身的直接控制。由于缺乏评价学生心理品德的客观标准和操作方式,使班主任对学生的整体性评价往往还是停留在"以分为本"的习惯性思路上。班主任更愿意把精力花在更显性、更容易被评价的指标上去，所以通常班级活动只要满足上级部门的间接控制，花费最少的时间完成任务即可。这样的情况会导致班主任老师对于班级教育活动主题和方式的随意性选择，倾向于"省事"原则，而不是基于学生发展的需要。这类主题活动比较简单，流于形式化，往往停留在口号上，比如：学习先进、改善自身等，当然这也没有错，但问题是每个学生面临的具体困惑、迷惘都不一样，很多活动都没有让学生的心"活"起来，对学生缺乏吸引力。

再次，班主任主观上不重视班级活动的开展。有些班主任还是把学生的学科知识的学习作为学校教育活动的唯一中心任务，从而认为班级教育活动的展开与有限的课堂教学时间会形成冲突。加上校长、家长也比较关注学生的学习成绩，所以不少班主任对于班级的教育活动抱着"能免则免"的态度。这种对班级教育活动有意、无意的忽略乃至轻视，也造成学生的认知偏差。

二、班级教育活动的原则及策略

班级教育活动从狭义上来说是在班主任的带领下，围绕着班级的建设目标开展的各种活动，其中日常主要的是"主题教育活动"，它更能体现学生的综合性发展，而有价值的班级主题教育活动通常都符合相关原则。

（一）班级教育活动的原则

首先是教育性原则。这是赫尔巴特在《普通教育学》中一再强调的，学校一切教学工作应该具有的原则，即学校所有的集体活动都应该渗透教育性。班级教育活动的意义可以呈现为多方面，比如提高道德修养、开发智力、提升交际能力、增强审美情趣等。一个好的班级教育活动应兼具综合的功能，而活动的全面性往往能显示出整体的教育效果。比如"和平鸽在哭泣"这个班级主题教育活动，它蕴涵的价值小到一个班级、一个家庭的人员间的和谐关系，大到世界上民族、国家和政府间的稳定秩序，都能在这个题目中进行透视。况且活动的名称富有感染性，对学生有吸引力。对于这类问题，班主任就需要提出相应措施，可以引入"和谐社会"的理念，进而结合学校实践，启发学生思考个体和谐发展的生命价值与社会价值，这就与时代主题有了内在的关联。如果班主任与学生讲"和谐"、"和平"的大道理，学生未必有兴趣。但是当学生从"和平鸽为什么哭泣"这个主题切入，他就可基于日常经验的感受多侧面思考，这实质上就渗透了

"和谐"的教育内容。这类话题，抓住了学生的眼球，打动了学生的心灵，用学生喜闻乐见的方式来展现，这就是教育性渗透于实际活动的具体表现。

其次是整体性原则。班主任要善于从系统角度考虑班级整体的发展路向，从班级教育活动的内容到过程到方式，也要用整体的观念去统合。班主任要把握三个层面的整体性：一是班级活动的整体性，二是学校活动的整体性，三是社区活动的整体性，还要把握三个层面整体性的内在关联。比如班主任要善加利用学校的资源，也可以走出去、请进来，使学校优质教育资源与社会的各类资源汇通，打造班级教育活动的综合性平台，促进各类要素的整合，激发其最大的教育价值。上海所探索的"教育托管"，实质就是让优质教育资源为更多的人共享。也可以看作教育名牌的整合。懂得整合，社会和家庭就可能是班主任的助力，不懂整合，助力有可能逆转为阻力。班级教育活动的整体性原则还意味着班主任要学会复杂性思维，敏锐地洞察各类要素转化的时机，放大班级活动的教育效果。

复次是开放性原则。开放是当今时代的一大特征，班级教育活动既要对内开放，又要对外开放。对内开放就不能固步自封，要保持开放的心态，不迷信既往的成功模式，倾听来自学生的呼唤，借鉴伙伴的尝试，创新工作思路。比如今天的中学生为什么迷韩寒、爱歌星、追时髦，需要班主任通过研究，找到问题的根源，在搭准学生心脉后再来设计相关的班级活动，才会与学生的内心需求发生关联。对外开放意味着走向家庭、社区、社会，使班级活动具备更广阔的空间，实现更大范围的良性互动。开放还意味着班主任必须与时俱进，用包容的心态看待时代的发展及学生价值观的嬗变，更新自己的知识结构，在对话和引导中与学生一起成长。

再次是多样性原则。再好的班级教育活动，老是一个模式，学生也会厌倦，班主任要变着花样去吸引学生的参与，罗素说：参差不齐乃幸福之源。做班主任老师的，也总得想些新的方式才能吸引学生。班级活动的内容、方式要多样化，比如网络、手机、动漫、超女、超男、韩寒……都是中小学生感兴趣的话题。班级活动要兼顾学生体、智、德、美各方面的素质，使活动既有教育性，又有趣味性。比如既有涵养德性的社会公益活动，又有激发创新力的"头脑风暴"活动；既有发展体能、增进团结的"小组拔河"活动，又有图文并茂、砥砺竞争的"英语小报汇展"，以及"生活小发明"、"科技小制作"班会等。多样化的活动也有利于不同兴趣、程度的学生都有施展才华的机会，在心理上体验成功。

最后是实效性原则。班级活动是在有限时间中对特定学生群体的针对性教育，不宜使整个过程太繁复。日常的班级活动要凸显"短、小、实"的特点：短就是时间短、小就是规模小、实就是实实在在取得效果。面对一个大的教育主题，班主任要想办法"化大为小"，把一个普遍性的命题接入我这个班级的当下实际状况。也就是说，主题班会的目标要适宜，目标不要太复杂，却有相当的张力。主题要鲜明，留给学生深刻的印象；过程要简洁流畅，程序要清楚；时间不要搞得太长。还要注意班级活动的频率，对于中小学生来说，不搞活动他不高兴，搞得太多他又烦心，所以需要适当地把握节奏，我想一个月一次比较好，当然适当的频率取决于班主任，需要根据班级的具体情况来思考。班级教育活动的实效最终取决于学生情感的内化，即将活动价值转化为道德的自律和行为的自觉，通过内化，扩展学生的精神世界。

(二) 班级活动的具体策略

班主任从事班级教育活动的具体组织策略，可以把握以下四条：

第一，确立目标。目标是一个集体发展的方向和动力，要培养并形成一个良好的集体，首先要使团队成员具有一种共识，有一个团结奋斗的目标。关键是班级的奋斗目标怎么出来？如果把学生看作是班级集体的主人，班主任就不要先入为主，越俎代庖，要尊重"民意"，按照由下而上的民主议程，聚焦共识，研制班级活动的目标。让所有学生共同参与目标建设，而参与活动能最大限度调动学生的积极性。

第二，培养队伍。班主任再能干，靠一个人是干不成事情的，"一个好汉三个帮，一个篱笆三个桩"。班主任老师需要一批能力强的活动骨干，班干部队伍是班级教育活动的重要依靠力量，是班主任的助手。班主任要善于在实际活动中发现人才，搭建平台，让更多的学生登台表演，通过各类活动，激发学生的领导力，培养学生的组织管理能力。

第三，设置章程。国有国法，家有家规，俗话说"无规矩不成方圆"，班级是每个学生成长的家园，维护好自己的家园是每个学生义不容辞的职责。但班级的规章不应该由班主任妙笔生花，也不是靠几个学生干部闭门造车。班级规章是所有班级成员必须遵循的游戏规则，理所当然应该由学生共同来制定。班主任老师要引导学生在班级目标导向下的自觉行为意识，通过班级章程的制定，学会民主的议事本领。集中全体学生意欲的规程才可能扎根于学生的心灵，并转化为自觉的行动。

第四，培育班风。班风反映了班级的优良精神面貌，通过班级成员的行为、语言和教室环境的布置等方方面面体现出来。良好的班风看似无形，但每个成员浸润其中，它无时无刻不在影响、制约着所有人的精神和行为，所谓春风化雨，润物无声，说的就是文化的育人功效。人们说三流的学校靠校长威权，二流的学校靠规章制度，一流的学校靠文化自觉，准确地揭示了文化在团队集体中的灵魂功效。

三、班主任心态与工作方法

（一）班主任的良好心态

班主任不仅要有丰富的知识和阅历，具备相当的管理和组织能力，其卓有成效的班级教育活动还离不开良好的职业心态。关于班主任的工作态度，有教师用下列五个字来表达，简明易记。

第一个是"爱"字。做教师首要的条件是热爱学生、热爱自己的职业。班主任缺乏对班级组织和所有学生的炽热情怀肯定做不好工作。当然班主任的爱与一般父母的爱是不一样的，一个高水平的班主任和一个普通的班主任表达的爱又是不一样的，班主任的爱还应该渗透着育人的智慧，闪耀着理性的光芒。首先是爱，然后是爱得智慧，恰到好处地表达爱，这是关键。

第二个是"信"字。学生即使在学业成绩上有些差距，也要相信他，他未必智商低，只是在学术类测试方面暂时落后而已。或许他在非学术类活动方面具有强项。你信任学生，学生就会信任你；你不信任学生，他自然会疏远你；你看不起学生，他就捣蛋。特别是学业后进生，班主任老师要耐心细致了解他后进的根子是什么、千方百计地激发他潜在的优势，为展示其所长尽可能提供机会和舞台。

第三个是"尊"字。切忌当众批评，人都是要面子的，尤其是学困生更有着特殊的敏感，所谓"人活一张脸"，不要让学生丧失最后的自尊心。更进一步要去理解学生，通过理解找到他的闪光点。对学生的点滴进步，要给予充分肯定，要立足于鼓励和表扬，即使学生做错了事，只要动机是想上进的，就应予以宽容和帮助。只有尊重学生，他才会把你当作知心朋友。

第四个是"严"字。古语说，严是爱，宽是害，说明严格要求学生有利于成长，当然，我们说生命不能承受之重，也不能承受之轻，信赖也罢、尊重也好、宽爱也行、严格也要，总之少不了一个"度"。在尊重、信任、关爱的基础上，班主任对学生还要有一定的严格要求。关键是严而有方，严而有度。中国传统教育方式严格有余，宽松不足，美国教育则反之。中国固然要向美国学习，美国也在自我反省，并参考中国基础教育的优势有所调整,如今美国中产家庭对于孩子的学业要求也越来越高。我们要一切从实际出发,扬长避短。

第五个是"细"字。班主任要体贴、了解学生,把工作做到学生心坎上。不要觉得自己无所不通,仿佛"老子天下第一",实际上人总有某种盲区,比如上午那位举手并讲话的老师,我暗示她不该发出声音,有问题可以留待互动。她课后跟我解释,说是因为前面有两位老师听得太兴奋,互相讨论的声音有点大,我听不清楚您的讲座,所以举手示意他们轻一点。我才知道还真是误解她了,而她主动来跟我沟通,使我了解了真相。细心体贴就需要班主任打破"自作聪明"的魔障,经常换位思考,设身处地为学生着想,从多种角度观察和了解学生。

(二) 班主任的工作方法

班主任要善于从实践中总结行之有效的方法。班级教育活动的有效开展不仅要靠班主任的权威,还要靠班主任的魅力和智慧。对待学生要"动之以情、晓之以理",比如"陶冶法"就不是光给学生讲道理,而是创造情境感化他,班主任做学生的思想工作不仅要诉诸理性,更要在感情上下功夫。陶行知先生在这方面为我们做了示范,我想老师们都知道陶先生感化学生的"四块糖"的故事,就是一个绝佳的例证。

又比如"沟通法",现在班主任教师都为怎样理解学生犯愁。其实,人在放松的时候最容易沟通,班主任可以把"陪学生吃饭"作为一种特殊的奖励。不是说要把你有限的工资拿出来请学生上酒店吃饭,只需利用学校午餐时机,每次可与一到数位学生共进午餐。通过饭桌上的轻松聊天,了解学生的困惑及班级中存在的问题。

还有心理疏导法。学生现在的心理问题多多,怎样帮助他解开心结? 自己是否激情不再,为职业发展的瓶颈焦虑不安?《教师走出职业倦怠的误区》和《12招妙计让孩子不厌学》则分别应对厌教和厌学现象,为教师和学生支招,班主任教师需要学会疏导自己的情绪,再帮助学生化解不良情绪。老师要从职业厌倦的误区里走出来,将自己的修养提升到更高的层面。

班主任还要掌握"策划法",一次出色的班级活动,首先需要班主任的提前策划。策划能力可以反映出一个班主任的专业素养和专业水平,说到底,班级教育活动就是在班主任老师的策划下,依据学生的兴趣及身心发展的特点,以学生为主体,以问题为导向,经过一系列的设计和安排,从而顺利开展并取得预期教育效果的一种特定活动。

下面就主题班会活动的题材策划做若干分析:

　　为了创造新世纪的未来，激发学生们的人生志向和创新思维，班主任可以思考"新世纪的梦想"这一班级活动主题。中小学生通常很喜欢做梦，美国人经常说"I have a dream"，而美国是冒险家的乐园，你只要有梦想、有勇气并努力奋斗，就可能梦想成真。中国的学生比较欠缺大胆的冲动，班主任教师不妨通过特定的主题活动激发学生的梦想。

　　还比如"教育的故事"也可以成为班级活动的主题，让每个学生讲一个有关教师影响力的成长故事，一个班50个学生就可能发掘50个案例，在叙事过程中，让学生学会感恩，也促进了师生彼此的理解。

　　又如"才艺竞赛"，中小学生特别喜欢表现，班主任就要创造平台，让他们登台表演。班主任不要怕学生调皮，而是担心你搭了台，学生还不敢上来表演。你要想办法去激励他们，勇敢地展现自己，抒发心声，亮出舞姿。通过个人和小组的同台竞艺，提升学生的创造力、表现力和竞争力。

　　再如"说说我的学习方法"。班主任可以把自己的学习方法与学生交流，鼓励每位学生贡献一个方法，把自己最得意的学习经验拿出来与人分享，50个学生提供50条具体的学习方法，这些方法会聚焦、裂变而产生新的方法，学生会从中受益匪浅。

　　还可以针对"网瘾"现象组织学生讨论，湖北武汉华中师大的一位教授即以之为研究课题，帮助上瘾的学生戒掉网瘾。"瘾"是一种病，学生喜欢网络无可厚非，一旦沉溺其中则危害无穷，班主任负有责任，可通过主题班会加以引导。

　　围绕学校工作的重点、难点，依照学生的特点，针对家校合作的盲点，关注社会的热点，班主任不妨抓住这些"点"，策划出一篇篇班级活动的动人文章。模范班主任魏书生老师就很善于策划、开发班级主题活动，我记得有一次他请学生一起来描述30年后再相会是一种什么情景。这是一个很好的主题，试想人生有几个30年后再相会的珍贵经历？老师把这样的美丽的期盼提前告诉学生，教育就是承载着梦想、理想和期盼。人生有了期盼就有了意义，班主任的工作也就有了价值的承当！

　　时间已经到了，最后感谢各位老师！明天各位要去世博园，希望大家玩得开开心心，欢迎老师们有机会再来上海！

（2010年8月10日在重庆渝北中学骨干班主任研修班的讲演）

11. 基于个案研究的班主任专业成长

各位老师:早上好!

今天和诸位探讨班主任教育案例研究的问题,感到尤为亲切。我曾在上海市七宝中学当过三年的班主任,近年来也专注于教师专业的发展,当然包括班主任在内。尽管现在我不是班主任,也可以和大家来交流,因为"局内人"有时不免存在盲区,如苏轼的诗——横看成岭侧成峰,远近高低各不同,不识庐山真面目,只缘身在此山中。身在庐山不识山是因为"山里人"只看到脚下,当然"山外人"也有外行的盲点。作为班主任,我们要"山里山外两相通",有时不妨从山里跑出来。像诸位,今天到华东师大听听"山外人"的看法,回头做到"两相通",促使班主任的专业水平上升到新的平台。

引言:我与法布尔的故事

既然是说班主任工作案例的研究,就不妨从我自己的班主任当年的教育案例说起。04年回到我的母校——上海漕河泾中心小学,因为母校百年校庆的时候,我也被荣幸地请回母校见证了她的荣耀。校庆典礼上,徐汇区领导亲自来揭牌,恢复老校名——"求知小学堂"。我的父亲、我的哥哥、姐姐都在这所学校读过书,活动期间校领导让我跟小同学讲十分钟话,当时回想了一下在母校的经历,我就讲了至今未忘的三件小事。

第一个故事,我小学一年级时是出名的调皮孩子、坏学生,上体育课经常被老师拧着胳臂罚站。记得开学第一周,班主任兼教语文的沈文娟老师放学时把三个孩子留下来,我就是其中之一。妈妈带着姐姐来找我,说电影院新开张,买了电影票等我一起去看电影,问老师怎么回事? 老师说回去问你的宝贝儿子,让他自己跟你谈。我饭也没有吃,跑到电影院时早已开映,看的什么片子都不知道,担心回家后爸妈要骂。至今想来,我也搞不清当年犯了什么错,可能是违反了课堂纪律吧。有趣的是校庆会上,我见到了白发苍苍年近九旬的沈老师。我上前给她深深鞠了一躬,说:谢谢您,沈老师! 我是您教过的学生金忠明。她说:我教过的学生太多,已记不住了。我为了帮她回忆,就说了因顽皮被留校的往事。她说,那么你刚才的鞠躬道谢是真诚的吗? 我说,沈老师,讲心里话,我当年是恨你的,但今天说谢谢您,确实发自我的内心。她问:为什么? 我说,就为了您在入学初就给我上了一堂"规范"课,让我懂得不遵守学校游戏规则就必须付出代价,这就让我避免人生道路上付出更多的不必要的代价。

第二个故事,二年级换班主任,来了一个刚从中师毕业的年轻女老师——唐茹兰老师,教数学兼班主任,我一看老师变了,从中年的四十多岁的威严的沈老师变成了二十岁不到的和蔼的唐老师,她年轻漂亮,我就一直盯着她看。她看我上课这么认真,眼睛一眨不眨,说这孩子太乖了,纪律好学习也优秀。因为盯着老师看,自然把老师写的、讲的东西记住了,手也不知不觉地放在背后去了。唐老师经常表扬我,我不仅第一批加入少先队,因她的推荐还成了年级唯一的大队干部。四年级开学时,提前一周领到数学、语文教材,语文书显然要比数学更丰富精彩,但我先看数学书,一周内就把一本数学教材全看完了,习题基本上也做完了。所以唐老师上课一问,我总是第一个举手,甚至不举手就抢着回答,她说这个孩子反应太快了,结果发现我早把书上的习题做好了,当然更高兴了,于是伸手摸了下我的头,老师们可以想一想,被仰慕已久的漂亮女老师赏识的那种感觉,肯定是非常舒服的。五年级的时候,唐老师调到市区学校去了,于是班主任又换成教语文的斯建中老师。

第三个故事,进入小学高年级,我从大队干部降为了中队长。新来的老师说你学习好可以做学习委员,但是另外的中队干部都不同意,说大队长做不成,可以选做中队长。我们到农村去劳动,还要写总结经验,斯老师说我先回去了,你中队长带领班干部讨论,把报告写好给我。我说:没有笔、纸,斯老师把他的笔给了我,记下讨论后我让人去给老师送还笔和讨论稿,他们谁也不去。我说这样,我把笔和纸放在田埂上,我数一二三大家就跑,谁在最后谁去送。结果跑了 5 分钟,他们都跟着我,没人落下,我说还是回去,拿了东西一起送老师家,他们说这样最公平。哪知回去一看纸和笔都没了,当时我就吓出一身冷汗。老师得知后很生气,说这笔可是美国朋友送的派克金笔,很珍贵的，然后我们跟着老师又回田埂下的水沟里去找，还借水斗来舀水，鼓捣了半天也没有找到。回家跟妈妈说闯了大祸，把老师的笔弄没了。妈妈说一支钢笔值多少钱，家门口文具店也就一元多，就让我拿一块钱去赔老师。老师说一元钱来赔我的派克金笔，这是笑话，老师的笔还要学生赔吗？记住教训就可以了。我现在才知道美国朋友送的派克金笔在斯老师心头的分量，当我女儿读大学，我想给她买支好点的钢笔，来到徐家汇东方商厦的进口文具柜台，看到标价数千元的派克金笔时，当年的这个故事又浮现了。

我跟小学弟小学妹讲了这三个故事，我说从第一个故事里，我明白了人做任何事情，都需对自己的行为负责，有时要付代价。沈老师让我付出"留校"的代价，是让我明白：无规矩不成方圆。今天的所谓以人为本，不是说由着孩子的天性为所欲为，而是本着对孩子一生成长负责，必须予以规范的教育。

第二个故事，由于唐老师的赏识，给了我自强不息的动力。如果说沈老师给了我自理的能力，那么唐老师给了我自学的动力和能力，我变得乐于学习、善于学习。可见，教师的赏识对学生的成长是多么重要！

第三个故事，我把班主任的金笔弄丢了，他宽容了我，其实学生在成长的过程中难免犯错，适时的宽容对学生是无声的教育，也许比批评更有效。这就是当年母校留给我至今未忘的故事，三件小事好像三堂课，留给我的"规范、赏识、宽容"让我受益终身。爱因斯坦说，当你离开学校，把教师教的知识遗忘，但还有东西留在身上，这就是教育。

我的故事可能缺乏个案研究的典型性，这里分享法国昆虫学家法布尔的故事。他小时候很顽皮，上山游玩时发现了一个鸟窝，掏出四颗蔚蓝色的鸟蛋，他高高兴兴地下山来。路上碰到一位牧师，问他这么高兴为什么？他摊开小手，在朝阳的照射下，四颗鸟蛋闪闪发亮。牧师说，这是萨克西柯拉的蛋啊，你从哪里得到？他说是从山上的鸟窝里掏的，牧师的脸就由惊奇变为焦虑了，他说，这鸟蛋是要浮出小鸟的！你必须赶快把鸟蛋放回鸟窝！在牧师严肃的表情下，法布尔意识到自己做了一件多么愚蠢而严重的事情，于是他遵从牧师的教诲把鸟蛋放回了鸟窝。到他成年时，明白了当年牧师的一番话，其实在他幼小的心灵里播下了两颗种子。一颗是兴趣、好奇的科学的种子：牧师何以这么智慧，我为何如此无知？还有一颗仁爱的种子。正是仁爱和科学的两颗种子的萌芽、成长，使他成为享誉世界的科普作家、昆虫学家。

一、个案研究概述

（一）什么是个案研究

在成长过程中，人们会有刻骨铭心的小事。小事不小，对人成长的帮助很大。这些小事就是案例。如果做一个界定，就是依据某种观点对真实情景中某一实例（一个有趣的事件或人物）进行深入研究，这叫做"个案研究"。

比如牧师是个人物，我小学的老师是个人物，我讲的是一个个故事。围绕着 who（谁）、what（是何）、why（为何）、How（如何），再加上 when（何时）、where（何地），就构成了个案的元素。个案研究通常需要一个调查中心，不然细节太多，内容太复杂。我跟诸位讲我的成长故事，三个案例的主题词是"规范、赏识、宽容"，这也是我对三个故事的解读中心。然后，把这几个中心点集合起来的一组案例，就是我的成长的案例。

（二）个案的材料聚焦

个案或一组个案研究，需要搜集大量的资料。比如关于我母校的三位老师，可以说很多话，有丰富的细节，我可以用文字或口述回忆我对老师的印象，如上课时的笑容、板书、谈话、家访等，这些都可以讲，但我主要挑选了三位老师的三件事，很多其他的细节都省去了，但不能一开始就舍弃材料，就像写传记，作家要预先做案头工作。有时依据几百万字的材料才写出 20 万字的传记，最后的文本是精挑细选的产物。案例研究，最初搜集资料往往要花费大量的时间，搜集的资料越详尽，越能找准细节，凸显价值，把人物和事件写活。

人不是孤立的，人的生命意义一定是在自然和社会环境中呈现。我们要通过观察真实的情境，乃至与被研究者进行场景的互换，才能对相应的细节感同身受。

（三）"主位研究"与"客位研究"的链接

所谓"主位研究观点"就是被研究对象的观点，研究者将心比心、设身处地，站在被研究者的立场去体会他的真情实感，被研究者不是处于被动的被研究状态，他也是参与者，与研究者构成互感的关系。为了凸显主位研究的观点，研究者要精心预设参与者的谈话，不同的话语方式显示研究者的不同立场。比如，研究者对被研究对象说"当你……时候很重要"、"那时你想到什么"、"你为什么这么想"等，这些问题始终关注着被研究者，话题围绕他而展开。这种探询方式体现出尊重对方，有助于打开他心灵的窗户，看到行动背后的真实动因。

举个案例，标题是"也应该听听乌龟的意见"，讲的是某大学女生在一次地理考察中，在美国康河河畔发现一只硕大的乌龟，它趴在一段路的护堤上，乌龟从康河边到护堤，显然爬了很长一段土路。她看大乌龟不断爬，又爬得这么慢，就担心它会不会被汽车压死。出于怜悯，"同是天涯沦落物，相逢何必曾相识"，女生于是连拉带拽，气喘吁吁地把乌龟从护堤推到了河边。但是乌龟很愤怒，欲回头咬她，所谓"好心没好报"的事经常发生。就在她要把乌龟推回河里的时候，带队的地理学教授出现了，他说你白忙活了，不应该把乌龟送回水里，原因是乌龟费劲爬到河堤自有道理，原来它要去护堤产卵，你拽它回来不是让乌龟断子绝孙吗？

这与法布尔的故事相映成趣，前面是牧师让孩子把蛋放回鸟窝，这是教授不让女学生把乌龟送回河里，取向好像不一样，但体现的意义是一样的，即遵循大自然的规律，不要自作聪明，因为聪明反被聪明误。这个故事告诉我们：要尊重当事者。做事前不要忘记听听当事者"乌龟"的意见——这是个比喻，乌龟不会讲话，但并不代表它没有想法，因为表情、动作是丰富的语言，乌龟为什么要拼命咬你，就是在跟你讲话，只是你愚蠢，听不懂它的话。人最易犯主观臆断的错误，同理，班主任做个案研究时也要了解学生，尊重主位观点。

个案研究人员作为局外人的观点，是客位的研究观点，作为一个现象的调查者，可以保持自己的观点，这有助于确立个案研究的理论视角，体现一定意义的研究成果。就像我讲的那三个故事，其中的"规范、赏识、宽容"，就是研究者对个案的解读，它能提升或凸显研究的意义和价值。

二、个案研究的目的

个案研究通常具有三个目的：一、对某一现象进行详细的描述；二、对它进行可能的解释；三、评估这一现象。

描述是第一重目的，是就事论事。比如我刚才讲的三个故事：我当年是个调皮鬼，某某老师批评我、某某老师喜欢我或某某老师原谅我等，我描述了它。但是仅仅这样还不够，所以有第二重目的进来，就是尽可能解释它——我对三个故事的解读：一是规范;二是赏识;三是宽容。假如我再进一步,对这三个故事进行评估,即为什么故事蕴含的三个概念如此重要,提升到教育原理上分析,强调在学生成长的过程中,这三个要素是不可或缺的维生素,这就是我对教育现象的评估。三个目的分别从感性层次上升到知性层次,再上升到理性层次。

(一) 第一层次——描述的目的

描述应该充实,充实性的描述一定来源于对某一现象尽量完整的描述。比如我上课的时候,有时要求学生记录我的完整上课过程,因为我要反思,包括今天我也给自己录音。我要求学生在整理我的录音稿时要原汁原味。有次我批评一位学生,他说老师又不是圣人,讲话也有水分,挤出泡沫留下精华,你还不满意? 我说你为什么不听我这只"乌龟"的建议,我要的是"原汁原味",没让你提炼精华,因为有时候,看似冗余的细节是解读的关键。

(二) 第二层次——解释的目的

描述蕴含着主题,假如班主任看到有位学生没有准时交作业,这也许是孤立的事件。但这个学生有很多事情,包括在家里做家务或与亲友相约出游等,他都不守时,那他的一切行为就显露出一个命题——"拖延",这个概念就成为教师解读学生不遵守时间约定这种现象的方向。也许一个孤立的事件,我们把它记下来,难以得出拖延的结论,但是把他日常的众多细节记下来,从一系列的行为习惯上面,我们可以聚焦共同的取向,也就是把一种变化与变化背后的深层动因联系起来,从而达成解释的目的。

(三) 第三层次——评估的目的

评估涉及个案研究推广范围的可能性问题,说得功利一点,今天的很多课题研究都是要经过评估的,个案研究也不例外。比如说我们这次的研修班,回去以后学员们可能也有一个学习效果的评估问题。同样,个案研究者也希望成果获得推广,但你研究之始不能抱着推广的念头。一般来说,个案研究首先是基于自身发展困境的研究,是为了解决自身的实际问题。但经典的个案自会内涵着普遍的意义,经过专业评估后,有可能具备推广的价值。

三、个案研究的过程

个案研究的完整过程通常呈现如下的步骤：

第一步是确定问题。因为就有价值的研究而言，仅仅凭兴趣是不够的，还得在兴趣里面多想想，因为感兴趣的问题不止一个，能否挑选一下，聚焦一下，确定一个值得研究的问题，这涉及选择的智慧。问题的来源，除了在班级的管理实践或者伙伴同事面临的困境中发掘素材，更需要从自己独特的教育经历中抓住事件，聚焦问题。

第二步是选择个案。开始时把眼光放得宽些，通过比较来选择，"不怕不识货，就怕货比货"，几个放在一起，你自然就会选择那个比较有意味的案例。案例选择要关注真实性，研究者可以加工，但不要编造、伪造。然后应该思考个案的问题指向。问题有关键与一般之分，所谓"关键的问题"就是能够生发教育意义的问题。比如说我为什么选择成长历程中的三个小故事，就是每个故事背后能够说明教育依据。既然选择关键问题，案例最好单纯一些，复杂的案例会降低人们的关注度。但是选择单纯的案例并不意味着没有丰富的内涵，案例的切入口要小，但背后的含义要丰厚，要善于从单纯中透视复杂。好的案例能"预设管道"，当你把这个案例牵扯出来，其他的诸多信息会随之浮现。

第三步是描述个案。案例的呈现离不开案例的描述。比如我教过的教育硕士班上有位美术教师，但他转型为一个非常优秀的数学教师兼班主任，这是真实的案例。这中间的转变是一个复杂的过程，我给他的建议是：回去反思这个历程，用案例的方式呈现出来。描述还可以串联相关的个案，有时是一个案例套着一个案例，所有的案例连起来就是一个整体，能提供更大的解读空间。这里考验着研究者的智慧，既不要一上来贪多嚼不烂，又不要太单纯展不开，要精心"预设管道"，再抽丝剥茧，步步推进。

第四步是展示困境。有价值的案例往往蕴含着深刻的矛盾。现在不少班主任教师都有这样的一个困境：越做班主任，就越来越感觉不会做班主任。在座的渝北中学的班主任是否也有这样的困惑？有了困境，就构成了某种挑战，迎接挑战，就可能超越自我。研究者不要回避矛盾，越是有矛盾课题研究越有张力、越是典型。激烈的冲突赋予我们更广阔的视野，能拓展我们思考问题的深度，也可能让案例更富于启发性。

第五步是解释个案。呈现个案，描述细节，是为了解读存在其间的某种意义。举个例子，某医生在用听诊器给病人测量心跳的时候，习惯于将冰凉的器械放在手心里温热片刻，使病人不觉得那么冰冷，他因此拥有了一大批忠实的患者。我有个朋友在一家企业做服务工作,他说有位总经理的举动深深感动了他,有一次他因事情紧急,一大早赶到公司,因去得早,总经理就问他是否吃过早餐,他说没有。总经理就拿起自己定的牛奶,给他加热,他把牛奶瓶放入热水壶,热过之后,又用筷子搅一下,再递给他喝。当时他的眼眶就湿润了,就是那个搅牛奶的小细节深深打动了他,他与那位总经理就此结下了一辈子的友谊。他说,那样的动作绝不是临场作秀,而是真情的流露,也许只有儿女对长辈的挚爱才能恰当地印证他当时的那份感受和感动。

最后是评估个案。研究案例是为了解决问题,今天的中小学班主任工作为什么缺乏实效,甚至在 80 后的一代中还出现了"父母(教师)皆祸害"的言论?德育老师辛辛苦苦,为何感动不了学生?中小学的个案研究成果层出不穷,有多少给人以深刻的教益,开启了我们新的人生?比如,德国的中小学生是怎样做规矩的?就是从日常的如何吃饭、如何表达、如何过马路、如何开车、如何帮助人等开始公民基础的打造,这些是中小学生必备的素质,也是中国人"洒扫应对"的日常修为,而不是空洞的说教。中国自古是礼仪之邦,但现在的问题是"中华民族到了道德最危险的时候",让教育工作者为之心情沉重。何时改变国人"脏乱差"的国际形象?我就想到当年胡适所谓的"五鬼闹中华","脏"这个恶鬼,我们至今还没有除掉。很多高档社区家家赛过五星级宾馆,公共卫生却不堪入目,这些问题足以引发我们的反思。个案研究的价值评估不是停留在文本,还是要回到教育者当下的真实情景。

四、个案研究的原则、特性及要求

(一) 研究的伦理原则

班主任面对的是学生的生命,有可能涉及道德和情感的困惑,比如个案研究面对学生隐私的问题等,很可能会引发教师的伦理困惑,美国学者确立了四种道德的参考标准,作为研究问题时的选择依据:

第一,功利主义伦理观。当你决定做某项研究的时候,常常会思考这一研究能否给人们带来某种实际的利益。没有好处,你也许就不会去做这个研究。当然这里的好处不仅仅是对研究者个人有好处,班主任做案例研究是对学生成长有利,能给学生带来实实在在的好处,这同样是基于课题研究中的功利价值取向。从功利主义伦理观出发,则个人的隐私(小我)有时须服从群体利益(大我)。

第二,义务论。研究依据的是一种诚实、公平、正义的原则,只有基于对研究对象的尊重才可判断研究行为合适与否。尽管某个案例研究对大多数人有好处，但若涉及被研究的个体的实际利益或人格尊严，研究者就必须克制研究的冲动。比如看到一位学生课堂上表情不自在，你问他：是否身体有些不舒服，他说了，大家就知道他的隐私了；他不说，显然就不诚实，这就使他左右为难，显然教师在这样的场合提问不合适，不符合义务论原则。

再举个案例，有一列火车本来在既定的铁轨上行驶，但行驶的过程中，驾驶员突然发现前方轨道上有六个孩子在玩耍，此时刹车已经来不及，巧的是这时他发现旁边还有一条废弃的轨道，也有一个孩子在那坐着看书。这时驾驶员就两难了：是按原来的轨道走，还是转换轨道行驶？（现场提问，答案相异）可见问题的复杂，现场有的老师认为可以转轨，毕竟是碾死一个，牺牲小我拯救多人，还是值得，这是从减少生命损失的功利原则出发；但也有老师认为只能按既定轨道滑行，即使碾死六人也不能让遵守规则的另一个孩子无辜地命丧车轮，这是按照正义的原则行事。我这里不是简单地判断哪位老师是对的，哪位老师是错的，是要指出现实情境中往往有两难的事项。而事物的复杂还在于，所谓的正义和功利是可以相互转化的，如果按前一种说法，认可"碾死一个拯救多人"的功利价值，无异于告诉大家"规矩是可以破坏的"，只要基于"公众的利益"，岂不知代表公众利益的正义原则一旦破坏，公众日后付出的代价其大无比。可见，抽象的正义和公正原则又还原到具体的功利，两者是分不开的。

第三，关系伦理。个案研究并不是孤立地从研究者个体的角度来看待这个事件的意义，而是需要研究者作为团队中的一员去思考其他成员可能有的反应，以及这类反应又可能波及哪些人，这就需要从一个综合的关系层面来看待当下的研究是否道德，它需要引入复杂性思维或关系思维。

最后，生态伦理。这是关系伦理的推演，从"老吾老以及人之老，幼吾幼以及人之幼"扩展至地球家园，从人类中心转化到关爱地球生物界，据此判断案例研究是否合适。当年清华大学的学生刘海洋向棕熊泼硫酸的事件，在座都知道吧？为什么名牌大学的学生行为如此幼稚？作为一名生物专业的大学生，所谓的科学研究难道不需要考虑生物的感受吗？所以引起了公众的愤慨及讨论，认为即使科学研究也不能突破伦理的底线，这显然表达的是生态伦理观。现在医学院的学生，像我女儿在医院里解剖小白鼠，带教医生说，它们也是生命，但医院要做科研没有办法，我们只能在做实验时尽可能让它死得不要太痛苦，这也是医德。生态伦理还涉及整个环境，教育案例的选择和研究同样必须思考这一原则。

（二）研究文本的特性

定量研究可以把众多数据输入电脑，设定程序后，计算机会自动统计分析，看似繁多的材料一旦数据化，立马井井有条，一张数据表上的文字未必很多。反之，一个很小的案例有时也会有许多观察笔记或文本材料，包括丰富的细节、非语言的图片资料、实物等。假设某个案例研究的文本共 200 页，每页 1000 字，那就是 20 万字。这么多的文字，如何加工整理就是一个问题。梅雷迪斯·D·高尔等著的《教育研究方法导论》，对于各种用来分析个案研究的方法进行了归类，大致建立如下三种分析维度：一是诠释性分析，二是结构性分析，三是思考性分析。

第一，"诠释性分析"。即严密检查个案资料的形成过程，以便描述并解释正在被研究的现象。通过描述来解释，意味着相应的解释需要用细节来展开，不是用抽象的概念去堆砌，这是个案研究与一般的理论分析不同之处。这样的描述实际上就是帮助研究人员获得某方面的洞察力，比如一位教师上课前发现讲台上有粉笔灰，他走下讲台转身将灰往黑板方向吹去，这一细节有助于理解该教师的人性修养。细节特别有助于形成洞察力，因为细节给你呈现情境的独特性、唯一性。

第二，"结构性分析"。即检查个案叙述的结构类型，无论是文本呈现还是事件复述，研究者可注重它的展示类型，比如我叙述的三个小学班主任的故事，是按照时间顺序安排的，从一年级时做规矩，到二年级时被赏识，到五年级时被宽容，这是我叙述成长的一种顺序、结构。当然我也可以先从五年级讲起，那就是倒叙或追溯的结构。我这里的 PPT 演示，有主标题和副标题，是按照知识点展开的，理论与事例配合，这都是结构的问题。

第三，"思考性分析"。主要指依赖于直觉和判断来评价个案研究的过程，因此艺术性、想象力、敏感性等这样一些词语与深思性是分不开的。深思的表现某种程度上可以用艺术和文学的创造来比附。艺术家、文学家对于生活的领悟有着非凡的敏感力；文学、艺术的批评家，则同样需要对文本的细节有深入的体悟，并用独特的语言文字表现。个案的思考性分析亦具有这类艺术特征。

（三）文本推广的要求

研究者在设计个案研究时，要思考个案的应用范围；反之，消费者则需思考在具体情境中如何创造性地应用这一研究成果，我称之为"消费者责任"。不要把所有问题都推到生产者身上，你选择何种产品（包括精神产品）主要取决于你自己的智慧。假如你对《班主任案例三十则》感兴趣，你对其中某个故事印象特别深刻，那也是你的消费者意识所产生的作用，是你的选择加强了此种效果。你进入书城，数十万种书里，为何选择这本？这也是考量你的阅读智慧，检测你的消费者责任。当然，研究者在思考和选择时，应更多关注如何提升个案的内涵价值及适用性。

研究者怎么呈现成果，把它显性化？通常有两种个案研究报告：反思性报告和分析性报告。当然这不是绝对的，某类文本可以有某种偏向，也可能两种体裁的特点在你的案例文本中都有所体现。

一种是反思性报告。它具有两个主要特点：一是用文学的手段向读者生动地描述个案；二是研究成果里表现研究者的观点。研究者常常是把个案研究的结果编成故事，为了向读者更生动地传达个案，所以定性研究人员一个显著的特点就是善于讲故事。中小学教师都会讲故事，特别是小学教师；孩子的早期教育阶段，爸爸妈妈也特别喜欢讲故事。当然，从讲故事到说道理，这是个体认知特点的不同阶段——从经验、想象到思辨、逻辑，体现了个体思维方式的演化。但是，不要就此认为讲故事低级，其实未必，成人也很喜欢故事就说明了这个道理。

由于认知取向的偏执，我们低估了案例及故事的价值，所以成人较难回到孩子的经验世界去。现在很多教师讲课缺乏神韵，就是干巴巴的几条。实际上高明的教师擅长打比方，比方就是用形象来印证抽象，你去看所有的教育家，孔子、苏格拉底、耶稣、释迦摩尼、庄子、荀子、孟子、墨子等，都是打比方的高手，近代的大教育家陶行知也是如此。不要以为讲抽象的道理就是高级，举浅显的案例就是低级，问题的实质并不在思维方式的低级或高级与否，而是取决于教学效果。《学记》说：君子之教喻也。所谓"喻"，就是打比方、说故事、讲案例。人们从案例文本中能了解什么——What？研究者如何展现故事，分析案例，使大家很喜欢读——How？这两个 W 是值得关注的。

另一种是分析性报告。它是比较常见的文体，它的写作体裁或呈现方式比较客观，研究者的观点往往隐藏在背后，研究者比较低调，有时甚至沉默，让文本客观地呈现，让读者自己去领悟其中的意义。当然纯客观的研究其实是不可能的，文本无可避免地浸润着作者的价值取向和文化趣味，此处仅与反思性报告相较而言。分析性文本呈现的方式符合研究文本的常规结构，比如引言、文献回顾、研究方法的选择，材料的搜集与整理，研究结果及推论，还可以引入相关讨论等等。分析性报告是常规文体，定量研究报告大都也运用这样的结构安排，两者是相通的，这点我就不展开了。

五、个案研究应避免的误区

个案研究中有时易犯如下的错误，需要警惕和避免。

第一，未能对个案研究保持足够的重视。

讲故事，讲一件个人经历的小事，脱口而出，似乎很简单。你要与别人建立联系或是采访当事人的真实案例，也很方便，打个电话预约就行。因此人们往往会掉以轻心。就像我之前做成功教育代表刘京海校长的案例访谈，因为录音设备出了问题，结果没能记下整个谈话过程，反映出准备工作不足。现在我出席重要活动总会早到，检查一下仪器设备，并有预案应对出现的意外问题。因为时过境迁，有些事情是不可能重来一遍的。

第二，未能对个案做充实性的研究。

既然是案例研究，充实性的细节描述就非常重要，没有这个特点就不叫个案。举个例子，在一个动物园的具体场景之中，有个小孩子尖声惊呼"熊"！如果你仅用一个字，而不是用一系列的场景烘托，包括孩子惊恐的表情、慌乱的动作，你就不能把"熊"这个字所代表的深层含义表现出来。这方面我们要向表演艺术家学习，戏剧语言学家尤其讲究"一个字"的特殊语境和特定内涵。同样的话，在不同情境由不同人的口里说出来，其含义有着惊人的差异，正如黑格尔指出的，年长者与年幼者说的同一句话拥有完全不同的内涵。也许原始人的语言不够细微、丰富，但这并不意味着他的情感、思想是简陋的。就说这个"熊"字，在原始人的口中，可能有着多重含义：或是危险的警告、或是愉悦的欣赏、或是由衷的惊叹、或是好奇的探询……怎么了解它背后真实的意蕴，需要我们尽可能设身处地去还原场景。抗日战争时期演出郭沫若写的剧本，原文有一句"你是无耻的文人"，张瑞芳在演出时，把它改成了"你这无耻的文人"！一字之改，感情氛围和剧场效果大为改观，获得了郭沫若的高度评价。

第三，未能获得现场许可而贸然进行个案研究。

个案研究是当事双方都愿意合作的事情，研究者必须尊重被研究者的主体意识、思想和情感。如果对方拒绝合作，研究就不可能进行下去。因此需要有一个研究的前期准备工作，建立合作双方的良好关系，只有这样，个案研究才会取得预期结果。

第四，未能考虑个体的偏见、性格、阅历有可能影响个案研究。

人都有自己的偏好、语言风格、知识背景等，这既可能是强项，也可能构成你的盲区。比如大学心理系的一个志愿者到敬老院陪老人聊天，开始很受欢迎。但是，当知道这是来自心理系的学生时，老人很生气，认为学生实际上是把自己当成心理和精神分析的研究对象，自己或许成了"病案"，于是产生了误会。如果开始就有一个比较好的沟通，可能就不会出现类似的困惑。老人有一颗敏感的心，不愿意被视为弱者，学生的知识背景在特殊情境中造成了盲区。个案研究有时要讲缘分，如果不投缘，茫茫人海，何来的相会、相知、相识？所谓"有缘千里来相聚"就是这个道理，这是个案研究的机缘所在，也是人事的复杂，它说明研究者应具有相应的复杂性思维。

第五，未能充分消化个案研究的资料。

有时面对丰富而繁杂的材料，研究者过早地裁剪浓缩，从而封闭了研究的多种向度。其实，随着合作双方交往的深入，个案当事人内心真诚、独特而深刻的东西在慢慢呈现。你若是着急，觉得时间太宝贵，赶着在一小时之内穷尽对方一生的故事，你就好像在做压缩饼干，很多有价值的味道没有了。厨师要做一道好菜，需要慢慢来，悠着点。据说正宗的名菜"扬州狮子头"需提前三天预定，没有时间保证的工艺流程，就没有那道菜的特殊味道。我女儿有时对我有意见，说我"废话"太多，她现在是一个理科生的思维模式，但在人文世界里，有时候"废话不废"，有些自作聪明的人根据自己的严密逻辑把"废话"剪掉，殊不知可能把其中的精华也剪掉了。

第六，未能仔细检查个案研究的信度和效度。

作为教育研究方法之一的案例研究，也应该关注研究的效度和信度，它实际上涉及成果的推广与运用。任何研究项目都会受到社会环境、学校目标、师资力量、研究规范和发展趋势等各种要素的影响。对某一案例的研究，不同岗位人员的视角及侧重点也不一样，建立多种观察点有利于全面把握案例的适用性。开发的案例愈典型，反馈的信息可能愈全面、合理、有用，其影响力也愈大。往往由于研究过程太匆忙，会忽略某些核心概念的深度分析，从而削减了影响程度。不要以为个案研究就是讲故事，讲到哪里是哪里。既然是研究，同样要考虑相关的信度和效度。

最后，提一个思考题：请在座的老师选择某一个班主任的工作案例去联系、印证今天所谈论的个案研究方法的相关特点，希望诸位从理论与实践的贯通上去更好地理解和把握什么是个案研究，以及如何来做个案研究。如果老师们愿意把作业与我分享，我是非常高兴和欢迎的。

谢谢大家！

（2010 年 8 月 10 日在重庆市渝北中学骨干班主任研修班的讲演）

12. 研究型班主任素质及自我成长途径

各位班主任老师：下午好！

我们要探讨的是"研究型班主任素质及自我成长的途径"，我准备从这样几个方面与诸位一起切磋。

一、班主任工作的价值、意义及范围

（一）班主任之"名"与"实"

班主任之"名"就是"班主任"这个称号，它与"教师"的称号不同；班主任之"实"就是在"班主任"这个名之下的内涵和实质。由于对班主任角色的不同认知，导致了不同的进修路向。归纳一下目前关于班主任的界定，基本上可以分为两类：政治辅导员和德育工作者——大学里倾向于政治辅导员的定义；中小学倾向于德育工作者的定义。这种理解既对又不对，因为我们首先需要反问的是：难道中小学或大学中存在的仅仅是德育和政治教育吗？

当然，班主任的地位和功能在学校而言，类似于相应的行政系统或社会组织机构里的官员或负责人。我们的国家和社会基本上还是官本位的文化，在学校中，班主任也可以说是一种官，尽管是共和国巨大的教育系统神经末梢上最小的芝麻绿豆官。"主任"这个官可大可小，大至国家的最高级干部，小到学校的班主任。其实，学校"班主任"的内涵很丰富，做好"班主任"很不简单。当好了这个"班主任"，我相信他也会胜任其他大大小小的"主任"职务。

(二）功能界定

对于班主任应该有一个恰如其分的界定,因为这个界定将决定班主任工作的开展情况。首先应该考虑教育的系统性、复杂性,不应该局限于大学的政治辅导员功能,也不应该仅仅停留在中小学传统的德育工作者功能。我认为新时期班主任功能主要体现为:咨询师、协调者、引路人。班主任首先是学生学习、生活、成长中各类问题的咨询者,是课堂教学和班级管理中各种问题的咨询者。然后,需要在同学之间、任课老师之间、教师与学生之间进行一定的协调工作,保证课堂教学和班级活动的有序和有效,兼顾不同学生、教师的特殊情况。同时,在咨询、协调的过程中,运用班主任的智慧予以引领,使学生更好地成长和发展。

(三）工作宗旨

学校教育的主体因素是学生,教师工作的起因和归宿在于促进学生生命和谐及健康成长。我认为班主任应帮助学生发展五大素质,达成"五自"之境——即"自信、自理、自学、自主、自乐"之境。

自信是因为每个人都需要生活的动力,有了自信学生才能不断地发展。自理,就是自我管理,自我控制,克服一己的私欲;一个优秀班级的基本特征就是班级学生有较好的自我管理能力。自学是由于班级内学生程度参差不齐,大班额的课堂教学使教师难以因材施教,因此要着力培养学生的自学能力;而越早培养学生的自学能力越有利于学生的成长。自主,就是引导学生充分认识学习不是为老师,不是为家长,而是为了自身的成长,为了生活的幸福,不断提升自我、超越自我。自乐就是在成长过程中,学生自然会感受学习的成功,成长的快乐,体验人生的价值与意义。班主任工作要牢牢把握这五个"自"。

(四）智能要素

智能的要素方面可以归纳为四个观:价值观、知识观、能力观、方法观,这是四位一体的。

班主任首先要确立正确的价值观,树立以人为本、全面发展的核心理念;知识结构上要体现完整性、丰富性和人文性,不能仅局限于德育、政治方面的知识,班主任主要是育人,而个体生命是世界上最复杂的微观系统,所以班主任的知识应尽可能地统贯人类的复杂世界。班主任真正要对学生发挥影响,除了价值观、知识观,还必须提升自己的实践能力，我认识许多班主任知识很丰富，但在班级日常管理上顾此失彼、实效不高，就是由于缺乏历练，理论与实践脱节所致。而能力问题往往表现为方法失当。班主任面临的教育问题是非常复杂的，它反映了班主任工作的综合性、全面性、实践性，具体涉及政治、道德、心理、管理、学科知识、社会人生、入职指导等多种领域。所以我们要向教育家杨贤江学习，做"全人生的指导者"，在实践过程中，将知识与价值、能力与方法统一起来，从而提升我们自身的综合素养。

（五）价值与意义

我们要明确班主任的角色，适当定位，认清班主任工作的价值与意义。据专家统计，目前全国仅中小学就约有 440 多万个教学班，约有 450 万名教师担任班主任工作，直接影响着 2 亿多中小学生的发展。班主任素质如何，我们工作的效果如何，关系到整个基层教育的质量，关系到中小学教育目标的实现，关系到一代，甚至几代人的健康成长，关系到中华民族的未来。因此，做好班主任工作的意义十分重大，是很有价值的。

二、目前班主任培训的特点与问题

（一）目前班主任培训的特点

正因为班主任工作具有重要意义，所以各所学校都非常关注班主任教师的培训，当前班主任培训主要有如下特点。

第一，注重日常情景，营造德育氛围。比如如何把学校德育工作的要求落实到班主任日常工作中；如何积极主动地与其他任课教师相互配合促进学生身心健康发展；如何利用各种事件、时机、场合开展中小学生的思想道德教育等。这些问题是与班主任的日常活动密切相关的，也是班主任培训的一个重要方面。

第二，注重班级管理，维护良好秩序。通过培训，提升班主任管理班级的水平，及时发现学生的优势和弱点，对学生的进步或优势予以表扬鼓励，增强学生的自信和自励。对有缺点、错误或发展迟缓的学生要给予体贴和关注，动之以情、晓之以理，以过来人的经验进行耐心诚恳的批评、引导，进而促进其自身的反思和改变。

第三，提升综合素质，注重科学评价。班主任自身素质有了综合提升，才可能客观公正地评价学生，所谓科学的评价，不是局限于单一，也不是局限于眼前，而要对学生发展的各个方面,特别是对其长期发展有益的方面做恰如其分的判断,在此基础上,向学生提出相关的诊断性建议,并寻求家庭和学校的配合。

第四,组织有效活动,增强实践能力。比如如何指导班委会、少先队组织、团支部开展工作,组织开展丰富多彩的团队活动,积极组织开展班集体的社会实践活动。校内活动则包括课外兴趣小组、社团活动和各种文体活动,通过这些活动充分发挥学生的积极性和主动性,培养学生的实践能力、组织能力及纪律观念和集体荣誉感等。

第五,关注每位学生,促进全面发展。如果说第四点是学生管理中"面"上的工作,那么此处就是"点"上的工作。班主任要深入了解和熟悉每一位学生的特点和潜能,分析和把握每一位学生的思想、学习、身体、心理的发展状况,科学、综合地看待学生各方面的情况,及时发现并妥善处理可能出现的不良后果,倾听学生的心声,关注他们的烦恼,满足他们的合理需求,进行有针对性的教育和引导。了解学生在家庭和社区的表现,与家长和社区相互配合,整合各种教育资源,推动学生的发展。

(二) 目前培训中的问题

当前班主任培训中也存在若干问题。

首先,培训现象的泛化。为显示对班主任工作的重视,各地区班主任培训越来越多,资金投入越来越大,有的甚至陷入为培训而培训的误区。有学者认为:班主任培训工作面临的挑战之一就是如何提高培训有效性的问题。如同中小学日常课堂教学要重视实效一样,班级管理也越来越重视班主任工作的实效问题。为此,亟须认真分析培训市场的需求变化,做好先期调研,制订符合基层班主任实际需要的培训方案和计划。

其次,培训方式的陈旧。目前的班主任培训大都是"你讲我听"的灌输模式,方法比较单一。实际上,培训方式可以是多种多样的,既可以通过上大课的方式,由专家讲解,或由模范班主任分享经验;也可以通过自我研读、案例分析、反思体验、小组讨论、主题展示等多种方式,这类方式可以提升学员聚焦、分析问题、反思、研究问题的能力和演讲能力。缺乏问题导向,则难以要求学员针对现状,提供自己的经验和反思。

再次,培训评估的粗放。现在有些班主任培训有点"走过场"的嫌疑,培训完了就结束了,没有人去评估,这样进一步导致了培训的低效。培训效果评估问题的忽视,可能会影响班主任培训工作的有效开展。

通过分析上述现状及存在的问题,可以看出班主任培训的薄弱点:对班主任专业素养以及教育观念和心理结构缺乏全面深入的了解。

三、班主任自身素质的现状分析

（一）目前班主任素质的研究现状

综合文献资料来看，国内关于班主任素质的研究大约从 2001 年开始，其关注的焦点大多集中在班主任专业化及其实现路径，不过仍然侧重于经验的层面，缺乏对于班主任专业素质的成熟思考与研究。现有资料对现象的描述多于理性的分析，班主任工作的确需要经验，但是作为成熟的研究型班主任，除了经验的积累，更需要反思实践、提炼问题，以便上升到理论层面的探讨。

目前对班主任素质的研究现状，主要有以下三个特征：

第一，在专业素质上过分追求全面。

凡事皆有度，一旦失去了度就流于繁琐或苛刻。通常要求班主任兼具优秀教师和优秀管理者素质，甚至强调班主任要无所不知、无所不能，除了洞悉国内外政治、经济形势，还要擅长琴棋书画等，这未免太不现实。我们固然希望班主任有一技之长，特别是在自己任教的学科领域里是行家里手，同时有广泛的兴趣和广博的知识，但这不等于要班主任成为无所不知的万宝全书。正确而可行的策略是引导班主任成为擅长人性分析和心理调适的专业工作者，而不是流于"样样懂，样样松"的浅薄。

第二，缺乏专业的分析与归类。通常表现为平行式地列出班主任所需的诸多素质，显得琐碎而机械。对班主任的核心素质，特别是对各类要素之间的关系缺乏进一步的解释，如没有区分哪些是核心专业素质，哪些是一般专业素质，这样会影响清晰稳定的班主任专业素质结构模型的构建。

第三，没有以动态和发展的眼光来看待班主任的成长。过多地追捧成功人士，过分阐发优秀班主任的成功经验，较少从班主任职业生涯的角度进行专业思考，从而不能关注到不同培训对象、不同发展时期的班主任专业素质结构的差异。如果缺乏对不同职业阶段的班主任（如成熟型的班主任、成长中的班主任和刚入职的班主任等）的区分和了解，以统一的模式对待班主任的职业培训，就会阻碍班主任的专业成长。

（二）班主任专业行为的素质结构

基于班主任的大样本观察和访谈，通过量化的分析，研究者发现：班主任的日常工作行为大致可分为"事务管理为主"的行政行为和"学生教育为主"的专业行为。不同类型的侧重,反映其工作专业程度的高低。一般来说,用于行政行为的时间和精力越多,则其专业程度越低。不少班主任常常陷于事无巨细的行政管理事务中,却不能深入思考前因后果,因此不能很好地体悟相关事务与活动背后的教育契机和教育价值。班主任的专业素质结构包括:

1. 班主任专业行为中的管理能力素质结构

管理能力素质结构首先涉及领导行为。这种行为以激励学生为主,主要指系统规划和设计班级发展目标,选拔和培养班干部,使学生得到锻炼等。学生有着各自不同的学习动力,有的是为父母,有的则因倾慕任课教师。班主任要调动学生的学习动机,同时要使学生形成自信、自励的内在动力。无论是优秀的班级组织和文化的构建,还是学生良好品行思维的养成,莫不如此。

举个例子,加拿大冬奥会上,周洋荣获短道速滑金牌。记者采访她时,她说感谢父母的培养,父母生活太辛苦了,希望自己的获奖能让父母生活好一些。这句话感动了中国人。当记者采访体育官员时,总局副局长说,感谢父母没有错,但没有国家的培养,怎么会有冠军? 所以首先应该感谢国家,以后要加强运动员的德育工作。这激起了网友的众多批评。我认为儒家文化讲忠孝,但忠是以孝为基础的,没有孝,何来忠?所以周洋的话也没有离谱。不管怎样,为父母、为国家,都是运动员的强大动力,而学校中的班级管理同样离不开情感动力。

管理能力素质结构其次涉及管理行为。它通常以规范学生为主,指班主任从职位权力入手,协同各种教育力量,通过多种手段进行学生集体或个体的管理。比如通过自下而上和自上而下相结合的方式,建立班级管理常规,让学生参与班级的管理。

优秀班主任与普通班主任的重大区别是思维方式的不同。后者遇到问题通常考虑形而下的具体方式:我该怎么办? 他总是眼睛向外,渴望别人——专家、同行或领导能给他指点迷津,给他具体的策略,甚至手把手地教他怎么去做,这是一种"拿来就用"的思维模式。优秀班主任则相反,遇到问题通常想的是:为什么出现这类问题? 他的眼睛向内,喜欢琢磨和分析问题背后的原因,然后制定针对性的方案,在实践中反复调整,最终依靠自己的力量解决问题。可见,优秀班主任更注重具体情境中的深层动因以及将自我构造的方法论创造性地运用于教育实践。

普通班主任通常是直线式的思维,把复杂的教育现象简单化,认为一个结果的产生只有一种原因;优秀班主任则具有复杂性的思维,知道一个结果可能是多种原因导致的,一种原因也可能导致多种结果,所以他总是在分析之后才下结论,他提出的策略不是机械和单一的,因而是"一把钥匙开一把锁"。这体现了事务型班主任与专业型班主任的两种境界。

2. 班主任专业行为中的教育能力素质结构

班主任专业素质结构的核心当然是教育能力。尽管班主任工作离不开日常的班级管理工作,但是任何学校管理工作的背后或多或少呈现的都是教育的内涵,管理者必须承担起教育者的角色功能。班主任之所以在某种程度上也是一种领导干部,就在于领导贵在能够发现人的所长,激励人的动机,然后引导人朝着某一个方向发展、努力。总结领导人的才华可概括为两个字,就是擅长识人的"识"和擅长思考的"思",领导者贵在能识别和选拔人,更贵在用独特的思想去影响人、引领人和感化人。

现代企业的管理者除了有财务分配、人事任用的权力,还有教育的权力,问题的关键是当领导的能不能意识到第三种权力——教育的权力。当今世界上成功的企业家首先是一个优秀的培训师,他们需要慧眼识才,并进行培训教育,使人尽其才,为我所用。在中小学,班主任面对的是未成年的学生,因此,班主任的角色定位应是管理型加引领型的教育者。一方面,管理是手段,管理的目的是为了教育,是为了更好地促进学生发展,这也是班主任区别于企业家的特点。另一方面,是否具备班级管理能力,又是班主任与学科教师之间最重要的区别。

管理更多地面向集体,所谓班有班规,家有家法;教育更多地是面向个体,因为最好的教育永远是因材施教。管理更多的是规范行为,教育更多的是引领思想。所以,要想成就一个优秀的班主任,就需要把握管理者和引领者之间的"度"。落实科学发展观的总方法指向"综合平衡",也是把握发展的"度",班主任在具体的教育实践中要照应学校的要求,结合班级的特点,关注学生的成长,在"度"的把握上显示自身的专业智慧。

综上,管理能力和教育能力是班主任不可或缺的专业能力,其间包括研究学生的能力、制定班级发展规划的能力、建章立制的能力、识人用人的能力、组织活动的能力等等。从班主任的实际事务看,还包括:处理大量事务所需的时间管理能力(如能够区分大事小事、急事缓事,哪些是必须亲力亲为,哪些是应该放手给学生做的事);协调校内人际关系和家校关系的沟通能力;以及自我提升和发展所需的反思和科研能力等。

四、班主任的教育观念与心理素质

(一) 班主任的教育观念

班主任的教育观念、心理因素总是在潜移默化地影响着班主任自身的行为。就班主任的教育观念来说，包括学生观、人才观、师生观、课程观等。其中，对学生影响最大的是班主任的学生观。学生是每一位班主任工作的出发点和归宿，它决定了人才观、师生观和课程观。正是学生观支配着班主任的教育态度，决定着班主任的教育方式。

由于学生是一个成长中的、未成熟的、完整的人，因此班主任要成为民主型的班级管理者，在对学生的教育上必须做到思想民主、教育民主、作风民主。某些班主任受传统教育思想影响，长期以来形成了"师道尊严"的观念，不尊重学生的人格，忽略了学生的特殊需要，这会造成许多问题。正因为学生的未成年性和不成熟性，所以才更需要在尊重人格的基础上、在情感融洽的交流中，获得启示和成长。班主任与学生的人格必然是平等的，要杜绝居高临下式的说教，代之以彼此分享的讨论、沟通；应重视学生的不同意见，并最大限度地予以理解，因为理解是教育的基础。但是，提倡民主的管理方式，决不意味着放任、迁就学生。对学生的不良倾向，班主任必须加以引导，并进行适当的矫正。班主任采用民主管理的方式需要兼顾各类要素，因人而异、因事而变、因地制宜地处理好班级学生间的各种行为问题，绝不是用一个标准模式来套用。

班主任正确的学生观中内含着激励、发展、公平和个别的观念。

首先，激励的观念。

班主任应奉行赏识教育。美国心理学家罗森塔尔和雅各布森曾做过一个实验：他们在一所小学随机抽取少数学生作了一次智力测验，然后并不按测试结果，却故意告诉老师说：这些是很有潜力的学生，还要求教师保密。由于实验者是著名心理学家，教师对他们的说法深信不疑，因而在教育过程中对这些学生寄予厚望，将教师的赏识和期望无法掩饰地渗入教育的全过程和各方面。八个月后奇迹出现了：这些所谓的潜力学生不仅学习成绩提高很快，而且求知欲强烈，性格开朗，与教师的感情特别深厚，与他人也能够愉快相处，真正获得了全面的发展。

罗森塔尔效应说明，教师的赏识、激励是学生进步的巨大动力。虽然家长是学生的第一老师，对学生的发展有重要影响，但在学生的成长过程中，家长其实无法替代老师的权威和指导作用，某些时候，老师的激励与引导可能比家长更有效。当然，班主任的期待和赏识是有分寸的,即期待本身是从学生的实际情形出发的,班主任恰如其分地期待和赏识,能充分而切实地引发学生的憧憬;如一味迎合讨好学生,不切实际地盲目赏识,则不仅荒唐可笑,也无法实现预期目的。

其次,发展的观念。

事物是发展变化的,教育的使命是促进人的发展。按照心理学的研究,一切学生都有发展成长的潜质。班主任应帮助每个学生,把他的潜能变为现实,这就需要高明的教育艺术。班主任不能单纯根据某次的考试成绩来判断学生的前程、出息,应该综合学生从小学到初中、高中的整体学业情况,更加科学、合理地认识学生;即使学生的成绩暂时处于弱势,还要对学生的德、智、体、美做综合考察、评判。更重要的是,要坚信:通过教育,学生都会有所进步,都能在某些方面展露才华,取得成绩。切忌"一见定终身",这里的"见",即"一偏之见",一叶障目。发展观念更注重教育的滞后效应及相应的多元评价和延后评价。

再次,公平的观念。

基础教育的公平体现为两个"全",及面向全体学生的发展和面向每一个体的全面发展。在中小学教育尤其是义务教育阶段,获得充分发展是适龄学生的权利,任何人都不能剥夺。要特别清醒地看到班主任的工作目标与一般任课教师的不同:一般任课教师主要关心学生在某一学科方面的发展,但班主任应该关心学生在所有学科方面的发展;一般任课教师可以着重培养学生的特殊才华,而班主任应该关心每一位学生的均衡发展、全面成长。班主任公平对待学生的观念应落实到班级的日常生活和学习中。在教学时间、教学资源、教学态度等因素及课堂教学、课外活动等环节中,班主任均要尽力做到公平。不宜对学习成绩优秀的学生过度关注和照顾,也不应对学习成绩差的学生有意忽略和打击。

最后,个别的观念。

人的个性是千差万别、丰富多彩的,要破解思维定势,克服机械的分门别类、对号入座。在以往的班级工作中,有些班主任往往根据学生的某些特征,如年龄、性别、家庭地位、经济条件、在校表现等,对学生进行归类,并为其贴上优等生、中间生或差生的标签。班主任在认识了解学生时,可以对学生的心理特征或行为特点进行归类,但不应对学生做价值的区分,同时,班主任还必须警惕,简单化的归类容易抹杀学生的个性,忽略每个学生发展的复杂性和可能性。避免这种情况的最好方法是依据复杂性的视野,对每个学生进行具体、深入、细致的分析和了解。每个学生都有一个丰富多彩的精神世界,切忌以共性代替个性。马克思曾经说过:"你们赞美大自然令人赏心悦目的千姿百态和无穷无尽的丰富宝藏,你们并不要求玫瑰花散发出和紫罗兰一样的芳香,但你们为什么却要求世界上最丰富的东西——精神只能有一种存在形式呢?"班主任机械划一的认识方式,只会将学生千姿百态的个性生命纳入单调僵硬的存在形式。

(二) 班主任的心理素质

班主任心理健康的状况,会直接或潜移默化地影响学生的行为和身心成长。只有心理健康的班主任,才能使学生的身心也得到健康的发展。

一个合格的班主任,除具备良好的思想道德素质、业务素质、身体素质以外,还需要具备诸如开朗、正直、自信、认真、热情、合作、活泼、愉快、乐观等积极、健康的心理素质。在学校里,班主任与学生的直接接触比任何教师都要多。班主任的言谈举止和心境、情绪是构成整个教育环境的组成部分,如果班主任心理不健康,必然影响教育环境。因此,班主任的个性品质和心理状况,比他的专业学科知识和教学方法更为重要。

举个案例,有一位同学与班干部闹矛盾,引起了这位班级女学习委员的愤怒,她就在博客上攻击侮辱这位同学,班主任知道后,非常严厉地批评了这位女学生干部,说她的表现不是工作方式粗暴的问题,而是反映了内在的思想品德的缺陷,还要求见她的家长面谈。学生干部可能由于心情紧张,感觉无法挽回在老师心里的良好形象,就匆匆回家留了一封遗书,便跳楼自尽了。从中可以看出班主任自身工作方式的简单化以及自我心理调适上的不足。面对学生之间的纠纷和复杂矛盾,首先要冷静并淡化矛盾,要克制情绪的冲动。现在不少独生子女在家中娇生惯养,是父母的掌上明珠,难以承受压力,特别是来自最亲近的老师或班主任的严厉批评。这位班主任出发点是严格要求班干部,却没有顾及学生的承受能力,最终酿成大祸。

可见开展班级工作的前提是班主任自身心理的平和稳健,许多教育家都把"克制"作为教师必备的心理素质,孔子言称"克己复礼",都说明处理人际关系的首要条件是懂得克服心理冲动。所谓"退一步海阔天空",班主任在教书育人和班级管理的过程中,需理性地、适当地、及时地"克制"自我,一些学校里的偶发事件,令人痛心,起因就是教育者一时"冲动",愤怒之下缺失了"克制"的高贵品质,从而铸成无可挽回的大错。

大家都知道陶行知处理学生打人的事件,他见有个学生打架,就让动手者到校长办公室等待谈话。等陶行知回校长室见该生已在,就给了他一块糖,说你先到办公室,说明重视校长的话;接着又给他一块糖,说叫你停手,你就停手,说明你懂规矩;然后给了他第三块糖，说我调查得知，你虽然打架，但出于你的正义感，是为了保护无辜的女同学。这时候，打架的学生被深深感动了，流着泪说打人不对。于是陶行知给了他第四块糖，说你已认识错误，我口袋里的糖也已送完，我们的谈话就到此结束。这就是经典的"四块糖"的教育案例，说明教育的感化力量，证明教师的智慧高超，更表明教师卓有成效的教育源于对学生心理和行为的充分了解，以及教师心理的健全和心胸的开阔。

教师要有相当的心理学素养，包括一些心理诊断和干预，比如了解弗洛伊德精神分析学派的心理治疗与辅导的理论与实践等。事实上，从弗洛伊德创立精神分析学派至今，心理治疗与辅导的理论及学派已超过了250种，目前，影响较大的理论学派主要有精神分析治疗法、行为治疗法、认知—行为治疗法、来访者中心治疗法、理性情绪治疗法、家庭系统治疗法等。各种理论学派在竞争中并存于世，说明他们各有千秋，具有各自的生命力。但由于各学派理论与方法均有不完善之处，现在每一个学派都在致力于不断地完善自己的理论，开始出现多种方法并用、各种观点都予以考虑的现象。

心理辅导理论对于尝试做辅导工作的班主任而言是相当重要的，班主任应以一定的心理辅导理论作为班级工作的依据，对各种心理学理论博采众长，针对学生及其具体问题来确定辅导目标和辅导方案，或以某种理论为主导，兼采其他的方法和技术。在这方面，上海的有些学校已经做了探索，如上海开元学校的心理教育颇具特色，除了引进专业心理学教师外，从校长到班主任一直到各科教师，都兼修心理学知识，自觉担当学生心理辅导的工作。

五、班主任的素质结构与成长之道

（一）班主任的人格类型和素质结构

一般而言，素质是指人在先天禀赋的基础上，通过环境和教育的影响以及自我调节所形成和发展起来的相对稳定的、内隐的基本品质。班主任的素质是其在教育活动中表现出来的、影响教育过程和效果的素质总和。

国外优秀教师素质的实证研究很多，有人搜集了几十种之多。在国内，也有研究者调查了教师的心理素质状况和高师生心理素质教育的现状，有研究者运用调查法探讨了优秀教师的人格特征和理想教师的心理素质，也有研究者采用行为事件访谈法和问卷法构建了中小学教师胜任力模型、中学班主任胜任力模型，还推进了小学优秀班主任素质结构的实证研究等。

比如有研究者将初入职班主任的行为及人格类型归纳为下列四种：

1. 严厉型。

这一类型班主任，往往认为自己是来"管"学生的，因此，体现出较强的班主任意志，经常以一家之长自居，自身的一家之言也常成为班级里的金科玉律。学生在其严格的纪律要求下不敢想、不敢动，在这样的情形之下，还谈什么创新意识呢？我们不能死守"严师出高徒"的古训不放，那样的效果只能是事倍功半。把必要条件误认为是充分条件，这便犯了逻辑的错误。严格要求是不错的，但班主任应严而有"格"，还要做到严而有"方"，甚至严而有"度"。班级管理中，严格要求与生动活泼是不矛盾的，只有在宽严适宜的环境下，创新的种子才会发芽，学生的心理才会健康。

2. 盲目型。

这一类型的班主任往往是刚刚上任的年轻的新教师，有着极大的工作热情，急于想证明自己的价值，但是由于对班级及学生情况了解不够，又加上缺乏必要的工作经验，有时就显得盲目自信。表面上班级工作开展得热热闹闹，各类活动花样繁多，其工作方式也时有创新，但常常是实效不大，流于形式。对于学生干部工作能力的培养，往往心有余而力不足。

3. 保姆型。

这一类型的班主任有很强的责任感，往往事无巨细，通包统管，十分辛苦劳累，却几乎无一例外地不被学生和家长理解，于是就常常有费力不讨好的困惑。其实，此类老师之所以做的多而回报少，是因为他们不相信学生能力的缘故，怕出意外，越来越不放手，管理也会太多、太死，这样不利于学生的独立意识以及创新能力的培养。

4. 放任型。

这一类型的班主任并不热爱自己的工作岗位，大多是不得已而为之，他们没有热情，缺乏强烈的责任心，这样的班主任只可说是徒有其名，对于班级管理，除了传达、布置完成学校任务之外，很少再做其他事，对于学生往往不加管理和引导，对于学生的各种活动更是放任自流。在此种情形下，由于缺乏班主任的有效指导，便难以形成良好的班级氛围。

也有研究者依据问卷调查，采用多维标度法分析，推论优秀班主任的 5 个重要方面：

1. 人际交往。班主任经常要与学生、家长、同事、领导等多方人士打交道，只有与他们建立与维持良好的关系,才能顺利开展班主任的工作。因此,是否具有良好的人际交往倾向,直接关系到班主任能否成为一个受学生欢迎的人。

2. 个性魅力。要成为研究型班主任,对内要有自我提升的信心和能力;对外要努力树立学习、工作、道德的楷模形象,做一个有魅力的教师。有个性魅力的班主任能发挥榜样的教育效应,提高自己的影响力和工作业绩。

3. 团队管理。班主任是班集体建设的指导者、班级工作的组织者,因此必须具备班级团队的管理能力。只有在班级发展目标的制定、班干部的选拔与培养、班级文化的培育、班级活动的设计与组织、学生需求和情绪状态的把握、特殊学生的有效教育、日常管理等方面表现出较高的水平,才能形成优秀的班集体。

4. 认知能力。认知能力是基础性能力,班主任要善于搜集和处理方方面面的信息,从而在面对教育对象的差异性、变化性以及教育工作的复杂性、冲突性的时候,灵活应对,并及时反思,进而表现出较高的适应性和创造性。

5. 知识经验。教育理论知识与教育信念对班主任的教育行为具有指导和支配作用,正确的学生观、教师观、课程观、教育活动观等将引导班主任产生正确有效的教育行为,具有重要的意义。中国古语云:读万卷书,行万里路,班主任所从事的是实践性较强的工作,除了通过学习系统的理论知识,持续充电之外,还需要在长时间里坚持不懈地勤奋工作和积极反思、积淀丰富经验,这样才有可能成为研究型班主任。

换言之,优秀班主任的素质结构可以描述为5种形象:受欢迎者,有魅力者,会管理者,有智慧者及有观念者。

(二) 班主任的成长之道

作为一个研究型的班主任,其探索和成长似有如下的轨迹:

1. 自我管理。即个体对自己本身,对自己的目标、思想、心理和行为等进行的管理,自我组织,自我约束,自我激励。班主任应确立正确的学生观,通过建立民主的教育管理制度,在自我管理中提升学生的民主意识,使其养成遵纪守序的良好习惯。班级民主制度的建立某种程度上也是在为社会的民主制度奠基。

2. 换位思考。班主任日常工作中的问题,常常是忽略了学生的需要。变换角度,设身处地为学生考虑,才能搭准心灵脉搏,引发学生共鸣。想人所想、彼此理解,多站在别人的角度上去思考,乃是一种处理人际关系的有效方式,也是人与人之间交往的和谐基础。

3. 激励赏识。班主任要培养每个学生的自信，而且要懂得激励学生，挖掘学生的潜力。赏识就是认识、重视、肯定或赞扬他人的才能或品行。人生最大的快乐即自己的才能或价值被人发现、赞扬并重用；人生最大的痛苦则缘于自己的才能或价值被埋没。班主任适时地对学生的操行和学习予以赏识，能起到"催化剂"的作用，激发他们的学习热情和关心集体的积极性。

4. 文化育人。所有任课老师在学科教育的基础上都应开展育人工作，班主任则尤须营造班级整体的良好氛围。文化使学生获得体验性的感知和感悟，学校日常实践整合起各类文化要素由外向内渗透，由表及里融化，产生"春风风人，夏雨雨人"的效果。细节呈现文化精神，学校的每一个角落，包括一草一木，都发挥着隐性课程的功效。

5. 共同发展。在班级团队的发展过程当中，所有成员相互促进、协同发展、彼此合作，达到双赢。一个班级是一个学习型组织，班主任要带头学习，而且要培养学生的自学能力以及互帮互学的良好班风。

6. 允许犯错。班主任要认真，但不要太认真，以致苛待学生。要正确看待学生犯错误背后的种种原因，保持宽容的精神。要想让班级里每个成员都真正进入可以不断自我提高的学习环境，就要给他们充分的锻炼机会，其中就包括了允许他们碰壁和犯错。对错误的容忍，不代表教师对学生的要求降低了，而是学生成长的必经之路，而班主任要向好的方向引导。

7. 克制冷静。班级管理不可避免地要遇到一些突发事件，那么克制是我们的重要心理素质。首先要克服、制服情感的冲动，然后才能够正确分析问题，处理问题。

8. 树立典型。运用先进典型推动班级建设，这是根据个性和共性的辩证统一原理，以在"点"上总结出的规律性认识指导"面"上的工作的一种工作方法。班主任要以榜样引领学生发展，为适应青少年学生求新求变的心理特征，在典型挖掘上也要体现多样化。

9. 创造激情。班主任要像火种一样去点燃学生的心灯，如果我们以应付的心情对待工作，不可避免地就会产生职业倦怠；要以探究的精神参与工作，才能够消除职业倦怠。要善于在平淡的学习生活中注入新鲜元素，摆脱一成不变的活动方式。超越班组建设的公式化模块，让心灵保持敏锐的感受。

班主任要不断加强自我修炼，把持续学习视为自身的生活方式，视为生命的常态。

首先要以研究的态度来开展日常的工作，把读书与教育实践结合起来。据《中国教师报》的一份资料披露：全国有 70.4％的教师每天阅读时间在一个小时之内；2 小时以上的仅占 8.7％。班主任如果希望有所成就，就需要读书。一方面是古今中外都要兼顾，从《论语》《孟子》《理想国》《大教学论》到近现代的中外教育家的名著，如陶行知、梁漱溟、杜威等人的著作，都不妨看看。另一方面是知行结合，学了理论要进行实践，深入反思。

其次要善于进行教育咨询。可能有些问题是自己解决不了的，或者是"身在庐山"之中而很难对其有一个清晰的认识，这个时候就可以请教伙伴、专家，当然也可以运用网络资源来解决困惑。

这里我给大家提供一些网址和渠道，如中国班主任网、班主任之友论坛、"教育在线"的班主任论坛、中国教师研修网班主任频道、教育部全国中小学教师继续教育网等等。

由于时间比较紧，说得比较简略，我们还可以私下交流，谢谢大家！

（2011 年 12 月 9 日在全国骨干班主任高级研修班的讲演）

13. 教研组文化建设的理论与实践

各位教导主任:早上好!

今天探讨教研组文化建设的理论与实践的问题。文化是无处不在的,文人有文化,商人也有文化,底层社会、草根社会也有文化。比如我的一些朋友有车,他们说金老师你没有车,我们很多话就讲不到一起去,我也明白,他们参加汽车俱乐部,我没车可能就融不进去,他们的这个圈子有一种汽车文化。学校教研组的这个圈子,也有一种文化。

一、何谓教研组文化

教研组的文化到底是什么? 怎么对它做个概念界定?

前排第一位老师,请你来回答一下。

(师答:在一个教研组内形成的、通过多年的教研组成员的备课活动和教学行为,以及教师交流所形成的一种氛围和特色。)

你说得很好! 可以这么说,学校内一个特定团队,多年积淀下来形成的一种风格特色,或者用流行的话来说,在某个范围内默认的游戏规则。我有一次到无锡第二中学去,这是一所江南名校,出了十几名院士,前身是辅仁高级中学,现在它又恢复了老校名,因为这是它独特的历史资源。校长跟我说:近来领导班子的作风有很大改进,以往的行政列会往往占一个上午,有时东拉西扯,效率不高。现在校领导带头读书,例会研究安排了相关事务,剩下的时间就变成了学习会。比如校长带头,上一周看了什么书,或什么文章,觉得有点意思,就跟伙伴分享一下,然后就七嘴八舌地讨论起来了,领导班子成员轮一圈,挨个谈读书体会,议论教育的前沿问题。这个就是领导班子文化嘛！对不对？团队有什么文化，团队成员就会朝那个方向努力。

二、教研组的文化建设依据

教师基层组织的形式、性质是什么？教研组为什么具有吸引力，使教师愿意参与？教研组面临的研究课题来源于每一位老师，当他个人无法解决某些困扰的问题，就要参与教研组的活动，而目前教研组自身面临的困境又是什么呢？

有学者去观察、了解中小学教研组存在的问题，发现教研组的地位在日益下降，它的功能在逐渐弱化，它的活动流于形式，可谓名存实亡。比如，教研组的研讨内容过于单一，教师参加教研组活动受益甚微，有些教师甚至埋怨白白浪费了时间。如果教研组搞形式主义，教师就不愿意参加，学校即使采用僵硬的管理制度逼迫你参加活动，其实也是没有效果的。因为教研组浓厚的学术氛围只能来源于对真实的教育、教学问题的探讨，在彼此的交流之中，才会慢慢地形成教研文化的特色。

学校有两类最重要的基层组织，一个是纵向条块的教师组织，称之为教研组；一个是横向条块的组织，称之为年级组。这两类组织之间也是有矛盾的。比如它涉及学校行政管理权的争夺，因为以前的学校，在年级组的功能还不是很强大的时候，教研组的发言权很大，它是基层教师的学术组织，同时又兼有基层的行政管理功能。但随着年级组地位的上升，学校内相当多的活动，经常会以年级组为单位来进行，比如现在相当多的学校里办公区域都是以年级组为中心来安排的。这样，各个学科组的力量就分散了，日常的管理就归年级组了，这无形中就形成了基层学校的管理权之争。

我们来看实践中的例子。假如诸位是来自学校的各个部门的主任，有主管德育的，也有主管教学的，请问，你们两者的关系怎样？现在中小学有德育主任、教务主任、总务主任、科研主任，这四个主任有时候是会打架的。我在一所非常著名的重点学校，与一位科研主任交流过，他对我大发牢骚，因为这个科研主任的日常工作，往往与德育主任、教务主任发生微妙的权利之争，彼此难以协调。

除了管理权之争，还有一个教师发展话语权的争夺。比如讲年级组，它更希望规范与统一。年级需要团队的力量，所以个体不能过分地张扬突出。但是教研组却需要发挥教师的创造力和想象力，要去激发教师提出问题的热情和胆略。所以往往基于学科业务的特点，去发展教师的个性，如果没有教师独特的想法，彼此的切磋讨论，教研活动又如何深入？这是中小学内基层组织的一对矛盾。当然，除此之外，还有非正式的组织之争，教师之间也有小团队，往往基于学科兴趣或共同问题而聚集在一起的松散联合体，这类非正式的小团队，也会显示出某种独特的团队文化。作为实际存在的组织文化，需要我们去了解它，进而重构和建设有利于教师发展的教研组文化。

三、正视教研组的功能异化

现在我们切入问题的中心，什么样的教研组有助于生成教师的团队精神和合作意识？现行的教研组又为什么很难生成这样一种合作意识呢？这些问题正是进行教研组文化建设所必须面对的。目前教研组存在着若干种异化现象，我们要建设教研组文化，首先要正视这种异化的现象。

第一，教研组活动的行政化。教研组怎么构建起来的？它是根据苏联的学校经验，以学科教师为主体而构建起来的学科教学的研究组织。以往这个研究组织的主要作用是帮助教师一起研究教学大纲、课堂教学模式，或者进行教学经验的交流，在实践过程中，由于这样一种教研组的活动，更多地关注研究教材，帮助教师怎样授课，分析学科的考试成绩等，而对于教师生命个体在教研组内如何发展这方面忽略了，甚至教研组慢慢还有了行政化的趋势，变成了一个行政机构，主要进行着管理的常规运行，淡化了研究的意识。

第二，教研组活动的单项化。教研组负有研究教学问题、提升教师专业素养、展开学校科研工作等多方面的责任。但是目前中小学教研组主要停留在教材教法的探讨或听课评课的安排上，活动的重点无非是制定一个教学计划，统一学科的教学进度，或者设计一个相应的课例，讨论一下课程的重点、难点是什么……主要是这些内容，至于教研组的科研功能、培训功能都不见了。学科教学在学校课堂里面临哪些问题？教研组长的角色定位又是什么？教研活动有无促进或引领教师专业发展的功能？这些方面都被忽略了，这就是活动的单项化造成的结果。

第三，教研组活动的形式化。不少教研组至少每周有一次教研活动，在形式上做到了活动的常规化和有序化，但活动内容并无针对性，通常是把学校领导的意图跟教师说一说。比如，按照校领导的要求，这周要完成什么任务，如何分工。主要的时间是在讨论一些琐碎的日常事务，比如下周轮到听某某教师的一堂课了，或者本学科的作业量该怎么控制了等……都扯一些无关痛痒的小问题。所谓活动性多而主题性少，零散性多而合作性少，这种表现就是教研组活动的形式化。

第四，教科研成果的功利化。也有些教研组蛮注重课题研究的，但是它的出发点已经偏离了聚焦课堂，解决现实问题的初衷，也不是旨在促进教师的专业成长；而是强调通过当下的努力，形成一个最终成果，以便参与评价。于是，教研组为了考核做科研，为了物质利益做科研，就成了教研组活动的出发点，那么，这样一种功利性太强的课题研究，显然背离了学校教科研的初衷，因此也就没有了生命力。甚至在功利性的驱动下，有意避开真实的问题，不是本着解决问题的目的去探讨实际问题，而是为了现实的利益，搞一些花花绿绿的假课题，形成了教科研的泡沫现象。

第五，教师专业发展的片面化。教研组的教研活动形成某种思维定势，就是有经验的老教师去带领一些缺乏经验的新教师来开展活动，这样一种带领与被带领的关系，仅仅是教师培养的一种模式。教研组更应该体现出"伙伴共生"的思想，让教师更多地平等对话，走向合作。这个过程体现了教学相长，年轻教师也可能对老教师有帮助，这是平等对话下的互补互利。其实有的时候，青年教师在老教师的传帮带下，反而磨灭了原有的锐气和特点……基于合作伙伴关系的教研组活动应该使教师各展所长，共同成长。当年我在七宝中学教书，因为一起进去的年轻教师不止我一个，所以校长希望刚来的年轻教师互相传帮带，这正是校领导高明之处，因为老教师的指导固然好，但也可能用传统思路压抑和束缚了年轻人。我的研究生有时候会说高中、大学里都有老师指导，到这里后，老师不关心我们了。其实研究生都是成年人了，老师又不是你的保姆。当然了，老师关心一下是应该的，但问题是，你要有自己的问题意识、研究意识，你才可能真正获得老师的指导帮助。同理，教师专业发展不是片面化的传帮带，而是基于有质量的教研组活动所带来的教师共同发展。

第六，教研组文化建设的错位。学校是个文化单位，有自身的文化。如北京大学的"兼容并包，思想自由"；清华大学的"自强不息，厚德载物"，南开大学的"允公允能，日新月异"，都体现了各自的文化。又如辅仁高级中学的文化是"以文会友，以友辅仁"，南洋模范中学的文化是"勤、俭、敬、信"，但是进入到具体的数学组、语文组、外语组、体育组，你是不是把学校的文化特色照抄照搬？学校的基础组织单位常常有两个误区，或者是把学校的上位文化理念直接照搬进入下位的组织机构，或者是忘记了学校的组室文化与学校的整体文化的内在关联性，与学校的文化观念完全割裂，这两种做法都是错位。

第七，教研组长文化的缺位。教研组长应该是学校这一文化人集聚的组织中关键性的文化人，假如他对教研组的文化建设缺少清晰的定位，他自身就缺少文化引领的力量,这就是教研组文化发展的最大障碍。就如校长是学校文化发展的关键,那么教研组长就是教研组文化发展的关键。教研组长自己都缺乏文化内涵,教研组的活动一定不会有丰厚的学术底蕴。

第八,学校文化管理的真空化。文化是很复杂的,它的载体是多变的,喝酒有喝酒的文化,抽烟也有抽烟的文化。用学者的话来说,有物质文化、制度文化以及精神文化,可见文化是非常复杂的组合体。学校教研组文化的经营和建设很不容易,至于怎么去评价可能更难。文化的东西只能意会,无法言传。我们到学校去经常接触老师,一谈话就体会到两所学校、两个教研组的教师不一样,因为文化虽然看不见,摸不准,但它像空气一样围绕着每个人而存在。我昨天在某个教育机构主办的地区骨干教师研修班做学术报告,我提前十五分钟到教室,但门还没开,等我打电话过去,管理员终于来开门了,可教室里的话筒不响,音线插不上,这时早过了开讲的时间。这还是一个专业的教育机构,但它的管理文化也许是一种随意的、潇洒的文化。我曾经在上海的长宁实验小学做课题辅导,校长给我说,其实管理一所学校,说难也不难,举个例证,上一所学校的卫生间,大体可以看出这个单位的文化水准。现在的学校管理有不少真空,比如上课时间到了,实验室的门居然还没开;厕所间的水管漏水,校园内的卫生死角,活动室的安全隐患等,学校管理的细节折射的是学校文化的品味。

第九,教育文化价值的模糊化。身为教研组的同仁,却缺乏一种团队的文化共识,缺乏学科文化的价值认同,这是最糟糕的。比如你为什么做语文老师?当年为什么要考中文系,就是喜欢中文,认同母语的文化价值,语文教师有共同的趣味和理想,大家的话就说到一起了。现在有些教师仅仅把教书看作饭碗而已。更糟糕的是,有些教师受社会大环境的引诱,恨不得转到挣大钱的行业去。有些教师看不起自己所教的学科,音体美不说了,高中的语文教师在数学、外语教师面前也有点自惭形秽,而学科教师的文化价值感是非常重要的。我这里讲个故事,李叔同当年在春晖中学教的是美术课和音乐课,可以说是"小学科",但他没有看不起自己,他的音乐课爆满,学生都喜欢听他的课。春晖中学的学生走出校门也不一样,因为音乐能够改变一个人的气质。孔子说,兴于诗,立于礼,成于乐。可见艺术审美修养的重要。现在的中小学,音乐、美术等所谓"副科"的地位可能不高,大概音乐、体育专业出身的校长是很少的。我曾在某市某区开座谈会,十二位特级教师,十一个都发言了,其中有个漂亮的女教师一直不说话。我说就剩你了,她说:我还要发言吗?虽然我也是特级老师,但我是一个美术特级教师,学生、教师都看不起我这个学科……这就是学科文化价值的迷惑,教师自己都失去了信心,还能怪他人吗?!

最后,教研组文化的背反现象。美国学者评述"危机中的科组文化现象"时认为,科组作为一个独特的单位,本身具有强大而持续的影响力,但它是一把双刃剑,既可能是一种前进的动力,也可以是一种发展的障碍,这实际上提出了一个深刻的问题,单位文化所具有的双重属性。比如面对学校两类不同的基层组织,面对两种基层组织的重要权力,在各自不同的活动范围内,有时也会形成反合作的文化,这两类不同的组织文化或同一组织内文化的不同属性彼此冲突,成为反合作的文化时,就呈现为背反的现象。

四、我们需要怎样的教研组

上面对教研组功能及其文化现象的问题做了若干分析,下面再来讨论教研组文化的内涵和价值。

为什么教研组文化很重要?就因为它是学校的一个基本的单位。中国人对单位情有独钟,比如班级是学生的单位,教研组是教师的单位,居委会是社区居民生活的单位,人们说中国人是集体英雄主义,美国人是个人英雄主义,也是凸显了中国人的单位文化情结。单位对中国人的制约特别强,很多人一退休,就很留恋单位,没事还喜欢往单位里跑跑。

教研组是教师个人专业发展的依托和根基,对教师有深刻而长远的影响。科组文化制约着教师的个体文化,这是缘于在中国的语境中,科组是一个专业组织机构,它成为教师话语权在学校里的主要载体,也是教师成长的一个重要平台。我认为教研组的核心和灵魂是它内在的学习文化,它应该是学校中举足轻重的学习型组织。教导主任、教研组长要率先带领教研组成为一个学习型机构。这样一个专业性很强的组织机构,需要五根柱子来支撑。第一根柱子,教师应该率先成为学习者,有些教师毕业时拿到学士文凭,乃至硕士、博士文凭,车到终点船到岸,学习任务已完成了。农业时代和工业时代的文凭也许还可以管终身,但是在信息时代根本就靠不住,这需要人不断学习。在座的语文教师应该知道,上海有位于漪老师,八十岁了,还在研究中学生的流行文化,还在名师工作室带徒弟,她就是在终身学习。第二根柱子是教师彼此的协作与互助,教师要成为事业的好伙伴,要戴一副找人长处的有色眼镜,不要陷入文人相轻的恶习。第三根柱子是分享决策和领导,要善于提供自己的成功经验,激发领导潜能,积极影响他人。第四根柱子是持续的专业成长，参加研修班是成长的重要途径，日常的阅读以及向伙伴学习更是少不了的课业；第五根柱子是不断反思，敢于自我否定。

所谓教研组的文化，某种程度上也是组织的"潜规则"，当然是好的潜规则，它成为影响教师的日常行为，凝聚团队精神的文化要素。文化像风像雨又像雾，每时每刻都在渗透影响着人的心灵。现在很多学生的父母为什么不惜重金，要附庸高雅，把钢琴买到家里来？钢琴文化是一种高雅文化的象征。广告商很精明，广告词叫"学琴的孩子不会坏"。家里放一架钢琴，我的孩子就变好了，哪有这么神奇？但有的时候，效果还就是这么明显。文化是看不见、道不明的意象，它缠绕着你，包围着你，感化着你。现在择校的现象很普遍，成为中国教育界的老大难的问题。其实选学校，就是择老师，也是挑选文化。好学校就是有良好的校风，即风清气正，所谓"草上之风，必偃"。社会也是一个样子。我有次在某地参加一个学术活动，我喜欢考察民情，看到当地有条特色街，其中好几个店是文身的。我就在想，文身为什么在一般青年人中有这样大的市场，然而在大学里却很少看到大学生有文身现象，这个问题大概也是很复杂的。什么样的人玩什么样的文化，不同的文化区别不同的群体，你不抽烟就融不入一个抽烟的团队，不喝酒也很难融入嗜酒者的圈子。我们进一步思考，其实文化里面最厉害、最深层的东西，就是一种稳定的生存方式，它是教研组活动背后强大的决定性力量，它制约着教研组发展的方向。

正因为教研组文化太重要了，所以它是教师内在生存方式变革的着力点。当我们在研究教研组文化的时候，也就是在研究教师的生存方式和生命状态，在研究教师文化的丰富性和复杂性。教研组的文化建设是一个需要我们进一步深入探索的问题。

（2010年11月10日在大连市中山区中小学教导主任研修班上的讲演）

课程教学篇

14. 课程发展与教师教学方式的变革

各位老师:早上好!

按照培训计划,今天研讨的主题是"课程发展与教师教学方式的变革"。

一、课程改革的历史探究

(一)中西课程变革的历史

今天的新课改和以前的课程改革,呈现出一种继承和变化的态势,把这个过程梳理一下,使教师对今天新课改出现的必然性、合理性有更好的理解,同时有利于教师去更好地参与新课改。

1. 中国课程的历史发展

中国的课程经过了从"六艺"到"六经"、从"五经"到"四书"、从"经史子集"到"声光化电",然后是到了现代的"马列加科技"这样一个时期。讲到中国课程的源头,就会讲到六艺、六经。六艺就是礼、乐、射、御、书、数。礼好比今天说的做人的规范,立身的要求,处世的原则;乐好比今天的诗歌、音乐、舞蹈,包括所有艺术领域的内容;射、御,既包括了生产的本领,也包括了军事的技术;书讲的是文字、书法,主要是写字教育;数就好比今天中小学讲的算术、数学。这六门课程到后来就变成了六经,也就是《诗》、《书》、《礼》、《乐》、《易》、《春秋》,这是孔子当年整理删定的六种教材。从六艺到六经,实际就是从六种比较广泛的学科知识领域演变到六种相对比较狭隘的课本知识内容。到汉代《乐经》失传了,六经变成了五经,审美这门知识又遗失了一大块;从汉代的五经到南宋的四书,传统知识的讲授内容再一次收缩,《论语》、《孟子》、《大学》、《中庸》成了学校课程的主流。中国传统社会的学校课程知识的范围也可以说是越来越集中,集中到了修身做人的领域。

汉代的五经更多专注的是治世的意义,学生在学校学习就是为做官预作准备,课程知识充满政治教化的意味。到了宋代,知识的价值逐渐集中到四书,表明中国学校教育价值维度由"做官"转移到了"做人"。在社会发展过程中,中国读书人形成了三种文化传统,核心是儒家,因为儒家课程受到官方的认可,所以传统的学校教育主要是学习儒家的文本——志在当官兼及修身。中国传统读书人的思想要比在官方学校中接受到的教育更复杂,他的人生观、世界观的底色,离不开三种文化传统:儒学、佛学、道学。

中国传统的学问是由"经史子集"构成的,到了近代则有了一个根本性的转变,由"经史子集"转到了"声光化电"。声光化电就是外国的科学文化,当然首先要学习外国的语言,包括英语、德语、法语、俄语、日语等,然后通过语言来学习"声光化电",也就是近现代的自然科技知识。这种变革就带来了文化的紧张,也就是"体"(中)与"用"(外)的矛盾,在这二者还没有磨合的情况下,中国社会又经历了重大转型,于是新中国的学校课程知识观由"经史子集"这一旧体替换为马克思主义这一新"体"。

这就是中国学校课程知识一个大致的宏观发展过程。可以说今天的中国学校课程正处于又一次的转型过程中,我们要站在一个历史的高度去看待今天课程的转型。

2. 西方课程的历史发展

西方的课程经历了古希腊三艺加四艺的变化和发展。"三艺"是文法、修辞、逻辑;"四艺"是数学、几何、天文、音乐。西方的三艺加四艺和中国的六艺到六经有相似之处,但又有很大的不同。中国更注重的是实质内容,比如做人、当官;西方更注重形式训练,比如几何学、数学、文法、逻辑,都是训练学生抽象的思辨和推理的能力的。中国偏重于做人,所以课程指向的是德;西方偏重的是思维,所以课程指向的是智。西方课程还有另一个源头,就是古希伯来的《圣经》、宗教文本的《旧约》以及经由宗教改革转化而来的《新约》,就将希伯来文化和希腊文化做了嫁接,这一整合对西方的课程而言是一种新的创造。除了两希文化资源外,西方课程的资源还有第三种,那就是罗马的文化资源,西方对罗马法律的重视使它的课程形成了第三种重大的影响力量。这样三种文化传统延续下来,最终成为近现代西方课程体系的基石。

西方课程发展到近代,又慢慢形成了两大线索、两大思潮。一大思潮是基于人的精神世界的课程资源;另一大思潮是基于科技工具去开发自然的课程资源。这样的两大线索左右着现代西方课程知识的发展,有的时候互相矛盾、彼此争斗;有的时候又融为一体、交互为用，这是西方课程发展的一个宏观的背景。

（二）课程改革的价值观

在中外课程变革的背后，有相应的价值观在起着制约作用，比如，中国传统学校教育课程设置的背后是"劳心者"治人的价值导向。西方在古希腊时期虽然有了城邦社会公民观念的萌芽，但它排斥了奴隶阶层。到了中世纪，西方社会在宗教的控制下，学校教育要培养的是在上帝面前虔诚的信徒，这和中国古代修身教育强调个人对君主的绝对顺从如出一辙，只不过把中国的皇帝换成了西方的上帝。

到了近代以后，西方课程价值观念的变革就形成了两种张力，一种是把学校课程发展奠定在个体需求之上；另一种是把它放在社会的需要方面。就个体的需求而言，又分为两种倾向，一种是把课程发展的动力置于个体的智力发展上，还有一种是让课程更多地满足个体情感世界的需要。今天的新课程开始超越两元分立的传统观念，站在新的高度，提出了新的价值观，就是"以人为本的课程观"，它继承了历史上课程的合理成分，也融入了时代发展的新要求。这就是今天的课程改革，它要求教师站在一个汇通中外古今的高度上进行新的创造。

（三）课程变革的路径观

中国课程改革的模式大约遵循一个"自上而下"的路径。三代的官方学校教育秉承最高统治者的旨意，到了秦汉时期更是唯皇帝的意志是从，当然也吸收了读书人的一些意见（如董仲舒），汉代学校就采用了儒家的经典文本（五经），其他的学说就给排除了。中国历史上的课程改革都是自上而下的，就是新中国成立后的八次课改也都是政府意志的体现，这种高层权力推动下的课程改革呈现出"自上而下"的变革路径。

西方发达国家近代以来的学校课程变革也是"自上而下"的途径，但是与中国主要依靠行政力量和领导权威的推动是不同的，西方社会是以法律作为学校课程改革的法理依据和重要的推动力量，从西方教育近代化的历史过程中可以看出，社会力量主要是通过运用法律去推动课程变革的。从德国、英国用法律确保义务教育的实行，到美国因苏联卫星上天而颁布的《国防教育法》，都是如此。日本在国家近代化的过程中也是通过天皇颁布诏令的方式推进学校课程的变革。

改革开放以来的中国也开始越来越重视通过法律的手段去推动变革，更多地用"自上"和"自下"两种路径的结合来凝聚改革的共识，这是值得充分肯定的。当前更需要由"自下而上"的形式来推动,行政更需注重草根意愿,推动民间变革力量的发展。学校课程的改革要由教师来发挥主动性,这和课堂教学的改革要发挥学生的主动性是一样的道理。改革通常有四种方式:一种是"旧瓶装旧酒",其实没有什么变化;一种是"新瓶装旧酒",形式变了内容并未变;一种是"旧瓶装新酒",形式是旧的而内容是新的;还有一种是"新瓶装新酒",从形式到内容全是新的。这几种改革的路径哪一种合适,归根结底要靠实践来检验,但总体来说,在中国复杂的社会背景下,我觉得改革的路径大概是旧瓶装新酒要好些,比如西方的文艺复兴就是一例,它装的是新人文教育的新内容,而打的是复兴古希腊的旧旗号,因为这种方式可以减轻变革的阻力。

二、东西方教学方式的沿革

沿革具有继承、创新的双重意味。教师为完成课程的目标任务,所采取的方式、方法,涉及教师的教和学生的学两个方面。所谓教学,就是教师为引导学生掌握知识技能,获得身心发展而共同活动的方式、方法。正因为教学方法很重要,所以教师要智慧地选择和创造性地运用,我们先来看看中外历史上有哪些主要的教学方法。

(一) 东方传统的教学方式

1. 孔子的启发式

启发教育确实是孔子的首创,它来自孔子的千古名言"不愤不启,不悱不发,举一隅不以三隅反,则不复也"。孔子之所以以启发式作为他的核心教学方法,这和他"以仁为本"的价值观是分不开的。所谓"仁者,爱人",既然是爱人的价值取向,那就不太可能采用刚性的方法"满堂灌",可见价值观决定课程观和教学观。启发式可以把复杂、烦难的问题化为简约,俗话说"深入浅出",也就是用简单的事例让学生领悟深刻的道理,这是教师的高明之处。实际上中外教学方式是相通的,比如赞可夫的高难度、高速度的教学方法,认为教学的关键是找到学生能接受理解的知识样态,即任何知识只要以合适的方式就能教给任何年龄段的学生。一位教师擅长打比方,那么任何高深的知识都可以令人容易理会。朱熹说"譬"就是喻;"方"就是术,"譬方"也就是用近而常见的事物来比喻深刻难懂的道理,这是孔门的妙方,也是仁爱精神的体现。

2. 孟子的存养式

存养就是存心养性,这是道德修养的方法,孟子说的"吾善养吾浩然之气"就是这个意思。

3. 荀子的"积渐式"

就是不断积累，比如他说"人积仁义，则为君子"。中国传统学校教育到目前影响最长久的就是荀子的积渐式，比如认为学习就是慢慢地积累知识。

4. 道家的"合一式"

道家认为个体生命应该和世间的万事万物融合为一体，这就是所谓"道"的境界，所以个人应通过"致虚"和"观双"的方法，达成与万物的"齐一"。

5. 墨家的"行动式"

墨家是实利主义的教育观，所以他不赞同儒家和道家，认为他们的知识都是虚的，实用的知识应该是谋利的知识，实证和实行是墨家教学方法的特征。

6. 法家的"赏罚式"

如果说墨家注重实利教育，法家就更是实利至上了。法家认为人生最重要的两件事就是"吃饱肚子"和"开疆拓土"，农业和军事的教育是最重要的，所以法家在教育上倡导统治者运用赏罚的方式促进律令知识的普及，让老百姓在遵法的基础上自觉追求农耕和军事的知识。

7. 佛学的"顿悟"式

我们一时苦思冥想不得其然，一时豁然贯通左右逢源，后者就是顿悟的现象。中国的禅宗非常讲究顿悟的法门，也就是通过修行的方法，迅速领悟精华和要领。宋代的陆九渊和明代的王阳明，他们也都非常欣赏这样的一种教学方式，反对朱熹字字不放、步步紧逼的读书方法，强调读书贵在"求血脉"，不纠缠于繁琐的注释。佛学和心学的求学路径是纲举目张、整体直观、顿悟贯通，而心灵一旦悟通，万物自然通解。

8. 朱熹的"主敬"式

理学家教学方式的特征是"敬"，一个是精神上的专一（静），一个是态度上的谨畏（敬），然后从具体入手，一点一滴、一事一物、一字一句，慢慢地、长年累月地积累，这是对荀子积渐式方法的继承和发挥，关键是"谨重敬畏"。

9. 陶行知的"教学做合一"法

陶行知认为，"教的法子根据学的法子，学的法子根据做的法子。事情怎样做就怎样学，怎样学就怎样教。教与学都以做为中心。在做上教的是先生，在做上学的是学生"。这是"教学做合一"的基本观点，也是其根本的教学方法和原则，同时也阐明了"教学做"三者之间的密切联系。强调了教学做三者不可割裂，都要统一在做上；"做"

是教的中心,也是学的中心。在教学进程中,要充分考虑到各种教学要素及相互之间的联系和影响。

这是在中国有相当影响力的九种主要教学方法。此外,近代以来的新式学校还引入一些西方的教学方法,一是"自学辅导法",这是从美国引进来的促进学生自动学习的方法。二是分团教学法,类似近些年上海某些中小学探索的分层教学法。三是设计教学法,就是用探究的、问题导向的方式来帮助学生主动追求知识、解决问题,类似于当今新课改倡导的探索性、研究性学习方法等等。

(二) 西方传统的教学方法

1. 德谟克利特的鼓励法

德谟克利特是古希腊第一个百科全书式的学者,他推崇"理解"在教育中的重要性,认为很多博学的人并不是智慧的,因为他们学了不少知识,但不消化,俗称"两脚书橱"。当然知识是必不可少的,但在计算机时代,确实不是最重要的了。德谟克利特在道德教育上,反对强迫的训练和残酷的压制,强调真正的道德教育方式是鼓励和说服。理性需要激发,感情贵在鼓励,德谟克利特主张通过说服来引导人的道德的自我觉醒。

2. 苏格拉底的对话法

苏格拉底面对学生的问题,他是不会直接回答的,他常用反问的方法让提问者陷入自相矛盾的境地中,从而使其意识到荒谬,并通过步步追问,使学生自己推导出结论,这就是"产婆术"。因为知识是在你自己的肚子里,教师就是一个助产婆,帮助你把知识的小孩顺利地产出来。产儿在你本身,所以知识也不是教师能给你的,这说明真正的学习贵在自觉。教师的本事再大,也不可能把学生的脑袋劈开,把知识倒进去。

3. 智者派的辩论式

古希腊的智者学派推崇口才辩论并以此来影响公众。其中的代表高尔吉亚说:"说服术不是其他方法可比,因为这种高明的技术可以经由情感,而非暴力,来达到奴役万物。"我们当然不是要通过高超的口才去奴役学生,但教师确实可以通过交流,以口才去说服他人,也就是用理性和思辨去影响对方。人际交流的根本就是四个字——"通情达理",辩论方式能打动人也在于此。

4. 昆体良的雄辩术

这是昆体良对德谟克利特和智者派方法的继承和发展,他认为雄辩术由三部分组成,雄辩术的理论、雄辩家和雄辩词。理论就是如何开展辩论的一整套规则;雄辩家就是把握这门艺术的人;雄辩词就是这些人取胜的成果。通常雄辩过程由五部分组成,写作演说词、修改演说词、措辞的润饰、背诵演说词、发表演说。雄辩家演说的作品,主要是记叙文,昆体良认为记叙文主要有三种类型:一,虚构的叙事;二,写实的叙事;三,历史的叙事。他强调在雄辩术学校里,必须以历史故事开始,历史是已被验证过的,它越真实就越有力,并且人是感情动物,通过说故事的方式更可以感化他人。所以杜威说:艺术要比说理更能影响人。

5. 培根的实验式

培根是近代科学的鼻祖,自然科学之所以是科学,就是因为有实验。培根在《新工具》里解释了归纳法,就是通过自然科学的例证来解释的,主要特点是归纳、分析、比较和实验,用理性的方法去整理感性的材料。

6. 夸美纽斯的班级授课法

在班级授课制出现之前,主要是师徒制的授课方式,它通常是个别的工艺传授过程,传授的知识往往是工艺的过程性知识,教授艺徒如何具体操作,并非传授抽象的知识概念。在工业革命以前,西方学校主要还是个别指导的传授方式,到了夸美纽斯,才明确提出了班级授课制。这是适应工业化时代的要求,以最少的投入换取最大的产出,工业生产方式的标准化、规格化、统一化特性影响了课堂教学。正如夸美纽斯的比喻——"教师是太阳,对所有的学生有着普遍的照耀",老师的嘴就是泉眼,他讲的话——知识的细流从所有的学生身上流过。班级授课式是工业文明的产物。

7. 卢梭的自然式

卢梭说:"出自造物主之手的,一切都是好的,但一到人的手里就变坏了。"他特别强调了文明带给人类的可能不是恩惠,而是祸害,这是一种具有颠覆性力量的反叛思想。他在教育上强调儿童的差异,提倡尊重个性。他认为每个人的心理都有独特性,所以要让其自然地生长,要依据人的天性去确定教育的内容、方法、过程,这成为杜威儿童本位、儿童中心思想的理论资源。

8. 赫尔巴特的兴趣式

赫尔巴特学派的传人认为,兴趣是赫尔巴特教学思想的关键:它仿佛一盏明灯,一劳永逸地指明了教学的方向。当然,赫尔巴特的兴趣说与卢梭的自然说有着很大的差异,兴趣对于赫尔巴特来说,主要是调动学生学习的手段,赫尔巴特从本质上说是一个主智主义的代表,他强调知识的重要。除了兴趣之外,他还提出教学的四个形式阶段,赫尔巴特的后学又将其发展为五个阶段,即预备、提示、联合、概括、运用。

9. 杜威的经验式

杜威认为："教育就是经验的改造和经验的改组"，人在劳动、生活中有体验、体悟，这种经验会被新的经验所替换或改造，经验依随生命存在，永远处于变化状态。杜威强调一切学习来自经验，都与个人的实际生活联系。他说："教育是以检验为内容，通过经验，为了经验的目的。"实际上杜威是把传统学校以传授间接经验为主的教学方式，颠覆为以儿童的活动为教学的中心，而不是以教师的教和教材的权威为中心，这就是他说的在教育上完成的"哥白尼式"的转换。

10. 巴格莱的要素式

要素主义学派批评杜威的理论太过于注重经验和行动，而忘记了间接经验的传授和核心知识的重要，所以巴格莱提出，不能忽视学科知识的系统性，不能忽略要素知识在学校教育中的关键作用，不要因为重视经验而忽视了知识的逻辑体系。同时强调教师在课堂教学中的核心地位。

11. 皮亚杰的建构式

图式是认知结构的起点和核心，是人类认识事物的基础。它的形成和变化是认知发展的实质，认知发展受三个过程的影响：即同化、顺化和平衡。同化（assimilation）是指学习个体对刺激输入的过滤或改变过程。也就是说个体在感受刺激时，把它们纳入头脑中原有的图式之内，使其成为自身的一部分。顺应（accommodation）是指学习者调节自己的内部结构以适应特定刺激情境的过程。当学习者遇到不能用原有图式来同化新的刺激时，便要对原有图式加以修改或重建，以适应环境。平衡（equilibration）是指学习者个体通过自我调节机制使认知发展从一个平衡状态向另一个平衡状态过渡的过程。建构论关注两个要素——内因和外因，是它们彼此的作用产生了人的认知。正因为这样，所以既要关注儿童的实践经验，还要关注儿童的内心构造。从这两者的结合中，理解怎样去给儿童的心灵发展以更好的帮助。

今天中小学常用的教学方法在历史上都曾出现，由于变革过程的快速使一些具体的教学方式没有得到整理和消化。另一方面新中国建立以后的政策有着强烈的意识形态的革命倾向，一个是破除中国传统的教学方式，一个是批判从西方引入的教学方式，然后一面倒地学习苏联（后来又批判苏联），这导致了教学方式的盲目变动，而没有真正配合课程建设的实际状况，也没有站在前人的肩膀上对教学方式做新的推进，这是需要引起大家反思的。

三、中国学校当今流行的教学方式

中国当下流行的教学方式大致有如下一些。

1. 讲述式

这是最普遍的一种方式,从汉代太学经学老师的讲经方式一直延续至今。因为汉代还没有印刷术,书本为少数人垄断,老师就是知识的化身,口授耳聆是传经的基本方式。

2. 训练式

加强学生某个方面的特别才能的训练,让他达成某个目的,比如中国传统的八股文训练,孩子从小揣摩文章作法,然后去应对科举考试。今天中小学流行的还是这种训练式,通过相应学科知识的训练,达到升学考试的目的。

3. 演播式

这是说得好听一点,其实就是"机灌式"。传统的讲述式就是"口灌式",今天采用多媒体辅助教学却又演变成"机灌式",教师上课更轻松了,就是用电子课件来演示一下。以前是教师用嘴巴灌学生的耳朵,现在是教师用计算机灌学生的眼睛——计算机配合老师的嘴,变成"口灌"再加"机灌"。

4. 苦读式

"青灯黄卷苦读式",仅仅是为了应付考试,学生越读越苦。有个小故事,说的是一个老和尚带两个小和尚学习,一个小和尚自认为不够用功,就把睡觉时间从八小时减到六小时,再减到四小时,到最后减到两小时。老和尚要他放下书本,出去走走,三个月后小和尚回来了,学问豁然开朗。这个故事告诉我们,读死书是没有用的,甚至会走火入魔的,要读活书,要有悟性,要懂得方法,还不能脱离实际生活。

5. 提问式

有些老师要启发学生,就变"满堂灌"为"满堂问",问题一个接着一个,自以为是问题导引法,但是整个的问题缺乏逻辑的链条,这使学生眼花缭乱,最后不知所云。一堂课好像问题很多,气氛也很热闹,但学生不知道自己在思考什么,老师也不知道问题的路径。

6. 对话式

新课改强调教师和学生的对话讨论,如何组织、深化对话式教学同样离不开教师的智慧,不然讨论就变成了开茶馆,课堂好像很热闹,但是对话没有质量,甚至白白浪费了学生的宝贵时间,缺乏质量的所谓探讨对话某种程度上说还不如"满堂灌",有方向的"灌"也比漫无目的地"开茶馆"要强。

7. 合作式

合作学习是好方法,但有些课堂的合作学习采用的是"七拼八凑式"。因为合作小组的成员搭配、合作方式、讨论导向等要素都无呈现,学生也不知道怎么提问题,如何讨论和切磋,合作过程缺少章法,而这个章法恰恰是需要教师指导的。比如说学生之间的作业互批,如果教师没有给学生互批的方法指导,任由学生各行其是,则显然是失责。

8. 跟风式

有些教师片面理解与时俱进,看到基础教育界一个时髦的口号出来了,就赶快去逐潮追浪。特别是青年教师喜欢追新赶浪,这不是不可以,但首先要弄明白这新浪缘何而起,不透过事物表象看到问题的实质,那就会为时髦而时髦,赶得很累,因为当你刚赶上这个浪的时候,另一个浪可能又起来了。关键在于教师要有主心骨,一是了解前人的历史经验,一是扣住班级的现实情况,抓住这两点就不会随风摇摆,不然很可能成为墙头芦苇,最终竹篮打水一场空。

9. 组合式

组合式就是把各色理论进行组合拼装,适当的组合拼装是可以的,但是不能机械地套用,要抓住问题的实质。如果没有将理论融化到自己的知识结构中,运用于日常的课堂教学实践,则理论成了装饰的花边,看上去花花绿绿很吸引人,其实是个肥皂泡,针一刺就会破灭。

四、金针度人——教学方法选择的智慧

所谓"金针度人",贵在随机应变,就是说在日常的教育教学中,要善于因材施教,这是新课程改革的基本取向。说到教师的教,方法更重要,即"授之于鱼,不如教之以渔"。Stephen L. Yelon 的《教学原理》提出有效教学的十个原则,值得我们关注。

这十个原则分别是:第一,意义性——主题的前后关联;第二,先备条件——评估学生并预先准备;第三,开发沟通——互动中的学习;第四,编选组织——重构内容;第五,辅助教具——方便学习;第六,新奇——提升学生注意力;第七,示范——展示解决

问题过程;第八,适切的练习——促进学习;第九,愉悦的情景——有利学习效益;第十,一致性——目标、内容、过程的统一。通过十大原则,达到教育教学各种要素的贯通,提升整体效应。

如何在随机应变中"金针度人"? 在此提出一些策略,供老师们参考。

（一）"一把钥匙开一把锁"

当然这里的锁也可能预示着老师手中是一把万能的钥匙,但当这个钥匙去开所有的锁时,这把钥匙是在变的,变成一把把应对不同锁的钥匙。

1. 敞开心灵、师生通感、消除隔阂

今天的教师和学生之所以不幸福,是因为彼此有层隔膜,教师要加强和学生的沟通,了解他们的内心世界。不要害怕交流,学生再调皮,也是对教师心存敬意的,问题是教师要善加影响力。

今天调查的数据表明学生和教师之间,四分之一以上是不适应的,不能有效地沟通。要提升教师的沟通能力,需要搭建一些平台,比如师范大学开设有关人际沟通的课程,还可以用其他方式去提升。比如像日本的中小学教师进入相关的企业销售部门,以加强教师沟通能力的实训。我的一个大学同学,现在上海一所著名中学任校长,他曾在 20 世纪 90 年代下海在市场里游荡了三年,后来回归学校,他把市场经济的某些规则和经验活用到学校的管理和教学当中,取得了很好的实效。教师只要做个有心人,随时随地都能提升你的沟通能力。你用真诚的心对待学生,学生也会敞开心灵,这样,教师和学生就会产生通感。

2. 因人施教、有的放矢

要取得教学实效,首先就需要了解学生,由于现在学生课业负担重,都是忙忙碌碌的,所以教师要善加利用点滴的时间。我在这里贡献给老师们一条方法,就是和学生共进午餐。现在一些大学校长和中学校长都在运用这个方法,每个月安排几位学生共进午餐,了解学生的思想、学习和生活,效果不错。这类似于美国大学里的咖啡吧,大学教授在午间和学生喝喝咖啡、吃吃点心,一起聊聊天,讨论些问题。我认为这是增进师生情意、了解学生心灵的好方法,在轻松环境下更有利于沟通,中小学教师也可以用。

3. 凝聚目标,激发动力

学生学习的积极性是很重要的。一个人要做成一件事情,没有动力恐怕是不行

的。如何激发中小学生的学习动力？我看到一个报道很有意思，说美丽的西子湖畔有一个美丽的故事。外国朋友到西湖去游玩的时候喜欢打一个电话，约一个出租车驾驶员的服务，因为这个驾驶员会点英语，他乐意用不是很流利的英语向外国人介绍西湖的美丽，告诉国际友人从怎样的视角去欣赏西湖的魅力。于是就一传十、十传百，不少外国游客都知道他了，他用自己优质的特色服务，不仅赢得了游客的尊敬，也为他增加了收入。老师们可以把这样的故事去和中小学生说说，这样三分钟的小故事可能会影响学生一辈子。他们会明白，人生不是一定要考入清华北大，但人生何处不是考试，连一个普通的出租车驾驶员每天都在接受生活的考试。

4. 倡导对话、贵在引导

对话是很重要的，往小里说教师通过对话能更好地了解学生，帮助学生更好地成长；往大里说，民主社会的构建，需要基础教育阶段的教师在学生发展的关键期奠定民主精神和民主方式的基石。和谐社会的第一个字是"和"字，就字义而言就是大家都有饭吃，第二个是"谐"字，就是有气可出，有话可讲。吃饱了饭，还能心情舒畅地把要说的话说出来，这个社会基本上就和谐了；因为每个人都和谐了，那和谐社会也就建立起来了。所以今天的学校要重视这样一种教学的方法，要走出嘴灌、机灌的误区，培养对话意识和对话智慧。

(二)"力气花在刀刃上"

教师要把力气花在刀刃上，因为人的时间是很宝贵的，要把力气花在有价值的事情上。

1. 帮助学生做自我的案例分析

每个人的成功或者失败都是有因可寻的，我们可以从正面或负面给学生聚焦五十个案例，这就是给学生一个个活生生的教材，尤其是学生同龄人的案例是最有说服力和启发力的。教师要启发学生用他人的案例来比较分析自我，古语说：知人者智，自知者明，只有知彼知己，方能百战不殆。学生提出基于他自身发展的问题，通过对具体问题的分析，可以突破发展的障碍。

2. 学会经验分享，开设班级的百家讲坛

中央电视台的百家讲坛可能离中小学生有些距离，但中小学生也可以在教师的帮助下用自己的智慧构建班级的百家讲坛。每个学生登台讲三、五分钟，既分享了经验，又启迪了伙伴，这样的过程还让学生隐性的学习经验显性化。不让学生说，隐性的东

西就永远隐藏着，显现不出来。老师们，我们要帮助学生把他成功的经验显性化，这样的经验分享，这样的班级"百家讲坛"，可能就是让学生经验显性化的有效途径。

3. 三省吾身、反躬自问

教师要反省，学生要反思，这样才会发现教学的盲点，才会进步。这里可以说一个故事，说的是传统的力量。1903年俄国的沙皇发现克林姆林宫有一个士兵在站岗，他不明白为什么要在此设置一个岗哨，于是就把岗哨的队长找来，队长也不知道，因为历来的队长都是这么要求的，于是就追根溯底，追到了一百三十多年前的叶卡捷琳娜女皇。原来女皇在克林姆林宫散步时发现草坪上有朵盛开的小花，女皇惊叹花的美丽，就叫一个士兵来看护这朵小花，不让行者践踏，于是克里姆林宫空地的中央就成为了一个哨兵的位置，一直站了一百三十多年，尽管那朵野花早就谢了，以后再也没有出现。这个故事启示我们，人生有不少盲区，所以需要反省才可走出误区。

4. 构建学习合作的团队

今天的社会已经进入学习化的时代，高到中央政治局常委每月一次的学习，低到家庭中父母和孩子的携手共进。我们正在创建学习型的社会、学习型的企业和学习型的家庭，学校更应把自己建设成为学习合作的团队，来引领这样的社会。学校是一个学习的地方，人人都是学习的主体，教师要在终身教育理念下，带头学习，成为班级这一学习型组织的组织者、引领者。

（三）个人智慧与魅力的提升

1. 听课智慧与取长补短

教师要成长，就要欢迎伙伴多多地来听课，听听他们的建议；自己空下来的时候，也不妨去听听课。上海教育科学研究院的副院长顾泠沅，当年从复旦大学数学系毕业后，最初阴差阳错被分配到小学去任教，他去问校长：我不是师范大学毕业的，明天的课怎么上？校长说："不妨去听听其他老师的课，不怕不识货，就怕货比货。"他在听课过程中悟出了"差异比较法"，后来在薄弱初中搞大面积提升学生的数学学习水平的实验，还成为了上海第一届教育功臣。教师上课时要加强感染力，让课堂有艺术性，好比写文章，如果都是千篇一律，学生就不会有兴趣。假如错落有致、跌宕起伏，甚至是峰回路转，那么学生就会兴意盎然，欲罢不能。所以课堂要按照课程知识的逻辑和学生心理发展的规律安排，好像演戏一样——启幕、开场、高潮、尾声，甚至要有悬念，使整堂课张弛有致、收放自如。那样学生的学习也是一种享受，自然就乐在其中了。所以我们要做个有心人,多听课,多学习、多比较、多体悟,不断地提升上课的艺术境界。

2. 通过赠书启发智慧

这是我从深圳的一位校长的管理智慧中体悟到的。我在深圳一所中学做一个课题研究的时候,校长和我说学校的老师们好像对科研有抵触,所以专家去辅导就会提各种各样的问题,其实都不是问题,而是拿一些似是而非的问题来难为专家,实际上是在为自己寻找借口。他出差回来在机场书店看到一本书叫《方法总比问题多》,说的是当一个人不想去做事的时候,问题会无穷地多;当他下定决心去解决问题的时候,方法一定是比问题多。于是这位校长马上定了一百本书,回校给每位教师送了一本。现在这所学校的青年教师看到校长笑嘻嘻地走来还有点怕,说不定校长又会送上一本书来,而且过后还会找你交流,你不去认真读一读还有点过不了关的感觉。

3. 减量与增量

教师要提升课堂教学质量,一定是"一减"、"一加",这是由当今时代知识的无限性和学校课堂教学时间的有限性这一根本矛盾所决定的。千万不要希望行政主管部门还会给你任教的这门学科增加时间,我看说不定以后还会减少,因为新知识不断产生要进入新课程,所以聪明的教师要看到这一大趋势,自己主动减少课堂教学时间,同时又增加了知识容量和学习质量,这就是课堂教学减与增的辩证法。实际上所谓名牌学校、名牌教师的法宝和绝招就是这一减一加,减少课堂里的无效劳动时间,提升每个教学单位的有效利用率,然后把节余的时间让学生主动自学,教师则针对学生的实际需要加强辅导。

4. 魅力、魅力,还是魅力

教学魅力就是成熟的教师具有的一种教学风范,在课堂上呈现出来的气质和气度,乃至形成一种独特的教学风格,这样的教师只要往讲台上一站,就会释放出无可抵挡的魅力,仿佛身处气场,让你情不自禁为之倾倒。这个是很难具体描述的,就像颜渊对孔子的赞叹:"仰之弥高,钻之弥坚;瞻之在前,忽焉在后。夫子循循然善诱人,博我以文,约我以礼,欲罢不能。既竭吾才,如有所立卓尔。虽欲从之,末由也已。"所以教师要终身不断地修炼。

我这里讲个《世说新语》记载的故事,魏武帝曹操有一次要接见匈奴使者,自认为形象不好,"不足以雄远人",于是就叫臣下崔季珪扮演他接见,曹操自己扮作侍卫立于旁边,接见完毕后曹操派人去询问匈奴使者:魏王如何? 使者说:魏王"雅望非常",但"床头捉刀者,乃英雄也"。可见一个人内在的魅力是掩盖不住的,教师的气质风度对学生的影响是很大的。

在学校教育实践中，影响人最深刻的其实是文化，真正一流的学校是靠文化来影响师生的，文化的"内化"就是老师们在自觉的行动中所实践的人文精神。文化不是压迫师生的外在的规则，而是师生成长中的内心的渴望，同时师生合作的行为方式也就进一步构成了学校文化的特色，学生在这样一所学校里待三年、五年，就被文化所浸润，慢慢会形成自身的独特个性和气质。

（四）平衡智慧、和谐境界

在教育教学中，有一个最高的智慧——把握教和学的平衡点，这个平衡点就是教师毕生追求的境界。今天学校里有很多教师在教着不同的课程，学生面对着各学科的老师，就好像在一个纷乱的棋局上，因为每个老师都想把自己的棋子放在最突出的位置。问题是学习这盘棋如人生这盘棋一样，是需要通观全局的，在学习的进程中哪颗棋子将发生关键作用，事实上只有下棋者最清楚，而主宰棋局的主人是学生而非教师，作为旁观者清的教师至多是一个提醒者、陪练者或指导者而已。

仅仅靠一位教师的独打单斗是办不成大事的，学生的成长牵涉各种复杂的因素，所以教师的胸襟和气度要大一点，要有全局观。今天学生的家庭基本上是"1＋2＋4"的模式，一是学生，二是父母，四是祖父母加外祖父母。如果教师能够延伸课堂，把"二"和"四"整合到"一"中，把家庭教育的要素与学校整合起来，那么教师就有了六个帮手，即六个家庭教师一起在帮你促进孩子的成长。假如老师们的棋局再大一点，把其他任课老师，班主任，校长和后勤服务人员乃至社区志愿者都整合进来，用你的智慧去协调平衡这些力量，那就会产生一加一大于二的效果，这是系统论的观点，也是倍增的原理。

教师需要关注学生终身的发展，不要让基础教育阶段学生的学习变成头悬梁、锥刺股、青灯黄卷式的苦读，要关注学生的心理体验。让学生在学校里的生活幸福指数提高一点，要善于化学习为生活，在生活中体验幸福，这才是学校教育要追求的目标。教师们不妨去读读那些教育家留下的经典案例。比如陶行知面对打架的学生，仅仅用四块糖就让他幡然悔悟，感激涕零，这是把高深的教育哲理化为简易有效的实践的独到智慧，值得我们用心体验。

最后，我引用改革开放初期流行的一首歌——《让我们荡起双桨》与老师们共勉，面对时代新的挑战，让我们"荡起双桨"，渡向理想的彼岸。摆渡的"渡"谐音字就是适度的"度"，教师的智慧就在于把握住影响学生发展的诸多复杂要素的"度"，这个"度"是教师需要努力的方向，也是教师智慧的集中体现。

讲座到此就结束了，谢谢大家！

（2010 年 8 月 17 日在安徽淮南市高中英语骨干教师研修班的讲演）

15. 新课改与学生学习方式的变革

各位老师：下午好！

我们今天按照原定的计划是交流这样一个话题——新课改背景下学生学习方式的变革。我觉得这个话题很好，因为近来交流比较多的，是关于校长或教师方面的内容，当然也会涉及学生。但基于学生的专题探讨不是很多。今天主要从学生的学习方式去思考，同时置于新课改背景，这是讨论的范围。

一、为什么倡导学习方式的变革？

学生的学习方式之所以要变革，我想首先是时代在发生着巨大的变化，自人类社会步入新世纪以来，信息化的浪潮更以不可抵御的态势席卷全球。海量的信息呈现在学生的面前。美国的布朗教授说："我们正遭遇信息的狂轰烂炸，每时每刻我们都正遇见前所未见的事物，每时每刻听到前所未闻的观点。"信息化社会的特征就是信息以倍增的态势快速膨胀，这对教师和学生的学习方式都提出了挑战。学生不仅要掌握信息，而且要学会怎样掌握信息，掌握什么样的信息。教师在课堂上传授知识，重点要从记忆、复述知识转变到选择、使用和发展知识。

信息时代使人们不得不重新审视知识，重新思考有限的生命和无限的知识之间的关系，使自身不得不在知识的内容、价值和掌握知识的方法和技巧等方面重新作出选择。面对浩如烟海的知识，人类最需要的是学会掌握信息，掌握有用的知识，"求知"的意义已经从能够记忆和复述信息转向能够发展和使用信息。学校教育必须作出相应的变革，教师必须由原来的"授之以鱼"转向"授之以渔"，使学生掌握新的学习方法，形成新的学习方式和技巧，从而能在信息化的社会中掌握最适宜的知识。要想在激烈的社会竞争中生存,学生必须通过教育,通过课程改革的推进和实施,掌握最基本的学习技能和技巧,形成积极主动的学习方式。我国学校教育中形成的过分强调接受的学习方式,忽视学生的主体性和主动性,是很难适应社会发展的。基于此,学习方式的变革已经刻不容缓。

据今年暑期《东方教育时报》的报道,教育部正在酝酿出台《教师教育标准》,对教师的入职标准有所提高,以改变目前偏重书本知识、让学生死记硬背式的教学方式。该标准主要针对中小学教师,已由华东师范大学编制完成并提交到教育部,最快年底出台。领衔起草该标准的华东师范大学教授钟启泉表示,按照新标准,现在的大多数中小学教师都不合格。他认为,现在我国的中小学教师主要存在三个问题:不读书,不研究,不合作。实施新的《教师教育标准》,重点在于提高教师的实践能力,教师工作的重心必须从"教会知识"转向"教学生会学知识"。转变之所以困难是因为相当数量的中青年教师自己从中小学一直到大学,都是从老师那里接受知识的,是在应试环境里长成的,他自己都不会学习新的知识,谈何去教学生"会学知识"?

新课程凸显了主动性、趣味性、批判性。这里的关键是培养学生获得新知识,解决新问题的能力,它意味着教师要引导学生并以学生为主体来重建知识。国际教学理论的最新动态,旨在强调学校教学要围绕四种基本学习方式来进行,第一是"学会认知",也就是获取理解这个世界的手段。假如说它偏重在理论,那么第二是"学会做事",就强化了实践。第三是"学会共同生活",因为每个人都是社会中的一员,用马克思的话说是各种社会关系的总和,所以学会共同生活就是学会合作。第四是"学会生存"。前三种学习,归根结底是要让个体生命在人类社会中更好地存在和发展,最终落实到学会生存。这就是"四个学会"。学生如何学习的问题是现代学校教育的核心问题,学习是为了实现生命的自我成长,这是当今时代对人的基本要求。

新课改从关注课程的"学术性"到重视课程的"社会性",从"以学科为中心"向"以学习者为中心"转变,从"知识体系"向"多元能力"转化,提出了"全面提高学生的科学素养"的教学任务。新课程不再视知识为确定的、独立于认知者的一个目标,而是视其为一种探索的行动或创造的过程,以培养学生"获取新知识、分析和解决问题"等能力。它倡导通过实现学习方式的多元化,引导学生自主获取知识,摆脱传统知识观的牵制,走向对知识的理解与建构。时代的发展促使世界教育变革呈现出一个重要趋势,就是由单纯重视"教"变为更重视"学",新课程指导纲要突破了以往历次教学改革着重从教师教的角度研究变革教的方式转为从学生学的角度研究变革学的方式。

《基础教育课程改革指导纲要》把"以学生发展为本"作为新课程的基本理念,提出"改变过于强调接受学习、死记硬背、机械练习的现状",倡导学生"主动参与、乐于研究、勤于动手";"大力推进信息技术在教学过程中普遍应用,逐步实现教学内容的呈现方式、学生的学习方式,以及教学过程中师生互动方式的变革"。

二、学习方式解读及其现状

(一) 学习方式解读

我们首先对学习方式做一些比较分析,然后来看看目前中国学生的学习状态。

"所有的人在本性上都有求知的欲望",亚里士多德这样开始他的"形而上学"(Metaphysic)的探究,根据《创世纪》的记载,好奇或求知的欲望使人类的始祖夏娃犯罪,而这被认为是知识的根源。

人之所以为人就是我们有求知的欲望,求知的欲望就是人类天然的好奇心,它指向人的生命本质。人类为什么被上帝从伊甸园里驱逐出来?是由于人类的祖先——亚当和夏娃不听上帝的教诲,而他们之所以要吃智慧果,就是因为人类祖先内心深处萌动着的好奇,源于这份好奇,人类开始求知了。人类的求知对象最初是认识人与大自然的关系,人类的文明礼仪也是从这时起步,因为知识使人产生羞耻感。西方教育与中国有一点不同,它一开始就强调追求知识。

中国教育的求知路径不是面向自然而是返身探究人心,王阳明《万松书院记》说:古圣贤之学,明伦而已。明伦之外,无学矣。外所而学者,谓之异端。他认为中国人做学问就是两个字"明伦"。所谓做学问就是学习做人的道理,儒家教育就是"教你做人",而西方教育就是"教人求知",中国自然科学的知识体系没有像西方那样发达,不是中国人笨,而是我们原来就不在乎这类旁门左道。东西方学习类型和风格在起始阶段就形成了不同的特点。

训诂专家杨树达解读"教"和"学",认为两者是一个意思。他说:古人言语,施受不分;如买与卖,受与授,余与枲,本皆一词,后乃分化耳。教与学亦然。《礼记·学记》曰:"学学半。"上学谓教,下学谓学,(此)与铭文正同也。

《学记》里的"学学半",前一个学讲的是教学的"学",后一个学讲的是学习的"学"。古代的青铜铭文上写的繁体字"学",一半是教的意思,一半是学的意思,即一个"学"字里包含着两层意思。我举这个例子是要说明中国特色的"教学合一","以学统教"的传统由来已久。教师不懂学的道理是无从去教的。杨树达的书房叫"积微居"，古人治学就是一个"积"字。"积学乃教"的思想从荀子开其端，他说"不积跬步，无以至千里"，同理，不积礼仪无以成君子，这是汉代以后儒家正统的学习方式，但这一模式与孔子的启发式已相差甚远。

学习方式(learning approach 或 learning style)是当代教育理论研究中的一个重要概念。大多数学者认为学习方式指学生在完成学习任务过程时基本的行为和认知的取向。它是学习者一贯表现的学习策略和学习倾向的总和，具有时代、文化、社会、个体的鲜明特征，是我们为了完成任务、达成目标所采取的一系列步骤。

(二) 学生学习的现状

教师要引导学生构建适合自身的有效学习方式，首先需要对学生的学习现状的具体差异有所了解。

1. 学生学习方式的差异

一说学习，人们马上在头脑里跳出"读书"两个字，再就是做题目训练应付考试的能力，我觉得这样的理解就偏了。为什么学生很少去思考并主动地去探索知识？因为他们身上所呈现出来的是一种被动接受为主要特征的学习方式，他们的学习过程表现出的是依赖性，不是能动性和独立性，这是传统的积淀式学习的思维定势和现实的应考压力双重叠加导致的结果。教师也形成了一种思维定势，上课就是老师讲，学生听；学习就意味着学生听教师传授知识，所以今天的中小学课堂灌输型加接受型的教学方式就成了主流。

实际上学生学习方式是有着个体生命的不同特征的，有的学生擅长形象的记忆，有的学生偏重概念的分析，有的学生喜欢听老师的讲解，也有的学生喜欢自己动手做，不同学生的学习行为倾向还包括了学习情绪、态度、动机和韧性等心理上的偏爱，如有的学生偏爱安静的环境，有的学生喜欢有一点声音的环境，我看到今天有些学生在学习时喜欢戴耳机，边听音乐边学习，我女儿就是这样。

学习这个概念除了人们习惯说的讲授、练习，还涉及考察、制作、实验和课外阅读等等，但教师在课堂上很少让学生发表看法，表现出来的就是三个中心——书本中心、教师中心和课堂中心。这样三个中心对学生的创新精神和实践能力的发展是不利的。

2. 学生学习年龄的差异

教育部组织的北京师范大学等六所高师院校的有关专家对课堂教学形式的调查

表明,学生很少有以查阅资料、集体讨论为主的学习活动。对教师的调查显示,只有4%的教师认为上述方法有道理,而且自己时常这样做;62%的教师认为这种方法虽有道理,但教学大纲、教材、应试制度等不具备这种条件;30%左右的教师则认为"教学是在有限的时间内学更多的知识"、"不值得这样做"或"对中、低年级不合适",甚至认为这是"浪费时间"。

学生很少有根据自己的理解发表看法与意见的机会。在回答"课堂上,同学们有无发表与教师不同意见和想法的机会"时,45%的小学生和57%初中生回答"没有"或"很少有"。一半左右的学生对课上没有把握答对的题目选择"想答,但担心答错","根本不想回答"的学生人数随年级升高而增长。学生还反映教师经常布置的是书面的阅读材料,作业很少涉及观察、实验、课外活动、社会调查等等。

我们去中小学调查发现,小学阶段还有些学生提问题,但是到了初中就少了,高中更是凤毛麟角。老师也说没办法,因为学生不想提问,你咋办?我问过我的女儿能不能向老师提问,她说干嘛这么做?高中生提问题、答问题,其他同学会认为你傻帽。这是学生不同年龄出现的问题,孩子大了爱自个琢磨,或者与同学交流,也有上网查询的,一般不愿与老师交流。为什么高中生认为回答老师的问题很傻?难道他们真的没有问题?对这种现象,教师也要想一想。

3. 学生学习科目的差异

中小学传统的课程有所谓的"十二科"或"十三科",新课改背景下有些科目有所合并调整,但总体而言科目还是过多,而新知识层出不穷,都要挤进学校课程。科目不一样,学习的类型也不一样。数学需要高度的抽象,文学需要丰富的想象,物理、化学需要动手的实验能力等。

据专家组调查,学生认为有些科目死记硬背过多,比如小学生提到最多的不得不死记硬背的科目是语文和数学,前者被提及的比例达55%,后者是33%。初中生认为不得不死记硬背的科目是政治、历史、语文、外语、地理、生物,其中提到语文需死记硬背的城市初中学生比例,甚至比提到外语需死记硬背的学生还多。特别需提出的是政治课,85%的城市初中生和77%的乡村初中生认为政治不得不死记硬背。

数学也要死记硬背吗?真令人大惑不解了。我昨天看《东方教育时报》,说一个十三岁的小孩子没有上过一天学,但是今年考人了河北科技大学,他父亲下岗了,发现孩子有学习兴趣,父亲就试着教教他,十三岁就达到了中学毕业生的水平。这个小孩子有了小学文化程度就自学了,可见小学生已经具备相当强的自学能力,更不用说中学生了。假如一门学科只是死记硬背,可能学生就不感兴趣了。灌输式教学仅仅培养了学生的简单记忆力,启发式培养的是复杂思考力。记忆力和思考力不一样,当然两者是分不开的,一个人一点没有记忆力、没有知识储存怎么思考? 但是记忆知识是为了运用它思考和解决问题,同时思考更深入地消化和把握知识,两者并非对立。学校多年来都是宣扬"知识就是力量",实际上这个话还不准确,因为只有当一个人善于思考、选择、嫁接、运用知识的时候,知识才会呈现出力量。如果学生没有独立思考的能力,没有综合运用知识的能力,没有创新的能力,知识可能就不是力量,是累赘、是负担。单纯的记忆和积累知识,在电脑普的时代可能越来越没有意义,如果今天的学生还是把学习理解为储存知识,那么有可能降为电脑的奴隶,因为电脑的信息量比你多得多。

只有利用现代信息技术辅助不同学科的学习而不是把所有的学科教学简化为演示课件,才能体现各类科目的特性。

4. 学生学习的文化差异

老师们都知道,世界上有两个民族最重视教育,一个是中国人,一个是犹太人。全球的犹太人加起来大概是上海目前的居住人口,在全球人口中只占很小的比例。但犹太人里所涌现的杰出人才是惊人的。说到影响世界的三大人物,一个是马克思,一个是弗洛伊德,一个是爱因斯坦,都是犹太人。中国人有十三亿,但中国现在贡献的大概是高楼,是经济总量,还贡献不出诺贝尔奖得主,更遑论弗洛伊德、马克思、爱因斯坦。

犹太人培养孩子的方式与中国人有很大不同,犹太人在教育孩子的时候,激励孩子去思考、去提问,让孩子在学习的过程中更多地关注知识背后的智慧。中国孩子的家长问孩子的是"今天考试得了多少分",而犹太人的父母问孩子的是"今天老师讲了什么有趣的事"以及"你提出了什么有趣的问题"。复旦大学原校长杨福家的孙子在美国学校读书回来,告诉爷爷因为给老师提了四个问题今天被老师表扬了! 这是犹太人和中国人教育方式的不一样,这也是中美学校教育的不一样,这其中的关键就是启发式教育和灌输式教育的分野。所以前些日子"钱学森之问"就成了媒体热议的焦点问题。

三、新的学习方式的构建策略

新课改强调学生在学习过程中的参与、探究、合作与交流。主动参与就是针对传统的被动学习而提出来的。用学生的话说,被动学习就是"老师要我学"和"家长要我学"。一个人对学习有内在的需要,是因为他对学习内容感兴趣。兴趣分为两种,一种是直接兴趣,就是学生在学习的过程中产生的兴趣;一种是间接兴趣,是因为学习的结果对学生带来实际的意义。这两种兴趣都很重要,但是更重要、更持久的是学习过程中的兴趣。如果学习的过程是一个享受的过程,是提高幸福指数的过程,学生就会欲罢不能,就会主动地去学习。这样的学习对学生来说不是一种负担,而是一种挑战和激励,能达到事半功倍的效果。如果学生体会不到兴趣,那么就变成老师或家长要他学习,这就变被动了。

新课程的关键就在主动性和趣味性,强调学生是主体,让学生自己去确立学习的目标,根据这个目标让学生自己去确立学习的进度,并做自我检查。在这种情况下,老师的关键作用就是帮助学生运用各种策略投入到相关的学习中去。

学习是一种个体的行为方式,是一种感情的投入,是内在动力的显现。我给大家举个例子:爸爸如何帮助女儿逃学。这是经济学家吴敬琏之女吴晓莲回忆录里写的,她说:在我中学时期,父母不但放任我逃学,特别是我爸爸,甚至给老师写条子"帮"我逃学。我只要说:"爸,我今天不想去上学了,你给我们老师写个病假条吧。"他就写:"学生吴晓莲因病请假一天。"或两天、或三天。长达一星期的时候也有,我便干脆跑到奶奶家去,夜以继日地看小说。在我的记忆中,我爸爸在这件事上是有求必应的,从未拒绝过我。我猜想,爸爸在我逃学这件事上如此有合作精神,原因或许认为我也像他一样善于自学。但是扪心自问,我的逃学是"逃"的成分多,"学"的成分少。只沉浸在小说的世界里,应该算娱乐,不算学习。至少不是有意识、有计划的学习。

这个教女儿逃学的经济学家吴敬琏,我看他在女儿的学习问题上也很有经济头脑,因为看小说是一种放松和调节,放松后精力充沛了,就可以更好地去学习。其实学习方式一定要因人因事而异,要根据不同情况变化。乐于探究就是要设计一种情景,让学生去发现问题,通过读书、调查、实验、讨论、表达等等,然后把知识、技能、态度和人与人之间的合作都整合起来。那么,这样的一种乐于探究的方式实际上就是促进学生综合能力发展的好方式。

探究学习是相对于接受学习来讲的,不要把一个结论直接呈献给学生,最好是用问题的形式来呈现,如果学生经历挫折和失败,有了亲身的体验,他可能对这个知识的印象就会更深刻,因为有了问题性就一定会指向实践性、参与性和开发性,进而达到三重收获:一是懂得了寻求、选择、重组知识;二是获得了情感体验;三是掌握了方法,以后碰到类似的问题知道怎么解决。

再举个例子。有个学生在大学广告栏里看到一个小招贴：三个 W 下面是一串奇怪的数学符号，他回家以后上网键入这串符号就进入谷歌的招聘网，原来这是一道难解的数学题，当他解出题目后就弹出一张应聘的表格，谷歌就把一个工作岗位提供给能解这道数学题的人，结果他成功了。这个学生的优势就在于能在大学校园琳琅满目的广告里看到这三个 W 和下面的数学符号，说明他观察力不一般。把奇怪符号记住再上网查解，说明他能力不一般。一个一个的环节过去了，证明他就是谷歌需要的人才——观察力好并且有智慧。谷歌不花钱就招聘到了独特的人才，这是谷歌公司的聪明，也是这个学生的聪明。

怎么帮助学生构建适应自身的学习方式？教师首先要对学生有所了解。学生作为一个完整的生命体，具有生命的三重属性——人的物质性自然存在、人的社会性群体存在以及人的精神性个体存在，从这三个方面加深对学生的全面理解，因为学生不是一个单纯的知识容器，他首先是一个活生生的人。那么，所谓学习方式的变革，就意味着学生在态度、意识、情感、兴趣、习惯等方面的变化。教师可以采用如下一些策略。

第一，问题意识。

让学生提出问题，探究性学习就是以问题为中心的。问题是：我们老师自己能否提出对学生具有挑战性且有吸引力的问题？这是探究性学习的关键。探究性的问题可以由老师提出来，也可以由学生提出来。在这样的学习氛围里，教师要培养学生敢于提出问题，以及能够提出有价值问题的能力。当然这是一个发展的过程，老师不要太着急，刚开始可能会有些困难，学生的问题可能比较幼稚，但慢慢地他会上轨道。当然提问也是有技巧的，可通过以下方法让学生提出问题：设置适合于合作探究的问题情境，引发学生提出问题的兴趣，呈现矛盾的现象及其不同的解释，鼓励学生从不同的侧面提问题而互相启发，教师不作任何评判，有时故意唱唱反调，或反问几句，或追问为什么，从而使问题深化、清晰，引发学生的不同观点，产生争议性问题。还可以提供相应问题的范例，如其他同学提出的问题角度、或科学家提出问题的过程，利用一些问题的内在矛盾来提问，以此训练学生提出不同类型问题的能力等，最后实现由学生独立提出有质量的问题。

美国哥伦比亚大学附属小学制定的课程框架就是紧紧围绕两个基本问题展开的：如何做人？如何做一个受过教育的人？校长梅耶认为，"探索真理的最好办法就是提问，苏格拉底早在 2000 多年前就告诉过我们。这个理论并不是新东西，但是如何把这种教育思想全面融入小学教育则需要大胆创新"。

哲学家维特根斯坦是剑桥大学著名哲学家穆尔的学生。有一天,著名哲学家罗素问穆尔:"你最好的学生是谁?"穆尔毫不犹豫地说:"维特根斯坦。""为什么?""因为在所有的学生中,只有他一个人在听课时总是露出一副茫然的神色,而且总是有问不完的问题。"后来,维特根斯坦的名气超过了罗素。有人问:"罗素为什么会落伍?"维特根斯坦说:"因为他没有问题了。"梵蒂冈的博物馆里有一个壁画,画的是雅典学派,可以看到画面上所有的人都在一个大厅里面,没有等级,柏拉图和他最好的学生亚里士多德并列行走,为了一个问题,师徒俩争论得面红耳赤。这幅画昭示我们:老师不是真理,要像亚里士多德一样,"吾爱吾师,吾更爱真理!"

第二,尊重个体。

每个学生有他自己的学习方式,有的擅长形象思维,有的喜欢抽象思维,有的喜欢单线突进,有的喜欢交叉组合,可谓百人百心,千人千面。作家的表达方式是文字;画家用色彩;音乐家用旋律;舞蹈家用动作,虽然方式各有不同,但都是在表现生活,都是在达情达意。学生的学习方式也是千姿百态,有的是听觉型的,有的是视觉型。视觉型的是一种空间结构的综合思考;听觉型的是一种按部就班的理性思考。老师们要尊重学生的不一样,尊重不同的学习风格。以前我们说不要对牛弹琴,但今天的实验告诉我们,对牛放音乐,可以让牛更好地产奶,所以"对牛弹琴"有了新意。学习方式充满浓郁的个性化色彩,它往往受到特定的家庭、教育和社会文化等因素的影响,因人、因学科、因情境而异,通过个体自身长期的学习活动而形成,因人而异。教师要尊重学生独特的学习心理体验。

举个例子,皮埃尔·居里小时候因为专注于思考问题,有人认为他反应迟钝,他自己也以为自己头脑慢。居里夫人说,在我看来,他在成人之前,必须非常专注地思考一件事情才能得到一个精确的结果,对于他来说,打断自己的思路或者改变自己的思路来适应外部环境是非常困难的。显然,这种人只有因材施教才会在将来有大的发展。然而,公立学校显然一直未能针对具有这种智力特点的人提供一种有效的教育方式,而具有这种特质的人其实要比通常人们偶尔会注意到的多得多。对于皮埃尔·居里来说,他没有能够成为某所学校的一名优秀学生倒是值得庆幸,他的父母别具慧眼,能够看出他的困难所在,避免了让儿子接受很可能会毁掉他今后发展的那种传统教育。

当年爱因斯坦也被人说是一个笨小孩,但事实证明他是一个伟大的物理学家,所以爱因斯坦曾愤慨地说了这样的话——学校不是帮助学生成长的,它常常是摧残学生的。老师们要警醒,常规的学习方式只适合一般的人,但不适合那些富有天分的学生。

一些杰出的科学家和文学家,在中小学时曾被老师认为没有出息,是教师不了解学生的特性,未能做到因材施教。孟子说:君子之所以教者五:有如时雨化之者,有成德者,有达财者,有答问者,有私淑艾者。此五者,君子之所以教也。《吕氏春秋·尊师》指出,凡学非能益也,"达天性也,能全天之所生,而勿败之,是谓善学"。正如康有为说的,磨砖不能成镜,炊沙不能成饭,无其性也。做教师的贵在识性,顺其自然化导之。

第三,促进合作。

学生在合作中的心态应该是开放的、宽容的,彼此应该是信任的。当然学生都有各自的特色和特长,所以学生的互帮互学建立在分工和交流的基础上。在老师搭建的平台上,学生可以围绕着小组的学习目标,进行角色的分配。知识优势怎样来互补?同学之间怎样来分工?各自的任务怎样来完成和总结?这些都是需要学生在实践中学习的。还应该有奖惩等措施。还要让学生学习沟通的技能,使学生懂得批评不能针对个人,只能针对观点,是对事不对人。当对方提出不同观点的时候,要站在对方的立场上去想一想有没有道理,要从不同的看法里得到启示,使自己原来的想法有所提升,达到更高的境界,这就是"兼听则明"的道理。现在的科研项目是要做个案研究和预测研究的,找人来提不同的意见,就是要多方比较,未雨绸缪。比如上海世博会正式开放前几天就有个预参观,以便在真实的情境中让问题提前暴露,拿出应对之策。学生在课堂学习也要听取多方意见,懂得彼此尊重,不是故意捣乱。

第四,借鉴成果。

我们要站在前人的肩膀上才能望得高看得远。教师要打开视野,善于归纳整理前人的学习方式。心理学现在有许多研究成果可供借鉴,比如美国心理学家奥苏伯尔就把学习从高到底分外六级,最高的就是解决问题的学习,是创造性的学习。加涅针对学生学习活动的情况,提出了八种学习方式,由低到高,也是把解决问题的学习作为最高的学习方式。老师们可能说行为主义已经过时了,但是建构主义也是吸取了它的合理的因素,行为主义认为学生学习中要注重自我学习,注意完整过程和自我监控、自我强化,指的就是对自我学习的审思,同时还有自我学习方法的指导,懂得自我学习环境的选择,并积极地对自我学习进行强化。认知建构主义学派认为,自主学习实际上是元认知监控的学习,是学习者根据自己的学习能力、学习任务的要求,积极主动地调整自己的学习策略和努力程度的过程。自主学习要求个体对为什么学习、能否学习、学习什么、如何学习等问题有自觉的意识和反映。学习的含义是复杂的,它既包含不同的层次,也包含不同的侧面。现代学习论者则认为,学生的学习内容包括知识技能的获得与形成;智力与能力的发展与提高,个性与行为习惯的发展与养成,情感态度与价值观的培育与形成。学生的学习类型包括"言语信息学习、智慧技能学习、认知策略学习、态度情感学习、动作技能学习"等。加德纳多元学习理论将简单的知识学习拓展到整个行为方式,即使在某种学习类型里,还包括着各种小的学习方式,比如说智慧技能里面,可以分为辨别学习、概念学习、规则学习等。既可以涉及像斯金纳的操作性学习、班杜拉的观察性学习,也可能属于奥苏伯尔的发现性学习等,上述心理学上关于学习方法的重要阐述都值得教师研究。

美国哈佛大学多元智能理论的倡导者加德纳教授,在东京的演讲指出:21世纪的教育,老师要教的就是思考力,也就是培养批判性思维的能力是21世纪教育的特征。学生从老师那里学的不仅是知识,更重要的是思考力。一旦学生有了这种批判的思考力,就会更加适应变动的新环境,富有创造性。

第五,保障时间。

要让学生在课堂实践中通过实际运用去构建并稳定某种学习方法,还需要时间保证的策略。如何让学生从日常繁重的学习任务的重压下解放?简单地说就是"一减一加":"减"就是减少学生在课堂上的无效劳动;"加"就是节省的课堂时间用于培养学生的学习方式使之提升学习效益。

一个教师的核心素养就是"讲"的水平怎么样。如果一个问题要用一节课40分钟的时间才能讲清楚,那学生的练习时间在哪里?教师一定是每天晚上让学生回家多练,或者周六周日、寒假暑假多练。而如果用30分钟把问题讲清楚,那就有10分钟可以让学生在课堂进行练习,20分钟讲完就有20分钟练习时间。现在很多教师在"讲"这个环节上不过关,导致他自己负担很重,学生负担也很重。社会原因造成的负担太重我们没法解决,但因为老师讲课水平低造成的负担重是有可能解决的,也是应该解决的。所以教师要在课堂上恰到好处地讲,讲得少是关键,少而精的讲才是高水平的讲。

很多老师现在只知道多讲,但是不知道讲练结合,不知道讲练之中还要让学生有时间去想,更不知道在讲、练、想之后要挤出时间让学生自学,不知道教师讲的"一"旨在引出学生学的"三",教师不知"举一反三",学生何来"闻一知十"?所以只有压缩课堂的无效学习时间,才能增加练、想和自学的时间。时间保障是个关键,没有时间一切都是白搭,教师给学生布置很多学习材料带回家,其实大多是白费劲,只有抓住45分钟的课堂时间。

第六，挖掘天才。

老师们知道千里马常有，而伯乐不常有，不是说当学生成了钱学森、杨振宁、李政道……你再去放马后炮，要在大家都说他是蠢材的时候，你就发现他的天才之处。"天才就是1％的灵感加上99％的汗水。"一些教材经常引用爱迪生的这句话。但常常漏掉后面更关键的一句话："但那1％的灵感是最重要的，甚至比那99％的汗水都要重要。"没有后面的这句话，全句的意义就完全改变了。爱迪生是天才，显然他也相信天才；当然他对天才持一种"有条件承认"的态度，即天才是最重要的，但天才也需要努力。

那么天才从何而来呢？其实天才就在凡人中，老师不仅要强调百分之九十九的勤奋学习，更要独具慧眼把学生的那个百分之一给挖掘出来。学生大概有四种，第一种是超天才，就是老师不用教，他的天赋自然就发挥出来，但是这样的超天才很难碰到；第二种大家都看不出来他有天才，你能"识货"，看出他平淡无奇的表面下熠熠生辉的"矿藏"；第三类是老师教得辛苦他也学得吃力，最终成绩平平的学生；第四类就是"朽木不可雕也"，怎么教也是教不好的，这样的学生也是有的。中央音乐学院的林耀基教授认为，衡量一位教师是否优秀，就得看通过他的教学，开掘出了多少名上述的第二种学生。林教授曾培养了一大批包括世界级的小提琴演奏大师在内的杰出人才。他以自己的毕生实践证明，天才不只是极少数人才具有的资质，事实上在相当一批学生身上都蕴藏着巨大的潜能。

在大多数情况下，天才是需要花大力气去发掘的。就是说，天才常常是教师不懈耕耘的成果。只是因为教学不甚得法，他们中的绝大多数终身未能得到应有的发挥。所以，缺少的并非天才，而是伯乐型教师的慧眼。

作为一位好老师，不仅是学生对他的喜爱，更重要的是他对学生心灵之火的点燃，用自己生命的光彩照亮了学生的生命，多少年以后学生念念不忘。如果哪位老师做到了，那么他的人生就是幸福的，他的职业就是成功的。做到这样，老师的职业就成了一种幸福的职业了。当你教过的学生心中留存着你、感念着你、回味着你的时候，我想你一定是一位好的老师！

帮助学生体验学习的成功，帮助学生变革学习方式，关键在老师身上。如果老师们有兴趣，可以找这方面的书去看。《学会生存——教育世界的今天与明天》和《教育——财富蕴藏其中》分别是联合国教科文组织于1972年和1996年出版的报告书，这两本书值得教师一读。《学会生存》里就提出了四个学会，上面探讨过了。之所以强调这两本书，是因为今天的学校教育需要了解国际教育动向并适应时代社会的变化，新课改迫切要求教师改变填鸭式的教学模式，让学生超越接受型学习方式，去主动地探究、选择、整合和运用知识，形成适合自身特点的、有效的学习方式。

最后，谢谢大家！

（2010 年 9 月 28 日在宁夏石嘴山市高中骨干教师研修班的讲演）

16. 名师智慧与提升课堂教学质效的"五三"策略

各位教研员老师:下午好!

很高兴有这样一个机会与来自长春市的行家里手切磋一个彼此关切的话题。我知道在座的教研员老师是基础教育界的精英人士,负有指导中小学教师日常课堂实践的重任。诸位从普通教师成长为教研员,每个人肯定都有一个精彩的故事,我想可以留待今后慢慢品读。

在此向诸位报告一下我自己。我叫金忠明,黄金的"金",忠诚的"忠",光明的"明"。您看我这个人长得不怎么样,但我的名字不错。特别是我的姓,是当今社会最受欢迎的符号。你们也许不喜欢我这个人,大概不会讨厌我这个姓。当然我的姓也不纯粹是金钱符号,《尚书》有"洪范九畴"篇,第一畴叫"五行",五行的排序是金木水火土,这是汉代以后流行最广、影响最远的排序。五行有四种排序,最初是水为首。为什么到了汉代以后"金"成了中国人观察宇宙万物基本要素的老大? 我还在琢磨中。"忠"者诚也,诚者仁也。这三个概念可以互训,讲的是做人的规范。"明"是聪明、智慧。一个人聪明不聪明不仅看你读了多少书。更重要的是看你能否读懂人心这部大书。在座的老师都是聪明人,不聪明不能做老师,更不可能做教研员。古人云"知人者智,自知者明",可见自知者高于知人者。一个人能够知彼知己,方能百战不殆。所以"明"是讲聪明和智慧,"忠"是讲做人的规范。那么教育讲到底不就是这两条吗? 金忠明三个字不谦虚地讲,把古今中外文化教育的精粹浓缩在里边了。

老师们也许会说,你的名字固然很好,你人怎么样? 人已经呈现在诸位面前了,就这个模样。而且我深知自己的内涵与名字有差距。意识到名和实的差距,尽可能去缩小这种差距,讲的就是教育。所谓教育就是让人朝着一个理想——名所赋予的文化意味去不断地努力,让名实一致起来,这就是人的成长、修炼,也是学习和教育的过程。

我还算有一点自知之明,所以也在不断努力缩小着名实的差距。

老师们,我今天是奉命来回答一道作文题目,叫《提升课堂教学质效的策略研究》。课堂教学的策略是一个很大的话题,我从什么角度去研究呢?我提炼出这样一个命题,叫"新五行的平衡策略研究"。这是我杜撰的一个名词,当然了,跟我今天要讲的内容是一致的。我知道在座的都是教研员老师,我今天来讲这个话题是要有一点勇气的。你们都是行家,我是来班门弄斧了。当然弄斧还需到班门,因为这对我有促进作用。

一、引言:何谓名师

我们今天讲一位老师要上好课,要在课堂上站稳,甚至要把自己修炼成当地的名师,这没有错。问题是什么叫做"名师"? 是不是上级领导部门给你一纸封号你就是名师了? 我想是,又不尽然是。你有名那一定是你已经有了杰出的贡献,有了那个实力。但也可能实和名之间有差距,像我自己就是一个典型的案例。

其实,社会很复杂,我们有时还看到"名实悖反"的现象,从人到物都是如此,"挂羊头卖狗肉"的搞怪现状屡见不鲜。但我相信教育系统的名师基本还是名实一致的。靠什么来一致? 靠教师的智慧。智慧也可以用一个中国字来解释,就是"明"。教师的根底是光明的"明"、聪明的"明";外部的声誉是出名的"名"、有名的"名"。前者是本,后者是末,"本末一致"就是"双明(名)合一"。

你是否一致了? 我们要来检测。怎么检测? 我想,老师日常的功夫就表现在课堂上。课堂教学是否有质量,这是最重要的衡量指标。如果你是高效课堂的教师,你就是名副其实的"名师"。

大家知道,今天的教师面临着很大的挑战。在基础教育阶段,在学生生命发展的关键期,有一个很大的困难放在我们面前:如何在遵循现行的教育规则(大到国家的政策法规,小到教育局的红头文件及学校的规章制度)和遵循学生身心发展的规律中,挥洒我们的才情,施展我们的魅力,让参与和观赏的对象表示满意? 也就是说,要让学生满意,要让家长满意,要让校长满意,要让老师满意,还要让社会人士满意,让行政官员都满意,这是很不容易的。

更不容易的是,今天满意了,明天满意吗? 钱学森问:新中国建国六十多年了,为何培养不出杰出的创新人才? 我们不妨问:提问者自己是不是杰出的创新人才? 我想在座的老师都会承认钱老是杰出的人才。他成长的两个关键期：一是北师大附中；二是加州理工学院研究生阶段。一生有十七个人对他产生了重大影响，除了国家领导人、父母亲人等，其中有七位是北师大附中的老师。他回忆当年在北师大附中的学习，老师在黑板上演算的情景至今还历历在目。用他的话来讲，因为中学阶段的学习质量太好了，所以当考入上海国立交通大学时，前两年感觉未学到新知识。

钱学森对中学教育质量的评价是在他回国以后，经过了多年后的盖棺论定。其实，做老师最难的就在这一点上，叫经得起历史的检验。二十年、三十年经得起检验，这才是百年树人的教育基业。

《中国青年报》社会调查中心曾做过3369人的调查。91.3％的人都认可好的老师对学生具有重要影响，其中三分之二的人认为影响非常大。当问到哪个阶段的老师对学生成长影响最大时，初中教师排名第一，65.5％；小学教师紧随其后，63.1％；高中教师排在第三位，48.7％。这样一组数据让人颇感欣慰，但另外一组数据又令人不安，因为这个调查也告诉我们，对今天的教师最缺少的品质学生首选因材施教的占了56.4％，其次缺少平等对待学生的占了55.1％，依次缺乏的还有诲人不倦、循循善诱、教学相长等。一方面充分肯定教师的巨大影响，另一方面对教师的现状又非常不满意。可谓越是期望高，失望也越是大，这是一个严峻的反差。

为什么会出现这样的情况？今天的中小学普遍存在的是"陪练"和"陪读"的现象。什么叫陪练？就是部分学生已经懂了，但是老师为了迁就不懂的学生，在课堂上重复教学，然后布置作业，让这些学生陪着再练一遍。什么叫陪读？就是部分学生在课堂上好似听"天书"，尽管教师降低难点他还是听不懂，于是在课堂上受煎熬陪学。

传统意义上的教师是一个知识的占有者，面对着众多的知识接受者，教师的职责就是把知识灌输到另一个知识的容器中间去。传统的教学观是纯粹的知识传递的过程。美国人本主义心理学家罗杰斯认为，教师更重要的是做一个知识的促进者，激发每一个学生学习的积极性。比如老师应在课堂上帮助个体去分析自己想要学习什么，学习对个人的意义是什么。通过这种方式来维系学生个体的一种积极的学习心理。所以用英语表达"教师"这个角色，可能不是 teacher 而是 instructor。也就是说，今天教师的主要职责在于指导，不是直接告诉学生知识本身是什么，而是引导学生追求知识以及如何去追求，激发学生的内在动力。

二、"新五行"的教学策略

如何聚焦课堂教学的策略？我提出教学的"新五行"策略。也就是课堂教学的五种关键要素。借用传统文化的"五行"概念，我杜撰一个名词，叫"新五行"的课堂教学基本策略研究。

（一）激励策略

第一个行，即第一大策略叫做激励。

什么是激励？美国管理学家贝雷尔森（Berelson）和斯坦尔（Steiner）的定义是：人内心要争取的一切，即愿景、激发和动力。老师们都知道，一个人的行为一定是受某种动机的激发、推动。学生是这样，老师也是这样。譬如讲，在座的教研员老师，您这么忙，千里迢迢从长春到上海。是什么力量推动你来的？我相信在座的教研员都有非常高的内在自觉性，就是为当得起教研员的称谓，成为长春市基础教育界的行家里手、学科带头人。也可能有几位教研员会说：哎呀，这都是些冠冕堂皇的话，我现在指导教学是三个手指捏田螺——手到擒来，我早就把教学规律研究透了。那么您为什么来了呢？可能去年的上海世博会因为工作忙您没来成，听说中国馆、沙特馆现在又开放了，趁这个机会去看一看。这不就是您的动机吗？假如连这个动机都没有，您肯定不会来了。

1. 情感动力

激励策略下的第一根支柱是情感动力。

人是有情感的，人的生命不是一块木头、石头，也不是计算机、储存器。去年我在杭州做一个"转化学困生"的报告，早上起来浏览电脑，键了"学生厌学"这个概念，跳出的相关网页竟有 808 万条之多，说明这个现象的严重。现在从学生到老师，都是一个"厌"字：厌学导致厌教，厌教恶化厌学。北京有关调查数据显示中小学生厌学率达到了 30％之多。有专家甚至建议，衡量学校的教学质量，除了看升学率、合格率，还有必要引进厌学率。如果说成绩考得很好，但是很多学生对学习失去了兴趣，那么这样的课堂教学的质效高不高？这就是多元评价的尺度。

上海市教育科学研究所的课题研究，分析了"学困生"的四类状况：一是"暂时性困难"。其实暂时性困难是正常的，每位老师在接触新知识时也会碰上暂时性困难。二是"能力型困难"。知识水准比较低,认知结构有些障碍等。这样的学生仅占 5.7％。三是"动力型困难",占 57.8％。什么叫动力型困难?学生不笨,甚至很聪明,问题是他不要学,没有学习的意愿,所以导致学习成绩下降。四是"整体性困难",既有学习上的暂时性困难,又有认知能力的欠缺,再加上缺乏动力,这三个问题都存在,这样的学生占 12.2％。

这个调查告诉我们:真正的学困生,就是第二类能力型困难的学生以及第四类整体性困难学生,两者相加不到 20％。大部分的所谓"学困生",其实是不要学习、不想学习的"动力型困难"学生。为什么动力型困难的学生越来越多了?我想请教在座的老师,你们有什么绝招,激励学生努力学习?

(师:主要是鼓励。学生有一点成绩,就及时加以鼓励,这样激励的作用大一些,比批评教育效果要好一些。)

鼓励学生,他会想,老师看到我的长处了,于是学习积极性上来了,这是常规的手段。老师就是要用一切手段去调动学生学习的积极性,幼儿园里的老师都明白这一点。我的女儿当年从幼儿园回来,那一天特别激动,她说:"爸爸,我给你看样东西。"

我说:"看什么东西啊?"

她打开了一个小本子,上面画着三个五角星。

"这三个五角星说明什么呢?"

"今天老师表扬我了,说金昕是表现最好的学生。"她兴奋地说,"我们班上一个五角星的人都很少哎,我是唯一一拿了三个五角星的。"

我想,这个幼儿园的老师很有办法:画三个五角星,教师大概花三秒钟吧?让我女儿兴奋了三天。

以前我们说要为美好的共产主义理想贡献青春,努力奋斗。这不是激励吗?今天我们说建设强大的祖国,为中华民族的伟大复兴奋斗,这不也是激励吗?也有教师对学生说,如果现在不好好读书,将来怎么挣大钱,如何娶美女?这还是激励。曾有教师就是用金钱美女论激励学生,还把它写成论文参加科研评比,被评了一等奖。其实宋朝的皇帝赵恒早就说过了:"富家不用买良田,书中自有千锺粟;安居不用架高堂,书中自有黄金屋;出门莫恨无人随,书中车马多如簇;娶妻莫恨无良媒,书中自有颜如玉;男儿若遂平生志,六经勤向窗前读。"

问题是,这真是个妙法吗?也有农村中学的教师,在教室门旁挂两双鞋:一双草鞋,一双皮鞋。学生一看草鞋,就是一辈子背朝青天,脸朝黄土的命。如果不好好学习,一辈子穿草鞋,吃苦。如果鲤鱼跳龙门,穿皮鞋做城里人,就可以过上好日子。我不知道在长春市这法子还管用不管用,至少在上海郊区已不管用了。比如上海的闵行区,是近郊的富裕地区。上海第一条地铁从人民广场通往该区。开发商都到这个地方来买地开发房子,农民一夜暴富。几百万的存款一放,还有房子出租,小日子过得很舒坦,搓搓麻将,打打牌,看看电视,然后教育儿子好好读书。儿子就问爸爸:干嘛要我好好读书?

"你这个笨蛋,你要是不好好读书,将来怎么挣大钱,怎么娶美女?"

孩子说:"你才是个笨蛋,家里有钱不给我用,你自己搓麻将把钱输掉,你把钱给我,如果婚姻法允许,我娶两个美女给你看看。"

这个父亲气得要死,跑到学校跟老师说:"这个孩子没法教育。"

事实上,这不是一个家庭的教育问题,是个普遍性的问题:富裕起来的农家子弟不要读书怎么办? 老的法宝已不管用了。

教师、父母用什么去激励学生、孩子? 一把钥匙开一把锁,要从具体的情景出发,不要以为有个放之四海而皆准的方法,那是懒人哲学。现在的学生心理日趋复杂,皮鞋、草鞋不能刺激他,金钱、美女未必能打动他,空泛的道理更没有用。教师靠什么把学生积极性调动起来? 要想新办法。

绝大多数学生不是"学困生",而是不愿学习者,这是新的时代问题。我们来看那些学习特别优秀的学生,为什么能够考上清华、北大? 有课题组做高考状元的分析研究,总结出考上北大的五条"黄金定律":一是态度端正。能够考入北大的学生,人生目标和理想是比较高的,他有持续而强大的学习动力。第二,学习得法。不仅有掌握知识的方法,还有应对考试的方法。第三,能合理安排时间,学习效率高,懂得时间运筹学。第四,学习内容合理。基础知识和基本功扎实,不是凭小聪明,有合理的知识架构。最后一条,心态平和,不急功近利,有强烈的自信心。从第一条"态度端正"到第五条"平常心和自信心",讲的是心理状态;第二和第三条主要是学习方法论。

如果说北大的学生都需要心理激励,建立强烈的自信心,那么一般的学生更需要这一点。奥斯特洛夫斯基的一段话,大概在座的很多老师都能背出来——一个人的生命应当这样度过:当他回忆往事的时候,他不致因虚度年华而悔恨,也不致因碌碌无为而羞愧;在临死的时候,他能够说:"我的整个生命和全部精力,都已献给世界上最壮丽的事业——为人类的解放而斗争。"我们当年是在《钢铁是怎样炼成的》这样一种信念的激励下,勇攀科学的知识高峰。其实人的一生很短暂,充其量一百年。这有限的时间,有的人可能活得非常丰富和精彩,有的人可能就随随便便打发过去。如果穷其一生,没有做一点有益于自身、有益于社会的有价值的事情,那真是糟蹋了天地间最可贵的生命。所谓的愿意燃烧生命,讲的就是一种生命的自觉,一种自我的提升。

有的老师上课,你会发现课前三五分钟,他没有讲课本知识,有时会讲笑话、讲故事,讲自己的人生体验。你不要以为他在"开无轨电车",可能他是针对某种具体情景在做学习动员,在充分调动不同的学生的学习兴趣,是让学生在最短的时间里集中精力快速地进入课堂学习内容。他是在激励学生的情感动力。

举个例证,假设老师上课的过程是用知识水壶往学生的杯子里倒水,那么所有的杯子都开盖了吗?如果杯子上面有杯盖,你咋倒水啊?你什么水也倒不进去。只有当盖子启开,杯子不躲避的时候,你才能注水进去。注水都要有这个前提条件,何况学生还不是杯子,他是活生生的人,有血有肉有感情,他会亲近你,也会反抗你。所以有的老师,他就弄不明白,怎么我教课教不过那个小年轻啊?因为他踏入了误区,觉得感情这玩意儿没有用的,"小儿科"的东西。恰恰是这个"小儿科"的教学前提,符合学生心理发展的规律。不然,为何陈景润是杰出的数学家,但不是一个合格的中学教师?

说到小儿科,大家都知道结构主义心理学大师、发生认识论的代表、瑞士的心理学家皮亚杰。建构主义课程理论是以皮亚杰的发生认识论原理为依据的。他一生研究学龄前儿童的动作思维与逻辑运算的关系,从而做出世界性的贡献。医学界没人说儿科医生是低级的,成人医生是高级的。在座的教研员老师都是行家,一定会明白这个道理。实践告诉我们,学生的情感动力是至关重要的,这是激励策略的第一根支柱。

2. 目标定位

激励策略的第二根支柱叫做目标定位。

一个人要有目标,才会争取达成这个目标。中国有句老话叫取法乎上,仅得其中,因此目标要制定得高一点。现在的问题是很多学生缺乏学习目标。华东师大课题组调查近百所普通高中,问卷显示,有近50%的教师认为,现在学生的学习积极性比往学生低,其中一个原因是很多学生不清楚自己为什么学习。

我们当年大多是为崇高的理想和目标而奋斗,也有部分学生是很实际的,是为了谋生而读书。现在有些学生既没有高位的追求,也没有低位的压力,因为家里经济条件很好,父母就一个孩子,还怕养不起吗?他身在课堂,心中茫然。学习目标为什么这么重要呢?如果没有目标肯定学不好,我们可以从一个心理实验得到印证:三组人分别向着一个村庄行走。第一组只知道往某个村庄去,但对这个村庄的名称、距离一无所知,这第一组的行走者走到一半的时候就怨声载道,不想继续前进,因为他们看不到前方的目标,不知哪天才能到达。第二组知道村庄的名字,也知道总里程,但路上没有阶段里程标示,当走到离目标地不远处,这个时候是最艰难、最累的时候,由于不知道再坚持一下就是胜利,于是大家情绪低落,也不想走了。唯独第三组,既知道村庄名字和里程,而且每一公里都有醒目的路标指示牌,所以当他们走近目的地时,士气更加高昂,因为胜利就在前方,加紧努力立马达成了目标。

这个实验告诉我们,终极目标是重要的,阶段目标同样重要。教师要鼓励学生树立目标,还要引导学生将目标具体化。说到中小学生的学习目标,即使说为了升学,也要让学生明白,想升入理想的初中或高中乃至大学,还需要制定一份切实可行的阶段性目标。

制定分阶段目标的时候,要掌握两个原则。一是具体原则。你说你要考北大,但是如果你是在长春市教学质量比较低的一所普通高中,一般来说可能性不大。那么你的具体目标是什么? 先不做进入北大的梦,先通过一年的努力,让你的学习成绩保持在班级或年级的前十位,然后是处于稳定的状态,我想三年后你大概可能考入理想的大学。这就是目标的具体化。二是适度原则。什么叫适度? 如果你的学习成绩是中上,譬如处于年级的四十位或者五十位,那么通过一年达到前十位,似有可能。但是如果你处在年级末位,那你进入前十的目标就不适切。教师不要求你进入前十位,甚至不要求你进入前五十位,只求在原有基础上能够递进十位,每个学期递进十位,三年下来可能就进入中间行列。

为了让目标具体和适度,需要把目标写下来。如中国的古人要警戒、激励自己,写一个座右铭放在书桌上,也有的在身上佩戴玉石,上面写一个字或做一个记号。每日见之,就在提醒他,你要朝这个方向去努力。学生可以把适切的目标写下来,譬如这个学期,我要做到:一、二、三;期中考试,我要达成:一、二、三。为了实现上述目标,我的措施和方法:一、二、三。这都是很具体的,然后来检查自己做到了没有。这就是让目标具体和适度。

3. 增趣添魅

激励策略下面的第三根支柱,我称之为增趣添魅。

什么叫做增趣添魅? 就是让学生通过老师的课堂教学,对你所讲的课、传播的知识或提出的问题,产生内在的强烈兴趣,这是最有效用的、持久的激励。Barbara Sammer 曾经在二十五个逃学者之间进行了一个对比研究。他从四个维度:家庭、情谊和兴趣爱好、对待学校的行为，还有认知的因素作观察，分析以后得出了一个结论：逃学的最大原因是学生对学校和教师的厌倦。

学校生活没有吸引力，看到教师就讨厌，就是情谊和兴趣爱好这个维度里面出现了大问题。学校老师怎么会让学生感到厌倦呢？有一首歌叫《读你千遍不厌倦》是吧？读千遍不厌倦是很难的，所以说婚姻有"七年之痒"，钱钟书的《围城》也是说这个问题。没有结婚的要成家，要冲进婚姻的围城，进去后发现不那么美好，要从围城里打出来，要离婚。可见学习和人生问题一样微妙而复杂。

我当年读小学的时候，有一篇课文是高玉宝写的，题目叫《我要上学》，年龄大一点的老师是不是还有这个印象？今天我还看到一个现象，一年级的孩子上学第一周回家跟爷爷说：爷爷，我要退休，我要像爷爷一样，在家享受美好的生活。三十年以前，我要上学；三十年以后，我要退休。真是三十年河东，三十年河西了，我觉得这个问题很有意思。

现在教育部正在酝酿出台《教师教育的标准》，要提高教师的准入标准。以前衡量教师主要看学历。科班出身的，学历越高，知识越多，这是一个知识的标尺。教师上课也偏重于书本知识，就是单向的灌输。教学方式就是死记硬背。今天针对中小学生的现状，要提高教师标准，不仅看学历，还要有教师资格证，可能还要增添另外的标准。按照新的标准，用华东师大钟启泉教授（他是制定教师教育标准的首席教育专家）的话来说，大多数的中小学教师都不合格。钟老师的话当然是得罪人的——你说这么多的教师不合格，不合格的教师自然培养了不合格的学生。不过，从新标准的角度来说，我觉得他的话也是有道理的，值得我们反省。

我这里举一个大学老师怎么上课的案例。美国经济学教授上营销课，为了解释抽象的概念，用生活中的例证去说明。他说你在晚会上看到一个漂亮的女生，就对她讲，我很有钱，嫁给我吧，这叫直接营销。如果你转弯抹角打听到女孩的电话号码，第二天电话中表达相同的愿望，这就是电话营销。如果你看到漂亮的女生，站起来整理自己的衣服，然后给她倒茶，晚会后又给她拎包，甚至还提出开车送女孩回家，到她家门口时，你说，顺便问一下：我很有钱，能否向你求婚呢？这就是公关营销。如果你看到漂亮的女生，你说，我很有钱，嫁给我吧。但是这个女生甩手给了你一记响亮的耳光。这就是顾客反馈，说明你这个产品不受欢迎。如果你对漂亮的女生说，我很有钱，嫁给我吧。这时女生转身把她的男朋友介绍给你。这是供需缺口，这个女孩子奇货可居。

你说这都大学生了啊，干嘛搞这些花里胡哨的东西？大学教授这么庸俗，还不是金钱美女论的美国版本？但美国的名牌大学为了吸引大学生听课的兴趣，尚且如此，那么中小学生的课堂是否更要讲究趣味性？我这里再讲一个中学的案例，题目是"穿黑衬衣的数学教师"，这是《文汇报》笔会专栏的一篇散文。

一位高中女学生离开中学多年以后，回忆中学的生活。她说上 C 老师的数学课会紧张到双手冰冷乃至发抖，但她喜欢上数学课，非常喜欢。C 老师的数学课节奏非常快，快到大家都是屏着呼吸记笔记，没有一秒钟开小差的机会。他总是风趣幽默，思路清楚。记忆中，自己经常前一分钟笑到肚子疼，后一分钟继续发抖记笔记。数学对于 C 老师，更像玩具和游戏。他是主持游戏、操纵规则的大孩子，我们是行走于他巧妙布局的迷宫的小孩子——虽然屡屡碰壁，却乐此不疲。一个好老师留给学生的青春记忆，不仅是一种喜爱，更是那随时能够被点燃，从心底冒出的乐歪歪的泡泡；他懂得如何用有光彩的生命，去照亮一种工作，一种职业，甚至照亮其他人的命运。

这位数学老师对高中数学的拿捏是非常到位的，他的教学方式又是非常适应青年人的心理，他的教学手段有效调动了学生学习数学的积极性。我把这篇文章给在医科大读研究生的女儿看，她说，这个世界太小，我现在的同学可能就是这所中学的 C 老师教过的，因为她们有一个毕业生的网上小组，有一批铁杆粉丝在那里交流对母校的感受，其中一个交流的中心点就是这位黑衬衣的 C 老师。我说，如果十年二十年以后，在报上又看到一篇文章，写的是"晃动的白大褂"，也很有意义啊。

老师们，人生最大的欢乐和享受是什么？可能就来自这样美好的反馈，这是对老师职业生涯的最高肯定。激励的策略非常重要，我们要千方百计地激发学生学习的动力，也要自我激发教学的动力。

(二) 自学策略

第二行，即第二条策略，就是自学策略。自学下面也有三根支柱。

1. 自我分析

第一根支柱是自我分析。

为什么要自我分析，不是老师来分析？因为自己最明白自己，叫自知者明嘛。会自我分析是最大的聪明，老师不仅要自我分析，还要引导学生进行自我分析。不是老师来代替学生分析，是老师来帮助学生分析。

为什么要这样做，我们还是用数据来证明。华东师大课题组的调查显示，今天中学教师面临的最大挑战不是考试压力，也不是新课改带来的不适应，而是学生愈来愈复杂了。因为学生这个生命主体的复杂性,使教师对他的了解越来越困难,导致教师的教学也越来越困难。这是当前困扰中学教师的最大问题。接受问卷调查的 6962 位高中教师中,认为学生复杂是主要挑战的,高达 74%。

为什么对学生的了解是那么难? 我们来做一个案例分析,这是诺贝尔奖获得者皮埃尔·居里的例子。他获诺贝尔奖,说明他很聪明。但自小他就认为自己笨,老师也认为他笨。为什么呢? 因为他的反应很迟钝。但是他的父母不是这样认为。他们看居里不是笨,而是他专注于思考某些问题,才使他显得有点木讷,其实这恰恰是居里的特点和优点。所以居里夫人后来说,幸好居里的父母了解自己的孩子,没有坚持让他在公立学校继续接受那种折磨人的教育,最后成就了皮埃尔·居里。我想,像居里这样看上去木讷迟钝的孩子在学校里面有很多,但问题是教师和他们的父母都没有看到这点,结果很可能就毁了学生的一生。

这样的案例还不是孤案。爱因斯坦当年对中小学的教育也是不满意的,他说正规的学校教育往往摧残天才。中国数学家华罗庚,在初中的时候数学考试常常不及格,理解知识的程度和速度也跟不上常人,以至于数学教师认为他不可救药,是一个最没有出息的人,但是华罗庚后来通过自学,成为了杰出的数学家。法国作家巴尔扎克在文学创作巅峰之际,有一位七十多岁的老太太请他看一篇小学四年级的学生作文,巴尔扎克看了后说,这样的作文太糟糕了,看来这个学生没有写作前途。这位老妇人微笑着对他说:大作家,很遗憾,这篇作文的作者就是您,我是您当年小学四年级的语文老师。

我们再来看一位日本诺贝尔奖的得主小柴昌俊,他在一次记者招待会上说,他当年求学的时候学习成绩也是很差的,但他的特点是好奇心强,兴趣广泛;有动力,喜欢学习。他当年大学的成绩单也证明了其学习不是出类拔萃的。十六个科目里拿优秀的只有两项,而这两项还是容易拿优的实验项目。所以他一生坚信:成绩单不能保证人的一生。

我举的中外文理科知识不同背景的典型案例都告诉我们,人是复杂的,要了解学生很不容易,自我了解同样不容易。正因为如此,宽松的育人环境尤为重要,不宽容的文化氛围难有创新行为。创新的人才刚冒芽可能就被扼杀了。学生在课堂上发呆,教师训斥他白日做梦,岂不知学生的白日梦是最可贵的创新萌芽。陶行知说:“你的教鞭下有瓦特,你的冷眼里有牛顿,你的讥笑中有爱迪生。”做教师的千万不要轻率地给学生下断言。

既然认识自己不容易，教师就要引导、帮助学生做自我分析，让他探索：我是谁？我从哪里来？我要到哪里去？为什么"认识你自己"是阿波罗神庙上的神谕？认识、了解自我是人生最深刻的智慧。我们穷究大千世界，但没有发掘内心。生命中缺乏深刻的自我提问的意识，学习就注定是茫然的。只有认清自己，才能扬长补短。

2. 问题导向

自学策略的第二根支柱是问题导向。

学生天生有好奇心，兴趣导引下的学习过程是基于问题的学习，它有助于激发学生学习的内在动力，这要比外部强加的功利要求更持久。一个学有成效的人，包括科学家，他终身就保持着对事物的新鲜感，有问题意识。

我们来看一位德国教师凯斯特对新学年刚入学一年级孩子的开学致辞，就两句话：一是不要把教师的讲台当做皇帝的宝座或传道的圣台；二是不要完全相信手中的教科书。这两句话彻底颠覆了教师和教科书的权威，而传统的教师上课就是要树立教师和教科书的权威地位，这样的开学致辞无异于自废武功。大家知道，以赫尔巴特为代表的传统教育学的两根支柱：老师为中心，教科书为中心。德国一年级老师的"新师说"就是打破两个中心。

美国哥伦比亚大学附属小学的课程框架围绕着两个基点展开：如何做人，如何做一个受过教育的人？所谓受过教育的人就是懂得怎样运用方法去探索真理。求知的主要方法是提问，而怎样把苏格拉底在两千多年前就揭示的这种方法贯彻于中小学课堂教学，则需要老师的创新。比如，美国初中并不设置我国中学课程中的物理、生物、化学等门类，而是设置了一门综合性的科学课程。在讲述什么是科学这样纯理论的内容时，不是简单教条地让孩子们去掌握所谓科学家的定义，而是通过对科学家的科学研究方法的分析，即从问题的发现开始，经过信息的收取而形成一种假说，然后围绕着假说，提出实验设计，并进行相关的实验，最后在记录和分析实验数据的基础上，得出一个科学的结论。在这里，科学不再高高在上，它已经衍化为一种方法和态度，从而更容易为学生所接受。

科学课程是从问题出发提出假设，基于搜证或实验来推论，这样的学习方法让学生围绕人生的真实问题去求索、创新，去开辟解决问题的新途径，这就是问题蕴含的积极力量。自学过程中要启发学生善于发现问题，世界上流行的"基于问题的学习"是一种新型的教学模式，简称"PBL模式"。这是美国哈佛大学医学院首创的，已流行几十年了。现在有些中学在做实验，上海交通大学医学院也试行这样的教学方式。

分析哲学的代表维特根斯坦,他是剑桥大学哲学家穆尔的高材生。有人问穆尔:你最好的学生是谁?穆尔毫不犹豫地说:就是维特根斯坦。为什么?因为只有他在课堂上的眼神始终是迷茫的,他在不断地思考着老师讲授的内容,他总有提不完的问题。等到有一天,有人问维特根斯坦:英国大哲学家罗素为什么现在落后了?他回答:因为罗素这样的人也提不出问题了。一个大哲学家如果没有问题就落后了,更不用说一般的人。

陶行知先生曾去听茅以升先生的课,他说茅先生的课很好,因为茅先生每次上课前留出十分钟,问学生有什么问题。同学们说茅老师的课上得很好,我们都理解,没有问题。真的没有问题吗?他就一位、两位、三位问下来,问到第三位,说好像有个问题。茅老师就把第三位同学的问题拿来请第一位、第二位同学解答。学生说,题目是让老师来回答的,为什么让我来回答?茅老师说,我先让你提问,你提不出,说明你都懂,都懂的学生要替代老师来回答不懂同学的问题。所以茅老师班上的学生都知道,如果提不出问题,替代老师来回答问题。学生觉得回答问题好像比提出问题更难,于是就纷纷开始提问了。

在座的老师知道,要提出有质量的问题,有时候比答问更难。但第一步是培养学生有问题意识,第二步再来帮助学生提出有质量的问题。没有第一步哪来第二步?当然,怎么提问,还要讲究策略和方法。比如讲,教师要有意识地去设置问题的层次和类型,具体和适宜的原则同样适用于问题,问题是具体的,而且要适应这个学生,针对他知识的盲点有引领和拓展的作用。要用恰当的质疑或反问激发学生进一步的问题。同时要善于倾听,学生才会有新的问题意欲。老师也可以去重复问题,重复中就有一种诱惑,或者去更改和重组问题,把浅的问题引向深入,还要有充裕的时间让学生思考、陈述问题,给予某些问题以恰当的评价等。

3. **方法引领**

自学策略的第三根支柱是方法引领。

工欲善其事,必先利其器,方法就是学习的利器。我这里用个案例来说明方法的重要。比如两位老师合买了一个蛋糕,为怎样切分而犯愁,唯恐分割得不公,于是找三个朋友来帮忙。第一位朋友是德育教师,他的方法是做当事人的思想工作。劝劝小李或说说老张,要出于公心,要公平处置等。说了半天心里还没谱,不知是否起了效果。第二位朋友是数学老师,他的方法是技术路线,给你圆规、给你直尺、给你天平,甚至给你高级的仪器,按我的技术路径来分割。结果搞了半天,老张和小李说,蛋糕才几十元钱啊,用你这台高级仪器还要花一百元。第三位朋友可能是校长,是个管理者,他说这很简单,如果老张先切,就让小李先选;小李先切,就让老张先选。就这么一招,把切蛋糕的难题解决了。

方法本身没有好坏之分,必须放在具体的情境中考量。那么,依据什么样的具体情境,去判断方法的优劣呢?其实很简单,就是花最少的代价,获得最大的成效,这就是最好的方法。学生在课堂上学习,或老师上课,花的时间少而效率高,就是好方法。譬如讲,今天我边讲边用多媒体演示,这是不是一个好的方法?如果老师们说用得好,便于我们记录,它也许是好的。如果你们说受它的干扰,关掉更好,它就不是好的方法。如果用多媒体演示跟老师在黑板的演算效果是一样的,那就是粉笔比计算机好。为什么?因为它的投入少。只有当计算机的功能是粉笔所不能取代的时候,计算机的效果超过粉笔的时候,用计算机才是好的方法。

讲学习方法,有一句耳熟能详的话:授之以鱼,不如授之以渔。因为知识是层出不穷的,老师不可能一辈子跟在学生身边,当他有打鱼的本领,那么他就不愁吃不到鱼了,这是说方法比知识重要,但我这里绝对没有贬低知识。说到学习方法,学生在学校主要是读书,读书也有方法。比如朱熹读书法后人总结为"读书六法",分别是循序渐进、熟读精思、虚心涵泳、切己体察、着紧用力、居敬持志,到今天没有过时。老师们都是读书人,想必书读得很多。近日华东师大教育学系开迎新会,每年迎新我都讲三句话,今年只讲了两句话。第一句话是你们要多读点书。这话说来好笑,研究生到大学里不就是读书吗,为什么说这个话?我是有感而发。这里举个实例。我从 1999 年给上海的一个高级校长研修班讲课,就《学会生存》这本书做随堂调查,六十几人中只有两位校长举手。事过十二年,到今天我还在调查,甚至还有校长研修班中没有一个人看过。我真的很吃惊、很遗憾。作为教育工作者,这本书可说是当代经典了,他都不知道。

今天很多校长、老师,忙得没有时间读书,这是更大的问题。因为我们已经不会读书了,不懂得时间运筹学,也不懂读书法。校长忙,老师也忙,学生更忙,人人忙得像陀螺团团转,于是厌学、厌教恶性循环。师大中文系有位教授说,一个中文系本科生,如果毕业时没有读三百本像样的书,是一个不合格的毕业生。我想,文科研究生三年,没有读三百本有分量的书,是否也不合格?这话我没说出口,今天提出来,希望老师们一起思考。

我举个例证,美国斯坦福大学是怎样培养本科生的:惠普公司的女总裁菲奥利娜毕业25年以后作为成功人士被邀回母校演讲,她感恩母校的一门阅读训练课。教授要求学生一周读一千页中世纪的哲学著作,然后把它浓缩成两张纸,周末交流。就是这样的训练让她终身受益,她说一辈子的智慧从此奠定基础,因为人生就是不断地吸收精华的过程。像斯坦福大学这样的严格训练,中国有几所大学能做到?教师作为读书人,教学生读书,现在的问题是大学生都不会读书,不要说中小学生了,因为说实在话,教师也不大会读书,这个问题是彼此连贯的。

我曾在郑州一所中学听课,一位女老师教初三语文,她教《小王子》。《小王子》是本什么书呢?是圣埃克苏佩里于1942年写成的法国成人童话小说。本书的主人公是来自外星球的小王子。书中以一位飞行员作为故事叙述者,讲述了小王子从自己星球出发前往地球的过程中的各种历险。作者以孩子的视野,透视成人的空虚、盲目和愚妄,用浅显天真的语言写出了人类的孤独寂寞以及没有根基、随风飘荡的命运。小说不长,是本小册子。我看的是英文版,我的大学同学在美国留学,给我寄了一本。这篇小说是蛮有味道的。这位老师上《小王子》,我觉得她不简单啊。她上课前先请同学们拿出各自的文本,彼此交流发现几种译本,让学生分别读出第一段,一起议论哪个译本好,课就是这样导入的,她采用的是比较阅读法。听了一堂课我问她,这本书的阅读是否设计了三节课?她说是的。我问她课时从哪里来。她说校长不会多给课时,自己的本事就是只要两节课就把人家需要六节课的大纲知识全消化了,余下的四节课就来拓展学生的阅读面。这位老师还说了这样一句话:中学语文老师如果仅仅看教材、教参或充其量看看时尚杂志,那么他的水平不会提高的,她讲的是真话。如果老师不看一点有品位、有质量的书,欣赏品味和阅读能力都会下降。

但今天的教师不要说看《小王子》,连《学会生存》这样的书看过的也寥寥无几,教研员老师,恕我直言,那真是一大遗憾。我这里还仅仅说了读书的方法,各门学科、各类学生需要老师以不同的方法应对,更需要引导学生发掘适合自身的学习方法。我这里推荐一种"以教促学"的方法。《礼记·学记》指出:"学然后知不足,教然后知困。知不足,然后能自反也;知困,然后能自强也。故曰:教学相长也。""教学相长"的本意是教师自身的教学相长;后来延伸到师生之间的教学相长。如果再延伸,就指向学生自身的教学相长。用这种方法指导学生学习,能有效提升课堂教学的质效。

(三) 互帮策略

互相帮助的策略与合作共赢的意思差不多,就是学生间、师生间互惠互助。合作共赢的思想要在中小学阶段通过学生互相帮助培养起来。同时,这也是"教学相长"的深化和扩展。

1. 能者为师

互帮策略的第一根支柱叫能者为师。

先来分析一下,谁是能者。譬如这位老师数学好,他就是能者;另一位老师外语好,也是能者。学生各有特长,有的数学好,有的语文好,有的外语好,当然全才也有,一般来说人都有些偏,这方面你是能者,那方面他是能者,所以我的观点是"人人是能者,人人是教师",因为人在某一个方面具备他人不具备的优势。还有在发展的顺序上,我暂时落后不等于我永远落后。今天我落后,但是经过互相帮助,明天我也有可能超越你,明天我又成了能者。"能者为师"是肯定学生各有所长,把各人的潜力挖掘出来。提倡我为人人,人人为我,互帮互学,携手共进,从而营造一个良好的班级学习氛围。凡通过教改,学生整体学习成绩比较好的,或多或少都是运用了这种"能者为师"的方法。

在全国基础教育界影响较大的"杜郎口经验",在我看来主要是三条:激励、自学、互帮。崔其升校长说,他当年是一个农村孩子,看到有个老大爷,赶着两头牛拉着一辆车碰上一个坎儿过不去。他想上去帮着推,谁知老爷爷胡子一翘,眼睛一瞪说,小孩子莫动,我自己有办法解决。这个老头他不是帮着牛拉车,而是把一头牛卸下来,变成一头牛拉车了。崔其升就觉得好笑:两头牛都拉不过去,现在搞成一头牛了,怎么可能拉过去? 结果这个老大爷扬起鞭子往下一甩,一声呼叫,这头老牛一弓背,噌的一下就把车拉过去了。把崔其升看得目瞪口呆。老大爷跟他讲,牛是通人性的,两头牛不使力气,就像两个和尚没水喝,现在把一头牛卸掉,这头牛就想啊,两头牛都拉不过去,现在就我一头牛了,要是再拉不过去,你要打死我了,于是它拼了老命一定得把车拉过去,一使劲果然就过去了。你看,赶牛的老头都知道,牛也需要激发动力的,那人更要激发动力了。崔其升校长很聪明,从中悟到学业成绩不好,主要是学生没有学习动力。所以他第一个就是激发孩子的动力,第二个是教学生自学。他所在的农村中学的老师素质整体低下,以其昏昏又怎么使人人昭昭,学生说老师自己都不懂,上课讲什么东西啊,不如我们自己看看、自己讲讲反而懂了。崔校长说,你们自己讲讲就懂了,互相交流就懂了,那么你们就做小老师,你懂了就教他,他懂了就教你,反正我们学校就是这个样了。这就是第三招,让学生互相帮助。结果学生在崔校长的激励下,通过自学和互帮,成绩都搞上去了。你去看"杜郎口经验",是不是印证了这三个策略? 我看没有逃出这三个关键词,因为这符合教育规律。

互帮是非常有利于学生成长的。学生会想,我们年龄差不多,都在这个班里面,为什么你这么好,你能够帮我?这不仅帮他理解了知识,又在激发他向你学习,赶上你,这里面有很多要素是互动的。

2. 小组构建

第二根支柱是小组构建。

教师要让学生长期互相帮助,稳定发展,不是处于偶发或暂时的状态,那就要建立学习小组。学习小组怎么构建也有讲究,一般应遵循三个原则:一个叫互补原则,小组成员要优势互补,你这方面有所长,我那方面有所长;还有一个自愿原则,有些同学彼此关系比较好,一个乐意来帮助,另一个也愿意接受帮助,自愿搭配效果会更好。第三个是平衡原则,有时老师还要做一些协调,因为有的小组成员不太平衡会出现新的问题,这时老师要有意识地搭配,学习好的跟差一点的,这个学科强的跟那个学科强的,性格张扬的与比较包容、易于合作的等,这都是有讲究的,需要教师动脑筋的。不能一开始就放任自流,说这很简单,你们去自学,你们去互帮,如果没有一些组织条例和方法给他规范、给他引导,马上会出问题。

老师要做有心人,要懂得架构。甚至男女学生搭配都有讲究。举个例证,我曾在上海市七宝中学教了三年书,教研室领导提倡教学改革,我说怎么改?高中语文老师最大的困难就是学生作文堆成山,来不及批,批了学生也不看。所以我就让学生互批互改作文。20世纪80年代《语文学习》杂志还刊发了七宝中学《学生作文互批互改六个怎么办》的文章,我就做这个实验。我当时教两个平行班,我把一班与两班的学生配对来互相批改作文,因为同一个班的学生互相熟悉,碍于情面,不敢大胆指出错误。这里边是有方法的,教师先做示范,怎么批改,怎么抓中心点,怎么划段,包括看文字有没有错等等,还有监管和抽查。

过了三个星期,我看到一班有个男生,他作文本上的字明显进步了,因为他以前的作文本我是看不懂的,写的字太潦草。我把他找来,说士别三日,当刮目相看,老师三周没有看你的作文本,这次发现你的字大有进步。他说,金老师,我没有办法。我说,此话怎讲?他说,人家不批呀。因为他的互批学友是二班的语文课代表,一个女孩子,字写得漂亮,成绩漂亮,人也长得蛮漂亮的。他说,人家一看就把本子扔回来,说这样的字看不懂,你又不是王羲之,不要表演书法。没办法我只能再抄一遍,哪知第二天送过去,人家一看说还是看不懂,再退回去。这已是我抄的第三遍了。

我说，她退回去让你抄一遍又一遍，你就乖乖地办了，老师讲了多少次你的字不也没有进步吗？我今天才体会到做老师的力量抵不住女孩子的一张脸。他说，金老师，你这是什么意思啊？我说，什么意思你还不明白吗？你福气这么好，语文课代表给你批作文啊！老师的一番苦心你理解了没有？他说，老师你讲的我不懂。我说，你是装不懂。现在有人给我反映，说你对课代表有点意思了，你说实话，有没有？他说，这是绝对不可能的。我说，为什么？他说，癞蛤蟆怎么可能吃天鹅肉！我说，老师不认为你是癞蛤蟆，你为什么这样说？他说，我长得丑。我说，你懂男人的漂亮吗？女孩子的美，你也可能欣赏不了呢？我是中文系出身还研究过美学，你要自己漂亮，会欣赏美，就要修炼。问题在哪里？他说，问题在男人要有本事。我说，这就对了，你不笨啊。你有没有本事？他说，我没有本事。我说，这就可以了，你明白了今后应该怎么做。

他不是自我分析了吗？我就让他自我分析，聪明人不要老师多讲。他回去怎么样？他的成绩就上来了，写的字我也认识了。人说，男女搭配干活不累，学生学习也是这样，这是中学生的心理现象。你说，他要真成了怎么办？真成了也没有关系啊。现在的大学生毕业后不少成了宅男、宅女，对象都找不到，高中时代的同学情把未来的老大难问题解决了，不也是好事？

上海有位特级校长，他教高中生跳"恰恰舞"。这个校长真是胆子大，关键是他有方法掌控。我离开七宝中学多年了，还有学生想起我。有一年春节，几个学生从国外回来，打听到我新搬的家，开着车给我献花，对我说，当年你搞改革我们还不太懂，现在岁数大了有点理解。我说，老师已过知天命之年，不需要安慰了，你们来已说明一切。但老师还有个心病没有解答，某学生也在国外，他当年喜欢的天鹅吃上没有？他们说，人家现在吃的是外国天鹅，娶的是洋老婆。其实，我心中有尺度的，我要是随便搭配，还真有可能成功。（笑）怎样进行小组建构是有讲究的，教师要用心思考，要善于调动学生的积极心理。

3. 团队考核

互帮策略的第三根支柱是团队考核。

学生喜欢竞争，教师要利用这种竞争心理，把团队、小组的荣誉感激发出来。一方面考核个体，一方面考核小组；一方面衡量单科学业，一方面衡量整体水平。在不同层面上，促使学生更好地成长。

既然是用学习小组来提升同学整体的水平，那么相应的考核也要变，不能只针对个体，要用团队、小组的考核法。如果还是单项考核，就会出现"五马分尸"的现象。比如第一匹老马语文，第二匹老马外语，第三匹老马数学，再加上物理、化学或其他学科。老师都拼命地分割学生有限的课外时间，用题海战术把学生的课外时间占满。如果我不去占，你去占，你的考试成绩就可能上去，我就是失败者，因为考核标准是单项。如果校长考核教研组长、班主任是用团队标准，对学生的评价不看单一学科，而是看其整体发展、前后发展的话，就有利于师生的彼此帮助、协同奋斗。

团体考核能促进团队、小组的整体进步，学生不光考虑个人的声誉，更珍惜小组、班级的荣誉。不仅自己的学业成绩要上去，也要帮助伙伴一起上去，还要帮助班级集体上去，因为多元考核标准既看单科，又看整体；既考个人，又考小组和班级。这样一种团队考核法能保障团队的整体水平有效提升。

全面评价是需要花心血、花时间、花代价的。有的老师通过一张试卷两道题目就轻率地评定学生，其实这是靠不住的。除了引入多元指标，还需要引入面试法、谈话法等新的方式。一些名校对学生的评定是非常慎重的。因为对学生的评定实际上是检验老师的教学质量，如果指挥棒出了问题，会导致老师的教学陷入误区。

我前几天刚从宁波和苏州搞调查回来，因为华东师大和美国纽约大学合作创办一所上海纽约大学，这是中国第三所具有独立法人的中外合作大学，还有两所分别是宁波诺丁汉大学和苏州西交利物浦大学。我参与了上海市的一个决策咨询课题研究，去做相关调查。中外合作大学的学生成绩如何评定？要引入多重的制约来保证学生学业成绩评定的客观真实性。西交利物浦大学就设立了多重关口来保证评价学生的质量。比如第一关，学校的教学委员会来评判老师出的试卷质量如何。第二关，由质量监督小组抽查，看教师的批阅有没有问题。第三关，请校外专业评价机构再来做评价。第四关，还要英国母体大学的专家委员会再审核一遍。用"四堂会审"的方式保证评价的允当准确。通过学校的质量监控，慎重评价学生和教师，不是单一的评价，评价主体也是多元的，来保证教学的高质量。当然这涉及评价的成本代价。这样的方法老师们可以参考，未必要照搬。

(四) 诊断策略

第四行即第四个策略叫诊断策略。做老师的就好像医生，要学会诊断。诊断一定是进入个体的层面，哪有医生同时给十个人看病？都是一个一个诊断，在此基础上再做归纳。

诊断策略下面也有三根支柱。

1. 重点跟踪

第一根支柱叫重点跟踪。

什么是重点跟踪？老师们通常一个人对着几十个教学对象，你要全面跟踪是不可能的。尽管有这个心，你也没有这个力。调查显示，有的老师主要抓弱势群体，也有的主要抓尖子生，有三分之一以上的老师则"抓中间带两头"。所谓抓中间带两头，是自欺欺人的话。实际上中间抓不住，两头却放掉了。假如建立一个常态的学业分布图，真正在中轴线顶部的学生就三五人而已，大多数人处于两端。教师的讲学要么失之深，要么失之浅，于是学生要么是陪练，要么是陪读。

一个班级如果是四十五个人，全部跟踪不了，但重点跟踪是可能的，可以把全班学生随机分成三个部分，每部分十五个人，包括不同类型、不同层次的学生。跟踪第一部分的学生一个月以后，教师的了解和指导上了轨道，再换第二部分跟踪。通过你的跟踪，让学生学会自我跟踪，查找自己的问题。以此类推。一个学期中使全班学生通过三个阶段分别进入老师关注的眼帘，这是能做到的，我称之为"三循环制重点跟踪法"。

2. 个别交流

第二根支柱叫个别交流。

除了三循环制重点跟踪，还需要深入的个别交流和了解。老师要培养个别化交流的技巧和技能。目前学生和老师交流存在障碍，由于老师习惯于做一个指导者，甚至高高在上的恩赐者，不经意间就会走上埋怨、指责、批评、训斥这样的老路，容易造成学生的封闭心理。教师要学习语言的、非语言的交流方式。现在学术交流多采用三角形、多角形或圆桌会议形态，用这种方式来保证交流者、对话者处于平等的地位，以促进沟通，这是有道理的。一些新建的学校教室也改变了秧田式的座椅排列，采用了更人性化的、灵活的课桌组合方式。营销员培训课上也强调与顾客沟通时不要坐在互相对立的位置，这样容易造成对抗性，建议侧面坐，也是方便沟通，这些都是交流沟通的技巧，教师也要学会各种非语言的交流方式。要用学生熟悉的话语策略来跟他交流，走入学生的心灵深处，改变僵硬、固化的训诫模式。

刚才讲的美国经济学教授，用年轻人喜欢的方式解读营销学概念，大学生认为这是教授的幽默感。中国学校的课堂太缺乏生活的情趣，师生普遍缺乏幽默感。其实，教师没有幽默，他的课堂是比较糟糕的。不要把学习搞得太沉重。为人师表，传道授业解惑，这固然不错，问题是要让学生觉得这个道可以接受，有亲切感，这就要讲究交流的有效性。

只有通过个别化的交流,才能真正理解学生。美国地理学教授曾带着大学生到野外去考察,有一位女大学生发现一只大乌龟趴在高速公路堤边,她担心乌龟被汽车碾死,就使劲把乌龟拽到湖边,乌龟则扭头要咬她。当她要把乌龟推入湖水时,教授说,慢!大学生说,干嘛?教授说,你在拽乌龟时,没看到它在跟你讲话吗?它拼命地把头扭过来咬你,你明白它的意思吗?学生说,不明白。教授说,按乌龟的生活习性,这时进入了产卵期。产卵的时候,它要爬到另一块草地上去,它花了很大的力气终于爬到了高速公路边,你却把它拽回去,让它前功尽弃,它怎么不愤怒?

面对乌龟,人不能自作聪明;面对学生,教师也不能自以为是。要学会个别交流,不妨去听听"乌龟的话",你可能会发现,原来习以为常、司空见惯、天经地义的东西还真的需要重新审视。

3. 阶段反思

第三根支柱是阶段反思。

教师要不断地反思:一是过程的反思。做教学实验也好,开发新课程也好,做一段时间要把过程反思一下,看自己做得对不对,有没有问题,要怎么改进?

二是对象的反思。教师的课堂教学是为学生服务的,是帮助他成长的,需要时时反思学生感受到了自身的成长没有,他的学习能力是不是提高了,课堂教学有没有效益?

三是自我的反思。结合课堂教学实践进行思考,总结成功经验或失败教训,以便进一步改善教学、提升课堂实效。要多思、善思,才能得到真知灼见,才能发现别人发现不了的问题。通过自我反思,提高专业化水准。

(五)综合辅导

第五行即第五条策略是综合辅导。

1. 教师辅导

第一根支柱是教师辅导。

教师是第一辅导者,要提供有针对性的辅导。辅导当然是一对一的,个别化的辅导就是因材施教。问题是今天的教师辅导能力远远不够,学生对教师的辅导效果的评价较低。大多数学生不满意教师的第一条就是未能做到因材施教。

为什么教师的辅导能力明显不足呢?起草《教师教育标准》的钟启泉教授说,中小学教师存在"三个不":不读书、不研究、不合作。教师自己不读书怎么引导学生读书呢？自己不研究怎么帮助学生掌握有效的学习方法呢？自己不合作怎么能让学生互帮互学呢？

学生的课堂学习涉及两个要素：一是他有动力自己想要学，一是掌握方法他会学。这都需要教师进一步提升辅导能力。一位中学校长喜欢在饭厅里与老师同桌共餐，他认为这是了解老师、解决问题的一个很好的途径。我最近也看到美国某大学的校长，是美籍华人，任职五年就引领这所大学有了较大的发展，教授出了不少高质量的科研成果，本科教学水平显著提升了。他的绝招是与教授一起吃饭，一年里与教授共餐约两百次。除了学校放假，几乎每天与一位教授共餐晤谈。做到这一点不太容易，他感受到教授的心灵，知道他们在想什么，学校的问题和发展的障碍是什么。通过与教授沟通，充分调动了教授的积极性。人同此心，心同此理，教师也是需要激励的。就好比一辆汽车，再高级的汽车也得喝油，没有油，车跑不动。

我建议老师们不妨放下身段陪学生吃饭，现在学生的课余时间太少，午餐也许是个别辅导的良机。陪学生吃饭花不了多少钱，在食堂吃顿饭，我琢磨大概不会超过十元钱，一般情况下是各付各的账。当然问题不在谁给谁付钱，而是通过饭桌上轻松的聊天，使它成为学生终身难忘的一顿饭。为什么终身难忘？它可能是学生一生命运的转折点，这就是老师与学生共餐的价值所在，因为其间伴随着智慧的精神大餐。只有这些可爱的学生，与老师一起吃饭，收到老师一本书，他也许会感恩一辈子。

假如师生体验到饭桌上的乐趣，这就把饭吃到艺术的层面了。让学生敞开心扉与你交流，感受学生跳动的脉搏。学生一生成长的关键期是在基础教育阶段，教师的辅导、点化将给学生的生命留下难以磨灭的痕迹。

2. 家长辅导

第二根支柱是家长辅导。

教师不单自己辅导学生，还要引入家长一起辅导。家长是很重要的，家庭教育如果不与学校教育合作，学校教育的效果要打很大的折扣甚至被抵消。美国富裕家庭所有的事务都可以外包，唯独一件事不外包，就是孩子的教育。在美国，把孩子的教育承包出去是违法，是父母未尽监护人的职责；在中国则是时髦，是富豪家庭炫富的另类方式，以证明成功人士的身份。我对有些老板说，你千万不要蠢到自己花钱堵住幸福的源泉。因为你钱多，你现在把孩子外包，把教育推给学校，把孩子的一切承包给教师，过了二十年，突然发现孩子对你没有感情，甚至痛恨父母。孩子成长的关键期永远不要忘记父母的责任，要配合学校教育，老师们要跟家长沟通，争取家长的辅导，两股力量合起来。

家庭教育中祖父母、外祖父母的作用同样不可轻视，整合得好能收 1＋2＋4 大于 7 的功效。学生白天在课堂上互帮互学，晚上回家孩子与父母也互帮互学。问题是现在家长缺少辅导方法，所以躲避责任，以为钱多好办事，其实未必如此，钱毕竟不是万能的。也有家长自身文化素养不足，不了解现代教育理念，秉持传统的棍棒底下出孝子的做法，一味严责孩子；或者反之，百般呵护，溺爱过头，也让孩子不堪重负。

现在美国的新时尚是什么？居家学习。美国冒出不少教育专业公司来满足家庭教育的需要。它山之石，可以攻玉，我们也要想这类问题。研究人员发现一天的四段时间，如清晨、放学、晚餐及就寝的时候是父母亲与孩子沟通的最好时机。我女儿在医学院读研究生，周末回家吃饭时，我与她聊聊是蛮开心的事。我女儿的性格很开朗，喜欢与我交流，谈谈学校里发生的事情，我吸收了新信息，她的视野也更开阔了。

现在孩子最大的苦恼不一定是家庭穷，羡慕人家有洋房轿车。我也做调查，学生最大的不幸是看见其他同学的爸爸妈妈，甚至祖父母，都能交流沟通，自己的父母呢？除了关心考试分数，没法沟通，这是学生最大的痛苦。教师要引领家庭教育，老师在课堂上有专业感，在家长面前也要发挥专业工作者的影响力。

3. 志愿者辅导

第三根支柱是志愿者辅导。

除了老师辅导、家长辅导，还要引入志愿者辅导。志愿者辅导包括学生志愿者，比如高年级的学生可以帮低年级的学生。刚才我提到的宁波诺丁汉大学、苏州西交利物浦大学，就有高年级学生对低年级学生的辅导制。还有小学高年级学生辅导低年级的，中学初三、高三的学生帮助刚入学新生的，效果都很好。因为"小初衔接"、"初高衔接"及"高高衔接"（高中与高校衔接）现在都存在问题，有时老师的指导不如学生，因为学生是亲身体验者，更容易沟通。

学校要把各种力量发掘出来，教师志愿者意味着教师打破学科专业和年级壁垒，发现学生有需要，主动提供专业化辅导、人性化帮助。教研员老师、学校的领导干部，更要搭建平台，把方方面面的志愿者激发出来。家长志愿者也是一股重要力量，还有社区志愿者，社会资源是多种多样的，关键是教师要做个有心人。你挖掘了志愿者，他还感谢你，你相信吗？因为他体会到自身的价值，即"予人玫瑰，手有余香"。

这也是课堂教学的延伸。陆游说：汝果欲学诗，功夫在诗外。教师真正要提升课堂教学的质量，同样离不开课堂外的功夫。

三、结语:掌握"教学平衡"的智慧

课堂教学的"新五行"策略包括五大策略:激励、自学、互帮、诊断、辅导。每条策略下面分别有三根支柱:即情感动力、目标定位、增趣添魅;自我分析、问题导向、方法引领;能者为师、小组构建、团队考核;重点跟踪、个别交流、阶段反思;教师辅导、家长辅导、志愿者辅导。

请老师们注意,这五条策略都很重要,尽管我在叙说顺序上有前后之别。你说一艘船的航行是掌舵的重要还是划桨的重要?都重要。"新五行"课堂教学平衡策略包含激励、自学、互帮、诊断和辅导,每条策略下面的三根支柱竖起来支撑住一个稳健的结构,来确保学生在基础教育阶段打下扎实的基础!老师们应把握策略的平衡度,这一点尤其重要。

世界上任何事物都存在"度"的问题,世上没有绝对好或绝对坏的事情。所谓好坏,就是一念之间,"度"与"非度"的把握。药好不好?当然好,好在哪里?能治病。但是用药过头就是坏,就成庸医杀人。饭吃多了造成营养过剩,有害你的健康。睡眠过度、用脑过度、用眼过度包括抽烟喝酒过度都是这个原因。任何问题都可能是过度造成的副作用。处理任何事物的关键就是度的把握,恰当是好,过度是害。

课堂教学同样如此。老师兢兢业业要上好课教好学生,但问题是如果你没有智慧,把握不住教学的度,过度的负责任恰恰是对学生的误导,越是敬业可能带来的新问题越多,教学过度或者片面地抓住教学策略里面的某一点无限地放大,也会陷入误区,乃至造成病理性的教学状态。所以怎样把握教学的度?如何避免教学过度产生的不良反应?这是每一位老师要去把握的大智慧。老师们应该致力于成长为一个把握教学平衡的智慧者。

怎么把握?我们要学会把复杂的问题回归到简单。爱迪生这位大发明家为了教会他的助手怎么把复杂的问题简单化,就让他去测量一个不规则灯泡的容积。当助手费尽九牛二虎之力还没有测量出来的时候,爱迪生就把一杯水倒入这个不规则的容器,然后吩咐助手再把里面的水倒入一个标准的量杯。一句话把一个复杂的问题变简单了。

当今的教育是世界上最复杂的系统,教师怎样去掌握一个简要的智慧把手?有学者说,对于未来的平衡追求可能是人类智慧最重要的发展趋势,而教育要承担的任务也是建立平衡。因为平衡就意味着健康，失衡则造成病态。课堂教学的发展也是一种动态式的平衡发展，而动态式的平衡理念，也意味着中庸或中和。

中庸也许是中国文化智慧的核心理念，也有学者指出，英文字母 M 是 man、medium、management 的首字母，分别是"人"、"中庸"与"管理"。M 的形状就是左右均衡，适合中度，它在英文 26 个字母里面也正好居中。平衡不仅是现代西方管理的核心理念，也是现代系统论的最重要的特征。作为教师，善于把握课堂教学的动态平衡性，才符合教育的中庸、智慧之道。这里也有河南籍的老师，中原文化的智慧就是一个"中"字。"中"意味着恰如其分、恰到好处。

教学的平衡之道符合科学发展观的要义。因为科学发展观就是：以人为本，全面协调，可持续发展，总方法是综合平衡。治国的理念与治教的理念本质是一致的。课堂教学的"新五行"策略是一种平衡的智慧法，是为了帮助学生全面、协调、可持续地发展。

教师作为一个凡人有苦恼，也有其他职业体会不到的独特乐趣。在这个争利争名的时代，作为凡人有时未能免俗，只要取之有道，我也乐观其成。但教师持久发展的内在动力是来源于自我体验的独特幸福。我愿与诸位共勉，把教师的梦想进行到底。

非常对不起，今天没有互动时间了。我留下邮箱，这是批评和建议的路径。希望以后还有交流机会。

再次谢谢大家！

（2011 年 9 月 23 日在长春市教研员高级研修班的讲演）

17. 课程变革的四维视角

各位校长好!

你们学院培训部的汤主任要我向大家推荐几本书,正好 2010 年 1 月 7 日中国教育报,评选公布了去年对教师具有影响力的 100 本书,包括 20 本教育类的书,我的《教育十大基本问题》也忝列其中,校长们感兴趣可以找来看。

我今天与诸位交流如何看待课程改革,我建议从四维视角来观察。

一、课程变革的历史观

课程改革已经开展了多年,我们不妨静下心来加以反思。教育改革要真正取得成效,离不开历史的智慧,如果用反思的眼光回溯课程改革的由来,看看中西课程发展的路向,这实际上引入了课程变革的历史观。

校长都知道,课程是一个古老的概念,英文的课程原始意义是"跑道"。学习课程,就是在一个跑道上面走,走什么跑道就形成什么样的人。中国课程的跑道最初是三代的"六艺"。六艺是什么呢?(有教师言:诗、书、礼、乐、易、春秋)不,周朝以前的六艺是"礼、乐、射、御、书、数",到孔子整理的"六经",才是"诗、书、礼、乐、易、春秋"。"老六艺"是六门学科,"新六艺"才是六经,也就是六种教材。到了汉代就变成"五经",因为乐经没有了。这样的课程传统到了南宋,演变成了"四书"——《大学》、《论语》、《孟子》、《中庸》。按照宋儒程朱学派的排法,先《大学》、后《论语》、再《孟子》、最后是《中庸》,这就意味着读儒家经典要"循序渐进",也是朱熹读书法之一。这些是中国课程发展的基本常识,基础教育界的校长和骨干教师还是需要略知一二。

中国传统的学校教育实际上是以儒家思想为核心,学校课程是以"四书"、"五经"

为代表。但在社会生活层面上，从大课程的视角看，又不单单是儒家的教材，因为中国的传统文化有儒佛道三部分，这三种文化对中国人产生了深刻的影响，特别是读书人。学术界有句话叫"儒道互补"，"达则兼济天下，穷则独善其身"，兼济天下，就是把自己的本事发挥出去，要对社会有贡献；独善其身，就是面对人世社会的纷纷扰扰，不妨成就自我的独特生命，于是隐遁山林，逍遥自在，渡过余生。还有佛学的思想观念，讲的是立地成佛，"人生自觉"，现在"文化自觉"引起了越来越多人的关注，其实"自觉"这个概念就来自佛语。

我讲个故事，是我前几天刚刚看到的。北大数学系的高才生被美国常春藤大学全额奖学金录取，正当北大和他的家乡准备庆祝这个喜讯的时候，这个大学生不见了，到北京一个寺庙里面修佛去了。结果父母就没有办法了，就找到了北大宗教研究所所长，想叫宗教学的教授做做孩子的思想工作。先头打电话，学生还听听，第二次再打电话，这位教授问：你对佛学有多少的了解，贸然做了这个决定？结果大学生用坚定的话对这位教授反问：你怎么知道我对它没有什么了解？据说这个学生16岁在湖北的中学读书时，已经写出了顶尖的学术论文，但在中国最牛的大学毕业后，决定放弃美国全额奖学金，跑到寺庙里去了。这个案例与中国科技大学当年的少儿班大学生宁铂后来的出家修炼可谓异曲同工。

华东师大的课题组曾做了个关于"中国人的精神生活"的国家社会科学的课题，调查后公布了一组数据，说中国有近3亿人有宗教信仰，看来对于这个问题，我们不能回避。我所在的教育学系，也有一个研究生毕业后跑到庙里去了。教育工作者需要思考，中国人的价值观为何会发生如此大的变化，传统经典作为课程资源在其中发挥了怎样的作用？

中国学校的课程文本到近代发生过根本性的改变，以往的读书人从四书到五经再到十三经，基本都在"经史子集"的传统文化范围之内，唯独缺少一种学问，即西方的"声光化电"，当中国人引以为傲的"经史子集"在西方列强的"声光化电"面前打了败仗后，于是在痛苦中警醒，立志取法于外国的课程资源，培养新式的人才。这就是中国近代课程史发生重大变化的原因。从三代的六艺到汉代的五经，再到南宋的四书；从传统的儒学课程到道家和佛教的经典文本，再到外国的声光化电，每次课程的重大转型都源于社会的巨大变迁。

西方课程有两大重要来源，即宗教文化和科学文化。虽然西方的宗教文化源远流长，但中国在现代化进程中并未接受西方的宗教文化，而是学习马列主义，这形成了中国课程近代以来的特色,即马列加科技。现在是否又面临新的发展变化,新的改革路径是什么?校长们要想一想。如果你说这是政府的红头文件规定的,上面怎么说我就怎么做,那说明你没有思考和消化,行动背后缺少学理支撑,充其量是鹦鹉学舌,你照抄照搬,说不定还会走样。如果经过你自己的理解和内化,然后创造性地运用到实践中去,你就是真正在做一件功德无量的事情,为孩子的终身发展奠定坚实的基础。

对应中国课程传统来看西方,西方课程有"三艺"和"四艺",古希腊的三艺是文法、修辞、辩证法,四艺是数学、天文、几何、音乐,加起来就是"七艺"。七艺奠定了西方文明史的基础,也是西方学校课程史的支柱。同时,我们要看到西方课程还有一个深厚的宗教文化的背景,从希伯来文的《旧约》转化到以后的《新约》,由宗教改革推动的民族语言发展和义务教育普及,使宗教文化的教育影响深远。西方课程资源还有第三股力量,即以罗马法典为基础的法律教育文本,科学文化、宗教文化和法律文化成为西方课程资源最重要的三块基石。就好像中国传统课程资源也有三块基石,就是儒家、道家和佛学。

上述三种文化传统与近现代西方的课程体系一脉相承,你去看西方的文艺复兴运动,恢复的就是古希腊罗马的课程传统,走出中世纪,开始肯定个体,否定神权,张扬希腊的理性精神和审美意识,赋予传统课程以新的生命,把古希腊、古罗马的文化与近代的人性解放和课程变革联系起来。西方课程的发展路径,有两条线索,一条是人文的,包括了宗教的资源,另一条是科学的,包括了技术的运用。

二、课程变革的目标观

我们为什么要改革课程,这个"为什么"的问题,也是教育价值取向的问题。我想可以聚焦到这样四组命题上面去思考:

首先,课程价值观的取舍。中国传统的课程观,其培养的目标是官员,学而优则仕,仕就是做官,对皇上是顺从,对民众是治理。所谓劳心者治人,劳力者治于人。接受学校教育先要做顺民,这是修己,安分守己;然后是安人,治国平天下,所以要出仕。现代学校课程的目标价值导向的是公民观,公民观与传统的臣民观不同,旨在明确公民的权力和义务。中国五四新文化运动促使人性从皇权下获得解放,西方文艺复兴运动则是让人性从神权下获得解放。这是近代以来中西方课程变革的价值取向。

其次,个体与社会的关系。个体组成社会,社会成就个体。社会的环境,氛围可以决定个体的成败与否,相似的个体在不同的社会的命运不同。个体的素质制约着社会的发展。传统课程抑制人的欲念,依靠的是集体的制约;近代以来的课程价值更多体现出个体生命的意义,激发人的追求。

再次,规范与自由的关系。接受学校教育,就是让自然化的生命个体达到社会化的过程,当然以社会的规范通过学校的课程来影响学生,就会压抑生命本体自由的扩张。所以如何在规范的同时不过分压抑个体生命就成了近代以来课改的难题。比如巴格莱的要素主义课程观与杜威的民主主义课程观就是典型,要素主义强调文化传承和知识核心,这可能抑制了自由生命的展开。而民主主义则注重经验的获取,认为生活就是教育,实践就是课堂,社会就是学校。前者代表着教师权威,后者则以儿童为中心。

最后,整体与分化的关系。人类最初的学问叫智慧学,就是哲学,随着经验的增多,知识的繁复,西方课程由最初的哲学分化出七艺之后,学问开始分门别类,知识的整体越来越分化,单一的学科知识路径上,知识的单元日趋单兵突进。在这个过程中,人的完整性被分化的知识和机械的分工所肢解,这就又向学校教育提出了新的挑战,如何克服知识的单一化、片面化发展,尤其是在义务教育阶段,课程的综合性就成为时代要求,基础教育课程改革的钟摆开始回到整体。

三、课程变革的要素观

课程变革有哪些要素?这是我们要思考的第三维视角。课程要素包括古今中外,涉及管理智慧,关键是要做好统整。

首先是古今要素。为什么要有课程,要有教育?就是要通过课程制度的安排,通过学校教育的平台,让人类文明的火把代代相传,让文化命脉随人类社会的发展而永存。当然,在传承文化的过程中文化也在不断自我创新,如果忘记了这一点,社会就不能继续发展。从这一意义而言,学校课程永远是在继承和发展中不断地前行。

其次是中外要素。学校的教学内容在不断丰富,从以往大一统的国家课程,到现今的地方课程、校本课程,学校有了更多开发课程的主动权,如果行政部门给校长自主安排30%的课程时间,你用什么内容来填补?这个问题并不简单。因为今天的社会已跨入知识经济时代,信息浩如烟海,在有限的教学时间内,我如何取一瓢饮?选择权在校长手里,还是在教师或学生手里?既然是建设中国特色的课程,则中国传统的资源又如何有效地与国外的经验结合？这其中文理如何兼顾、知识与能力如何打通、智力与情感如何协调、主课与副课如何平衡等，都涉及校长的统整智慧。

再次是管理要素。教师当然喜欢内行领导内行，但是外行领导内行又是常见的现象。大概最一流的技术专家未必能担当管理的重任，而管理者也确实需要具备一定的内行知识，但他未必是最高层次的专家。管理者就是凝聚人、影响人、团结人，共同做事，各级领导干部都是如此。皇帝有什么本事？他只要用好一个人——宰相，历史上叫贤相，那么国计民生的大事都可高枕无忧。真正的贤相也不一定亲力亲为，他的理政诀窍就是任用各有所长的人才，像我这等人就是具体干事了。比如请这位教师做科学实验，安排那位教师带兴趣小组，校长就是要识人、用人，人尽其才，校长要务这个实。我们的师范大学大概没有一门课叫"校长智慧学"，所以校长只能立足本职岗位不断修炼自己，根据校长岗位的需要，广泛涉猎政治学、法律学、心理学、教育学、社会学、管理学等学问。当然也不妨学点工程学、生态学、艺术学等，根据自身原来的特长和兴趣，结合校长的岗位实践，假如你原来是一位物理教师，或者你原来是一体育教师，现在既然成了一校之长，你就不要再表演高超的物理实验或体育竞技的本事了，你应该学点与人沟通的知识，丰富校长的智能结构。

课程管理要素涉及面很广，当代教育思想、教育法律规章、中外课程比较……一言以蔽之，校长应该基于自身的实践，认真看书和学习，不断完善自己的认知结构。校长在做课程资源统整时，关键是把握住"度"，有师生发展的全局观和平衡观。假如校长的课程观有偏向，你就会对学校产生负面影响，所谓差之毫厘，谬以千里，因为教育是百年树人的基业，成败都在一念间。我在这里倡导校长多看书，既然看书，怎样提高阅读效率就是一种智慧。我在华东师大的"教育名著选读课"上开列了 60 本书，学生说三年看得完吗？三年看一本书也可能是看不完的，看一百本书也是可能的，关键是你怎么看？如何看书也是校长的一种智慧。

校长需要在各方面充实自己，这不是小题大作。校长不妨做个有心人，除了向书本学习，还应该向实践学习。除了本校的实践，通过交流也可以了解其他学校的经验，"他山之石，可以攻玉"。同时要懂得反思，校长通过领导课程的行动，提升自我反思的能力。有大块时间脱产学习的机会太难得了，校长领导力的培养是一个长期的过程，更应该注重在实践中提升。读书明理加上行动体验，周而复始循环上升。我们说一个人聪明，就是他在行动后会自我反思，反思后会不断改善，这是人超越于其他动物的地方，也是人称之为人的智慧所在。

校长们要养成反思的习惯，不是今天听了一堂课、一个报告，静下心来写个感受就完了，而是养成爱琢磨的习惯，反思也是一种习惯。反思既可以是当下的，也可以是每周、每月的，当然也可以是一年一度的。不断反思的结果就是在批判自己，否定自己，从而超越自己。人通常不大愿意否定自己。实际上，再伟大的管理者都需要以这样的方式来获得品质的提升。

校长的管理会有盲区，不反思难以省察。举个例子，一所学校是课改的示范单位，有一次市政府领导说要来校考察，结果领导临时有会不能来了，校长就通知了相关部门。后来校长发现门卫师傅情绪不对，做事有点不上心，态度也很反常。校长就找门卫谈心，问他最近家里有什么不称心的。门卫说：校长，你终于看到我有情绪了，我是对你不称心！校长说：我什么时候得罪你了？门卫说：校长说市领导要来，全校都要认真准备，我门岗也在尽心尽职；后来领导不来了，全校都知道了，唯独没人通知我，看来我不是这个单位的人，那我还需要尽心尽力为校长服务吗？

管理学有所谓的"灯下黑"现象，就是指管理者的盲区。你不要小看门卫，他情绪不好可能就闯大祸。学校的安全一旦出问题，你这个校长都当不成。

四、课程变革的途径观

课程变革的第四种观察角度是途径观，这也是一个方法论的问题。目的正确，还需手段高明才会成功。课程改革要取得成效，还要考虑适合的路径。

我看课程改革，大约是两种路径，一种是自上而下，一种是自下而上。纵观课程改革史，自上而下的比较多。自上而下就是权力制约下的课程改革，你看周代的"六艺"为什么到汉代变成"六经"了，就是汉武帝采纳了董仲舒建议的一个改革。宋代的课程改革由五经转到以四书为重点了，但最初是民间发起的，程朱学派起了很大的作用，等到理学家的课程观念在社会上的影响日益扩大，统治阶层就顺势而为，接过来利用朝廷的势力大肆推广。中国洋务运动时期的学校课程改革主要是由上层人物发起的，而到了五四新文化运动时期，民间力量成了学校课程改革的主导力量。西方古典课程主要体现贵族的特点，但文艺复兴和宗教改革以来的学校课程则更多地循着民间的改革意愿发展。宗教改革所带来的民族语言课程扩散和义务教育普及的变化，以及工业革命所造就的实科教育和实用课程兴起，就是有力的证明。

美国搅动课程改革的支点，也是运用权力，它比较高明的做法是采取立法的措施。

大家都知道，美国有个著名的《国防教育法》，因为苏联人率先发射了卫星，美国人觉得本国科技出现了大问题，而科技落后的根源又是教育落后，于是通过立法，把教育放在国防的高度去确认其地位的重要。法律定下来后，就是财政投入，然后推动学校的课程改革。但是我更强调另外一种途径：自下而上的草根路线，只要各级各类学校的校长把课程改革、课程开发的权力用好，在一个小范围内通过全校师生的努力，推动学校的发展，实现课程改革的增量，那么"星星之火，可以燎原"，它又会激发并呼应自上而下的改革力量。校长们知道即将公布的国家中长期教育发展规划，实际上就是在自上而下以及自下而上两种力量的博弈中实现平衡从而形成的，现在的改革路径越来越趋于这两个方面的平衡。

在学校课程的变革中，通常还显示这样四种模式：第一种，旧瓶装旧酒。如果课程很好，那就不要改，名称是旧的，里面的东西也是旧的，这是第一种，即以不变应万变。第二种，新瓶装旧酒，说里面的东西不错，不必改，换一个新瓶，改一个新名词，抓人的眼球，但装的还是旧酒。第三种，里面的内容发生变化了，但是瓶子还是旧的，旧瓶装新酒。第四种，新瓶装新酒，酒是新的，瓶也是新的。我个人比较欣赏第三种变革的模式，即课程有实质性的变化，但是为了减少改革的阻力和代价，我们需要寻找更有效的改革策略，不妨用旧瓶去装新酒。

当然也有人表示质疑：你用旧瓶子装新酒，新酒会不会变味？这个问题本人还在思考。但我看到西方课程改革史上最大的一次变化就是文艺复兴，为什么用复兴？打的是复古希腊的旗号，为什么要这么做？又比如说中国的韩愈，为什么写《师说》？是为了振兴儒道。他要抬升儒家的地位，但采取是复兴古文的方式，打的也是复兴的旗号。我再举个新例，大家都知道三十年来的改革开放取得多么伟大的成绩，邓小平当年打的旗号是恢复毛泽东实事求是的思想路线，老人家非常智慧，他把改革的震荡、改革的阻力和代价降到最低，这是了不起的！

人类的心理常常是有误区的。比如我们都会崇拜轰轰烈烈的伟大事业，我们崇拜将军，崇拜元帅，崇拜开天辟地的政治英雄。有时会觉得不见刀光剑影就完成社会的巨大转型，这算什么丰功伟绩？其实真正的伟大可能就是在不知不觉中完成的，而这也正是教育的核心竞争力。至于课程改革的路径到底哪一种合适，我想，实践是检验真理的标准，学生身心的健康、和谐、幸福并可持续的发展，这是课程改革的根本出发点。用最少的代价获得最好的产出，这是变革的第一原理，大到治国，小到治校，莫不如此。

如何使课程改革健康、稳定、有序地展开？我们也许还要充分运用对话的方式。因为对话的过程就是：我不知道"怎么办"，但是我可以给你一种找到"怎么办"的方法。在对话的引导下，你不知不觉会发现合适的方法，会形成正确的结论。对话的方式，用孔子的术语来说，是"扣两端"，而古希腊智者注重的论辩术，同样是形成智慧的门径，用苏格拉底的术语即"产婆术"。

课程变革归根结底是要促进学生身心和谐、全面、自由、幸福地发展。和谐不是一刀切，新课程需要围绕具有时代价值的目标展开，校长需要不断增进对新课改的解读能力。基础教育阶段的课程安排，不要彼此打架，校长和教师不要做"五马分尸"的蠢事，进入课堂，面对不同的学科知识，相关的任课教师恨不得把学生灌成数学人、物理人、文学人或英语人，但学生还是学生，也许他一辈子成不了文学家、数学家，也许他终身与有些名牌大学无缘，但在你这所学校所奠定的课程基础，将成为他感恩终身的知识源泉，是他一生幸福的理想航标。

（2010 年 1 月 6 日在浙江省湖州市"领雁工程"中小学校长班上的讲演）

教师成长篇

18. 国际化视野下教师专业发展的理论与实践

尊敬的长江学院的各位老师:早上好!

很高兴有这次机会与来自重庆的各位同行就教师专业发展的问题进行交流。重庆市有几张亮丽的名片:第一张是闻名于世的涪陵榨菜,不仅深受中国老百姓喜爱,现在也畅销世界了。第二张是重庆火锅,全国到处可见,不仅是冬日的美食,现在夏天也流行了。第三张是重庆的美女,现场也有不少美女老师。20多年前,我陪导师去西南师范大学,也就是现在的西南大学去参加研究生的论文答辩,当时就觉得重庆确实是出美女的。10年后,也就是20世纪90年代中期,华东师大组织博士团考察浦东开发区,我在某个机构碰到一位女士,觉得很眼熟。交流后,我说我是上海人,她就不相信我们以前认识,我问她是否曾在西南师范大学工作,果然真是,我说当年在西南师大你的办公室,我们讲了大约两分钟的话。她说你这位老师的记忆力真是惊人,10年前一见就能把我记住,我笑说主要是你的美丽让人过目难忘。

重庆曾经是一座英雄的城市,重庆升为直辖市后的建设更是日新月异。所以我对重庆市有一种高度的敬意,对来自重庆教育系统的同行感到特别亲切。今天,我们聚焦的话题是"国际化视野下教师专业发展的理论与实践"。在国际化的维度下,探讨教师专业发展,可以从两方面展开:一是学术理论的层面;二是学校实践的层面。我先对教师职业做历史的透视。

一、中国教师地位和职责的古今之变

在中国教育史上有一部非常重要的文献——《学记》,尽管它的字不多,但可以说是中国第一部初具形态的教育学专著。假如我们不以字的多少来衡量其价值的高下,那它短短一千多字的篇幅集中凝聚了中国教育的智慧。其中对教师的标准是这样阐述的——"君子既知教之所由兴，又知教之所由废，然后可以为人师也。""君子"是文化的传承者和社会的引领者，既要知道教育是依据什么才兴旺、发展；又明白教育为何失效、衰落，也就是懂得了这个奥秘，方可以胜任教师的工作。

在儒家传统的治国观念中，文化、教育是社会稳定的基础，国家"政治"、政府"治理"的社会基础是教育，儒家以学统、道统为政统的根基，这与法家思想是不一样的，因为法家主张政治、法律是社会稳定的根基。明代李颙说："致治由于人才，人才出于学校，学政本于师儒。是师儒为人才盛衰、生民安危、世道治乱之关，故世道兴则善人多，善人多则天下治。此探本至论。"教师承担着培养学生的重任，所以地位崇高，这叫"学政本于师儒"。这与今天的"科教兴国"理念可说是一脉相承。

儒家代表人物荀子，他特别重视教师的地位和作用，把教师看得比礼还重要。周代六艺教育的核心是"礼"的教育，至荀子则把教师放在礼之上。这个好比现在很多校长都重视新课改，但一个真正懂得教育的校长，他会把教师队伍的建设放在一个更突出的地位，道理跟荀子是一样的。当然，在荀子那个时代，普通人要拿到教学的文本（竹简之书）是非常难的，这样老师的职责就更加重要，没有老师的传播，礼文化就难以在社会上流传，所以荀子把教师的地位和作用与"天、地、君、亲"相提并论，又把君、师合而为一，以天地为生之本，以先祖为出之本，以君师为治之本，故以"上事天，下事地，尊先祖而隆恩师，为礼之三本"。从此可知，他把教师的地位，置于社会的最高等级。

请注意，荀子在这里并没有先说要尊师，而是"尊先祖而隆恩师"。尽管前面说的是天地君亲师，但是这里并没有说到"君"。之所以如此，是因为中国古代农业社会的结构是以血缘关系为纽带的，所以"尊祖"、"孝亲"关系到做人的根本。传统社会教师的地位与祖亲同列，所谓一日为师，终身为父。在古代社会，侍君都要行南面之礼，唯独老师可以免去君臣之礼，君主反而要向老师行敬师之礼，这就是中国传统教育一个非常重要的特色——尊重老师。

和荀子一样，孟子以为作师是君子的责任，因此他比一般的士更受社会的尊崇，所谓"天降下民，作之君，作之师"，孟子有时还要把师凌驾于君之上，即"是王者师也"。显示出教师地位的重要和他们要求参与治国的愿望。重视教师的作用，实际上也反映了"士"阶层的群体自觉意识。

现在有些教师自贬身价，觉得当教师就是讨一碗饭吃，教个"数理化"，到处有饭吃；如果专业化水平高一些，教的学生统测考分比同行高十分、五分就志得意满了。当然我在这里并没有要求老师都成为孔夫子那样的圣人,但中国有句老话——"取法乎上仅得其中",如果你没有一点理想追求,何来的师道威望?正如《吕氏春秋》所言:"君子之学也,说义必称师以论道,听从必尽力以光明。"

去研究、去探讨要有老师的教诲作为依据,然后把理论知识吸收进来,运用于行动上,这就是"尽力以光明"。如果听从而不尽力,那你的行为就是"背道而驰",理论是理论,实践是实践。所以说,"教也者,义之大者也;学也者,知之盛者也。义之大者,莫大于利人,利人莫大于教。知之盛者,莫大于成身,成身莫大于学"。可见,儒家学者把教书育人作为最大的幸福来终身追求。

近代中国师范教育的起步则是为了应对列强的压迫。当然,中国的教育在清朝以前,在人类文明发展史上,一直处于先进的地位,这个地位也是靠中国的经济实力来证明的。中国在清朝中期以前的 GDP,大约占到全世界的三分之一,这个分量是相当大的。正是由于富敌天下,中国的文治武功在世界上有非常大的影响力,所以当时的中国是不需要向外国学习的。但是到了 1840 年,随着世界贸易的打通,西方列强要建立世界市场,面对中国这样一个巨大的市场,肯定会想尽办法进来,于是就产生了冲撞。清朝政府关起国门,西方列强就用洋枪洋炮来敲门。中国的土枪土炮在列强的洋枪洋炮面前不堪一击,随之而来的是中国的传统教化在西方文化面前也落花流水,不堪一击。因此一个前所未有的时代到来了,落后的中国开始了学习西方的进程,学习西方的军事、科技首先需要培养人才,还需要认识洋文,所以最早开办的新式学堂就是京师同文馆、广州同文馆、上海广方言馆等,这些学校教授外国语言,如英语、俄语、法语等,就是培养翻译人才。

梁启超曾说当时中国最重要的任务就是要培养"新民",他们要有世界眼光,要有世界知识。而要培养新民,首先需要有能够培养新民的老师。所以梁启超认为当务之急是开办师范学校,培养新学校所需要的新教师。我国新式的师范教育机构就是在梁启超等人的影响下,在 1902 年颁布的《壬寅学制》中以制度的名义确立,在这个新学制里,师范教育分两级:一级是与中等学堂平行的师范学堂;另一级是与高等学堂平行的师范馆。1903 年的《癸卯学制》进一步系统提出了中国师范教育的章程——如《初等师范学堂章程》、《中等师范学堂章程》等,前者旨在培养小学教师,后者主要培养中学教师。到 1922 年,经过蔡元培、胡适等一批留学知识分子的推动,民国政府颁布了壬戌学制,也就是 1922 年学制(又称美国学制或六三三学制),这个学制基本上一直沿用至今。在这个学制中,师范教育作为相对独立的学校体制,也获得了提升,如初等师范学校延长为6年,高等师范学校改成师范大学。师范学校的学制一直影响着以后几十年中国教师教育发展的路程。

二、当前教师教育面临的挑战

(一) 知识的高度分化与整合的挑战

今天的世界已经进入了一个"知识爆炸"的时代。网络上的信息呈现出几何级数的增长,网上的资源库是无限的。我前些日子在上海参加一个德国电子产品的展览会,看到犹如硬币般大小的电子集成块,能把大英博物馆的所有存书都放进去。我问有没有可能把这样一个电子集成块植入人脑内,乃至把它联系到人的神经感应系统?技术员说理论上是有可能,而技术的突破估计也不会太久了。我想,如果真把整个图书馆装进人的脑袋,那会给教师教育带来怎样的挑战?

知识的迅速增长、容易获得迫使传统的知识课程和教学方式更新,这尤其表现在应用技术方面。新知识呈现出一个相互交叉、渗透、融合的状态,这就打破了以前学科知识泾渭分明的状态。现代咨询业的发达,使得新知识第一时间就进入学生的眼帘,那种瞬息万变的速度和浩瀚无边的广度反映出知识的变化日趋复杂。这个趋势导致了传统的单科性知识必须向广域课程发展,现在新课改正呈现出综合化的趋势。

为了加强学校基础课程的综合性,就需要提升学生基本学科的素养及创造力,去发展他的学习观、人生观、价值观、促成终身学习的目标,其中知识领域的融通就成为学校教育的重点。前几天我刚参加完研究生论文答辩,有篇论文研究的是近代中国的一个教育家,既是校长,又兼教几门课,现在的中小学教师都是画地为牢,固守着本学科的一亩三分地,我不是要诸位也去教几门课,但具有多学科的视野和智慧,这是我们应该努力做到的,这样才不至于"五马分尸",以本学科的狭隘利益去拼抢学生有限的时间。如何还原到整体的知识背景去思考问题?中小学各科教师要从恶性竞争转化到合作共赢,"木桶原理"告诉我们,"决定木桶容量大小的不是其中最长的那块木板,而是其中最短的木板!"这似乎与常规思维格格不入,恰是确切无疑的事实。社会的大规模分工是从近代工业革命后发生的,在此之前、特别是在近代班级授课制之前,学校课程更多是综合性的,教师的知识系统也多是综合的,就像马克思说的,"分工是人类社会发展不可避免的必要条件",但这也造成了人的异化,包括教师职业的异化、学生的异化以及学校教学过程的异化,这个问题日趋严重,所以学校课程要走综合化的道路来解决这个问题。

知识本身的融合是当前人才培养的一个重点,像中小学的某些研究性课程,可能需要不同学科的教师彼此合作。比如,问题导向的课程,依靠的不是单学科的知识,需要相关知识的整合,才可能找到解决问题的路径。这里有个例证,上海某校的研究性课题,参与研究的学生居住的小区绿化很好,是花园社区。他们就去调研小区里的树木品种,它们对人体的健康有什么好处?当然单靠他们自己的知识显然不够,所以请来了生物老师指导这个课题,但是由于生物老师本身的知识所限,还是无法解决问题。那怎么办?

(现场有教师答:可以有这几种方式:一是老师继续研究,知道了再去告诉学生;二是请教大学或研究所的有关专家;三是利用互联网广发帖子,可通过这三条路径解决问题。)

这位老师回答得非常好。当时的指导老师也给学生指了一条路,去了上海环境科学研究院,但他们碰到的第一个难题是进不了门,于是回学校开介绍信,这所学校在社会上还是很有名的,也找了点社会关系,学生就进去了。进去找了专家咨询,课题研究的结果发现,该小区的有些树种晚上释放的气体对人体是有害的。当他们要发布这个成果时,开发商就恐慌了,说现在是售房的高峰期,一旦发布肯定有损失。于是承诺等房子一卖完,立马把不适宜的绿化树给换了。所以这个中学生的研究性课题不仅有利于他们能力的提升,也为建设和谐社区做了一点贡献。以问题导向的方式去探究新知识,已成为教师必须面对的新挑战。

(二)知识的大量增生以及课堂教学时间有限的挑战

社会经济迅猛发展,对人才培养的质量和数量都提出了新的要求,学校教育必须从规模、质量、结构和办学效益的协调中间反省自身的发展。科技的日新月异,知识量的快速增加,以及存在形式的变化,知识共享的可能性等等,使学校教育从内容到方法都面临着严峻的考验。数字化社会的到来,新技术、新媒体的出现,使人类的思维方式和学习方式发生了重大的变化,对学校教育观念和实践也产生了深刻的影响。由于时代的变化和知识的激增,对学校的有限教学时间也形成了压力,新课改正是因为这诸多挑战而开展的。

在我看来,课程改革就是一个加减法的问题,减的是原先课程制度下的学科课时安排;加的就是新增的知识内容。知识的增长和教学的效率需要我们去重新调整、更新课程,在减缩老课程的同时,又提出一种新要求,就是要增强学生的学习能力,这就需要给学生一定的选修和自学的时间,这个时间只能从减少既往的课堂必修时间、提升课堂教学的效益中得来。

有些中学老师不简单,他们不仅能上好规定的内容,还能把一门学科的精髓传授给学生,钱学森当年在北师大附中读书获益良多,致使他感觉在上海交通大学的前两年似乎未学到什么东西,在钱学森成才的道路上,最关键的是中学数年和美国加州理工学院的研究生求学期间。这就说明基础教育的重要,关键是教师怎么教,事情是人做出来的,教师怎样在有限的时间里通过有限知识的整合,全面提升学生的能力,就构成了一个极大的挑战。

(三)互联网时代对教师权威地位的挑战

传统的教学方式由于其知识的传播途径有一种固化的特点,比较容易控制,比如老师上课,依据的是教材,把知识分成几个层面,浓缩整理加工,使学生不受其他信息的干扰。今天的互联网和信息高速公路使全球变成了一个整体,使主流意识形态很难保持权威地位,因为任何人都能很便捷地获得网络资源。全世界已有 10 多亿人拥有计算机,由于科技产品日趋创新,价格日趋低廉,要不了多久,电脑、电视、手机,"三机合一"的时代马上就要到来。今天的孩子有了各种各样的选择,通过上网可以进入各种虚拟的中小学、大学、图书馆、实验室、博物馆等等,每一个学生不仅可以选择最优秀的教师和教材,而且可以通过人机对话,与各种专家学者探讨,甚至可以在全世界范围内选择最理想的学习伙伴,这样一种人与机器的互动方式越来越像人与人之间的交流方式,而且这种转变会越来越快。

英国教育家阿什比指出,在漫长的教育史上曾经有过四次智力革命:第一次是由家庭转到基督教会或犹太会堂,从而实现教育职责的专门化功能——他是从西方的教育发展史来叙述的;如果从中国的教育史去思考的话,那么第一次智力革命就是由巫师的替天传言的教育模式,转移到"明堂"——国家所举办的知识活动兼养老的机构里去。第二次革命是由口头语言转为书写语言,从而拓展了教育工具的广延性,这是因为口头语言有时空上的局限性,而文字写在纸上,它就可以流传,这对教育方式产生了非常大的冲击,它突破了知识传播时空的局限。靠什么突破?靠语言转化为文字。第三次革命是由单个人的抄写转为大量机械印刷,从而实现信息载体的低成本扩张。传统社会尊师,是因为老师是知识的化身,是知识的载体;等到书本作为知识载体,老师的地位就无法避免地降低。第四次革命就是 20 世纪开始采用的新型技术,比如电影、录音、唱片、电视、计算机、互联网等。

我们面临的就是第四次革命所带来的挑战和问题,由于计算机、互联网使得各种资讯无孔不入地渗透、影响,西方发达国家凭借强大的经济实力、先进的科学技术和独特的文化,对发展中国家的教育正在产生着广泛深入的影响,这导致了民族文化及其精神在发展中国家青少年身上的急速流失。在互联网的时代,教师作为知识垄断者的权威地位被彻底打破,因为现在教师能用的资源网上都有,甚至教师没有发现的资源学生都可能发现。在这样的教学前景中,怎样重新塑造、整合、树立教师的权威地位?因为靠拥有知识量维系的教师权威地位已经一去不复返了。

(四) 学生主动学习与选择的挑战

传统的教育主要是向学生灌输知识,目标是为了应付考试,提高升学率,在这种情况下,教学活动主要表现为填鸭式、灌输式,当然就忽视了个性的发展。这样培养出来的学生往往是高分低能的,所以现在的大学老师经常说,大学生都被中学老师教坏了,进来后要彻底地给他洗脑。高中老师也很窝囊,他说你们大学老师讲的这个话还是有点道理的,但不是我们高中老师无能,因为高一接收来的初中生的脑子就坏掉了。以此类推,初中老师又怪小学老师,小学老师怪幼儿园老师,幼儿园老师怪家长的早期教育没有搞好。

从行为习惯、思维方式以及早期信息对孩子一生潜在的深刻影响来说,这样一层层地追究下来也是有道理的,高分低能的确从早期教育就开始了。今天的素质教育强调培养学生的能力,发展个性、发挥潜能来促进全面自由的发展。但真的这样做,是很不容易的,因为老师自己的素质就需要去提升,教师的知识结构、能力结构和素质结构就需要重新调整,才堪当新时期的老师。反过来,如果当代学生的独立意识不断增强,他一定会在思想观念和生活方式上要求独立,同样的,由于他的知识面广,思维灵活,他可以通过多种渠道来掌握知识,他未必要老师按部就班地在课堂上给他灌输知识,面对学生思维方式、学习方式的变化,老师怎么办?

老师要培养孩子的两种能力,一种是自理能力,这个是针对班主任来讲的。班主任要让学生具有自觉性,如果他有自控、自理能力,他的良好的行为习惯就会养成。第二种是自学能力,尽早地教会学生自学,老师就不会那么累,他的学习问题就容易解决。现在的自学工具太方便、太人性化了,学生使用得比教师还快,所以他也有能力形成自学的习惯。

说到自学，上海大学的校长钱伟长说，他衡量学生的标准就是：合格的大学生能够自学教材，合格的硕士研究生能够跟随导师做前沿的课题，博士生则满脑子就是前沿课题。我认为对学生的评价标准应该是自理、自学，经过这个过程，他就会成为独立的人、理性思维的人，他自己能够反省自己、提升自己。

如果专职教师的出现标志着教师中心为特征的第一次教育革命；以教科书的采用标志着以书本为中心的第二次教育革命；以班级授课标志着课堂中心为特征的第三次教育革命；那么今天学生的主动选择学习内容，选择学习方式、学习进程乃至学习目标，都标志着学生为中心的新教育革命时代的到来。

今天的教师角色正在由一个知识的传授者转变为意义的建构者，老师不再仅仅是知识的传授者，他更是指导学生自主学习知识，获得学习技能的引领者，老师的重要责任是帮助学生去理解一个经常变化的环境，帮助学生由一个被动的知识的接受者转变成一个主动的建构者。一言以蔽之，当学生可以自由地选择教师、选择学习内容的时候，教师本身就成为被建构的对象。

大家想一下，老师如果是挂牌上课，上海的华东理工大学曾搞过这个改革，这对老师的压力是何等之大！再推想一下，如果中小学的老师也来挂牌上课，有的老师可能门庭若市，有的老师可能门可罗雀，你的压力大不大？尽管孔子当年有教无类，但他还是有条件的，学生要表示求学的诚意，还要送上束脩以代学费，并非真的来者不拒。如果今天的老师也可以自主选择学生，那么双向建构的时代就到来了，这是未来学校的教学将要呈现的状态。

（五）以人为本的价值取向的挑战

温州地区大概是中国民办教育发展比较典型的地区，我曾去采访一位民办学校的校长，他说民办中学的校长还谈不到追求境界，每天兢兢业业工作首先是为了生存，如果学校办得不好，没有生源，学校就可能会倒闭，为了捧住饭碗，只能提高效率，处理好各方面的关系，不断提高办学水平。这就是一个简单的道理——当市场竞争的要素渗入学校教育的竞争，当教师面对着学生的选择，这就形成了以学生为本的价值取向的新挑战。

工业时代的教育强调的是专业化、标准化、统一化，制度化的学校成为教育发挥功能的唯一途径。久而久之，学校教育形成一个自我封闭的系统，也形成了机械的评价标准,僵化的管理模式,以升学为宗旨的培养目标。这样的教学模式已经难以适应信息时代对多元、多变、民主、平等价值观的追寻,以学生的全面发展、终生发展为本,以新的培养方式为指向的现代教育体制正在构造中。今天的教师需要教会学生学习,教会学生生存,教会学生关心,这是未来教育价值观念和实践取向的基本出发点。

适应工业文明的传统学校教育,适应的是规模化大生产的需要,这有它的合理性,因为当年的人才就是要适应流水线的生产路径,这个在卓别林的《摩登时代》里有着形象的展现。当今时代的生产、生活方式都在发生根本性的变化,大规模的生产将由小型化乃至个性化的生产所取代,群体化的生存将由个性化的生存所取代。比如家电,就从冰箱的颜色去看,以前说的白色家电主要就是说冰箱,今天还能够用白色去概括它吗?今日之冰箱有黑色的,有灰色的,有蓝色的,有红色的,有紫色的……乃至有五彩的,之所以如此,是因为有多样化的社会需求。

今天的学校教育也将是如此,只要学生有此需求,只要他有支付能力,你就应该满足他。农业文明时代的教育采用的方式是对于过去经验的简单重复,指向过去;工业文明的教育采用集体教学的灌输方式,指向现在;知识时代的教学方式将是个别化的,指向未来。未来的时代是一个瞬息万变、快速发展的时代,怎样去适应它,应对它,挑战它,我们要做好充分的准备,真正做到因人施教。

(六) 理论与实践分离的挑战

教育学是最具有实践品性的学科,理论和实践的结合是教师努力的方向,但现实的学校教育没有整合好,甚至造成了理论是理论、实践是实践的悖逆现象。当前的教育理论界确实还存在着重理论、轻实践的情况,有时则表现为盲从或迷信某种国外的学术理论;反过来,实践界也存在着迷信量化标准,比如说升学考试,或过分依赖个体的教学经验等现象。这是理论与实践的隔阂,现在需要打破这种隔阂,使两者更好地合作。实践要寻求理论的指导,理论要依据实践的检验,今天的大学和中小学的合作模式也是为了促进两者的结合。当然,教育理论也是有层次之分的,就好像自然科学技术的应用,也有类别和层次之分,实践是丰富多彩的,问题是找准自己的定位。

从一般的教育理论层面,到具体的学科理论,到学科的技术,乃至实践的操作,教师都要有所了解,然后有所选择,有所侧重,至于怎么选择,怎么侧重,这就要衡量教师的智慧了。总之,离开实践的高谈阔论,或者拒绝理论的鼠目寸光,对于教师的发展都是不利的,如何弥合两者的分裂,恰恰是对于今天教师智慧的一个新的考验。

三、教师专业化的发展趋势

基于世界教师教育发展的态势，中国教师专业发展正在呼唤着一个新时代的构建，它大致可以分为以下5种精神向度，这部分内容我在东京大学的一次研讨会上也交流过，现在与在座的同行再做一次分享。

（一）引领知识社会

人类社会目前正经历着从传统的工业社会到知识社会的转变，知识日益成为经济发展与社会进步的核心要素。知识社会是建立在充分认识人类需求和权利的基础上的，它的特点是包容性、开放性、平等性和参与性。知识社会不仅受技术力量的推动，还受民主意识的推动，所以知识社会是人类的因素和技术动力集合起来的一个新型社会。

当今的学校作为保存、获取、利用、分享乃至创造知识的服务机构，需要发挥个人和团体的强大作用，但身处信息化、知识化的时代，由于知识量太多，从而形成了一个知识的鸿沟。面对新知识的增长和鸿沟的产生，我们会感觉到自己的渺小和迷茫。学生、教师在知识时代都是发展中的人，不可能在学校获得一劳永逸的知识。教育的目的就是为了促进教师和学生更好地发展，但就整体而言，老师的发展是超越于学生的，尽管现在的计算机网络能够使学生和老师同步获得知识，但作为过来人，教师的智慧就是引领学生，所以老师要确认这种独特身份，充分发挥自己对学生的影响。

要发挥这种影响，就需要教师具有专业化的水准，对教育发展的前景有洞察力；教师应具备先进的学生观、课程观、质量观和教学观，特别要善于汇通各种知识，为学生提供综合化的咨询；同时教师还要具备专业道德，保持教育工作者的理想和品格，要有强烈的责任心和使命感，具备伦理的操守，率先垂范，做学生的榜样。我们要反省传统价值观把老师圣化，但不能因此而忽略了老师应具备的人生理想、道德操守。更何况现代教育的目标应具备公民价值的普适要素，即不论古今、不分中外，大家都应该遵循的共识。东方文化里可以提炼凝聚出具有世界共识的人伦价值成分，如孔子的"己所不欲，勿施于人"等；反过来，西方的文化观念里也可以提炼出相似的成分。价值共识的重叠可称之为"普适性"，如人本、和谐、自由、发展、民主、理性、仁爱、博爱、宽容、协商、互助、可持续发展等等，这些已经或正在成为全世界的共识，也为改革开放，特别是新世纪以来的中国学校教育目标所包容。

秉持与时俱进的原则,我们要在国际化视野下促进教师的专业发展,要不断提升自己的境界,开发自己的领导潜能,以新时代的教师形象来发挥重大的社会影响力。现在学术界有一个说法——大学应成为社会发展的中心,我认为不仅是大学,包括中小学,都可以成为当今时代的中心舞台。时代需要有一批最吸引人的、最具影响力的、最符合社会需要的人物。战争年代,政治家、军事家曾经是最耀眼的明星;经济建设的时代,企业家、技术发明家成为最耀眼的明星;进入 21 世纪,适应未来知识社会的发展以及人类的新要求,教育家将会越来越成为社会最关注的力量。

今天的社会问题很多,人们自嘲面临着新的"三座大山"的压迫:即教育的大山、医疗的大山、住房的大山,也有人把养老的大山归为"第四座大山"。但是中国的很多家庭、很多父母一方面抱怨,一方面是心甘情愿地背负起教育这座大山,不仅在国内背,还背到了国外。为什么?这也是中国文化的重教传统使然。我们讲的"大山",是从它的负面角度来讲的,因为它给老百姓的经济负担实在太重。但是从正面来看,也是社会对你最重视,问题的关键是学校要承担责任,教师要当得起这份重托,让老百姓满意。教师的地位是在引领社会发展的过程中确立起来的,教师的价值是由我们自身的表现来书写印证的,不是别人的施舍,如果是施舍的,教师的地位还是不稳固的。

(二) 激发生命意义

教育的价值贵在激发师生的生命意义。作为老师,每天面对学生的完整的生命,学生不仅仅是一个物质生命的存在,还是精神生命的存在。学校教育要面向人的完整生命,使之更加健康、更有价值、更有意义。人不只是适应自然环境和社会现实,还要超越自然环境和社会现实,换言之,人始终是处于一个没有完成的状态,需要不断地学习和成长。教师有责任促进学生的生命发展,而教师自身在这一过程中间,其生命意义也在不断地丰富,这是彼此滋养、双向互动的。

要激发学生的生命意义,首先需要尊重、关爱生命,不仅看到生命的限度,还要看到生命的无限可能性,帮助学生去实现生命的卓越和梦想。人都是有梦想的,如果一个人岁数很大,但他依旧保持生命的活力,还是有追求,那他就是有梦想的人,就像巴金,90 岁的时候还保持着青年时期的那种追求,创造的热情也没有消失。教师是一门职业,也是一门事业,更是一门创造的艺术。作为一门艺术的创造者,教师要让自己的生命日臻完善,要不断地追求提升。有了这样的追求,教学生涯自然会变得充实而富有情趣。

　　教师在激发孩子生命的同时,也在激发自己的生命意义,虽然教师的日常工作很平凡,但只要我们抱着这种追求的心态去看待自己的职业,就会体验到一种创造的幸福,因为我们的创造是一种生命的创造。在中国传统中,这就是"教化"的功效,"教"是一种手段,而"化"是一个目的,即一个事物由旧质转化为新质。"教化"的本来意义就是通过教师的教,把一个自然素朴的人转化成一个文明修养的人,这和"教书育人"的理念是相通的。

　　所以教师从事的是一种创造新生命的工作,他从这个新生命的创造过程中得到回报,即生命的快乐的延续,新生命对旧生命的提升和超越。教师在帮助学生发展的过程中,收获着三重快乐:学生的健康成长意味着自己生命的延续;家长、社会的感谢体现了工作的价值;与青少年在一起使自身的品性得到净化、升华,并永葆未泯的童心。尽管在美国,律师、医生的薪资水平和待遇都要比教师高,因为这些行业的成熟度要比教师职业高。但是做一名医生,每天都对着病人,都是苦脸;你要是有笑脸,别人可能还会说你幸灾乐祸;但是教师就不一样,你要是每天愁眉苦脸的,孩子、家长都会有意见,当你见到孩子们天真烂漫的笑容,久而久之,你的脸也会由衷地灿烂起来,你的心理会变得更健康,师生生命的意义在彼此构建中必将更加丰饶。

（三）推动终身学习

　　传统的教育是为金字塔式的劳动力设计的,即在基础教育阶段培养公民的基本谋生本领,这是底层的大众化职业;而大学是培养专业的人才,占据着社会上关键的管理或技术的岗位。传统的学校教育制度是以最低的投入、最少的时间获得最大的产出,这是工业时代的生产方式所决定的。随着时代的进步和发展,当今社会留给廉价劳动力的岗位越来越少,更多的是具有知识含量的岗位,第三产业或服务领域的劳动,与第二产业的机械劳动相比,知识含量也更复杂了。

　　到了今天,希望在学校里学到能终身享用的知识,已经是不可能了,这就要求学生在基础教育阶段具备持续学习的能力。即使在传统社会,如果一个人具有自我学习和不断学习的能力,他获得的收益也是不一样的。今天这个时代的终身学习,不是基于个人的理想,而是社会对每个人提出的现实要求。所谓终身学习,就是贯穿人生全过程的学习,包括正规与非正规的学习。终身学习是由法国教育家朗格朗最先提出来的,这一概念在联合国教科文组织《学会生存——教育世界的今天和明天》一书中也得到充分阐释。终身学习具有全面性、连续性、统一性、开放性、自主性、灵活性等等。如果缺乏终身学习的理念，人们就很难在新的时代生活下去，或仅仅是一种"被生存"，是社会对他的施舍，他是被抚恤的对象，这是很可怜的。从这个意义上说，假如你缺乏终身学习的理念和能力，你就不能适应未来社会的快速变化，你将很快沦落。所以说，基础教育就是为学生一生的发展夯实基础，今天世界范围内课改的趋势是强化普通教育，弱化专业教育。由普通教育打的基础越扎实，孩子的未来就越具竞争力。未来社会需要的人的特点是：领导力，合作精神，问题意识，自我管理，时效性，适应性，分析和综合思维，全球意识，全球视野，终身学习的动力以及持续发展的能力等，这也是教师义不容辞的责任——培养学生终身学习的愿望和能力，促进自我的终身修炼。

（四）服务学生发展

传统教育价值观之一是师道尊严，因为教师代表的知识，或儒家道德教育的价值观念至高无上。教师是作为道德价值观的载体而存在的，所以地位特别尊贵。今天从知识的容量上来说，老师如何能比得过计算机？假如仍然站在传统的立场去强调教师地位的重要显然缺乏依据，我们只能去适应时代的变化，重新定位，扮好教育服务者的角色，心甘情愿地做学生的铺路者，提供优质的服务。如香港教育委员会提出的要为学生提供六种学习经历：基本技能的学习；社区生活；真实生活中的工作经历；社区服务；运动和审美的经验；还有适应个别化的学习兴趣，提供优质的个性化的服务。今天的教师需要为学生提供全方位的服务，要突破学科划分的狭隘局限。学校作为一个学生成长的平台，不仅仅是吸收知识的场所，更重要的是构造一个教师与学生、学生与学生共同生活、共同体验、共同进步的经验共同体。教师作为这个共同体里经验丰富的长者，在与学生分享人生经验的同时，帮助、引导学生做出更好的选择。

美国人本主义心理学家罗杰斯引入"促进者"的概念，强调教师要做教育促进者，即教师帮助学生厘清愿景，围绕学生的愿望帮他安排适宜的学习材料和活动方式，从中发现独特的意义，进而强化学生的学习动力，全方位地促进学生全面而自由的发展，这是教师应当承担的职责。今天的教师要超越传统的一门学科的知识传授者的角色，去突破学科的限定，作为一个优秀的数学老师、语文老师、物理老师，如果你缺乏全人的教育意识，有时候你的潜力发挥得越好，你的教育效果可能会更糟。反之，如果你是一个智慧的老师，你就会从专业角度来思考学生的发展代价，思考之后，你可能会对自己的学科教学和育人价值有更深刻的认识。

（五）创造自我价值

任何职业，一定有两个基本面的价值：一个是社会的需要；一个是个体的需要。我前面讲过"三百六十行，行行出状元"，这个价值的维度，还比较多地停留在社会功利的标尺。举个例子，美国的政治家亚当斯曾说：我们这代人的价值追求是要做政治家、军事家，为的是让我儿子这代人做数学家、哲学家，还可以让我孙子这一代做艺术家、文学家。人类发展的精神指向或许遵循着这样的路径。当年蔡元培将美育作为最高的教育价值也是有道理的。

我在这里问一下在座的老师，你也有孩子，现在有一个追星的现象，青年学生不是追科技之星，不是像 20 世纪的七八十年代青年人以陈景润为榜样，现在是以歌星刘德华、张国荣，超女张靓颖，作家郭敬明、韩寒作为他们人生楷模，为什么中小学生的偶像变了？如果这个问题思考得不清楚，可能就无法理解杨丽娟的父亲为何到香港跳维都利亚海港，仅为爱女能见上她心仪的歌星一面。不弄清人生的价值，类似的悲剧可能会继续上演。

请问在座的老师，为什么要坐在这里进修？有些老师说是为了职称，还有的说是要捧住饭碗。最终可能还是逃不了功利的内容，这是因为人要生活，要吃饭，很多人还在生存层面挣扎。如果你超越了吃饭的需要，就进入了更高层次的自我价值的提升。教师如何提升层次，怎样创造自我的价值，这是需要思考的。今天这个社会需要教师全方位地拓展自身，否则跟不上时代发展。教师只有均衡和协调职业技能和生活趣味的需要，才能从中感觉到工作的意义、成长的幸福和生命的价值。教师的价值具有双重性，既有客体的社会价值属性，还有主体的自我价值属性。教师要从整体的角度来思考自身职业的价值，在工作的过程中不断地满足两个方面的需要，要自尊、自爱、自强，通过创造性的教学实践，把两重价值统一起来。

四、教师角色的时代转化

面对挑战，依据新时代的精神向度，教师角色如何转化已经成为当代教师教育的关键问题。1975 年联合国教科文组织在日内瓦召开 35 次教育大会，专题讨论教师角色的转化及其对师范教育的影响。其建议书明确提出教育体制已经发生或将要发生什么变化；并且指出教师与学生的关系仍然是教育发展的中心。

学校教育是通过师生间心灵与心灵的相互交流，经由教学媒体从而发生变化，过去是这样，今后也是这样。国外有学者把教师培养的类型归纳为四种：行为主义类型、人本主义类型、功利式类型和探索取向类型。为了更好地推进教育发展，我们必须在教育观念、教育目标、道德理想、教育结构、知识内容、课程体系、教育评价以及学校与社区、家庭的互动等各个方面思考教师的独特作用，思考到最后，我们发现：一切改革进程中关键之关键、软件之软件是教师。如果今天的教育还不尽如人意，问题就在于一大批教师还缺乏充足的准备，还缺乏足够的智谋去应对变化的趋势。为了迎接这样的挑战，适应这样的趋势，教师有必要在下面几个方面做好战略性的转化。

（一）从单一学科的传授师向综合性的辅导师转化

以往教师的定位是单一学科的专业人员，一进大学，专业就定了。这样的定位今天看来是不够的，现在需要突出教师的综合性辅导职能，教师角色发生这样的转化是因为现代资讯的几何级数增长，以及知识的日趋整合嫁接，课程改革向综合化方向发展。综合化的指标在中小学课堂比比皆是，如研究性课程、选修课程、双语课程等，一系列此类课程都要求教师具有复合性的知识结构。从计算机日益普及的情况看，日后单一知识的获取途径将变得更为高效，单一学科的知识可以进入网络，比如优质教师网，我想教师和学生都可以在第一时间得到想要的信息。但是，在学生碰到问题的时候怎样帮他们答疑解惑？怎样进行两种知识乃至多种知识的嫁接？怎样打通学生所面临的知识盲点？怎样帮助他运用多学科的眼光领悟独特的解题思路？这是今天的教师需要担负的任务，也是中小学生迫切渴望得到指导的内容。单纯地灌输学科知识，已经不能适应时代的需要，所以在这样的情况下，教师就要思考自己的独门武器是什么。还有，除了显性的知识，隐性的、默会的知识也是人们少不了的知识，正因为是默会知识，教师更难传授。从这个意义上来说，一个优秀的老师，要使自己具备充分的竞争力，就不能局限于单一学科知识传授者的定位。

（二）从单纯的知识传播者向研究创新者转化

以往对"研究者"的要求，往往是针对大学教师和科研院所的工作人员的，但随着中小学科研的深入，学校对中小学教师的素质也提出了新的要求。当然中小学教师的研究，主要是结合课堂教学实践，从培养学生的角度，有所创新和发展，与研究型大学的教师还担负着专业知识的创新任务显然不同，尽管如此，各类学校教师的创新能力也有共同性。我们要用自己创新的火把去点亮学生创新的意愿。有时还需要教师有更大的勇气,就像罗素说的——你如果想用创新的思想去赢得以后的世界,你现在就要做好准备,你将失去目前这个世界的支持,因此你将面临孤独,但你必须相信,未来能够证明你的坚持是正确的,你最后将获得成功。

(三) 从管理者、权威者向引导者、协商者转化

以往的教师主要是一个管理者和权威者,这样的角色定位使得师生关系往往很紧张,加上传统师道尊严的局限,教师可能局限了学生的创造力。教师要保持一种协商、民主的环境,创造一种宽松、宽容的文化氛围,这有助于学生创造能力的激发。民主型师生关系的构建,与当今社会的文化背景有密切的关联,这涉及教育领域和社会层面深层的改革。教师在目前状态下,如何在力所能及的范围内创设开放式的对话教学情境,加强师生的对话意识,这仍然是一个非常重要的问题。只有推动师生之间真实而建设性的对话,展开民主型的实践活动,才能培养良好公民的素质和创造力。

(四) 从施恩者向服务者转化

由于优质教育资源紧缺,再加上受传统的师道尊严的影响,以及在计划经济模式下的制度惯性,教师的地位就有点特殊,有些学校的教师和校长成了高高在上的施恩者;但是随着教育体制的深层变革,教育结构的调整,特别是民办学校的涌现,教育竞争的态势正在形成,市场经济的竞争要素正在渗入学校教育之中,在这样的背景下,学校教育将会从计划模式下的以教师、课堂、课本为主慢慢转化为以学生需求、学生的家庭为主,那么教师这一施恩者也会慢慢地变成服务者。

当然强调施恩者、施教者向服务者转化,不是说教师要放弃指导者的职责,所谓的"以人为本",也不是完全围着学生的意欲转,假如这样,等于放弃了教育指导者的职责。教师要运用智慧去引领学生,但问题的关键在于引领者、指导者的前提是你这所学校、你这位教师被学生被家长选择。只有在这样的选择下,你才可能发挥主导的作用,在这样的基础上才可能有真正的教学效应,因为此时的被指导者是"心悦而诚服"的,这是他主动选择的结果。这就是《吕氏春秋》所说的"达师之教"。

(五) 从传统的工艺雕琢师向当代的教育艺术家转化

《学记》里有句话:玉不琢不成器,人不学不知道。素材一定要经过艺术家的雕琢才能成器,这是最普通的道理。问题是传统的雕琢法很少考虑素材本身的意愿,更多

的是按照既定的标准和要求去加工。尽管农业时代手工作坊式的教育多少还带有"因材施教"的特点，所以毕竟还有一点艺术的创造，但是不得不承认当时的教师大多停留在工匠的层次上。工业时代的大机器生产要求人才培养的有效性、经济性、同一性。生产流水线上的螺丝帽都是统一规格，这导致人才的标准化、统一化、规格化。于是学校教育视学生为流水线上的速成品，以最快的速度产生最多的人才。到了信息化、知识化的时代，人们越来越关注个人的全面自由的发展。其实，教师职业就是人的创造、个性的创造，因而也就是美的创造。这样的创造指向的就是教育艺术家，从这个意义上看，教育固然是科学，但它将永远带有伟大的艺术成分。

（六）从论道者向践道者的转化

"论道"即坐而论道；而"践道"则是用自己的生命去印证道理。在今天风起云涌的教育潮流面前，教师要做一个"弄潮儿"，前提是有一点心理和知识的准备，从"观潮"到"弄潮"就是把知识理论与行动打通。教师如果不是仅仅追随几个流行的口号，而是脚踏实地把理论化为行动，这就需要一种勇者不惧的襟怀。中国近代教育家梁漱溟说：教育家是理想家和实践家兼具的人。在梁漱溟那个时代，他看到的教育界人士，要么是鼠目寸光、跟随大流的庸师；要么是举世皆醉，唯我独醒的空洞理论家；真正能认清趋势并能秉持理念，同时又是脚踏实地从我做起的仁人志士是何其少也！我们要努力去做梁漱溟先生说的"理想家和实践家兼具"的一代名师。

常常有老师跟我说：道理都知道，但就是不想做或不敢做。我说这也有可能，但是更大的可能是：你未必真的知道，因为，知道是何其难。孔子当年说："朝闻道，夕死可也。"早上追求了解了人生的大道，晚上即使生命终结也无怨无悔。老子认为人生的最高智慧就是一个"道"字，五千言的《道德经》就是阐发那个"道"字，然而道是无法阐述的，所以说"道可道非常道"。

按照中国传统的价值理念，知行是合一的。理论和实践的结合非常重要，但也很难，借用英国亨利·阿姆斯特朗的话——I hear, I forget; I read, I remember; I do, I understand. 请注意最后一句话，真正理解把握道，一定离不开做，就是中国的老话——"知行合一"。所以爱因斯坦讲得好，最重要的教育方法就是鼓励人去行动。对于初入学的儿童是这样，对于大学里取得博士学位的学生也是这样。我们写一篇文章、翻译一篇课文、解一道数学题，或者进行体育锻炼，无不如此。要成为一名卓越的教师，恐怕也要如此。

五、教师的核心竞争力

医生、律师、工程师的专业要比教师成熟，为了提高教师的社会地位，我们需要探讨教师专业的核心竞争力。教师专业的核心知识是实践性知识，也就是说教师专业的核心竞争力取决于教师的实践性知识。如果我们承认这一点，接下来的问题是，什么是教师的实践性知识？我想，教师的实践性知识是指教师在特定情景中，知道应当去做什么，这是 what；然后知道如何去做，就是 how。

我们不妨先从职前教师来分析，师范大学培养的主要是职前的教师、未来的教师，这类学员如何去获取实践性的知识？这是一个层面。第二个层面，这些毕业生走上了中小学教师的岗位，职后的教师如何进一步地发展、完善自身的实践性知识？这是第二个层面。

（一）职前教师如何获取实践性知识

实践性知识有三个来源：

第一个来源，理论知识的转化。

美国学者舒尔曼提出知识转化理论，认为学习系统化的显性知识可以帮助自己具备实践的能力，他划分了成熟教师的七个领域的知识，其中第四个领域，他认为可能是核心的知识，就是课堂教学中怎样把一个固态的形式化的知识通过教师的创造性运用，使学生能够掌握，这就是做教师的最具有竞争力的核心知识。皮亚杰则认为，一种智慧的发展应该是一个新知识不断被整人既有知识中的过程，或者说用已知的知识结构去整合同化新的知识。这样一个同化的过程就是顺应变化的学习过程，所谓顺应也就是重建和再造。

中国学者冯忠良提出用能力去内化经验的理论，就是说作为一个初职教师，已具有一些基本的能力，在此基础上，通过日常教学实践，去内化、归纳、转化、提升经验，不断用新的经验来充实能力。心理学专家皮连生提出"智力的知识观"，认为以往的知识观是孤立的，新知识须置于智力的背景去看待，知识是由智力统治的。某种程度上，智力可以看成是一种理论的知识、纲要的知识。这些实际上都涉及怎样把既有的理论知识转化为行动能力的问题。

第二个来源，教师实践经验的积累和提升。

通过具体的教育、教学案例，可以达到凝练经验的目的，因为案例展现了一个真实而具体的教育情景，它的描述细微丰富，包含着教师和学生的行为特征和思想、情感。教师在叙述一个故事的同时，往往会发表自身的看法，这也是一种点评，所以说一个好的案例往往是一个生动的故事再加上叙述者的某种精彩的评点。案例具有一些共同的特征：首先，真实性，即案例必须是真正发生的事件，不要去伪装，你可以加工，可以嫁接，但不要无中生有；其次，典型性，因为教育的故事遍地都是，之所以讲这个故事，就是因为它包含着一种特殊的情景，能引起人们的关注、讨论、反思、分析、批判，然后得到某种启示；再次，凝练性，案例不要叙述得非常繁复、杂沓，要在有限的形式中呈现丰富的信息，能够启迪人们从多种角度去思考。

一个好的合适的案例，其意义在研制和提炼的过程中展开，它似乎为教师提供一个记录自我经历和成长的机会，在你记叙、分析案例的过程中，促使自己更深刻地思考教学工作的难点或重点，因为下笔书写的过程就是思维沉淀的过程。案例是在反思的过程中生成的，一种潜在的可能，通过记载显性化了，而在这个显性化的过程中，一些模糊的东西清晰了。案例还可进入经验分享的过程，为教师教育提供参考的资源。职前教师可以跟着一个有经验的老师，看他怎么做案例分析，这是学习的捷径，所谓"学莫便乎近其人"。

师范生正式走上中小学教师的岗位之前，都要去实习。作为职前教师，由于缺乏实践的经验背景，所以他对系统的理论知识仅有一种宏观的把握，只是给实践工作提供了某种方向感，但要真正进入教育场景，就需要沟通理论与实践两类知识，教师的专业知识是教师的核心知识，也是实践的知识。也可以借助网络资源，让职前教师去充分浏览相关的资源，把握丰富的实例，吸收各种新鲜的经验，了解当前的问题所在，这都有助于职前教师的实践性知识的积累。

第三个来源，体验观察生活，积累实践知识。

经验要从长期的实践中来，而不是毕其功于一役，通过平时点点滴滴的积累，再辅之一定的理论分析、加工和提升。职前教师可以通过写教育实践的日记和评论来增强自我对于教育问题的敏感性，一旦动笔写，你就会逼迫自己去想、去聚焦、去选择。人是有惰性的，但如果有一个任务要求你去做，你就会潜下心来想一想，想清楚了，自己也就把有价值的东西内化了。一方面是内化经典知识，另一方面用你的经验去印证经典的理论，就是把理论和实践融会起来。还可以与行家里手交流，所谓"听君一席话，胜读十年书"，交流、对话有时真的胜于读书。我们要学会读实践这本书。

鼓励职前教师到中小学去经受实际的锻炼,借助这样一个方式去提升自己。还可以参加社会实践,比如家教、模拟观摩、参与教育培训等,哪怕做公司的兼职促销员,都可以获得人际的沟通知识,有助于转化为能力。要鼓励在校生提前跨上讲台,运用理论知识去结合实践,提高驾驭教育情境的能力。

(二) 职后教师如何获取实践性知识

第一,反思个人生活经验。通过反思,就其中对你的成长起重要作用的事件进行分析,这对你的专业发展有帮助。基于个人案例的反思是一种最真实的反思,比你去看人家的案例更有帮助。

第二,做好日常工作。比如中小学教师的备课、上课、班级管理等。只有投入了,才会获得产出,同时要不断地去想问题,要思考,要研究,与合作伙伴交流,去营造一个好的组织文化氛围,这有助于你的成长。

第三,确立专业发展的目标。一个人如果没有目标,他做的一切是比较茫然的。我们要树立远大的目标,还要把它分解,形成个人职业生涯的规划,可以有个十年、二十年的规划,更要有一个学期、一个学年的具体目标。这叫有远有近,不断地积累小的成功,慢慢就有大的成功。

第四,听一些前沿的讲座。这一次长江学院的老师来到上海,参与研修班的学员或多或少都了解了一些前沿的教育信息,也为自己提供了多种角度的参照资源。带着实践的问题去参与培训,这有利于理论知识与实践知识的贯通。听听对方是怎么想的,用自己的经验去印证一下,这是很有意思的。

第五,组织一些教学观摩。我想这是在座的教师在基层学校做指导的时候经常会做的,教学观摩确实有利于老师的成长,所谓不怕不识货,就怕货比货。在课堂教学具体情景的比较中,你会辨析什么是好的,什么是需要避免的误区。上海市教科院的顾泠沅副院长,当年在青浦区做教育实验,提出"差异比较研究法",这是受他当年的老校长的启发而提出的——就是去听学校中最好的老师的课和最差的老师的课,自己比较、反思,然后有启悟、有成长。

当然还可以去做一些教育考察,比如你们到上海世博园去,实际上也是一种考察。中国人说要读万卷书还要行万里路,因为知行是分不开的。行万里路无非是两点:一是山川美景;一是人情世故。一个是物,一个是人。这些对于教师是大有裨益的,所以如果有机会就应该出去多看看。

最后一点，强化合作互助。中国中小学的一个特色就是有备课组、年级组，现在还有课题组，这是非常好的学习共同体，一些西方发达国家还没有。我们要善加利用中国教育组织中的各种机构来发展自己，在这个平台上整合各种资源，通过合作来求取共识、达到共赢。通过自我的创造性劳动，传播乃至创新教育知识和社会知识。

在座的是大学老师，更需要引领社会发展，需要为中国特色的社会主义国家建设提供巨大的智力支持和精神动力。我相信，教师在创造社会价值的同时，也在创造着自我的独特价值。

互动环节：

问题 1：能不能谈一谈教师专业发展划分为几个阶段和几个层次？

金答：这是个很好的问题，基本的答案就在我刚才给你的那本《教师教育的历史、理论与实践》中，因为时间有限我就不展开了。

问题 2：我是英语老师，但是我对英语教学比较困惑，我从做学生一直到现在，看了很多老师上课，发现英语教学课大多是低成效的……

金答：我已经明白你话中的意思了，我觉得这不仅仅是回应一位外语学科老师的问题，对于其他学科可能也有借鉴。讲到外语的学习，今天的许多大学生学外语都是失败的，从小学一年级甚至幼儿园开始学，学到大学的外语都是哑巴外语。投入的时间与最后的产出严重地不对称，大概没有一门学科的教学像外语这样呈现如此严重的问题，原因是外语教师很大一部分还是停留在教学的初级阶段，就是语言知识的背诵、记忆和积累。今天外语的教学，在我看来，已发展到了第四阶段。第一阶段实际上是当年的京师同文馆的外语教学，属于简单的模仿和语言的积累记忆。到 20 世纪 50 年代初，除了语言知识的积累还加上语言技能的训练，这是第二阶段。第三阶段是八九十年代的功能交际法，强调外语在会话交流和写作中去运用和把握。今天的新课改实际上已经进入了外语学习的第四个阶段，语文和外语不仅作为工具来训练，还要提升文化意味，透过语言去把握背后的文化价值和内涵，去推进中外文化的深度交流。

然而现在不少学校的英语教学，实际上还停留在第二甚至第一个阶段，这或许就是提问老师的苦恼。我希望老师们涵养自己的底气，勇于引导，当然也要关注现实的条件，比如说在现行的考试制度下，交出你的出色答卷。我在杭州二中听课的时候，上海的一位历史教研员告诉我，他的一个徒弟任高级中学的历史教师，高二分文理班时，理科班的学生自发地请历史老师继续给他们上历史课，这位历史教师用他的教学实践印证了历史学科的价值。教师不用担忧学生不喜欢你上的学科知识,而是要让学生感受学科知识的魅力,如何在课堂教学的有限时间里充分地提升质效,这才是问题的关键。

现在已经超过了 20 分钟,真对不起! 最后表达我对大家的感谢! 另外希望老师们在世博园玩得称心如意,健康快乐! 谢谢!

(2010 年 8 月 7 日在重庆长江学院骨干教师研修班的讲演)

19. 教师专业化与因人施教

大家好！

今天讨论的话题是教师专业化的前景——个别教育的必要性和可行性。我围绕下列五个方面展开。

一、问题的提出：教师专业发展的核心是什么？

先介绍国内外教师教育的研究动向。目前教师教育研究大致呈现如下三种技术路线。

第一类是教师专业化向度的研究。为什么在教师教育领域会特别关注这一向度的研究？因为如美国学者克莱博认为，教师教育最严重的问题，是缺乏科学基础，他举医学为例，医学是有生命科学作为基础的，教师教育也应该有关于人成长和发展的知识作为基础，从而为教师教育提供主要的组织原则，使教师的教学更为专业化。他认为教师应该去关注人的发展的理论及其相关知识，把它运用于课堂实践，这样来提高学生的学习能力，未来的教师应成为善用社会学、生物学成果的专家。我认为，注重教师学科知识的课堂转化以及教师内涵发展的测评标准及其技术，这样一种研究的向度实际上是属于教师教育微观研究的向度。

第二类是教师教育政策研究的向度。基于国家政策对学校教育的重大影响，国际和国内的学术界现在越来越关心通过影响教育政策的制定，利用其杠杆作用对教师教育产生积极的推动。这样的政策研究已经深入到了教师教育的体制、教师培养的模式、教师的待遇和管理、教师资源的优化配置等等。这一类研究是侧重于学校教育的外部环境、特别是各级政府的政策导向。我认为，这是属于当今教师教育的宏观研究，它与教师专业化的微观研究一起形成了巨大的张力。目前是教师教育领域中的两大热点。

第三类是教师教育的国际比较向度研究。比如在20世纪末,21世纪初,在日本召开的"面向21世纪的教师教育的展望和改革——新的教师教育课程与继续教育系统的形态"的研讨会,就是代表国际教师教育思潮的典型案例。在这一国际研讨会上,确立了21世纪教师应该具备的三种能力。第一是以全球性的视野为基础而行动——全球化观念和网络生存的能力。第二是在急剧变化的时代中生活的人所应该具备的素质和能力——适应性和创新性。第三是教师工作所必然要求的素质和能力。这样一类的研究是把教师置于具有时代特征的全球人的能力和素质的高度来思考,我称之为"教师教育的国际化比较研究"。

当然,除了上述三种学界普遍关注的热门向度以外,近年来大家还关注教师的个案研究、教师的行动研究、教师的叙事研究,以及教师的性别研究、教师的社会学研究等一些新的视角,但主要还是前面三种技术路线。尤其是第一类教师的专业化向度研究,为什么引起了人们越来越多的关注呢?

我觉得这一现象实质是试图回应教师劳动的特性到底是什么。有专家提出,教师劳动的复杂性和难把握的标准,在于它的劳动效应呈现为活的产品,就是学生。教师的劳动效应在活产品上"缺乏明显的个别直接对应性"。与医生、律师这些传统的专门职业比较,显示出教师的职业具有一定的替换性。如果教师的正向作用难以测量,那么教师劳动的负面效应同样很难估算。由于医生的工作是针对某一个病人,或是针对病人的某一个器官所出现的问题;律师是针对某一个当事人,或是针对当事人面临的特定事件的纠纷。所以医生和律师的工作与特定的人、特定的事发生了直接的关联,他们工作的有效性在较短时间内就可验证,使人们能够比较准确地判断其专业水准。而教师群体服务于对象群体(学生),这一"双群体性"的工作特征使教师专业缺乏明显的直接效应性,导致单个教师的真实教育水平被遮掩。正是因为这个原因,使教师职业容易流于滥竽充数。

今天教育界在普遍关注教师专业发展的时候,教师的专业素养在理论上似乎在加强,但是在实践上并没有真正解决这个问题。教师教育的模式目前有如下一些类型:"3+1"的模式、"4+1"及"4+2"的模式等。大学生入学的前几年,先不分师范和非师范专业,到毕业前夕的一两年再确定方向,获得专业教育的硕士学位。有些专家认为这样的模式,要比原先的定向师范模式好,可在最后两年集中培育并提升教育专业素养和技能。但假如我们与医学生比较,培养一个医生通常需要5—12年的时间(5年制本科毕业的医生或连续12年直至博士毕业的医生),则4年本科的教师培养模式(3＋1)和6年研究生的教师培养模式(4＋2),时间还是太短,想达到高深的专业化水准的教师地位,实际上是不可能的。

一到两年的时间里,学生要学习教育理论、进行教育实践、撰写论文、联系工作,这样去培养一个专业化的教师实际上面临很多困难。实践证明,教师在具备基本的专业知识(学术性的教什么的知识)后,他的专业化的程度主要标志在会不会教,怎么教(教师性的如何教的知识)。中国现行的教师资格制度存在不足:大学毕业生只要通过教育人事部门组织的教育学、心理学两门课程的书面考试,就能获得教师资格证书。其实,没有一定的时间保证,教师的专业意识、专业道德、专业行为、专业知识,专业技能等一系列要素很难融合到一个教师的身上。仅通过两门教育课程的书面考试来认定教师资格,就好像一个医学院的学生,死记硬背一些医学知识,马上去医院上手术台给病人动手术一样危险。不同的是,医生如果这样做,可能马上会把病人整死;而教师面对学生,由于教育效果的滞后性,人们一时无法看到严重后果。

因此,教育界越来越强烈地呼吁:要重新修订教师资格制度,要制订严格的、科学的中小学教师的行业标准,建立严格的中小学教师的准入制度。这里没有讲到大学,实际上大学也有这个问题。大学教师的专业性为什么没有引起重视?讲到底就是大学不重视教学!

修订教师资格制度的核心是什么?就是建立一套完整的行业测试标准,包括品德考核、心理测验、知识水平和技能测试等等。凡是没有参与师范大学或大学中教育学院的培训和测试并取得合格证书的,不得进入中小学任教,甚至也不适宜到大学任教。非师范院校毕业的学生,必须经过专业机构最少2到3年的培训且通过新的行业标准测试,才能取得行业资格。我强调两个要件:一个是时间,保证2到3年的时间;还有一个考试,新的行业标准的考试。实际上现在像上海已经开始这么做。华东师大的研究生要进入上海的中小学,都须参加地方组织的教师资格考试。上海的要求可能比内地有些省份高一些,全国还没有统一的标准。外省有些地方,如果是华东师范大学的研究生,或985、211大学的教师专业研究生就免考,这是地方政策。

我提出用制度去保证教师专业化的时间,这是一个关键因素。为什么要两到三年的时间保证,光看一个考试不行?两个学生考试成绩差不多的情况下,有无实际的经历过程,内在素养是不同的。你们也是要做教师的,系统的学习过程与死记硬背或许在一张试卷上没有很大的反差，但背后的功力是不同的。譬如中小学有主课、副课之分，语、数、外科目为什么地位高？就是课时多！音乐、美术课为什么地位低呢？一个星期只有一节、两节课。课时就是制度的安排，所以制度是很重要的。

20 世纪的教育家意识到教师充其量是个准专业，希望以医学为榜样，在教育的研究生院里精心制作、装配教育科学的课件，并力图使之规范化。多少有识之士皓首穷经、倾毕生精力，企图发现或构造一个直接为教学实践服务的类似物理学、生理学、医学那样严密的"教理学"，但是很遗憾，到今天为止，教育和教学在相当程度上还是一门表演的艺术。更令人难堪的是，教学科学化的追求是如此渺茫，以致有学者视之如"长生不老泉"般不靠谱。

即使今天的制度安排和教育政策确保教师专业化的时间，甚至有更充裕的时间保证（譬如由 2 年的教育专业时间延至 5 年），但仅延长时间，而缺乏个别教育的必要条件，那么教师专业化的问题也许仍然难以解决。以医生专业相比，医生所处置的对象是个案（甚至有"多对一"的会诊），可见医生专业的表现是个别诊断；而教师专业的表现是课堂教学（常常是"一对多"）。还可以中医与西医作比较：中医诊断的是个体生命的整体性，所以它是辩证诊断的手段，在这一点上，中医面临的病人的复杂性和动态性与教师面临的学生成长的复杂性和多变性是相仿的；但是中医诊断对象的个别性（面对一个人）与西医的诊断方式是一致的。所以，我认为教师专业的"科学性"在这一方面甚至还不如中医学。

这就是问题的提出：教师专业发展的核心是什么？

二、教师专业的核心知识：动还是静？

2006 年 11 月 16 日的《中国教育报》有篇文章："找准教师专业发展的核心视角"，介绍美国卡内基促进教学基金会主席斯坦福大学教授舒尔曼的教师专业论，他把教师知识分为 7 大类：1. 学科知识；2. 一般教学法知识；3. 课程知识；4. 学科教学知识；5. 学习者及其特点知识；6. 教育背景知识；7. 教育目标、目的、价值观及哲学和历史背景知识等等。

舒尔曼认为第四类知识——"学科教学知识"，是教师专业发展的核心。这个观点提出以后，得到了教育界众多人士的认同。因为舒尔曼提到的学科教学知识是一种可以教的知识，包含在相对应的各门学科之间。具体表现为：如何用最佳的方式呈现特定的主题,比如模拟、举例、示范、图解。当然它还表现为学生学习这个主题,以及怎样帮助学生纠正错误的学习策略。用舒尔曼的话来说,所谓的学科教学知识,就是教师面对特定的问题进行有效呈现和合理解释的知识。这样的见解为教师专业化的问题探究界定了一个基本的前提。当然,在了解他的观点的同时,是否也可以提出一些不同的想法?

我认为目前对于学科教学知识内涵的理解有两种不同的探讨方向。一种是静态分析的方向,把教师的专业知识看作是完整可教的,是一种相对独立的体系。另外一种是动态分析的方向,由于要把知识有效呈现给学生,需要教师在教学的过程中融入多种知识,比如课程知识、评价知识、社会知识、心理知识,还包括学校情景和交流的知识等等,这样就很难把知识固定化、程式化,也就是很难把它静态化。实际上,接受知识的学生这一维度也是动态的,师生互动的问题就更复杂了。当我们对教师核心知识用动态构建的方法,实际上是否游离了舒尔曼提出的核心观点?因为7类知识的边界又模糊了,一旦呈现动态,第四类知识和其他六类知识又发生了关联。

问题是舒尔曼所谓的教师专业核心的第四种知识到底是什么?为什么人们对它的理解有两种不同的倾向?

我就这个问题与两位资深专家探讨过。其中一位提出,舒尔曼的7类知识本身是否考虑过内在的逻辑关系?教和学的过程是否可以分解为7要素的技术性的逻辑框架?他认为教学过程中间以整体图像呈现出的知识可能就是融合性、综合性的,是知识的动态和静态的纠结。他认为教师专业发展的核心,恐怕主要是三个层面的意识——教师的信仰、教师行动中的审美意识以及师生关系中的对话。这三种意识可能是教师专业里三种主要的成分,而最核心的恰恰是精神层面对专业的信仰。当然,另外一位不同意这种观点,他认为舒尔曼的价值正在于把教师的学科教学知识作为7种知识里最核心的部分,这说到了教师专业化知识中的要害部件,而这种核心知识既是静态的也是动态的,而且更可能是有形的静态,如果不是有形的静态,就无法界定它。一种无法界定的、像流水一样永远流动的知识,教师怎么去呈现、传授呢?

三、教师专业知识的复杂性(动态性和个别性)

我们需要思考:舒尔曼为什么要把第四类的知识作为教师专业发展中的核心知识?我觉得他是为了提升教师的职业地位。目前社会对教师的评价不高,源于教师缺乏坚实的专业基础和技能。舒尔曼认为教师如果要有核心的竞争力，就必须抓住关键性的学科教学知识，保障课堂教学的质量。通过核心知识可以整合其他知识，而静态的知识是可以构建的，当然知识构建时，会和动态的教学过程发生关联，因而核心的知识也会呈现复杂性，特别会依据师生——人的千姿百态、千变万化而产生。

我想，一旦进入千姿百态、千变万化的动态的过程，到底怎样去把握它呢？这又回到原点去了，又成为把握不住的知识了。今天又是一个技术至上、效率至上的时代，社会对教师专业发展更多考虑的是功利的标准。我甚至担心对教师专业化过分强调，其效果很可能与人们的初衷相反——不是提高教师的地位，而是降低教师的品质。因为按此功利标准，专业化不断发展的过程，就是把教师变成一个高效率工匠的过程，这种专业技术培养的路径恰恰违反了中国传统的师道观，同时也不符合国际教师教育的主流趋势。

今天人们在大声责问：为什么当代中国缺乏教育家？我要问：教育家与教师专业化的向度是否在本质上一致？我认为，一个真正的教育家更重要的确实是专业信仰，某种宗教家的服务意识、献身精神。或者用中国传统的话来说，有一点士大夫的精神。中国传统师道更多地追求人文道德境界，"道"所内蕴的崇高价值使得传道的教师其社会地位高于政治官员。当然也可以问：仅具有传道的精神、专业的信仰，而没有学科的专业知识、传授的基本方法，能行吗？做语文教师的，缺乏语文常识，读音不准、书法不正、语法混乱、思维不清，你怎样教学生理解一篇课文？数学、物理、外语都是如此。反过来又要说，当你的教育对象学生不想学习的时候，当你呈现给他的知识和他原有的知识架构没有发生关联的时候，那么教师的学科知识再多也没有用，这时确实需要另外一种知识，或是教师的人格感召、或是教师的心理诱导、或是教师的幽默情怀。学科知识丰富就可做教师的话，那么数学家的儿子都可以成为数学家了？

所以教育学术界一直以来困惑于"学科学术性的知识和教师专业性的知识"——到底谁为核心？舒尔曼思想的核心，是"学科知识"及"有效传导"学科知识的"其他知识"的整体，包括心理情感、动作技能等综合知识。这样两类知识的结合，实际上又突破了舒尔曼对第四种知识的界定。而且我认为，作为工具性知识一般来说是比较清楚的，但如果引入人文知识、引入艺术知识——假如它们也属于知识的话，那就是引入了复杂性。至于人，那就更复杂了！师生的知识结构不一样，生命情景不一样；学生中有好学的、有厌学的，有一听就明白的，也有听了半天不知所云。教师怎样在课堂有限的教学时间里给几十个同学同时呈现对每个生命体具有内在价值的知识图景？用什么样的呈现方式才是最佳的教学效率？不少教师聪明的办法是"抓两头，带中间"，也有教师是"抓中间，暂时放两头"。实际情况往往是"中间抓不住，两头都放掉"。正因为很难把握课堂的关键，才引起了对舒尔曼教师专业核心知识的不同解读。

我们如果沿着动态的思路走，就是在考虑舒尔曼所提出的核心知识这个问题的复杂性。沿着复杂性的路径走，所谓的"核心知识"又变成一个无法把握甚至难以阐释的问题。教育界的人士为之非常苦恼。

四、教师核心知识的竞争力如何养成？

我认为要从制度和实践的层面上思考。教师是一个实践性很强的职业，按照舒尔曼的观点，除了"学科教学知识"之外，还有其他六类知识。能否通过实践情景，把相关知识调动、融合起来？缺乏选择的智慧，又怎能运用各类知识？没有相应的问题情景、教育情景，教师核心竞争力如何呈现？所谓核心知识（即舒尔曼所谓"第四类知识"）不通过实践又怎能真正落实在学生身上？教育实践所蕴含的复杂性势必要打破舒尔曼静态核心知识的模式，从而进入动态核心知识的模式。

20世纪80年代以来，学界通常将教师的专业知识概括为理论知识和实践知识两大类型，理论知识是指向人们在实践中借助一系列概念判断、推理表现出来的关于事物属性的知识体系，包括了学科知识、学科教学法、教育学、心理学和一般文化课程等等；实践知识通常表现在具体行为中间，通过行为呈现出的信念、价值观、态度、情景和策略等。教师的实践知识指向老师在特定情景中应该做什么以及如何做的知识，属于"是何"和"如何"的问题。具体来说，教师凭借生活经验、职业敏感和人生哲学，高度综合并内化学科知识、教育心理知识而作用于具体教育情景的一种知识形态，它横跨了知识、态度、技能等不同的方面。教师的实践知识是教师的教育教学经验以及教师在教育教学行动中形成的各种能力的综合，是教师在教学实践中积淀的理性思考的"即兴外显"。教师需要在长久的实践中获得一套"无意识的支配具体行动的实践知识体系"，才能使学校教学的实践合理而持续地运行。换言之，我们今天关注教学实践中教师的核心竞争力，正是凸显了实践性知识这一标示当前教师专业化发展的新路向。

就教师的知识来看，通常是一种"三明治式"的结构。如上层的是教育理论知识，中层是学科专业知识，下层是普通文化知识。换言之，其底部是通识教育，中部是学科教育，顶部是教师教育，这样的三明治式的教师课程设计，在美国相关院系的课程中大概各占1/3的课时;在日本中间一块占60%,上下两头各占20%;中国中间一块占近80%,上下两头各10%多些。美国的课程架构至少在形式上、在制度安排上,显示出三类课程的平衡。当然,三明治式的结构,实际上还没有解决教师融化三类知识的动力机制和实践机智,因为这三块知识是相对独立的,还停留在知识和理论的形态(静态)。这三类知识需要通过特别的课程安排,通过特别的教师教学实践,才可能真正化合三类知识使教师焕发生命活力,进而影响学生。这就需要树立一种新的教师观。我认为构成教师智能金字塔的结构,由四个等面积的三角形组成。中间部分倒置的三角形即"实践知识及能力"。上、左、右三个等面积的三角形分别是教育知识、学科知识、普通知识,这样三类知识一定要通过实践,通过特别的修炼化合起来,成为教师活的知识。所以不能机械地理解三类知识的平衡,需要注重三类知识的融化和运用。其中实践性知识的能力,也许就是舒尔曼所说的"教师的核心知识和核心竞争力"。

要真正把握实践性的知识,首先需要制度性的课程保障,教师行业要向医科大学看齐,譬如可以实行7年一贯制,这指的是基础教育的教师培养;以及12年一贯制,这指的是高等教育的教师培养。7年制可以通过2+2+3——通识2、学科2、教育(理论加实践)3的课程组合,也就是专业学士学位+教育硕士学位的培养模式;12年制可以通过2+2+2+3+3——通识2、学科2、专业2、前沿3、教育(理论加实践)3,属于专业博士学位+教育硕士学位的培养模式。如果不在高校任教,不在此列,最后3年可以拿掉。为什么基础教育如此重视教师的教育知识,唯独高等教育不注重教师的教育知识?我觉得这是违背逻辑常识的。如果承认高等教育同样是一门科学,就需要从制度安排来落实课程知识,只有这样,教师专业的核心知识才能在制度层面获得支撑和保证。

但课程制度的安排是必要条件之一,并非充要条件。教师具备了专业核心知识,但不能配置以个别化的教育策略,仍然无法获得教育实效。

五、个别教育的必要性和可行性的问题

今天的社会正处于迅速而复杂的变迁之中,信息如汪洋大海包围着每个人。越来越多的教师作为一个专业工作者,困守于不断分化和细化的专业知识壁垒。教师不得不依靠团队的力量来实施教育的全面性和完整性。英国哲学家罗素指出:当今时代的知识已经变得如此复杂多样,以至于人们一直以为,任何一个人在今天都不可能掌握

一个很大的知识领域,这成为最不幸的误解。如果一本书要有价值而不是作为参考书的话,它就必须是一个人的著作,这是把多种多样的事物集合在单一气质的整体之中的结果。在今天的时代这样做确有困难,但如果要使伟大的历史著作不只是过去才有的话,就必须想出新的办法。我觉得罗素的话富有启示性。今天的科学研究确实需要团队的合作力量,因为基于分工及研究对象的复杂性,个体越来越难以全面把握研究对象。但是,仅仅用分工,没有更高层面的个体还原,那么研究就难以突破,可能没有原创性。而更高层面的个体还原一定是其知识汇通中的生命感悟和迸发,从而形成知识发展史上的独特生命,它绝非众多人的杂合。

我认为当今科研模式将面临新的转型。中国学术界较多借鉴苏联的模式——集体科研模式。苏维埃政权建立以后什么都搞大兵团模式,这是计划经济的产物。当时有它的优越性,但是在科学发展上有致命伤,中国这方面学了苏联一些不好的东西,这种计划体制下的科研模式的惯性影响至今。当然我不是否定合作的必要性,今天由于知识的分化和研究对象的复杂性使合作日趋重要。但我认为集体研究始终是一种辅助性的科研力量,个体的研究作用恐怕要更为突出。美国至今还非常强调科研的个性化。我们应该找到一种方式,使两者更好地结合。我想说的是,如果作品的生命是源于作者的生命,那么学生的生命与教师的生命同样休戚与共、息息相关。教师的专业化发展如何适应学生的个性化发展?这同样是"多种多样的事物集合于单一气质的整体之中的结果",这是学生需要的教育效果。要有这样的效果,当然离不开教师教育的创新。

教师教育的创新需要制度的保障,特别是课时的安排来落实教师的核心知识,这是必要条件,还不是充要条件。更关键的是引入个别化的教学,这才构成教师专业核心竞争力和教师专业地位巩固的充分条件,因此这里需要探讨和思考个别化教育的必要性和可行性问题。

先从必要性上思考,至少有五个维度可以展开。

1. 历史依据。从孔夫子的"因材施教"和"叩两端",到柏拉图的对话教学及知识的"产婆术";从马克思关于人的个性自由、全面的发展学说,到杜威"儿童为中心"的教育理论。把古今中外著名的教育家的经典教育思想挖掘出来,看人性的、价值的取向,所有历史依据恰恰都是指向个别化的教育。

2. 社会依据。今天已经是知识经济时代,如果工业时代的集体教育的模式、班级授课制的模式,是用最小的投入达到最大的产出,用标准化的模式生产标准的零部件的话,那么今天的经济已经更多地渗入知识和信息,再用传统方法培养学生已不适应时代了。知识经济需要创新型的人才,首先要求教育回归原点,回到个体生命,这是时代提出的新命题。只要看一看当今的教育名典《学会生存——教育世界的今天和明天》,你就会有更深的体会。

3. 心理依据。从当今心理学发展趋势尤其是与教育有密切关系的建构主义理论思考,如果说以往的"刺激-反映"心理理论更多地指向集体型的教育模式、灌输型的训练程序,那么从结构主义到建构主义的心理-教育学发展则给了个别教学更多的证据,当今心理科学发展,指出了个体教育必要性以及个体教育有效性的充分依据。

4. 技术依据。今天的知识资源和信息来源依托多媒体和互联网络,可谓取之不尽用之不竭。学校硬件已经或终将为课堂学习或家庭教育提供强大的技术条件,如果说历史上的师徒授受方式难以解决教师"一对多"的矛盾,那么,今天教师利用网络多点互动的方式可以提供学生更多的个性化辅导。

5. 现实依据。个别教育当然不是当今时代的创造发明,但今天的学校教育、社会教育、家庭教育,凡是成功的教育都在不断涌现丰富多彩的个别化教育的成功案例。从小班教学、分层教学到个别辅导,包括适应个性化需求的各类教育专业公司的层出不穷,反映出整个世界教育发展的大趋势。来自实践的个别教育的强烈呼声和各种实验,需要教师从专业的角度做出充分的回应。

从可行性的角度思考,是因为我们已身处一个选择的时代。作为一个务实的教育工作者,不妨看一下日常生活所发生的巨大变化。我仅举两例:一是吃饭,餐厅里的各色自助餐;一是购物,遍布各地的巨型超市。自助餐是满足个体的喜好和口味,超市是满足消费者的个别化需要。这是一个商品过度细化、太过丰富化的时代,我到大超市去,感觉被商品压得透不过气来,都不知道该买什么。我现在是返璞归真,买最简单的,就是米、蔬菜、水果。譬如米,认准了某个品牌,因为是单季稻,口感好,就是贵些我也买了。像蔬菜,如果贴着"绿色无公害",来自什么实验农场,即使价钱贵一点,我也买。因为消费不多,家里就3个人嘛,还买得起。其他再琳琅满目的物品,对我来说等于不存在。

有次到淮海路的上海食品商店,我带着女儿进去,看着琳琅满目的食品,都是小包装,大概有上百种,我说多好啊,好多东西都没有吃过,但我不可能每样吃一斤,也不知口味怎样。我问:每种要一点行不?售货员说行啊,是半斤还是一两啊?我说每种就拿一包,你看这饼干两片一包,我就拿一包,这牛肉干两粒一包,也只要一包。她说从没人这样买过。

学生:这事我也做过。

金:这事你也做过啊? 你先让我说,不要把我的乐趣给剥夺了啊。我问为什么没人这样做? 她说因为价目不一样,计算太烦。另一个柜台的营业员就在那里笑,我说你能不能做? 她说可以啊,我马上挑了几十种,每种一包。她很快称好,价钱也算好了。我说不好意思,给您添了这么多麻烦,她说没事。我说恐怕您是第一次碰到这样的顾客吧? 她说也有,碰到过一个外国人也是这么买。看来我也享受了外国人的礼遇。

学生:我也有这种想法,但营业员态度很凶……

金:结果你没买?

学生:没买。他不卖态度还忒坏!

金:其他同学是这样选择购物吗? 都没有? 你们太老实了。就是你们这一批老实的顾客,惯坏了销售员。什么叫"消费者是上帝"啊? 消费者不管提出什么要求,都是合理的,应该千方百计地满足他。而我的特殊要求,促使商店在流程上改进……

学生:消费心理学。

金:选择的时代到来了,如果营业员没有意识到这一点,她的商店竞争不过人家;企业家没有意识到这一点,也竞争不过人家;校长和教师意识不到教育的消费市场正在形成,教育的选择时代正在到来,学校同样竞争不过人家。

今天的高校已经允许学生不仅可以选学校,也可以选专业,进入学校还可以转专业,而义务教育阶段,仍然没有选择,这是公有制学校的弊端。民办学校的最大优势,就是提供多种选择。弗里德曼为什么要提出用"教育券"改革公立学校的弊端? 教育券的实质是赋予教育消费者以选择权,从而激发公立教育的生命力。

选择是给个体以教育的主动权,那么个别教育有没有实施的可行性? 我觉得行。怎么行? 也是五条。

1. 延长教师在大学的教育专业培养年限,这一点前面已经论述过了。

2. 重构教师专业知识的结构。以教师的教育知识、学科知识、一般知识和实践知识四个等积三角形组成立体的金字塔结构,并用实践知识化合其他三类知识。

3. 注重教育案例积累。这一点尤其需要向医学院学习,我女儿从大二开始就定期到医院实习,到研究生阶段已分别在 3 家医院实习过了。而研究生的两年基本上都在医院里,所以 7 年里面,大概前前后后将近有三年时间是在医院里实践。实习其实是积累病案、积累丰富经验，碰到类似病况，诊断起来八九不离十了。医生的功夫是一辈子病例的积累。做教师的也是如此。当然幼儿园喜欢年轻的教师，有些教师一到四十岁就担心职业危机，其实教师像医生，年纪大些有优势，除非你做体育教师。

4. 小班化教学和个性化指导的结合。目前推行个别教育有难度，但小班化教学的现象在增多，适龄入学的人口高峰正在过去，今后生源会减少，教师数量会扩大，教师带的学生少了，个别指导的时间就多了。小班化和个别化教育是个大趋势。

5. 保证教育对象的选择权。为什么要这样？因为选择才可以提供给学生、教师更多的发展机遇，莫兰的《复杂性思维》强调，只有把自由建立在发展的多种可能性选择的基础上，选择是主体在适应多变的环境中自定行为的能力。莫兰提出人类的行为应该遵循两种方法：一个是程序，一个是策略。程序是应用在有序性统治的稳定的环境中的方法，它有相应的行为序列构成；策略性是应用在有序性和无序性共同支配的变动环境中的行为方式。我前面说到教师核心知识为什么要稳态和动态结合？如果说程序化是稳态，那么随机应变是动态。无序性常常变现为干扰，甚至破坏个体原定的行动计划，从这一点上它是负面的，但它也可能提供有利的行动机遇。

举个广告的案例，说明偶变、意外、无序所带来的机遇。百事可乐打造经典广告，投了不少钱，策划了创意文案，但拍不出效果。折腾了一个多小时，演员浑身是汗，导演说休息吧。片中小男孩就猛喝可乐，可乐水滴滴答答的流到颈脖上。边上小狗看到了，就扑上去添，小孩就笑，狗和孩子闹成一团，在地上打滚。摄影师出于职业的敏感，抓住机遇全部拍摄下来，不用剪辑，一部经典的百事可乐广告片就此产生，这就是"变化、意外孕育成功的机遇"！广告学都要讲这个经典案例的。文案策划和实际运作是有差距的，为什么广告人随时随地需要捕捉意外中的创意？不经意间，也许有一个巨大的商机。

没有个体的自主选择，也就没有个别教育。教师通常是教常规知识（程序性），但无序性提供可能的选择策略，两者结合，实现学生最佳发展的可能性，也就构成了教师核心竞争力的来源。

提问与互动

学生：强调个别教育的可行性，是追求培养个性化的教师，但教师教育有一个框架。如金老师刚才提出通识、学科、教育及实践四个板块结合，但学生或擅长实践、或擅长通识、或擅长学科知识、或擅长教研等，用一个模式，会不会影响到教师的个性化发展？让有特长的教师没办法凸显呢？

金：我说的个性化教育，主要指教师如何面对学生。说到教师培养，则教师自己也成学生了。职前教育时他的身份是准教师，自己也面临个别化教育，就是师范大学的教师如何个别化培养未来教师的问题。这一点中小学与大学存在同样的问题。所有的学校教育，都有一个框架，都有基本的专业课程设置。但是在培养的过程中间，教师需照应学生的个别需要。就教师的专业发展而言，四个模块的知识结构结合到不同学生肯定是千变万化的。特别是实践性知识这一块，变数是最大的。即使教材、课时、任课教师是一样的，但就是在座的诸位，你们肯定是不一样的，你们听了我讲课后的想法，也是不一样的。我上课也许是在规范你们，而实际上你们的提问是不一样的。当然你探讨的是教师教育的个别化，和我讲的主题不完全一样。

学生：但是师生课堂交流中没有考试标尺的压力。如果有一个考试的指标，我就可能要压缩感兴趣的东西，而转向指标性的东西。

金：你说的是考试的问题，我们现在讨论的是教学，当然两者是连在一起的。考试是一个指挥棒，考试如果是注重选拔，题目设计就一定有区分度。目标制约手段，标准决定举措。你说的这个问题是有意义的。当课堂教学变了但衡量标准不变恐怕是不行的。新课改为什么如此艰难？就是因为高考的标准没有跟上，这是同一个道理。

学生：我听有的高中生说，他们学校上课不用新教材，还是用老课本。因为考试还是老方法。

金：现在自主招生大学的考试题，你是无法准备的。但是有些中学教师给学生"脑筋急转弯"式的训练，编自主招生案例选，搞对策训练，所谓"上有政策，下有对策"，这又走入误区了。原来是死读书，现在的"脑筋急转弯"又比死读书的训练方法好在哪里？不是说所有大学自主招生后就永享太平了，什么问题都没有了，那是不可能的。但是我们只能解决这个阶段的问题，因为它已经放在我们面前，成为迫切的问题。等到新问题出来，我们再来研究，或者就像你刚才说的，专家没饭吃了，就找些问题去研究（笑）。

学生：这是一个螺旋上升。

金：对。

学生：刚才您提到，在您和其他两位老师交流舒尔曼的教师专业理论的时候，有一位老师特别强调了教师信仰的问题。因为我本科是小学教育专业，当时我们就讨论教师资格证的考试，认为教师的门槛太低。师范生与其他专业的区别何在？其他学科的毕业生自学两三年能否掌握同样的技能？也许教师的信仰和职业道德，以及对职业的忠诚度，别人化两三年未必能确立。还有教师倾向的心理测试等。但人是在变的，新手进去之后，发现自己并不适合或并不喜欢这个行业，又怎么保证忠诚度？

金：你说到核心问题了，涉及价值判断，这对教师尤为重要。你是比较赞同教师信仰？

学生：我觉得不是什么人都适合做教师。这是一个选择。

金：对，内心真的对教师职业有一种宗教徒似的信仰和热爱，也许有些人天性确实比较合适做教师。我说个例证，上海第一届教育功臣中有一位顾泠沅，原来是青浦农村中学的数学教师，大面积提高青浦区初中学校数学成绩的课题带头人，青浦经验曾向全国推广。他"文化大革命"时期从复旦大学毕业，分配到上海的"西伯利亚"——青浦，落后的农村学校任教，他没学过师范课程，不知道怎么教书，去问校长：明天的课怎么上？校长说，你先回答我一个问题：教师这碗饭你想不想吃？顾泠沅说他想了一下，手无缚鸡之力的白面书生，不做教师，还能吃什么饭呢？他这么一想就跟校长说：教师这碗饭我是吃定了！校长说这就好办，明天开始，你去听两位老师的课：一个是公认的上课呱呱叫的教师，另一个是不会上课的，你听三个月后，就知道怎么上课了。不怕不识货，就怕货比货。顾泠沅说，他后来的"青浦实验"最初的启迪就来自朴素的"差别教育"比较法。

我对舒尔曼也有怀疑，我现在岁数越大，看资料越多，接触的人越多，越来越不敢下断言。现在看一些文章，句句是断语，其实哪有那么多的判断呢？判断后面的支撑条件是什么？这个判断和那个判断的逻辑关联是什么？文章的逻辑性在哪里？有些作者的文章通篇是判断句，而且上下文脱节，前后牴牾。我现在不敢轻易下断语，我说一句判断，要补充很多的条件，有时也前后打架，因为我的话因时、因地、因人而发。情境变了，我的观点可能就站不住。

事物是复杂的，它不复杂呢，何以搞得这么多人为此争论不休，包括舒尔曼，他的智商大概总比我高，他都云里雾里，我们要搞明白就更难了。还有人故意设计陷阱，让你弄不明白，他这样更有饭吃嘛，你们要去他那里讨教（笑）。这个问题可以再想想。

学生：华东师大的钱谷融先生就是因材施教法。

金：钱谷融先生培养学生确有一套，也可说是个别化的教育方法。他的学生说钱先生的培养法是"放羊式"的。这看你们怎么去理解了。说好的就是自然教育方法，跟着学生的特点来。说不好的就是教师不负责任。像我如果用放羊式的方法也许难成功,因为我没有资格放羊,但是钱先生他有资格放羊。因为他的学生都成才了,关键是这点最厉害。结果是好的,手段必定是好的;结果不好,方式肯定有问题了。无论严格还是放松,要有时间来检验效果。

所以我对你们的要求不高,你们只要有出息,哪怕是一点小小的出息,我就对得起你们,也对得起大学教师这份工资了。钱先生的方法好学又不好学。他怎么上课呢,是把学生叫到家里随便聊聊。我跟张瑞璠先生读博士时,那年他只带我一个,是用科研项目来带的方法,没上多少课,我也觉得蛮好。现在研究生培养都规范化了,但个别教育的色彩淡薄了,也有问题,这就是事物的复杂性。

我希望你们有更坚强的意志、更坚强的体魄、更高深的智慧,拥有更美好的未来!不要被轻易打倒,你被打倒,说明你太舒服了,还没经受磨砺,你苦过是不会被打倒的。你苦出来了,你会更珍爱生命。

(2009 年 5 月 10 日在华东师范大学教育学系"教师教育的传统与变革"研究生选修课上的讲演)

20. 教师专题研究的实践及操作

各位校长:上午好!

诸位是从大连来的,我对大连感情非常深厚,印象非常好。大连是靠海边的,我感觉可能比上海更漂亮。上海的海水没有大连的海水那么蓝;上海是平原,没有山势的起伏。大连有几张名片,第一是大连的服装节。以前说穿在上海,后来说穿在香港,现在恐怕是穿在大连了。第二是马家军,大连的长跑是全国出名的。第三是足球,大连的足球也很厉害。第四是市容市貌,很干净很美。其中足球和马家军与体育有关系,市容和服装与美育有关系,这样四张名片与教育都是有关系的。

今天研讨的话题是"教师专题研究的实践及操作",这当然是一个命题作文了,我每次拿到命题作文都战战兢兢,要认真审题。我就请示了主办方,我觉得可以从两个角度探讨,一个是校长角度,他要对学校的教师做一个专题研究,研究教师队伍怎样建设、怎样发展。一个是教师角度,教师基于自己的专业成长去做一个相关专题的研究。既然今天在座的朋友都是校长,那自然就应从校长的视角切入。

引言

《南方周末》近期以很大的篇幅登载了一篇题目惊悚的报道,即"父母皆祸害",这是80后子女用来形容50后父母的。我的女儿也是80后,我本人是50后,所以我看了报道心有不安。这个事情起源于一个"父母皆祸害"的网上讨论小组,小组成员的父母大多是中小学教师,在子女看来,他们是僵化的国家机器最末端的执行者。孩子从中小学毕业,可以逃脱沉闷、无趣的求学生涯,但是孩子终生都没有办法从父母那里毕业。

鄙人做过中学教师,我对中小学非常熟悉,与不少校长、教师是好朋友。这样的报道非常刺痛我的眼球。我们中小学的老师非常尽心负责,却没有办法安排好子女的锦绣前程,他们唯一的法宝是在应考的道路上尽可能地为孩子提供服务,又得不到孩子的认同。"豆瓣"网上冠名为"父母皆祸害"的小组描述的是两代人深刻隔膜的现象,我们还可以看看其他媒体的报道,说现在部分教师授课不精,难获学生的尊重。网上调查得出的结论是:一个能力低下的教师,本来就不该奢望受到学生的尊重。

教师整体素质的下滑让老师这个伟大的职业,落到不受尊重的边缘。2010年上半年,涉及教师、学生、家长冲突的事件报道至少有上百个,看到百度上很多教师发泄不满的帖子,能体会到教师苦闷的情绪。大家知道,中国所有的职业中,教师曾经是最受尊敬的,但今天却很难恢复昔日的辉煌。所谓的"天地君亲师",天地,我们就不谈了,这是人类生命所出。双亲,我们也不谈了,这是每个人的生命之由来。君曾是国家统治的最高力量,除此之外,就数老师的地位最重要。但是,今天的孩子对身兼老师的父母提出了如此严峻的挑战!我们的现状是:昔日的辉煌无法重演;我的问题是:做教师的父母为何是孩子最大的"祸害"?

教师会成为下一代的"祸害"吗?我斗胆再进一问:假如校长的身份角色是"老师的老师",那么,校长更是"祸害"吗?

一、教师职业的现状透视

入职的青年教师要成为称职的、乃至优秀的老师,需要校长的引领,教师教育的专题研究不仅是华东师范大学的问题,同样是校长基于校本课程培训的重要内容。在此,我们首先来了解教师职业的现状如何。

(一)科学基础的缺失与无助的自我寻求

教师教育最严峻的挑战是缺乏科学基础,它不像医学有生命科学作为基础。实际上今天讲的"教师专业化"就是从医学、工程学里套用过来的。正因为教师这个专业还不成熟,所以不大受尊重。近代以来,专业性强的职位是医学、法学、工程学,所以医师、律师、工程师自然成为教师专业的比附对象,由于教师的专业化还不够成熟,教师教育就需要向其他专业性强的领域学习。譬如,医学的基础是近代实验科学,医学是扎根在生物学、遗传学、生理学、病理分析学等一系列自然科学知识的基础之上的。教育学之所以在近代的科学知识谱系中有了一席之地,是得益于赫尔巴特把实验心理学引入了教育学的研究,他开启了科学教育学的发展之路,而近代心理学与医学是密切相关的,甚至可以视为医学的另一个研究领域。正因为这样,一个多世纪以来在教育界已经有不少教师,把教学与医学类比,试图在两者之间架起桥梁,让教师职业与医生比肩,进而获得社会的承认和尊重。

可以说,整个20世纪的绝大多数教育家都是以医学为榜样,在教育研究中精心地调试,试图制作教育科学的相关零部件,让它在规范化的道路上发展。但实际上,教育到今天为止,还没有取得像医学一样的科学基础。所以在今天看来,教育既是一门科学,也是一门艺术。

今天的新课程改革在实践层面上遇到很多障碍,根本上就是因为优质教学资源有限。因为资源有限,不可能人人上名牌大学,所以要依据一定的标准来甄别,高考就是这样一个标准,在没有其他更可靠的标准出现之前,它是必要的,现行的高考制度不是最好的选项,但它至少不是最坏的。即使新的标准拿出来,它确实更有利于选拔合适的人才,但它还有一个改革成本的问题。对教师的选拔及评价也面临着相似的情境。我们做某件事情,依传统的标准花一元钱就做到了,按新的标准,得花一百元,那么新方法也是难以推行的。所以很多新产品很好,没法推广到市场,只有降低到市场能接受的价格,才会有人去消费新产品。也就是说,教育评估缺少科学的手段,使教育改革的成本其高无比,这是今天教育界的最大无奈。

(二) 教师素质的降低与社会形象的落差

同时,我们还要看到问题的另外一面,当教育工作者在专注于提升自己的能力和专业水准的时候,教师原本应该具有的人格魅力和道德境界却在无可奈何地衰弱。刚才说的"父母皆祸害"现象以及百度网上搜索出来中小学生对教师的负面评价也足以说明这一点。其实不仅仅是教师,以前社会上受人尊敬的三种职业:教师、医生、警察,现在民间的雅号是"眼镜蛇"、"白眼狼"、"猎狗",这未免让相关人士为之心寒。

斯宾诺莎说,人的心灵除了具有思想的力量和构成正确观念的力量以外,没有别的力量。教师影响学生就要靠这种思想的力量,但是今天的教师越来越缺乏影响学生心灵的这种力量。有一项调查的数据就说明了这个问题,广州市青少年研究所曾经在广州市区做了一项教师与青少年的调研,其中一条指出教师应该具有热忱、公正的人格特征,这要比具备专业素质重要,其中表示赞同意见的学生占77.2%;不同意的仅占11.2%,我们也许可以质疑学生的标准有问题,但是学生的选择毕竟是一个客观的数据,它说明教师如何提升自身的人文修养和人格魅力已是当下的紧迫问题。

二、教师专题研究的三维聚合与四种向度

我认为从教师专题研究的"三维聚合"与"四种向度"入手,可以在一定程度上解决上面存在的问题。先来看一下教师专题研究的三维聚合。

(一)三维聚合

第一,是历史坐标之维。

在历史的视角下,可以进一步去探讨教师的精神生态和教师职责、地位的古今之变。生态现状基于现实,古今之变基于历史。在历史追问中,青少年面临的为什么是"父母皆祸害"?这个问题的背后难道真的是"教师皆祸害",然后可能是"校长更是祸害"?面对这样的诘问,我们只能勇敢地直面。如果抱残守缺,可能再过三十年,你会觉得还挺好,那我就恭喜你,但是我不敢开这个保险单。我们要在历史的维度下深刻反思,积极面对,解决问题。在历史维度的分析框架中,可以考察教师的演变过程,分析教师标准的统合与分化。

现在人们陷入了一个求新求变的潮流之中,出版社编辑前天与我谈话,让我修订《中国教育简史》,他说读者一看是最新版的,就会买。我说《论语》过时了吗?两千多年前的,难道也要不断翻新?在信息化时代,我们已陷入了不断逐新的误区。自然科学技术方面的知识要买最新版的(其实最新的学术动态来自期刊而非书籍),但人文社会学科的某些成果恰好需要稳定来反证它的经典价值。面对教师教育存在的问题,校长需要借鉴历史的智慧来研究,这是一个基本的前提,然后再去整合。这需要校长懂得一点教育史的 ABC,了解师范教育由来,明白课程变革的历史。只有清楚事物的来龙,才会懂得它的去向。只有站在巨人的肩膀上才有真正的创新。

第二,是理论坐标之维。

理论的要义可以分两部分,一部分是从学校系统、教育系统以及社会系统出发去思考。教育系统包括了培训制度、评价制度、专业标准;学校系统包括了行政管理、专业引领;社会系统包括家庭、政府、社区等。从这三个方面入手,分析教师的职业声望、社会地位,培训制度以及教师文化等等,基本上是教师发展的外围条件。第二部分是基于教师的个体条件,包括教师的从业动机、自我需要、思维品质等方面,通过内在因

素的分析,提升教师的自我认知和生命质量。

第三,是实践坐标之维。

我们今天的讨论主题有个核心概念就是实践与操作,这里涉及理论知识与实践知识的关系,怎么让理论转化为实践,又怎么从实践的角度来深化理论? 我们可以重点锁定"教师实践性知识获取的途径"这一研究视角。其中包含着教师内在价值的二重性,一方面是为这个社会做贡献,引领社会向前发展,它是社会功利的、外在的价值;另一方面是涌自内心的,获得教师自我成长的欢乐,这是教师职业的内在价值。本来这两者应该是统合的,但在现实中有时是有冲撞的,它可能导致教师的职业倦怠。

(二) 四种向度

第一,是重塑教师的价值意义。

近年来随着教师专业化的提倡,中国的基础教育界慢慢形成了一种共识,似乎学校中的杰出人士就是专业化的教师,专业化的表现就是高超的教学能力,这就淡化了教师的人格魅力,同时也不符合国际教师教育的趋向。美国教育界提出 21 世纪需要"五者型"的教师,首先是双专业、复合型人才,即一方面是主修专业的学者,另一方面是教育专业的能人,具备指导学生的教育实践型知识。其次是教育有成效的教师。再次是善于把握学生知识发展的特点,做一个有沟通能力的人。复次是基于广博的知识和深刻的洞见来做判断的决策者。最后是教师的个人品性足为表率。

又如英国提出培养"完整型"教师的理念,就是三个要素的统一整合:个人品性,精湛的教学技能,较强的学习能力。这个标准比美国更简洁明了,因为在现代社会,知识的陈旧率很高,但有了持续不断的学习能力,你就不必害怕被淘汰,所以英国不强调具体的知识,而注重不断学习的能力。我们要思考英美国家衡量教师标准的变化趋势,但更应该多一些自我的问题,多一些本土化的实践。当前不论哪个国家,大概都有一个基本趋向,即用全球化的理念去理解教师职业的认知性、价值性和创新性的整合。这在根本上是为了学生发展的整体性,假如教师不关注学生发展的整体性,就会影响他未来的身心健康,因为教育的对象本来就是一个完整的人。

今天最受学生欢迎的教师,其人格魅力、人文修养好像已经超过了相关专业,美国曾做过一个调查,按照人格特征的重要性来排列是:从自制、体谅、热心一直到好学、创造力、坦率。美国教育家收集数万张学生的问卷,花四年时间做了调查——你心目中的好老师,其中人格魅力涉及多方面,从友善的态度到广博的兴趣,到宽容,到有办法,再到有幽默感，这些都很重要。现在之所以子女、学生认为父母、教师皆祸害，就是因为他们对于父母、教师深深的失望。教师对学生的影响应该是"随风潜入夜，润物细无声"，正如陶行知所说，真正的教育是师生的心心相印，教师可以跟学生掏心窝子，没有什么话我不敢讲的。我表达的不敢说是真理，但至少是真话和真情。

第二，是培育教师的良好精神生态。

今天中小学的一些教师有人格分裂，心理上的问题也不少，郁闷甚至成为中小学教师的流行语。不得不承认中小学教师是弱势群体，这些年地位虽然有所提高，却长期集体失语，沉默于题海战术，疲惫在日复一日的操演中。教育的兴趣慢慢衰减，教师陷入了职业倦怠的泥潭，教师的精神生态出现了问题。

香港的《大公报》曾做过公众领袖的报道，第三届香港行政长官的"估领袖"游戏将进入具体"评审"阶段时，在选举委员会具重要影响力的民建联向有志竞逐特首者开列"评分"准则，认为未来香港领舵人必须具备四个"C"：Conviction（理念）、Charisma（魅力）、Competence（能力）及 Connectivity（亲和力），缺一不可。教师也是学生心目中天然的精神领袖，不妨问一下，面对莘莘学子的渴慕期盼，我们还有这样的领袖意愿和风采吗？

教师的工作其实是太有意味、太值得做了。教师的工作富有最高的创造性，教师是艺术家，还不仅仅是科学家，因为科学家主要是基于物质的创造，而教师在创化学生的精神生命。教师的创造更难，也更有意义、更美妙。学生的生命与教师的生命是休戚与共的，学生个性自由与全面的发展是相辅相成的。教师的工作每天都不是重复性的，而是结合了教师的气质、智慧和创造。这种教师的风范来自于教师精神生态的健康和谐，校长应致力于培育这样的精神生态。

第三，是教师知识结构的重组。

教师的知识架构需要多元整合。中国有句古话叫做事业从"五伦"做起，五伦就是做人的五种规范，人与人基本的五种关系：父子关系、夫妻关系、兄弟关系、君臣关系、朋友关系。这五种关系今天还在发挥作用，当然君臣关系可以创造性地转化为师生关系。我们经常说教书育人，这就是教育价值的本土化表述。《学记》尽管篇幅短小，却是中国第一部完整的教育学著作，它说"君子既知教之所由兴，又知教之所由废，然后可以为师也"。教师就是要敢于担负起社会导师、人伦领袖的职责。这里内蕴着教师的特殊价值，在中国文化背景中，教育是最高贵的，这是儒家的宝贵传统。《吕氏春秋》说："义之大者，莫大于利人，利人莫大于教"，给人最好的礼物是给他最好的教育，这是中国人的价值选择，是中国文化的独特性。教师是最好的职业，中国人称教师"先生"，称学生"弟子"，里面富含着中国的人情味。

由于教师课程设置及培养上的不足，目前教师的知识结构是不平衡的，教师的智能结构呈现为静态的失衡，中间大（学科专业）两头小（教育专业和实践能力）的现象严重，使教师面对真实的教育问题时常常捉襟见肘，无法应对复杂的教育情境。教师的知识结构应该是一个立体三角形，三角形的每个角分别代表专业知识、教育知识和文化通识，这个立体三角形中间还内含着一个特殊的三角形，代表教师的实践性知识和应用性能力，这是教师的核心竞争力之所在，内隐的三角形与其他知识板块的关系是化合的，不是机械的，是教师面临真实教育问题和情景时的即兴反应，是教师能灵活应对课堂教学中各类困境的能力，这就是教师最独特、最厉害的地方。由上述四个模块方才构成教师完整的智能结构，才可能促成教师"知情意能"的实践性统一。

第四，是对理想、自由的追求。

如果以教师的人格架构来说，那么审美、自由、超越……就是这一向度的表述。教师千万不要放弃理想，教师职业在某种程度上就是追求理想的职业，不然身为教师就失职了，不配叫老师了。这样一种人格品位，实际上为教师标示了一个终身努力的方向。我们不妨自问：此身何来？当下何在？又将何往？这就使历史、现实、未来的三重依据集聚在教师生命的个体。对于教师职业的内在自觉和把握，能够使我们自己有底气站在学校的课堂上。校长的办学理念中应该渗透教育家的理想，学校的平台是教师成长的基础。校长怎样率先垂范，带领你的教师队伍，构建贯通理想与现实的桥梁，这就需要我们深一步思考如何基于实践引领教师发展。

三、教师发展的实践引领

（一）走出教师职业倦怠的误区

据我了解，教师职业倦怠的问题近来相当严重。04 年北京国际心理学大会，就指出教师是易患有职业倦怠的高压力、高投入的特殊人群。教师是与人打交道的职业群体，也是属于低评价的职业群体，类似的职业还包括：警察、医护人员、新闻工作者和心理咨询者等，这些都是职业倦怠的高发人群。中国人民大学公管学院人力资源研究所和新浪频道联合进行了关于教师职业心理健康的调查，分别从工作压力、工作倦怠、心理健康、生理健康和教师工作满意度等五个方面获取数据，其中 39.2% 的被调查者面临着工作压力、工作倦态、心理健康等各方面生存不佳的问题。近一半的教师工作压力很大,有 47.6％ 的教师表示压力非常大,面对压力,很多教师不知道如何处理,这使教师的生存状况更加恶化。轻微的职业倦怠者的数量占了 86％,中度倦怠者占了 58.5％,近 30％ 的教师出现了比较严重的工作倦怠。如果不采取强有力的措施,它不仅会阻碍教师有效地工作,还会直接影响学生生理、心理的发展。

从大量的调查数据来看,今天教师的心理存在强迫性的症状,一方面对学生,一方面对自己,有些教师甚至表现为忧郁和偏执。调查表明初入职的教师,两三年后新鲜感过去,就易养成事不关己、高高挂起的处世哲学。马斯洛提出著名的五种需要理论,最低层次是生理的需要,维系生命存在的最低的物质要求,然后是保证自我生命安全的需要,再后是归属与爱的需要,随之而来的是尊重的需要,最高的是自我实现的需要,在马斯洛的五种需要层次里面,每一个人都是由低到高发展的。如果去分析今天教师的职业倦怠,多种表现形式显示教师在从教过程中没有获得相应的需要满足感。教师的工作在相当程度上还是受压抑的,所以教师职业产生不了自我满足的幸福感。

美国学者加兰德曾分析了教师职业倦怠与学校环境的关系,他提出了七个要素,第一,校长对于教师的某些教育或处理可能不太妥当。第二,学校缺乏充分的资源来为老师提供服务。好比今天已经进入电子计算机时代了,教师要运用多媒体工具,不少学校还缺乏这种条件。又比如教师要搞些研究,除了教师自己要修炼外,也需要去购买专业的资料,学校图书馆、资料库是不是能够为教师创造相应的物质条件,这是需要校长们思考的。第三,教师准备课程的时间还不够,特别是新入职的教师,由于刚刚适应新岗位,缺乏经验,各方面压力比较大,在缺乏充分准备的情况下,可能就有挫折感,难以尝试到成功的喜悦。第四,学校管理的效率不高,学校管理的实质是为教师的教育教学工作提供优质的服务,让教师可以提高课堂教学的效率,而不是增添摩擦和麻烦。第五,教师的工作缺乏家长的支持,有时家长不仅不支持学校的计划,可能还会阻碍教师的工作,这会使教师左右为难。第六,教师业务上升或职位晋升的空间有限,比如说今年要评高级职称了,符合条件的有五位教师,可是只有三个指标。如果没有处理好,没有评上的那两位肯定会受到很大打击。第七,教师与同事之间的人际关系不良,人际氛围上的缺陷,也会影响人的情绪。可见,学校环境对于教师心态的健康,确实有非常重要的作用。校长应尽力去构造一个和谐的校园人际关系,创设各种良好的条件,以此调节、引导教师走出职业倦怠的误区。

关于构建或调节人的良好情绪或人际氛围的要素,现在有所谓的八条箴言,比较流行,我在这里与校长们分享一下。第一是"关心",校长要多关心教师,平时哪怕问候一声,教师也会体验到校长的温暖和情感。当校长有需要的时候,就会得到教师的热情回报,这一点非常重要,特别是在新教师起步的阶段。第二是"平视",校长要鼓励教师,发挥自己的才华,注重自我的价值,充分激发其自信心。第三是"合作",知识经济时代当然要强调竞争,但也需要有序的竞争,这是合作的基础。一个教研组要有团队精神,互相帮助,以合作共赢的方式来施展各自的才华。第四是"反思",意识到自身的不足,才是创新和超越的开始;反思也是换位思考,彼此设身处地想一想,你就会领悟到对方所长或不易,包容他人才会有利自己。第五是"控制",即讲究方式,拿捏尺寸,管理的智慧既需要刚性,更需要柔性。柔性靠的是校长的人格魅力,平时点点滴滴的关怀。第六是"忍让",越是有个性的校长,越是有才华的教师,越要在这方面注意,常言退一步海阔天空,这会使你的境界更高。第七是"发泄",适当的发泄也是需要的,教师有苦闷,也可能对校长有意见,校长要创造条件让教师把无名火给发泄出来,这样换来的是教师的心情舒畅,也有利于教师的心理健康。第八是敢于"忘记"。忘记自己吃的亏,忘记人家对你的某些不好,这样记住了别人的好处,反而对自己身体有好处,还改善了人际关系。

我想上述八条箴言,教师和校长都是可以运用的。同时,校长要引领教师用一种娱乐、幽默的心态化解困境;不要怕苦难,甚至要善于把痛苦转化成欢笑。因为健康的身体更多来自于健康心理的滋养,健康的群体离不开健康个体的协同,身心和他我是彼此影响、互相塑造的。教师可以多接触那些有幽默情怀的同事,这样你自己也会变得幽默起来。校长则可以定期请心理系的专业学者来做一些讲座,传播教师心理健康方面的知识,比如教师如何自我保健,如何调节情绪和压力,如何自我疏导、化解职业倦怠等。

(二) 校长领导智慧的提升

校长最重要的职责是培育建设一个业务精良、品行端方的教师群体,教师不是农民工,他们是知识劳动者,校长更需要靠智慧来诊断、处理各种问题,用智慧引领教师发展。

何为智慧?《辞海》对智慧的解释是:"1. 对事物能认识、辨析、判断处理和发展创造的能力。2. 尤言才智,智谋。"《辞源》的解释是:"1. 聪明,才智。2. 佛教指破除迷惑证实真理的能力,梵语'波若'之意译,有彻悟意。"《韦氏大词典》的解释是:"智慧是个体以知识、经验、理解力等为基础,正确判断并采取最佳行动的能力。"

古希腊哲学大师亚里士多德说:"智慧由普遍认识产生,不从个别认识得来。""智慧就是有关某些原理与原因的知识。"英国近代哲学家、教育家洛克指出,智慧"使得一个人能干并有远见,能很好处理他的事务,并对事务专心致志。这是一种善良的天性、心灵的努力和经验结合的产物"。英国当代哲学家、数学家怀特海强调,"智慧是掌握知识的方式。它涉及知识的处理,确定有关问题时知识的选择,以及运用知识使我们的直觉经验更有价值。这种对知识的掌握便是智慧,是可以获得的最本质的自由"。美国现代哲学家、教育家杜威比较智慧与知识的不同,"智慧是应用已知的去明智地指导人生事务之能力"。中国当代哲学家冯契认为,"智慧就是合乎人性的自由发展的真理性的认识"。"智慧是对宇宙人生的某种洞见,它和人性自由发展有着内在的联系。"

通过以上的引证,可以看出,智慧并没有一种统一的说法,可谓仁者见仁,智者见智。经典著作或词典对智慧的解释,不同时代哲人对智慧的认识都具有合理性,从不同的角度丰富了人们对智慧的认识。总的来看,智慧首先是一种能力。其次,智慧虽然区别于知识,但智慧又是以知识为基础,正如怀特海所言,智慧是掌握知识、处理知识的方式。最后,智慧是借助知识,运用能力,是对人生和宇宙的洞见。

概言之,智慧是知识与能力的统一,是理论与实践的统一,是仁爱与洞见的统一。可以说,实践与理论的贯通正是教师的核心竞争力。

如何把握理论与实践统一的智慧?不妨从以下这些方面入手。

第一,校长要自觉地从管理者转化为领导者,同样,校长还要引导教师团队来完成这样的转化。校长和教师的角色之所以需要转化,是因为现在的学校管理正在超越传统工业社会下的集权式管理模式,走向非集权化的、平等交流的方式。今天的企业管理正在越来越多地引入新型的管理方式,因为传统的工业社会转化到知识社会,使原来金字塔的管理结构日趋扁平化,校长在知识型的机构,更要自动转化为领导者的角色,现代教育理念倡导把管理具体事务的权利还给学生,教师贵在思想的引领,发挥咨询的作用。如何克服传统官本位的刚性管理模式的弱点,引导师生建立一种自觉、高效、互动的新型管理模式,是对校长智慧的极大考验。

第二,校长要带领教师从权威者转化为协商者。校长的服务对象是一个个全面的、生动的、充满生气的人,所以我们日常的管理就应该走进教师和学生的内心世界,通过沟通,激发学生和教师共同为理想目标而奋斗,从而发展自己,充实自己,校长应该成为建设美好校园的推动者。学校的办学理念是需要师生共同完善并实践的,这不是校长一个人的事情。

第三,校长还要引领教师从决策者转化为咨询者。校长和教师千万不要吃力不讨好,不妨让自己退居幕后,从一个亲历亲为的表演者转变为舞台后面潇洒的导演者,校长身为导演,有利于学生、教师在前台得到充分的锻炼。校长也可以摆脱日常的繁冗事务,想一些更重要的问题。同时,校长还要强调批判性思维以及互利性对话,之所以强调对话的开放性,是因为费尔巴哈在《基督教本质》里阐明的哲理——人的思维只有通过对话才会深刻。人只有通过自我对话、与他人对话以及与文本对话,才能防止自己的思维陷入单面的误区。而人类思维展开的过程,实质就是对话的过程。

(三) 教师素质的提升与教师队伍的构建

校长要提升学校的办学质量,一定要依靠强大的教师群体。校长本事再大,各科教学难道都由你承担?你不是孙悟空,哪来的三头六臂?校长必须引领、培养、形成智慧型的教师组织。一所学校办学质量的高低大概取决于两个核心条件:首先,生源的素质。假如两所学校差别很大,其中要么是历史的原因,要么是生源的问题。为什么北京师大附中,华东师大附中教学水平很高,一方面是名师水平高,有名校传统,另一方面,确实离不开优质的生源。某种意义上,名校的教师是被学生推着走,水平不得不上来。其次,教师的素质,好的学校一定奠基于一批优秀教师,甚至有大师级的品牌教师。

我们看一所学校的教师素质,有时通过教师的学历构成就能大体判断,今天的某些中小学已经引入了具有博士学位、硕士学位的教师,还有各类的学科带头人、教学名师等。只要学校的教师队伍质量上乘,教学和科研能力强,每年都能拿出显性的成绩,就能为学校赢得专业荣誉。当然,要凝聚好的教师,还要有良好的人际环境、物质待遇以及专业成长的空间,除了硬件的改善,还有软性的提升,如果说课程建设是软件,那么教师素养是软件的软件,是教育质量核心的核心。学校怎样具备最难、最重要的软件?不妨从以下几方面入手:

第一,开展教学反思。中国古代的教育家就知道这个道理,曾子说"吾日三省吾身",一个人如果没有内心的检视,仅靠外部的灌输是无法成就自己的。教学反思是指教师在完成课堂教学任务后,自觉地对这段过程加以思考,寻求问题,找出不足,为提升教学质效探索可能的新途径。教学专家通常都肯定反思的重要性,因为只有反思才能优化教师的思维品质。让教师思维深化和优化的方法还有对话——伙伴的对话,自我的对话。另外就是从事研究,从事写作,让思维沉淀下来。我建议在座的校长,可以用一些管理的规定让教师养成反思的习惯,当然更重要的是鼓励教师,让他对反思感兴趣。可以把教师的教后感作为学校检查工作的基本常规提出来,教师群体的反思有利于呈现、聚焦共同的问题，从而帮助校长找到学校发展的关键点。

第二，开发教学案例。每一门学科都有自己的特色，校长要鼓励教师打破学科界限，创新课堂思维，生成自己独特的课例，然后拿出来分享。我近来在收集、整理、加工来自校长和教师的大量管理和教学案例，准备建成教育智慧案例库，欢迎在座的诸位帮助我一起来建设案例资源库。校长要鼓励教师彼此听课，结合各自的教例，互相切磋交流，激发创新意识，涵养实践智慧，这对教师的成长大有帮助。

第三，强化问题意识。只有以问题为中心的反思，才可能使教师的专业发展具有真正的质量。通过探寻问题，可以让教师脱离流水线式的简单炒作方式，围绕问题，可以形成以学科、班级等为基础的，具有一定组织性的导向性探索，比如教研组长可以召集教师来共同反思感兴趣的问题，这样的反思有利于把实践与理论紧密结合起来。另外，校长还可以建立教师发展学校，开展基于校本的教师培训，为了突破自身培训的某种局限性，还可以与大学、研究院的专家合作，形成大学与中小学合作的教师学习型组织，推动教师专业的发展，提升教师的综合素质。

当前，中国正处在社会转型的时期，教育将越来越成为社会发展的核心力量，经济学者陈志武说，在中国经济、社会转型到这个地步时，特别是在产业结构上、品牌建立上、创新型国家方面都有非常多的愿望和渴求时，实现教育的转型尤其重要，因为中国教育尤为需要培养兴趣多样、头脑健全、善于思辨的公民，如果学校做不到这一点，以后中国大概继续是提供低级劳动力的世界工厂。

今天的中国是全世界最大的制造厂，但是我们在卖低端的产品，同时也在向全世界卖最廉价的人才。钱学森问中国为什么培养不出杰出的创新人才？这是教育界必须思考的问题。只有教师具有引领社会的风范，学生才可能走上世界舞台。中国需要创业的人才，经营的人才，教师首先要让学生意识到自身的独特性，才可能激发学生的创造性。

古希腊德尔斐神庙中有一句最著名的铭文，那是苏格拉底思想的精髓，也是他要学生用毕生精力去研读的格言——"认识你自己！"苏格拉底以超人的毅力和非凡的智慧，为世人印证了"认识你自己"是通往成功与伟大的阶梯。

最后提一个问题：校长在帮助教师认识自我的时候，怎样来认识校长自身？今天的校长怎么做好教师的教师？

（2010 年 10 月 10 日在大连市中小学校长研修班上的讲演）

21. 培训员的专业素养

枣庄市市中区的各位培训员老师:大家下午好!

非常荣幸认识这么多培训员,这是一个高层次的教师团队。但对我的压力就大了,因为在座的是"教师的教师";我在师范大学任职,也可以说是"未来教师的教师"。我是培养职前教师的,你们是培训职后教师的。所以我大概是比较擅长纸上谈兵,而你们各位是有着丰富实践经验的行家里手。各位也许是冲着华东师大是全国教育学科的带头羊而来,其实我今天是班门弄斧,但也很高兴有机会向大家求教。

一、今日的教师现状及价值变化

我们先从一个调查来开始交流。

上个月的《东方教育时报》发表了上海教育科学院的一个调查结果——去年,也就是 2009 年,学生家长对教师的满意度只有 63.1 分,假如按照常规 60 分作为及格线的标准来看,那么它是在及格线的边缘;而更让人不安的是,这个调查结果比 2008 年的满意度又下降了 6.8 分。这个调查数据还反映,有 80% 的老师感到工作压力比较大,甚至是非常大,假如能重新选一次职业的话,37.3% 的教师表示不会选择再当老师了。有超过三分之一的教师对工作有厌倦的情绪。74.5% 的教师认为现在社会对教师的要求越来越多,自己都不知道怎么做老师了。有 91.6% 的教师认同社会对教师的要求高于常人,这使老师倍感压力。

对这些最新的数据,我不发表评论,请在座的培训员老师先来了解一下培训对象的心理状态。今天中小学的厌教和厌学是最突出的现象,厌学导致厌教,厌教恶化厌学,彼此交互为用,现在已经到了恶性循环的状态了。

　　我再引一些数据,2009 年 9 月 22 日《文汇报》有篇文章是从中小学的学科来看教师感受到的压力,各学科的比例都在 80％以上,尤其是物理、政治、语文、化学这样一些学科的教师,厌倦情绪更强烈、比例更高、压力更大。面对压力,30.1％的教师选择了默默忍耐,25％采取消极发泄,或者焦灼不安,发无名之火,例如班里学生请教一个问题,回家后太太关心地问一下身体,马上就发火。太太和学生又没有错,为什么要发火? 这就是无名之火,就是找一个渠道发泄,这当然是消极的发泄。也有些教师已经麻木,有 19.2％的教师选择"什么也不做",让压力自行消失,有 9.8％的教师则降低自己工作的要求。

　　现在的问题是教师可能将面临更大的压力,因为教育部马上就要出台教师教育的新标准,这个标准的研制组领衔专家是华东师大的钟启泉教授。钟老师在媒体上发表过谈话,说按照新的标准,现在大概三分之二的中小学教师是不合格的。原因是很多教师"不读书、不研究、不合作"。

　　我也接触了不少中小学校长和老师,我想钟老师的这个讲法大概是有依据的,我虽然没有去做过一个详细的调查,但是就我有限的接触来说,我对这三个"不"至少是认同一个半,我到一些中小学里去做合作研究,我也看到有些老师,即使校长搭建了合作平台,他也不想合作,所以我说可能是半个"不"。对于这第一个"不"我是完全认同的,因为我曾经多次做过《学会生存——教育世界的今天和明天》一书的阅读调查,很少有校长和教师看过这本书,可谓"窥一斑而知全豹"。

　　我今天想说的是,教育部有没有可能再请专家来研制培训教师的教育标准? 再进一步,研制中小学职业校长的标准,可能不可能? 完全可能! 之所以强调这一点,是因为培训员老师是中国教育改革的重要群体,你们是老师的老师,承担着对老师的理论培训、实践指导、评价测量以及科研成果的推广等一系列的重要工作,你们的专业水平直接影响、反映了你所在区域的教师教育的发展水平。

　　今天的中小学教师面临的压力这么大,有些人千方百计地想离开教师队伍,但另一方面又有很多人愿意进入教师队伍,这就是"围城现象"。用钱钟书的话来说,"在这个城堡里的人想出去,而在城堡外的人想进来"。事实上由于世界经济的不景气,使得有些职业更加吃香,比如教育、医疗、艺术等。经过调查发现有很多人,特别是刚毕业的大学生愿意来做教师的工作。从国际上来看,如果不是经济的原因,16％的哈佛大学的学生会选择艺术,12.5％选择服务业,12％选择教育,而选择金融和咨询的只有5％。这与中国的情况有很大不同,中国最优秀的学生首选金融、贸易。复旦、清华的学生要到哈佛大学去学金融，而哈佛的学生却更乐意学艺术、学教育。作为培训的老师要关注大学生价值观的变化，要具有更宽广的视野，认清未来的趋势，更珍视自己的职业。

二、何为培训员？

培训员是什么职业？这是从事教师培训的一个特定专业群体，为教育培训机构提供专门化的服务，服务的对象是中小学各科教师。培训员的专业发展过程就是让自身不断成长的过程，是不断获得新知识、不断优化培训策略、不断提高专业能力的过程。培训员发展的核心就是终身学习的理念。诸位是培训职后教师的，职后教师之所以要培训就是因为我们生活在终身学习的时代，社会的发展对教师提出新的要求。要让培训的对象终身学习，那么我们自己首先要善于终身学习。

学习的过程就蕴含着不断发现问题、解决问题，我们要学会运用问题来促进发展，在以问题导向的专业发展过程中，我们要继承并创新培训专业的理论知识，把理论化为行动，用实践去检验理论，在"问题-理论-实践"的互动循环的过程中间，培训员的专业水准、专业技能，更重要的是专业情意，都会得到很大的提升。

不要把自己看成是一个培训的机器，我们同样是有血有肉、有情感、有意志的完整的人。培训员不同于普通教师的是，您首先应该是经历过教师，乃至优秀教师的发展过程，你们和中小学的老师具有相当大的一致性。中小学教师的特点也反映在你们身上，但你们和一般中小学老师的不同就是你的服务对象是教师，你的知识、能力、水准、胸襟要超越一般的中小学教师，甚至还要超越优秀的中小学教师。

教师是培养人的职业，中小学教师的服务对象是中小学生。同样的道理，培训者也是培养人的职业，我们的专业功能就反映在怎样为中小学教师提供优质的服务和引领。

大家知道教师需要比较长时间的专业训练才可能获得专业资格，那我们怎么衡量培训员专业标准？事实上目前培训教师的技术职称，很大程度上也是参照中小学教师的标准来制定的。比如说地方的教育科学研究院，通常有两种职称系列，一种系列是特级教师、高级教师的系列，参照中小学教师来评定；当然还有一种是参照研究院的。如果评研究员就到社会科学院去评，如果评特级教师就到教师评审委员会去评，这是两种不同的系列。

我们说教师是双专业,就是所教的学科专业和教育的专业,所以教师的知识范围是宽广的,那么作为培训者的知识应该更丰富、更宽厚。培训员除了双专业——学科专业和教育专业外,还要有更广泛的社会科学和培训专业的知识背景。

三、培训员当前面临的问题

中小学教师他是有专业权利的,这个在《中华人民共和国教师法》里有明确规定,他可以独立自主地处理专业上的事情。但至今还没有《中华人民共和国培训员法》,针对在座的培训师规定相关的权利,因此今天很多培训者只能按照经验和传统的方法行事。

目前在培训员中存在的问题是:

首先,我们的专业发展方向定位还不够准确。传统的培训员角色定位大概是在这样一些方面,比如指导、帮助中小学教师做课件、指导他们如何上课、如何做研究等,培训员往往作为中小学教师的师傅出现,但是对于培训员自身的发展方向、发展层次缺乏关注和思考,也缺乏相应的社会认可和合作的条件,这是从外部而言。从内部来说,大多数培训者的前身是中小学优秀教师,我们的思维方式、工作方式和专业发展标准更多地传承了普通中小学教师的特征,所以我们自身对于外界的变化适应能力不强,存在着先天不足,这影响了培训精神、培训文化的创设和提升。

其次,基础教育不断的变革使培训员以往的经验和能力难以适应和解释当前的学校新现象,这也印证了不少中小学教师和班主任说的那句话——"我越来越不会做老师了"、"我越来越不会做班主任了",我们有些培训员老师也说"我越来越力不从心了"。那么培训员专业发展需要在怎样的深度和宽度上面去做双向的拓展呢?

培训员对教育现状的不适应,反映出对中小学教师和学生实际情况的隔膜。比如最近有调查报告——关于品牌大学优秀生学习的"黄金定律",其中学生的学习态度和方法成为最重要的准则。那么,培训员老师去培训中小学老师,你曾经提到过这样的调查没有?学生光会解难题、光会增添知识恐怕不能成为北大、清华的优秀生。真正的优秀生最重要的不是知识的多少,首先是态度、动力、心理状态,其次是学习方法。如果培训员教师自身对这类科研动态一无所知,我们面对着中小学教师的困惑何以做有效指导?

培训员不适应当前的教育变革,缺乏应对变革的方略,根源还在于自我的学习和修炼不够。

四、培训员提高自身素养的策略

如何提升培训员自身素养，我想有以下四条策略。

第一，要有明确的努力方向。尽管国家还没有出台培训员标准，也没有法律条文具体规定培训员的资质，我们要给自己一种定位、一种目标、一种方向、一种标准，要给自己明确培训员的资质是什么。要按照学校教育的实际情况加强理论和实践两个维度的研究，不断提升自我的专业素质和道德水准，提升专业技能，提升培训的实际效益。

第二，要不断加强反思和阅读。反思就是自我批判。培训员的反思是培训员的"自律"精神，所谓自律就是不断地批判自己、怀疑自己，从而完善自己。批判需要武器，除了集中时间的研修，恒常的、更重要的是踏踏实实地自我学习，挤出时间来读一些有价值的、有分量的元典著作以及学术前沿性的、有分量的学术论文、研究报告。阅读主要抓两头，一条是抓住经典，因为经典是经过时间检验的人类智慧结晶；一头抓学术前沿，关注最新动态和问题所在。培训员要做研究，要有引领的前沿意识，就需要有持续的、高质量的阅读和反思。

第三，要具备良好的心态。作为培训者教师要有一颗虔诚的心，要对得起这份职业，毕竟现在教师的工资还不低。我们想一想历史上有些宗教家在极端困苦的条件下，就是凭着一点虔诚的精神，把福音播撒到四面八方。做教师是要有一点宗教情怀的，培训师尤其如此。儒家说"名教中自有乐地"，要让我们的职业充满幸福的元素。西方哲学家叔本华说，深刻的思维者永远是痛苦的。我要培训师快乐一些不是要降低你作为思考者的水平，而是为了提升中小学日常生活的质量，今天中小学师生的厌学和厌教愈演愈厉，要改良学校教育的生态首先从改善教师的心态开始。

第四，在实践和研究中提升。培训的含金量取决于在座诸位自身的含金量，培训员教师一定要"专"，同时还一定要"博"。上海市中学语文界的于漪老师，上课的时候，全国各地的老师都来听，结束后有人就问她——你的课犹如行云流水，上得太精彩了！你昨晚花了多长时间来备这堂课？于老师说，备课真的没有超过十分钟，但又可以说是花了一辈子。这就是"台上十分钟，台下十年功"，培训员是需要在实践和研究中持续充电，不断提升的。

（2010 年 8 月 14 日在枣庄市市中区培训员研修班上的讲演）

校长发展篇

22. 校长领导力的修炼

诸位校长：上午好！

结识大家是一种缘份。我对基础教育界很熟悉，有不少校长朋友，但是职业学校的校长认识的不多。今天由我来这个高级研修班做第一堂讲演，我感到非常荣幸，同时也有点压力。压力来自何处？因为我不是一个校长，更不是一所职业学校的校长，也许没有资格在这里做交流。但我还是鼓起勇气来了，倒不是我在这个领域有多少研究，而是基于一个大学教育理论工作者的背景，与诸位谈谈我对这个问题的看法。

一、校长领导力的内蕴

目前不少地方在强调建设学习型社会和智慧型城市，这意味着执政的领导干部都要自觉学习，读一点书，校长也不例外。作为第三产业中的文化知识单位，校长领导力的提升应该更为紧迫。校长当然可以事必躬亲，率先垂范，既走上讲台授课，又带领师生美化校园；但是校长第一位的职责应该是思考：明了学校的发展方向，确立办学理念，整合一切资源为实现办学目标而奋斗。

分析校长的领导力，实质上就是探讨校长的核心竞争力。领导力包括了前瞻力、感召力、影响力、决断力和控制力。前瞻力是能够洞察教育事业乃至整个人类社会发展趋势的那样一种独特的眼光。感召力是一种独特的人格魅力和领袖的风范，使得众多教师发自内心地拥护你，跟着你走，齐心协力去办好学校。影响力是校长用自己的心去深刻地感动你的伙伴，是用一种为他人所乐于接受的方式去改变其思想和行动的能力。决断力是校长对事物发生发展的分析、判断及处理的能力，涉及对事情准确的判断力及承担决策后果的勇气等。所谓"运筹帷幄之中，决胜千里之外"，即指决断所蕴含的力量。控制力包括自我控制力和集体控制力,前者主要对自我感性行为判断后进行理性控制,凡事先经大脑分析,作出准确判断之后再处理现状;后者对整个团队的行为方向和处事方式具有掌控能力。概括言之,校长的领导力就是在既定的领导体制下,通过校长个人的综合素质及领导团队的综合力量,以决策、激励和创新来凝聚师生员工的向心力,使学校成为师生共同发展的学习共同体,进而影响和改变社会。

从农业社会到工业社会再到后工业社会,人类的整个生产形态、组织架构以及思维方式都在发生深刻的变化。中国目前正处在经济和社会转型的背景下,要建设一个可持续发展的、低碳绿色的消费环境。以前的发展模式是大量的投资,靠低端的产业,靠消耗大量的物质扩大 GDP,但是这条路越来越难走下去了。在世界上,中国的人口是最多的,这可以是优势,也可能是弱势。人口多,就是消费大国;如果把人口资源转化成人力资源,就是消费的大国再加上创造的大国。实现这种转化必须依靠教育。在这样的背景下,学校校长都面临巨大的挑战和压力,这就特别需要校长具有卓越的领导力来应对。

当下的知识经济时代,校长和教师在其中起着重要的作用。一个时代有一个时代的英雄,农业时代、战争时代,政治家、军事家是英雄;工业时代、技术时代,科学家、企业家是英雄;未来的年代,思想家、教育家是英雄。随着时代的发展,教育作为第三产业的一种特殊领域,将要发挥越来越大的作用。校长不要自我矮化,时代正呼唤着新的英雄人物。职业学校作为国家教育的重要基础之一,同样担负着重要的职责。职业学校的校长,面对教育改革的态势,迫切需要全面提升自身的领导力。

二、校长如何修炼领导力

校长领导力可以从下列几方面来修炼。

第一,校长要发展和完善自身的素质。学校教育的发展固然需要社会创造相应的条件,但更重要的是依赖于教育系统的每一位人士做局部的改善,最后蔚为大观。千万不要说个人是无能为力的,因为体制、机制束缚了我,只要你把自己的那份力量发挥到极致,人人这么做,再难的问题大概都可以解决。校长现在是带着无形的镣铐,同样带着镣铐,人家为什么把舞跳得这么有美感? 如果没有束缚、没有困难,还要校长干什么? 所以首先从自我出发,了解和完善自身,从脚下实实在在、点点滴滴做起,我认为这是最重要的。

人不是天生会当校长的。通过学习，通过历练，才能成长为合格的校长。发展和完善自身，就需要校长成为自觉的学习者。我们身处学习型社会和终身教育时代，教育工作的复杂性更需要校长不断提升综合素养，只有通过学习，方能把校长的责任、规范、情感、态度等内化为支配日常行为的自觉观念，形成一种校长职业岗位的高度认同感，安其位、谋其职。为什么校长的学习这么重要？因为所谓的校长，本质的含义是"教师的教师"。学校的发展主要依靠的力量就是教师队伍，校长作为教师队伍的带头人、引路者，理所当然要负起全面提升教师专业水准的重要责任。

有三种学习方式校长们可以借鉴：一个是纲要式的学习方法，看书也好，听课也好，自己表达也好，都有一个把握精华的问题，所谓提纲挈领、纲举目张。一个是体验式的学习方法，身体的体，验证的验。你学习了知识纲要，那些个条条杠杠，是否真正融汇到了你的内心深处，你是否用生命去化合它？所谓"以身体之，以血验之"，就是校长和教师把书本上干枯的理论转化成生命的源头活水，在体验之中，理论知识与个体生命合二为一。不然理论是理论，你还是你，不会有什么变化。再一个学习方法是参与，参与就是实践。身为校长，要把学到的理论知识融汇到管理实践，在方法论的指导下，在实践的进程中，周而复始地提升自己。同时，还要找一些方法和窍门去提升其他的教师。给自己的学校以发展的愿景，或者用传统的话来说，就是理想。今天的社会正在不断地向民主社会转型，校长不可能用传统的刚性管理模式去凝聚师生的共识，只有通过多元包容，鼓励创新意识，把不同意见视为学校发展的动力源泉，用校长的专业成长引领教师的专业成长。

对于校长自身的成长来说，最便捷的方式是读书。这就涉及读什么书和怎么读的问题。我在华东师大研究生的教育学名著选读课上，开了60多本经典图书。校长同样需要汲取古今中外的教育智慧。至于怎么读，不同的校长有不同的方式，可以一年读一本经典，也可以一年读十本，只要量力而行，贵在坚持。除了向书本学习，还应该向实践学习。除了本校的实践，还可以通过交流，向其他学校学习。

第二，校长要学会反思，形成反思的习惯。要不断反思，不断开悟。同样大学毕业后，两个同学都在教师岗位上，五年、十年后为什么会不一样？这就与反思有关。校长工作了五年、十年，这个时候就应该有进一步的规划，因为在自我规划的过程中，通过反思的经验能够沉淀下来，进一步促进自身的成长。

校长要通过行动，提升自我反思的能力。人的聪明，就表现在行动后会自我反思，反思后会不断提升行动能力，这是人超越于其他动物的可贵之处，也是人之所以称为人的关键。校长要通过行动后的思考来提升自己的管理水平。有时候，反思就是在批判自己、否定自己，而正是在这个过程中，人才能超越自己，快速成长。

第三，校长要注重管理的细节。人的智慧的形成，尤其表现在其活动的具体细节之中。大家都知道台湾作家李敖，他的性格很张狂，但他不敢骂自家的厨师，有一次他女儿骂快餐店的送货员，责怪他性子急，尽按门铃。李敖说女儿做得不对，送货员可能没有受过高等教育，也缺乏相应的礼仪训练，你可以说：叔叔你不要急，你等半分钟，没人开门你再按，你一直使劲按累不累呢？但是你去骂他，下次他来了，在你的"便当"里吐了唾沫，你也不一定知道。可见，人生方方面面都是有智慧的，智慧往往表现在常人疏忽的细节中，恰恰在这种细节的处理中，展现出校长匠心独运的管理水平，实现了学校的良好运转。

第四，校长要构建一个良好的领导共同体。校长需要依靠教师队伍，而直接依靠的是一个领导团队。校长需要思考怎样构建一个领导团队来保证学校未来的发展，由于我打造的这支团队，自然就打上了我的精神烙印。校长离开了岗位，也不会人走茶凉，因为校长的办学理念和管理智慧已经渗入领导者的内心。

除了建立领导班子以外，还要精心培育一个具有领导力的教师团队。校长要用学校的愿景打动教师，其实，每个人都有创造的激情，连一个看门的保安员都有发挥自己独特价值的冲动，校长要尊重他们，要培育有才华的、有领导潜质的教师向领导者转化。同时，要善于激发教师，使他们可以把自己的领导力发挥到课堂，学生的家庭以及社区。实际上中国传统的读书人，通常都是具有影响力的社会人士，乡绅往往是传统社会中人际关系改良和向善的最重要的稳定力量。中国近代社会之所以不稳定，一方面是以血缘关系为纽带的传统人际关系被瓦解了，另一方面则是以乡绅为代表的传统文化知识的衰落和瓦解。实际上，今天的农村基层组织如果没有凝聚力和领导力，那么农村社会就是一盘散沙。同理，知识分子、读书人如果不能发挥重要的领导力和影响力，组织就会缺少生命力。校长不要担心老师具有领导水平和能力会危及自身的权力，恰恰相反，校长培养富有领导力的人才，就越显得自己的水平高。你教的学生越聪明，你越有成就感；你培养的老师本事越大，你这所学校就会办得越好。

更何况学校的老师也需要被尊重，他个人的发展愿景也要被校长关注。如果校长通过培育领导型的教师来充分发挥其智慧，学校里各类人才的长处更容易被调动和凝聚起来，形成你这所学校独特的、核心的竞争力，学校就能立于不败之地。二战后作为战败国的日本和西德,短短几十年时间就奇迹般地复兴了经济,其中一个关键因素,就是其国民义务教育做得非常扎实,民众的文化素养和知识水准起了重要作用,民族精神还没有垮掉。当美国军队占领日本和德国的时候,发现这两个国家的民众身处战争废墟还是井然有序地工作、生活,以平和的心态接受战败的痛苦,见此现状,就知道这个民族的素养不一般,占领军的指挥官不由慨叹其崛起是迟早的事情。

教师层面的领导力建设,更是衡量校长领导力水平的重要尺度。校长自身的领导能力要强,领导团队的领导能力也要强。校长要把自己的办学理念转化成伙伴以及全体教师的共同愿景。能否把领导要做的事情变成教师愿做的事情,这是考验校长领导智慧的重要尺度。同时,团队的协作是对校长领导力的另一个考验。为什么三个中国人在一起容易成为虫,而三个日本人在一起就是龙? 中国自古文人相轻,人才密集之地最难管理,越是人才你越难玩弄管理技巧,可能更需要领导的人格魅力。

第五,校长要优化领导体制,整合领导力的各类要素。校长不是靠一个孤胆英雄单打独斗,他需要整合领导的团队,仅仅是领导团队还不够,还要激发老师、学生的领导潜力。领导力也是用一种独特的思想去影响和改变世界,包括影响和改变自身,如果我们有领导力,有创造力,那我们就会用创意的思想和产品去引领这个世界。学校工作涉及方方面面,校长需要用制度来推动、保障,关键是建立"人本"的领导体制,只有建立这种体制,学校才会可持续发展。

当然校长在实践中总会面临困难,学校工作在运转中一定会有摩擦,如何清晰各自的职权范围,实现领导成员的各种优势的互补? 只有这样,才能保障领导机制的合作和谐。在领导体制运转的过程中,校长要去关注问题发生在什么地方,通过问题激发众人的智慧,解决问题来更好地推进合作,提升领导者自身的素养。同时,校长还要寻求外部的支持系统,因为学校不是孤岛,校长需要社区、家庭、行政系统及关联的企事业单位的各种支持。

校长要协调好与上级领导部门的关系,在现在的中国,我们还是不得不承认官本位的存在。有的校长比较耿直——"我干嘛要用热脸贴上级领导的冷屁股",我说这位校长,恕我直言,你要把自己的心态调整好。领导也是人,他也同样有你这样的问题存在,上级领导的热脸有时也难免会去贴其他人的冷屁股。校长有时候受点委屈,还不是为了学校更好地发展,还不是为了师生共同的利益? 你这么一想,心态就会放得很平和。

现行政策有一些不足之处,但也有不少优势,通过校长的努力,通过协调,也可以改善政策,从而获得有利的政策资源。美国的经验,有两条值得我们借鉴:第一条是法律支持,通过广泛的聚集民意,启动修订法律的程序,争取强大的法理和政策依据,推动教育的改革。第二条是依据新的法律规定,制定新的财政政策,鼓励和支持学校教育的变革。这方面,中国需要与美国接轨。事实上,新时期的改革开放正是在不断地沿着这样的路径发展。

现在的社会是讲实力的。当你把学校经营到极致,你不找钱,钱找你。你的学校办学质量高,有了品牌效应,你就不用担心办学经费的事情。校长要坚持正确的办学方向,广开言路,吸纳贤才。除了争取上级行政部门的关心,也不要忘了社会的广泛支持,上下结合,会让学校的发展左右逢源。

第六,校长要用心营造管理文化。如果你领导的学校有一种无形的成熟的管理文化,你就会很放心,因为好的管理依靠的不仅是校长的权威,也不仅是制度的监督,更是文化精神的熏陶。文化是看不见摸不着的,但是文化每时每刻都在发挥作用。从管理模式、团队合作、规章制度,到一个看门的保安员日常的行为习惯和礼仪修养,学校方方面面的细节都是文化的展现。如果师生沉浸在一个良好的文化氛围中,每个人的才华就可以发挥到极致。

校长要善于凝聚人心,把握人心,鼓舞人心。改革开放以来不少领导干部都是从工程师中间提拔的,现在领导班子的成员配备更多关注人文、法律、社会、教育、历史、心理等不同学科背景的人才。现在的领导干部已经不全是理工科方面的人才了,实际上人文学科知识正在发挥重要的影响力,校长要看到这样一个趋势。中国学习外国,先学日、德、法,后来是向苏联一边倒,今天谈的大都是美国。所谓与世界接轨,某种程度上就是与美国接轨。我们怎么接轨?美国是宪法立国的,政治家往往是法律家,美国的总统,不少是律师出身,国家领袖的法律文化修养对依法治国是相当重要的。校长要依法治校,当然也少不了这方面的修养。校长的职责有着法理的依据,但校长的领导力还是通过自己的文化引领让教师成为领导型的教师,从而使学生愿意被学校文化影响,在这样文化影响的过程中,教师领导学生在学校里幸福地学习、成长、生活。这样的成长、生活的状态,会感化于他的内心,学生走上社会,就会扩散影响到他的社交圈、他的企业、他的社区、他的家庭、他的孩子、他的未来……不要说个人是无能为力的,不要小看自己的力量,知识时代的社会变化是如此不可思议,个人将前所未有地展现伟大的力量。除了文化自身的魅力,你不可能把学生的心灵都管住,你没有办法管住师生的大脑。

今天的世界上，校长是为数不多的高尚的、有着长久意义的职业。我们要力求把学校的工作做好。人生好似烧水，烧到 99°的多，真正能够把最后一度水烧开不容易。经营一所好的学校需要方方面面的支持，也离不开校长永不停歇的追求。让我们一起坚守教育的理想，成就人生的辉煌！

（2010 年 10 月 12 日在长春市职业学校校长研修班的讲演）

23. 校长的文化意识与制度智慧

各位校长：下午好！

很高兴有这样一个机会，认识来自新疆生产建设兵团的各位朋友。

今天交流的主题是"校长的文化意识与制度智慧"。我们集中在两个方面探讨，一是文化意识，一是制度智慧，我先从引言入手。

一、引言：小细节大文化

对文化的理解，既可以做一个说文解字式的概念界定，也可以从日常的生活经验来印证。我与校长们先从亲历的两件小事谈起。

一次，我在某校长班作报告，时间安排是一整天。下午结束前我还留了点时间互动。照例可以结束了，但我看到坐在前排的一位女校长，从早上八点半到下午五点，似乎一直在生气，我一再试图让她高兴起来，却没有效果。我不想在这种气氛中结束，所以请这位校长提问。她气鼓鼓地站起来说，那我就提个问题吧！你说了这么多的漂亮话，为什么不愿意把你的课件让我们分享呢？我说，哎呀，这位校长您请坐，我这才知道您这一整天为什么这么生气，原来您一开始就对我有意见了。我说了不能拷课件的原因，可能您没注意，我这里不解释了，请您的伙伴给您解释。这时，她旁边那个笑容满面的校长说，金老师，现在需要的不是提问或解释，而是应该休息了，今天讲了六个多小时，我听出您的嗓音有些哑了。

事实上，刚才那位校长不是真的为课件而生气，我在互动中知道，原来她是位副校长，而同桌是正校长。我在琢磨，为什么正校长一直带着从容的、友善的微笑；而副校长不知道在为谁生气，她也许在为局长生气，她把我看作了某位局长。我知道，按她的水平,应该是正校长才对,凭什么把两个人的位置给颠倒了?我猜她是这么一个情绪,她把这个情绪发泄给我了。但假如我真的是局长,正好又有一个校长的岗位,请问诸位,我会优先考虑谁?

第二件小事,也是在类似的一个校长研修班上,讲到中途时,有位校长起身,给我倒水,完了又给他旁边一位领导加水,最后给自己的茶杯续水。中间休息时,我问他是哪所学校,什么身份。原来他是体育教师出身的小学校长,接着我随堂调查,研修班60多位正副校长中,体育教师当校长的就他一位。然后我问他身旁的领导,原来是带队的局长。这又使我想起了大学毕业时的往事。

那次学校相关部门的领导请了上海学术界名望很高的王元化先生作报告,华东师大校办红楼东边有栋雅致的小楼现在是"王元化研究中心",王先生的学术成就我不介绍了,你们感兴趣可以自己去了解。当时他刚被任命为上海市委宣传部长,还未正式上任。他手上拿了文汇报的校样,是第二天要见报的一篇论文,他就拿着这份校样,给中文系的学生做学术报告。中途,某部门的一位领导上前拿起热水瓶,我下意识地认为他要给王先生续水,但他拿了水瓶返身先给本单位一位领导加了水,然后给王先生也倒上了水,他把水瓶放下,坐回了自己的位置。我此时不禁脸红,因为这位领导违背了中国人的洒扫应对的基本礼节,无论序长还是序爵,他都应该先给客人倒水。可能是"县官不如现管"吧?我不知道他是无意间失礼还是刻意为之。

我说,我突然明白了,你为什么成为本研修班唯一的体育教师出身的校长。我问局长,我的想法对吗?这位局长就笑起来了。我说局长,你应该为这样懂礼节的体育校长感到高兴。

其实,一个人不经意的小细节里,释放的就是他的智慧、文化和修养。

二、咬文嚼字说文化

我在这里对文化这一概念做点咬文嚼字。讲到"文"这个字,几乎人人都认识。你问小孩子为什么上学去,他会说我要去学文化。小学生嘴里的学文化是什么?可能就是一加一等于二,英文的26个字母,他指的是学习知识。

如果把"文化"两个字拆开解读,"文"这个概念,在最初诞生时,并不具有后来的确切外延,文的内涵是随着人类历史的进程和文化教育的实践活动而发生着变迁。它的发展图谱大概如下:首先是条纹,是大自然万千变化的显性可视的特征,英文叫

marking；然后发展到图样，比条纹精致，叫 pattern，然后发展到藻饰，比图样更精致了，叫 embelishment，然后变成了文化和教化，即 culture，再进一步变成了学问，即 learning，然后又变成写作，叫 writing，最后变成了文学，一种审美样式，叫 literature。人类在不同的历史时期，把文化的重点从这一端慢慢移向另一端，使之经历了一种复杂的内涵变迁。

"文"这个字的本意指大自然各种交错的纹理，比如《易经•系辞下》说"物相杂故曰文"。"物相杂"是讲各种各样的事物纠集在一块，呈现出交错的纹理。古代的圣人仰观天象，俯察地法，抽取一种符号叫"八卦"来分类和概括万事万物的形状。最初用来表示动物身上纹理的"文"其后有了引申义，包括"文字"、"文章"、"修养"、"德行"、"礼乐制度"等十多种含义，其文化内涵与现代人通常理解的"文化"一词意义相近。

"化"也有丰富的内涵，《大戴礼记•曾子疾病第五十七》称："与君子游，如入兰芷之室，久而不闻，则与之化。"就是说，你经常与好人在一块，你无形中也会变好；反过来，环境不好，"如入鲍鱼之肆"，老是混在那个地方，则"久而不闻，亦与之化"，自己身上也会发出那种臭鱼味。君子为什么"慎其所去就"，对环境要谨慎选择？孟母三迁的佳话蕴含的是今天所说的"潜课程"的巨大影响力。以后颜之推在《颜氏家训》、康有为在《大同书》里曾阐发这个道理——环境对人影响的重要性。

《管子》解释"化"特有意思，用了一系列词语，"渐也、顺也、靡也、久也、服也、习也，谓之化"，就是点点滴滴、缓慢持久的改变，你不觉得痛苦，觉得很舒畅，顺着心意，一种力量慢慢地不间断地渗透。"服也"，被感化了；"习也"，慢慢成习惯了。这就是"化"的功效，一个人如果不了解"化"的意味，想去做教师，想引导、改变学生的生活习性，想形成一种新的风气，那是不可能的。"不明于化，而欲变俗易教，犹朝揉轮而夕欲乘车。"这就如一个人早上砍了树枝弯成车轮，晚上就要安装使用，同样是不可能的。任何事物，发展和成型都是需要时间来保证的，教化的功效尤其如此。

孟子说："有如时雨化之者，有成德者，有达财者，有答问者，有私淑艾者。此五者，君子之所以教也。"为什么孟子要把时雨之化列为第一啊？他把大自然的意象列为首要的教育。今人以"春风化雨"比喻教育，出典就在这里。汉代的《潜夫论》第三十三篇说"人君之治"，就是说社会治理得很好，靠什么？"莫大于道"，道是最广大无边的；"莫盛于德"，德是衡量人最重要的尺度；"莫美于教"，教育是最美好的事情；"莫神于化"，化是最神秘莫测的。请注意古代学者的修辞手段：从大到盛，从盛到美，从美到神可以说是步步递升、层层拔高，显示"化"乃至高至圣的境界。正因为这样，所以苏绰《论教化》称：夫化者，贵能扇之以淳风，浸之以太和，被之以道德，示之以朴素。……潜以消化，而不知其所以然，此之谓化也。

看不见，摸不着，不知何种神秘的力量，让人发生了变化。近代教育家梁漱溟先生说，一个人达到化境，这是他的生命最活泼的时候，因为化意味着生命和自然合为一体，不分家、没有彼此，这是人生最理想的境界。所谓"仁者浑然与物同体"，这种生命的流畅活泼、悠然自得，可谓圣人气象。

一个人能与自然交融为一，能随心所欲不逾矩，就是个体生命与宇宙规律合为一体了。这就是"化"的本质含义。"变"指部分发生了变化，还部分地保留事物原有的形状，还没有从旧的状态成为新的状态。"化"则从旧的状态变成新的状态，从里到外、从头到脚发生了根本性的变化。变与化这两个字的区分是："变"是一个逐渐演变的过程，而"化"是演变的结果，前者是量变，后者是质变。英国科学史家李约瑟认为，在现代汉语用法中，"变"倾向于表现逐渐的变化、转变或变形；而"化"则倾向于表示突然和彻底的改变。其实在中国古代教化传统中，"化"并非指突变，而是指持久"渐变"所造成的"根本改变"。中国式的"化"，就是一点一滴、潜移默化地改变，等到有一天，不知不觉完全发生变化了，这就是"化"境。

与"化"相关的另两个中国文化的核心概念，我认为是平衡的概念、和谐的概念，我近年研究的重点就是从"平衡"走向"和谐"。大家如果有兴趣，可以看《乐教与中国文化》，这是把平衡作为核心理念探讨。我刚才送给带队领导的书是《和谐教育：文化意蕴与学校实践》，它的核心理念当然是和谐。我认为教育的价值就是追求生命的平衡与和谐：个人身心是和谐的，个体的精神世界具有高度的平衡感。比如我们这个研修班，有众多校长身处一个临时性集体中，彼此关系都处理得很好，这就是一个平衡的状态。如果班里出现了很多矛盾，乃至分成了严重对峙的几大派别，甚至花不少时间为解决矛盾而纠结，这就失掉了平衡，研修班就出现了问题。又好像一个人的身体，人为什么会生病？就是精神与身体发生冲突，或者是内心世界处于分裂，生命失衡了，一旦失衡，人的生命就不健康了。

一个动态平衡的生命体是一个健康的生命体，但还未达到最高境界。只有当生命个体整个的身心适宜愉悦，社会集体各成员不仅相安无事，而且充满活力，彼此之间就像梁漱溟说的不分家一样，这样一种关系就是达到了和谐的境界。对个体生命来讲，都有个健康的问题，都有心理平衡及和谐的愿望。一个校长，如果他的心理失衡乃至严重分裂，他领导的学校迟早会出现问题。今天的很多问题，实际上就是个人心理出现了问题,从而影响到家庭、影响到学校。社会的个体细胞出现的问题越多,社会、家庭及学校出现的问题也越多。人生要追求理想——理想的个人生活、理想的集体生活、理想的学校、理想的家庭。这一追求的过程其实就是生命的文化自觉,也就是以"文"化"人"的过程。

三、校长的文化意识

校长为什么要具备文化意识,因为校长面临关键的问题——怎样领导学校成为一个和谐育人的地方。校长的文化意识不是临空高蹈、虚无缥缈的,它渗透在学校的方方面面。

(一) 文化在学校环境的美化中

校长的文化意识首先印证在学校环境的美化中。

原华东师范大学的党委书记常溪萍,喜欢养花种草,美化校园,华师大作为上海最美的花园大学,得益于两样东西:一是丽娃河,这是校园环境的灵魂,因为在中国的文化传统里,水是教育的最高意象;一是花草树木——校园里绿树怀抱,花团锦簇。当年常书记带头种花、种草、种树,留给师大一个美丽的校园,特别是爱美的文化传统。但这位共产党的书记在"文革"中被批判,在以阶级斗争为纲的时代,一所大学的书记不抓大事,抓的是养花种草的小事,这叫不务正业。

认为领导养花种草是资产阶级的倾向,这是抬高、美化资本主义,反之则是丑化社会主义。我们要建立一个更美好的社会,它离不开鲜花盛开的、蓝天绿草的美好自然环境。校长首先要把校园环境搞好,让学生在美丽的花园里生活,将来走出校园,他会按照美的规律来建设社会。他会让社区美起来、让生活美起来。在鲍鱼之肆,久而不闻其臭,与之化矣;在兰芷之室,久而不闻其香,亦与之化矣。只有在美的环境里才会熏陶出美的心灵。

上海有位小学校长是全国的十大明星校长之一,她经常参加校长代表团去检查校园文明。她去检查工作不进校长办公室听汇报,先进入厕所用手指去衡量这所学校的文明程度,也就是在最隐蔽、最容易被人忽视的地方,检验学校的卫生状况,依据这个给学校打分。

外国人来中国旅游,说中国的景点是全世界第一,但中国厕所的问题也是全世界第一。以前到中国的景点，找不到方便的地方，现在方便的地方有了，但管理水平还是相当落后。有一次，有位教授与一个日本学术团到某著名景点参观，回程路上突然一位日本老太内急，路边的厕所脏得脚都踩不进去，没办法只得返璞归真，把她放到野地里去了。同去的人撑开伞围成一圈，让她躲在里面方便。外国友人跟我讲，中国人的厨房间讲究，美国人的卫生间讲究。美国的中产阶级家庭一栋别墅的标准配置是三到五个卫生间，主卧一个、次卧一个、客卧一个、帮佣一个，如果有儿子、女儿，可能也是各有一个。现在中国城市的中产家庭的房产大都是三室两厅两卫，我的一位朋友刚装修了新房，我去一看，怎么只有一卫了？他说，两个卫生间是多余的，把另一个卫生间改成储藏室了，这就把高级套房改得不高级了。

我曾经协助某地做一个教育规划，先到一些学校调研。有一次调查到当地一所著名的中等职业学校，这是一所样板校，这所职业学校的特色课程是烹饪和旅游。到了吃中饭的时间，校长说今天一定要在学校吃中饭，可以检验烹饪专业学生的特长。饭前去厕所方便，出来后对校长说，这饭我难以下咽。他问为什么？我说那个地方脏得无法落脚，洗手处竟然断水，你让我怎么吃饭？校长满脸通红，他说学校正在改建，施工人员的素质太差了。后勤员工的素质反映出的不正是学校的文化意识吗？

胡适曾说"五鬼闹中华"，其中一个就是"脏鬼"。新中国成立六十多年了，脏鬼还未绝迹。物质环境与文化环境的完美统一，才能成就良好的育人环境。校长的文化意识将直接影响到学校物质环境的构造，校园环境的美化程度最真实地诠释着校长的文化程度。

（二）文化在学生文明的习惯中

学校文化首先从环境去看，其次要从学生的文明习惯中去看。

今天，学生文明习惯的养成问题多多。中国的学校最注重学生的思想品德教育，但效果一直以来差强人意。比如，在幼儿园时，教师已经给学生灌输高远的理想，到了大学，却又反过来给学生做基本的文明礼仪的培养。这是什么原因？

调查发现，早期家庭教育及基础教育阶段对学生文明习惯的忽略，其负面影响可能是终身的。有些学生身上还有一些好的传承，比如仁义礼智信的文化观念和良俗美行，那是由于文化的潜在影响，因为有50%以上的被调查者选择的是"耳濡目染"。任何社会都要讲文化精神，都有适应自身发展的一整套文化构造，否则社会就会瓦解。

比如，美国中小学的思想品德课包括了两方面的内容，一是基本的生活技能：如服从指挥、和他人打招呼、能够合理地接受批评、需要帮助的时候知道如何求援、能够积极倾听。一是品格教育，内容分为：尊重、勇气、幽默、责任感、毅力、忠诚、诚实、合作、宽容、公民意识、原谅等。

美国人为何将"幽默"看做人的可贵品格之一？据说中国的中小学教师特别缺乏幽默感。美国大学的一些视频课件，中国的大学生很喜欢，但中国大学的精品课程放到网上，学生似乎不买账，点击率很低。电视学术明星北师大于丹教授开了一门网上课程，叫《千古明月》，点击率也不行。有网友说：因为于老师的课上得太沉闷，像中小学的课。仿佛中小学的课堂天生是没有幽默感的，而今天的大学老师为什么也越来越没有幽默感？

中国的 GDP 已是世界老二，中国人成了世界上比较富裕的人，中国的富人满世界旅游。为什么中国的姑娘比较愿意嫁给外国人？而很少有外国的女人愿意嫁给中国人？当然我指的是西方发达国家的女人。既然中国的男人不差钱，资本主义国家不是讲金钱万能吗？但资本主义国家的女人也很复杂，没有钱是不行的，但是钱不是万能的，她们认为中国男人有两样东西不行。一是身体不行，一是脑子不行——没有幽默感的男人，嫁给他有什么趣味？

张伯苓创办的南开学校有文化特色，曾有哈佛大学的校长伊利奥博士来参观，发现南开的学生与众不同。张伯苓就把他领到南开校门旁的一面大镜子，上有箴言：面必净，发必理，衣必整，纽必结，头容正，肩容平，胸容宽，背容直；气象，勿傲、勿暴、勿怠；颜色，宜和、宜静、宜庄。学生出入，知所儆戒。这就是校园文化，是校长办学理念的感性显现。

上海去年成功举办了"世博会"，世博的精神是"城市，让生活更美好"。我陪太太参观德国馆出来，突然有点生气，因为我看到场馆小草坪上树了一块牌子，上面写着五不准：请勿大声喧哗，请勿乱扔垃圾，请勿乱踩草坪，请勿随地小便，还有个什么"请勿"，记不清了。我突然想起了租借的禁例。1876 年出版的《沪游杂记》记载"租界禁例"有数十条之多，其中有几条和德国馆边的"请勿"标牌写的差不多。为什么经过了将近一个半世纪，还有这种现象出现？这样一想，我就很生气了，我说：这是在中国办的世博园呢！上面写的是中文，给中国人看！她说，就是写给中国人看的！我说：为什么？她说：你是从事教育工作的，你自己想为什么。我就反问自己：身为上海人，办世博园的主人，为什么"城市，让生活更美好"在世博园这样一个小小的地方还不能真正实践？

我住的小区还算高级的了。有人说小区是否高级，关键看两条：一是汽车多，二是宠物多。遛一条狗表示有档次，人称"贵妇人"。但狗会随地大小便的，有一次，一条狗对着我拉了一摊屎。我很生气，就站住不走了，瞪着狗的主人，结果她的眼瞪得比我还大。我只得悻悻走了。现在居民富了，有条件养狗了，但是不知道怎么养狗，还没有养成遛狗的文明习惯，或者说还缺少养狗的贵族文化。媒体报道某市一环卫工人看到一个妇人在遛狗，往路边拉了屎，他说这样不文明。结果该妇人大骂：一个扫垃圾的，有什么资格跟我讲话？你的命还不值我的一条狗！结果路人很愤怒，把这段视频录下来放到了网上，当地的领导出来讲话，说这样的行为和语言真是本市的耻辱，说出这样的话简直就不是人话。以后再出这种事要采取严厉措施！我不知道领导有什么措施可以采取？我们要建更好的学校，过更好的生活，因为今天的学校就是明日之社会，今日的学生是明日社会成人的缩影。

我举一例供校长们参考：

一位中国留学生与德国朋友吃完饭，他看到那位先生将剔完牙的牙签折为三节放在手帕里包好，觉得很费解，问朋友这是为什么？朋友说是为了带回家放在粉碎机里粉碎，因为餐馆还没有粉碎机。问为何这么做？回答是，这一小小的善举，至少避免了三种不好的可能：第一，如果不这样，服务员可能被牙签刺破手，造成伤害；第二，或者混入残余的食物被宠物吃了，导致生病；第三，牙签可能刺破垃圾袋，会污染环境，最后殃及到人，人类会自食其果。

一件微不足道的小事，有利于社会，也维护了自己的健康生活，更折射出公民的道德修养和文明习惯，而其根底在民众的文化自觉。有人说英国的乡村最美丽，德国的城市最干净。英国乡村的魅力我见识过，德国城市的干净我没有亲身体验，不敢妄加评议，但以上案例至少是有力的佐证。我也曾去过日本，有位留学日本十多年的教授一再说日本如何干净，我有时故意唱唱反调。有一次，我们去东京大学开会，我说日本的街道上烟蒂、纸屑还是有的，结果同行的日本教授说，金老师，您观察得很仔细，不过，您知道为什么现在日本不太干净了？也有人说是中国的留学生越来越多了！我为这句话憋得胸闷。台湾人甚至讲，要提高旅游门槛，不然台湾也成了大陆的垃圾场。这样的话真让人揪心啊！

怎样通过学校教育重塑文明社会的文化观念？如何构建家庭、学校和社会"三位一体"的文化道德场？如何避免道德教育的表面化、空心化？教学生5年，为他想50年，也许就要从习惯培育和文化熏陶入手。

（三）文化在教师行为的风格中

俄国教育家乌申斯基说得好：只有个性才能作用于个性的形成和发展。独具魅力的教师个性和教学风格才可能对学生的心灵产生深刻而持久的影响，才可能达成良好的课堂效果。教师的个性、气质从何而来？有时接触某个陌生人，可以从他的衣帽、动作、语言、眼神等感受一种儒雅、独特或趣味，会让你情不自禁地被他吸引，愿意追随他，乐意与其共事。我想，这就是一个有文化、有气质、有内涵的人。如果教师有儒雅、智慧、独特的气质，一定会影响、感染学生，这种感染力甚至会迁移到他所教的学科，产生"爱屋及乌"的良好效应。有句老话，叫"腹有诗书气自华"，讲的也是这个道理。

有文化、有内涵、有气质的人与缺少文化和修炼的人，有明显的分别。虽然不易用语言去分析，却不难鉴别。学生能真切地体验教师的文化内涵。作为校园文化的一种亚文化，或者说一种群体文化，它体现了教师这一独特群体的价值观和思想规范。教师队伍的专业成长和文化修为是需要校长去推动、引领的。当前要弘扬新师道的精神，在教师的文化意识上凸显三种责任：一是岗位责任。至少对得起这份职业和薪水，叫爱岗敬业。二是社会责任。不仅要教书，还要育人，通过育人改良社会。三是国家责任。中华民族未来的发展、东方文明的伟大复兴，与教育息息相关，教师要有承当意识。

教师行为要符合上述责任，就迫切需要提升文化品位。某市的教委在教师中间曾做过调查问卷：您爱学生吗？90％以上的教师回答：爱！当这个问题反过来问学生：你体会到教师的爱吗？回答体会到的只占10％。为什么会有这样巨大的反差？良好的师生关系取决于教师的文化涵养和道德境界，和谐的课堂氛围使教师讲课得心应手、事半功倍。还是《学记》说得好："安其学而亲其师，乐其友而信其道"——亲师信道，是教师行为文化的良好效果。校长贵在构造一个文化场，让教师互相学习、互相帮助、不断提升，那么学校的教师文化就会呈现一种健康发展的良好态势。

（四）文化在校长办学的理想中

温家宝总理近年在接待外宾时，曾诵读一些名人名言，其中有一句是宋代大儒张载的"为天地立心，为生民立命，为往圣继绝学，为万世开太平"。什么叫"为天地立心"？中国人的文化观里有天地人三种元素，天地生人，人为天地之心。人的命应该沿着什么方向去发展？"为生民立命"是文化之命，因此要"为往圣继绝学"，传承好的文化传统，读书人应该有这种担当的情怀。"为万世开太平"，就是继往开来，有大丈夫的理想气概。

还有一句是德国大哲学家康德的话：对两样东西我们要心存敬畏——头上的星空和心中的道德律。星空是什么？就是大自然，面对大自然人类要有敬畏感。还有道德律，就是面对人类社会及游戏规则，也要心存敬畏感。一个是大自然的规则；一个是人类社会的规则。对此两大规则为何要心存敬畏？

中国人无奈之际常说"天哪！天哪！""天哪"是什么意思？就是人做事时有没有想一想"天"的大规律笼罩着你，所谓"天网恢恢，疏而不漏"？违背天理，必遭天谴。天理是什么？天理就是人心，是为人处世的底线，是人不敢突破、不可突破的世道人心。校长基于何种价值观念去引领一所学校的发展？正确的行动是来自于先进的理念、先进的文化意识，即行成于思，反之，思也成于行。只有当文化自觉与实际行动、思想境界与制度安排相互促进时，学校的发展才会趋于良轨。

先进文化对于校长非常重要，但今天校长文化的修炼还是比较薄弱。比如中小学校训的雷同化和标语化现象突出，格言警句的单一性，反映的是一代校长文化修养不足的现实。类似南开学校镜子上的箴言如今难得一见，所谓校训，要么求实创新、要么严谨勤奋，翻来覆去就是这几句话。

陶行知为什么要给一位"高大哥"的校工写下充满人情味的信？北大校长蔡元培上任时对一个向他致礼的门卫脱帽还礼，以致门卫惊诧不已，因为他在北大看门多年，从没达官贵人向他还过礼。这样感人的案例，是校长文化观念的最好写照。学校的文化理念能否行得通、行得久，需要很多条件，其中一个重要条件，就是在座的各位校长要率先垂范、身体力行、坚持不懈，全力凝聚文化共识，以智慧引领教师队伍，让文化扎根于师生的心灵。

四、校长的制度智慧

如果说文化是软性的，那么制度是刚性的，刚柔相济才能收到好的效果。校长担任着制度的制定者和管理者的角色。好的管理是在不增加资源的情况下，通过改变规则或方法，使生产效率或学习效率得到提升。

（一）学校制度如何产生

好的制度来自好的程序和方法。因为程序不对，结果大相径庭。举个案例，通常宴会差不多了，最后上来一道水果，但这是一个错误的顺序。人们一直以为水果是饭后吃的，其实大错特错。鱼肉一般要4个小时后才会被消化，而水果很容易腐烂，细菌也爱吃。结果，不容易消化的东西堵在胃里，水果下不去，先行腐败在胃上端，变成垃圾。久而久之，消化系统就会有问题。程序的错误让营养品变成了危害生命的杀手。

产生好制度的顺序应该怎么安排？制定学校规章的正确程序是上下结合，这句话说来很好懂，因为共产党的传家法宝就是"从群众中来到群众中去"。但是今天不少领导未能真正继承这个传家宝。领导一般来讲要比群众聪明，为了显示聪明，提高办事效率，他代民做主，形成条规，令人执行。问题是假如制度不是发自群众的心愿而是趋合领导者的口味，而领导的意念与群众的需求不一致时，则规章再好也是没有生命力的。

我经常对校长们讲，你头脑里再好的思想、学校再好的规章，一定要通过群众的嘴巴说出来。哪怕开讨论会、开座谈会只是走个形式，但这个形式还真不能少。你说，群众讲出来的还是这些话，还没我讲得好，干嘛费劲去走这个程序啊？关键是费了这个劲，走了这个程序，你头脑里的意愿就变成了群众的需求。当它变成了群众的需求，你就是在为群众的利益服务，你就成为学校主体力量的协助者，您的管理获得了来自底层的生命能量，你管理学校就不太累。

近期公布的"国家教育发展中长期规划"为什么要在网上征集民意？可能汇集众多专家智慧的文本比群众自发的观念要成熟，但走这个程序的最大好处是调动了广大群众的积极性。因为一旦脱离了群众的实际需要，再好的规划也只是纸上谈兵，成了挂在墙上的一纸蓝图，并无实践意义。华东师大也搞了十年规划，领导开各种座谈会十多次，文本初稿形成后又多次开会讨论，这一讨论的过程就是凝聚师生员工共识的过程。通过不断地讨论、碰撞、博弈，共识就逐渐重叠了。

我跟班主任也讲这个话，也许中小学生不如班主任聪明，老师制定的班规要比学生搞的好，为什么还要浪费时间让学生讨论？问题在于经过学生讨论制定的班规，成了学生自己要的游戏规则，做不好你还可"打他的屁股"：我来帮助大家完成自身的意愿，你为什么还如此不争气？于是就变成：这是你要做而不是我要你做！校长们制定校规也是这样的思路：群众要做，你来帮助大家做，做不成你还可以批评群众——自己的事情为什么还做不好？你就化被动为主动。

程序不对，领导了解民意都不可能。比如选举投票，如果不设秘密投票点，投票数据就有大问题。统计是最能说明问题的，但程序出错的统计又是最大的骗局！如果设计程序有问题,数据就是最大的误导。如果校长到教室发个调查表,众目睽睽下要学生当堂填写、当堂收卷,学生们我看看你、你看看我,还敢说反对吗?这类程序的细节是能决定成败的。正因为程序很重要,所以要防止程序中暗设的机关,要尽量在公开、公平的程序下达到公正的目的。

(二)学校制度由何构成

学校制度的基本要素有哪些?所谓制度,是人构造出来的,它赋予文化这个软的质料以硬的制度形式,好比人身体中的血液,通过血管这一循环系统,就通达全身了。把学校文化理念具体化、物质化、规范化为制度体系,可使学校文化因制度的强健"骨骼"和发达"肌肉"系统的支撑而活血化瘀,循环畅通。制度的特点是刚性,它起固化和确定的作用,如定时间、定人员、定主题、定责任,事情是谁做,责任由谁承担等。还要定方式、定步骤、定验收的标准等。这样一套刚性的规制隶属现代学校制度的系统构造。

"现代学校制度"这个概念可以理解为"一个顺应时代发展的好的关于学校的规则体系"。从这一角度来看,"现代学校制度"的建设是指学校根据教育规律和教育目的以及自身所处的实际状况,设置校本管理制度。它的构造就是既能促进学生成长又能有利教师发展的一整套管理的文本。学校的各个部门从德育处、教务处及后勤处等都有明确的权利和义务。学校通常有三个系统,一个是党务系统,在座的校长也有部分身兼党委书记、支部书记,它是学校重大事件或发展决策的保障机构。书记抓大事,把握学校大政方针的制定;同时要监督、保障学校政策产出好的效果;一个是以校长为法人代表的校委会,它是学校的执行机构,学校的日常管理就由这样一个机构来全权负责;一个是校代会,是教师组成的民主决策及起监督作用的机构。这样三股力量相互补充、相互配合又相互制衡。

如果这几方面达成一种平衡有序的状态,那么学校就可正常运转。作为学校制度的文本系统,是以条文、指标、纪律、标准等样式呈现出来。既然是纪律,它对人的行为具有强制性的作用。如果说文化是人的内在自觉和体验,那么制度就是把内在的自觉和体验置于确定的规则基础上。

办学章程是一所学校总的规则,其下还有很多具体规则,如人事制度、财务制度、德育制度、科研制度、奖惩制度等。再微观、具体一些,还会涉及教研组、年级组、班级和教师个体的相关规则,比如以教研组为单位的制度,就包括了教研组的常规活动制度、师徒带教制度、读书交流制度、听课备课评课讲课制度及跨学科的研讨制度等。

（三）学校制度如何执行

这里又要回到一个 HOW 的问题，前面的 HOW 讨论的是制度文本的构造和确立的程序，这里的 HOW 是确定的文本怎样落实和执行。加强规则的执行力尤须注意细节的把握。有一本管理学著作《细节决定成败》，在企业界比较流行。也有领导问，既然领导是抓大事的，那么究竟是"战略决定成败"还是"细节决定成败"？

其实在不同的层面、不同的语境，思考问题的重点是不一样的。当决策未定时，或决策者举棋不定、认识模糊不清的时候，战略当然是关键，是决定成败的要素，假如战略决策是错误的，则执行得越好，就沿着错误的道路滑得越远，所以在宏观决策层面，当然是战略决定成败。但是当大政方针已定，战略决策是正确的，则执行过程中细节是决定成败的。

打个比方，宇宙飞船"要不要上天"，这是个战略决策。这个决策是对的，就把它确定下来。至于火箭"能不能上天"，这是需要具体的技术保障的，如果相应的环节里有一个细节错误，宇宙飞船可能就上不了天或上去了却回不来地。这不是细节决定成败了吗？从这个意义上说细节决定一切，确有道理。

学校制度是正确的，战略决策是科学的，则微观层面的执行，细节当然是重要的。细节没有抓实，环节没有衔接，制度就很难执行，不能执行的制度，是挂在墙上的装饰品，它是没有生命力的。反之，有生命力的规章制度一定要进入学校的日常实践。学校文化的活力，在于使学校制度准确而完整地体现其核心理念，并得到切实有力和坚定持久的执行。

也有学者提出了"决而不绝"、"活而不乱"、"宽而不松"、"细而不碎"等执行制度的策略。"决而不绝"，有规则又不让你缺少灵活性；"活而不乱"，能自主，又不是没有章法；"宽而不松"，心情是宽敞的，但没有松懈；"细而不碎"，执行的细节考虑得很周到，又不令人觉得零碎、厌倦——这是一种执行的智慧。这种策略的"而不"话语方式反映的正是中国特色的管理智慧——中和之道，但它还得在细节中扎根。

举个案例，如旅游公司一再要求导游把顾客奉为上帝，但这是一个空泛的理念，如何执行才算尊重游客？

中国的小孩被成人一天到晚指点惯了，所以很乖。但日本公司要求导游在清点游客人数时，千万不能有食指向下的动作，这是犯忌的。要用掌心向上的手势，以示敬意，以掌心向上的动作清点人数给顾客的感受是不一样的，这个要求很具体，导游知道怎样执行，这种行为就此固定下来了。

还有全世界零售业的老大沃尔玛,要求营销员表现出热情而适度的服务水准。怎么表现?用数据来规范:首先是"三米线",即顾客距离你三米左右,你一定要有反应。你说西方的管理太机械了,为什么五米不能有反应?五米的反应可能就过头了,太热情了就把潜在的顾客吓跑了。你说进入两米我反应不可以吗?那就有些冷淡,也可能顾客就流失了。所以"三米线"不是拍脑袋出来的,是从众多的营销实例中提炼出的一个最佳的度。银行和飞机安检都有"一米线",这是安全和隐私的保护线,是有道理的。其次是"八颗牙",热情反应,八颗牙就出来了!你又说太机械了,十六颗牙不行?十六颗牙就是不行,过分热情,你不把人家吓跑?你说中国古代的仕女,笑不露齿,含蓄的美不行吗?那是东方的美,外国人未必能理解:什么叫"笑不露齿"?那不就没有笑嘛!可能还是"八颗牙"恰到好处。沃尔玛的"三米线"和"八颗牙"就是细节,它是可以操作的。

我的一个外甥女在航空公司工作,业务部训练"八颗牙"的微笑,把一根筷子咬在嘴里,八颗牙出来了。我说这不难受吗,笑得还很僵硬。她说僵硬总比哭好,再说笑笑就自然了,叫"习惯成自然"。

我们要学沃尔玛的管理之道,通过细节执行制度,形成学生良好的行为习惯和学习规范。校长要想一些方法,要思考并制定一种执行的制度。比如教师在课堂上需展示亲切自然的微笑,课堂教学必须留出师生对话的时间,各科教师的课外作业时间的限定,教师评价引入学生问卷调查等。这是看得见、摸得着、抓得住的环节,可以让执行更有效率。

中国传统的学校制度基本上是金字塔的组织结构,比如党委、校委会、校长行政办公室,垂直下来相应的有德育处、教务处、科研处、总务处等,然后是年级组、教研组等,这种结构有它的合理性,但也有封闭性。校长要关注现代学校制度下非传统的新型组织形式,比如新课改在催生跨学科、跨部门的组织机构。新组织给人带来创意,它的发展有助于学校教学改革和课程建设,两种组织如何协调互补?如何在制度执行中为新组织、新思维预留弹性空间?这也反映了校长的制度智慧。

(四)学校制度为何制定

前边讨论了很多技术性的知识,包括程序、要素、方法等,但假如校长不明了"为何制定"这个价值问题,则一切都失去了依据。

学校制度的内涵至少显示出四大效应:

第一是制度的文化效应。讨论校长的文化意识及相应的制度智慧，意味着制度本身就蕴含着文化效应。因为制度实际上也是文化的表现，即制度文化。用大文化概念去思考学校的发展，从基础的物质文化到中间的制度文化，到上位的精神文化，呈现出学校"三位一体"的文化生态。作为制度文化，它具有把精神文化和物质文化贯通起来的功能和效用。因此学校制度的建设过程也是学校文化的发扬光大，它使师生具备一种自觉的制度文化。制度的文化效应，就是充分肯定制度架构对文化扎根的推动作用，从而发挥良好的文化效应。

第二是制度的转化效应。无论是设计和安排学习制度、教学制度、研究制度还是班级活动制度，其目的都是为了把课程、教学、科研及德育等抽象的理念文化转变为师生每天在课堂上、校园里活生生的实践行为。它让玄妙的文化变为具体实在的效应。随着制度对人的规约，久而久之其思维方式就会发生变化，其行为也习惯成自然了。思维与行动的变化则意味着生存方式和生命方式的本质变化。比如一个人喜欢读书，这既不是附庸风雅，也不是为了饭碗去学习充电。而是说，书本已成了他身体和生命的一部分，离开了书他身体不自在、生命有缺憾，他离不开书就好比鱼离不开水，他的生存方式已发生了转化。这种从内到外的转化，就是长期执行制度的结果。

第三是制度的创新效应。制度创新就是无需增加投入，只要改变程序和方式，改变制度要素的组合和排列，就让制度成为师生良好行为的催化剂、发动机，就可以让师生的创造潜力源源不断地发挥出来。现在学校的课堂效率不高，学生做了大量的无效作业，负担越减越重。教学战略犯了错误，教师越敬业其效率越低，因为路径错了！现在中小学教学最大的问题是学生没有时间！哪位校长通过制度创新，解放学生的时间，那你功德无量！一个人的时间被填满的时候，他的脑子一定是僵死的，因为思维没有回旋的空间。中国的绘画很有智慧，越是大画家，越有胆量留出空白，这独有的韵味证明"空白不空"。人没有空灵感就没有创新，创新的要件是自由。自由讲到底就是自主支配时间，而时间与空间是互相转化的。我给你一天时间，你就跑到上海来了，如果给你一个星期，你可能飞到纽约去了，这不是时间换成空间了？

第四是制度的育人效应。学校的一切制度安排，归根结底是为了学生的成长发展。所以，一个好的、合理的、积极的制度，其运行过程就是推动着师生共同提升和发展。也就是说，积极的制度是鼓励人可以、可能去做什么；而消极的制度则是限制人不可、不能去做什么。当学生的时间都被填满的时候，实际上做什么的可能性已不复存在，甚至连不准做什么的可能性都被剥夺了，因为他连犯错误的时间都没有，这是件可怕的事情。鼓励学生探索，需要制度保障相应的时间和活动的场所。计划模式下的教育权力高度统一，而现代学校制度的构建就是要合理分割权力边界。校长的制度安排要充分体现育人的智慧，简政放权不仅是教育行政部门的当务之急，也是对校长的考验。

五、结语：意念发动处便是行

学校文化的核心是价值观，价值观当然是一种理念。借王阳明的一句话"意念发动处便是行"，学校的文化理念该怎么发动，才能让学校的师生员工都能内化于心而生生不息呢？

校长抓制度建设是把学校文化变成个体行动的关键！某高级中学的校长曾对我说：校长要努力建设一所学习型的学校。我说：学校难道还不是学习型的？本来就是个文化单位嘛。他说：未必如此。原来该校星期一上午三个小时是行政例会，也是东拉西扯，效率不高。现在改变会风，一个小时就把学校一周的例行公事议决了，剩下两个小时集体读书。校长带头报告近期读了什么书，看了哪几篇文章，有何体会感想，其他领导依次轮转。这一招很管用，一个学习型的领导团队建立起来了，还带动了各科教师。

什么叫"意念发动处便是行"？有一次，我在某校长班说了个案例——校长忙忙碌碌十六小时在忙什么？它记录在《衡山夜话》中，本意是提倡校长读书，以《学会生存》一书的随堂调查数据作为证据。课间休息不多时，有三位校长拿了三本《学会生存》给我看。我说你们怎么有了？他们说，既然重要，就立马行动呗。但研修班里也有很多校长正对我说，买不到此书；也有的抱怨，有书也没时间看。

细节折射文化，文化贵在涵养，涵养端赖学校。学校文化会影响学生，影响教师，影响学生的家庭，乃至影响当地的社区，进而扩展到整个社会。事在人为，路在脚下。校长们，让我们一起来思考：学校教育怎样形成有影响力的文化观？如何让文化理念内化于心，成为自觉的追求？我们应如何行动，让学校成为充满文化气息的乐园？

最后，感谢各位校长！

（2011年11月3日在新疆生产建设兵团校长高级研修班的讲演）

24. 新课改背景下校长角色的转变

尊敬的各位校长：

早上好！很高兴有这次机会认识成都基础教育界的精英人士，我想说我跟大家还是挺有缘分的，因为本来今天不是我讲，是另一位教授讲，但他的嗓子哑了，因此今天由我来和大家交流。

一、新课改的要义

今天交流的话题分两个部分：一是新课改的要义；二是校长角色的转化，这是标题的两个核心概念。围绕新课改，可以从六个方面进行解说。

（一）目标定位

没有目标定位，恐怕就没有动力，没有方向。新中国学校教育的目标定位，即德智体美劳的全面发展；到后来简化为德智体的发展；到改革开放以后，变成德智体美的全面发展。依据国家的教育方针，每所中小学校的教育目标如何定位？这是首先应该思考的问题。只有把这个想清楚了，才能围绕目标展开相关的工作。

现在倡导和谐教育，是因为社会不太和谐，归根究底是社会的细胞——个体生命不很和谐。比如中小学普遍的问题是学生厌学，教师厌教。我的两本书——《如何走出厌学的误区》《走出教师职业倦怠的误区》就是关注这两个问题的，现在这两个问题交互为用，恶性循环，师生的精神世界很困惑。新课改强调促进每个学生身心健康的发展、培养学生良好的思想品德、终身学习的愿望以及处理好知识、能力和情感、态度、价值观之间关系的综合素养。不要把学生的所有时间都放到知识学习上，而这个知识又是那么狭隘——就是要考的那部分知识，也就是要克服传统课程过分重视知识传授和技能培养的倾向。

（二）学生发展

和谐社会的要素和细胞就是个体生命的和谐，既往的学校培养目标，由于过度地强调整齐划一、规模效益，所以就忽视了学生个体发展的具体性和差异性。今天学校上课的模式是工业时代留下的班级授课制，知识从教师的嘴里源源不断地进入学生的耳朵，然后再进入大脑记忆皮层。

农业时代的教育，尽管也有一对多的情况，但是受农业社会生产方式的制约，比较多的还是师徒传授、个别教育、因材施教的教育。到了工业时代，为了适应大机器的生产，即流水线工作，就像《摩登时代》中卓别林表现的，一天8小时就是在流水线上重复一个动作。在这样的背景下，学校教育也是用最少的时间培养出更多的人才，机器生产方式决定的学校教育的模式——班级授课制就是花最少的成本得到最大的效应，产出的是标准化、规格化、通用化的工业社会需要的人才。

从工业时代进入信息时代，社会结构正由科层的金字塔结构迅速扁平化，人类的生存方式也在发生深刻的变化。第三产业的部门人数将要超过第二产业，在这种情况下，规格化的人才已经不能适应一个变动不居的世界了。马克思当年寄予的理想社会的最重要的条件就是每个人的自由发展，因为只有满足了这个条件才有一个新社会的真正诞生。新课程旨在促进学生的个性发展，承认学生是发展着的、有差异的、有潜力的、独立的人。我们正在走出工业文明时代，走向知识经济时代，倡导人的个性发展是时代发展的必然。

为了体现时代价值，新课程改革的价值取向，就是要改变培养目标单一的状况，适应人的多种发展的需要，真正促进学生的自由、全面、和谐发展。

（三）课程变革

新课改在教育内容的选择上，淡化了学科本位的基础知识和基本技能。以往的中小学学科教学太本位化了，很多教师一进校就定终身了，我数学，你语文，他唱歌……不管社会在剧烈地变化，教师以不变应万变，以单科知识去应对学生复杂的生命体，于是越来越不适应，新课改提出了复合型知识的命题。

其一，要精选学生发展所必备的基础知识和技能，处理好现代社会发展需求和学生生命发展需求的关系;要把部分繁、难、多、旧的知识内容转变成关键性的知识内容,特别要对课程内容做创造性的二度开发,方能回应时代的新要求。素质教育不能简单地理解为唱唱跳跳,如何提炼知识的核心价值,这充分考量着教师的智慧。

其二,中小学的教材也要贴近、反映当代科学和社会的最新发展成果。按照赞科夫的"高速度、高难度"教学原则,只要找到恰当的呈现方式,再高深的知识都可以转化为学生可理解的教学内容。同时,学校教学要体现时代的特色,注重社会与学校的联系,课堂教学在某种程度上要还原生活,即直接经验,而理论知识是间接经验,教师要把这两者打通,知识要贴近学生生理、心理的发展,要让教学过程渗透着追求知识和真理的快乐。不要重复"吃得苦中苦,方为人上人"的古训,牺牲生命前三分之一的时间为了后三分之二的幸福生活,这个话在终身教育的时代是靠不住的。

其三,明确课程结构的综合性、均衡性和选择性。因为新知识日益呈现综合化的大趋势,社会的发展更趋复杂。如果学生缺乏综合汇通的眼光和能力,很难解决生产和生活中不断出现的各类难题。均衡性就是保证课程内容各类要素的平衡,选择性则体现了学生和教师的个性化需求。

(四) 教学策略

新课改的教学策略是强调教学与课程的整合。以前学校工作中教学是中心,德育是首位。现在的素质教育是以德育为核心,以实践能力和创新能力为重点,面对重心的变化,学校的教学策略就需要变革。

其一,突出教学的能动作用。教学过程不是教师刻板、忠实地执行既定计划,而是致力于现场课程内容的生成和提升。课堂上学生和教师是活的,相关的课程资料是死的,怎样让死的资料活起来,按照原定的计划,按部就班是不行的。教师当然要备课,但课堂情境是会变的,教师要跟着变化走,教学的策略要随着具体情境而变化。

其二,教学过程是师生平等交往的过程。教师与学生的人格是平等的,课堂教学是一个师生相互交流的过程,人格的平等,就是师生交流的基础,老师们务必要明白这一点,不要以为自己高高在上,真理在握,我们身处的"后喻"时代,就是指在当今高科技时代的某种条件下,晚辈(或学生)由于掌握了一定的新知识、新技能,给先辈(或教师)传授知识和培养能力的时代。"文化反哺"是后喻时代的最基本特征。课堂上师生的交往对话呈现出新课改的"互喻"特征。

其三，构建一个充满生命力的课程体系。怎么让教学内容与学生的生命发生关联是需要教师深思的。多媒体技术的运用也有合理性的问题。因为运用过分，就是把教师的"嘴灌"变成了多媒体装置的"机灌"，这个是要警惕的。计算机该用就用，不该用就不用，要根据具体的实际需要来决定。

（五）学习方式

新课改提倡自主、合作的学习方式。"自主"就不是被动的，但目前在不少中小学课堂上学生都是在"被学习"，学生应争取学习的自主权，就好像在座的诸位也要争取校长的办学自主权。而学习的过程实质也是教师与学生合作的过程，只有合作，师生才会有更好的发展；既然是合作，那教师就不是刻板、机械地让学生去接受，而是要鼓励学生共同"参与"。

我的母校漕河泾中心小学在百年校庆之际恢复了老校名"求知学堂"，学校的校训很有意味："争冠治生、手习脑勤、心康体健、乐求真知。"原来学校南面一条路叫冠生园路，因冠生园食品厂而闻名，上海的著名商标"大白兔奶糖"就属于它，由路名而来的"争冠治生"具有形上、形下的双重意义，"争冠"激励少儿立志，"治生"针对独生儿女缺少生活自理的基本能力。学校的西面是一条习勤路，"手习脑勤"，孩子才会勤快聪明，符合皮亚杰结构主义心理学的原理。学校北面的路叫康健路，"心康体健"是让学生做到身心都健康。这所学校是百年老校，叫"求知学堂"，师生来学校是"乐求真知"，快乐地追求知识和真理。从校训可知校长是一位有文化内涵的校长，这样的校训是其他学校无法模仿的。在这样的校训激励下，学生的学习方式也一定充满了智慧。

（六）评价体系

新课改旨在构建正确的评价体系，形成新的评价观。通常考试评价是有甄别和选拔功能的，但一个好的评价体系更要有利于人的全面发展。评价除了甄别选拔的功能，还要发挥诊断、改善的功能，评价要有利于校长和老师在学校管理和课堂教学中开发出更多更好的创意，有利于学生更健康地成长。

新课改涉及的范围包括了观念、目标、师生、结构、内容、方法、体系、评价、管理等等，也涉及学校与社区、家庭的合作互动等，所有这样一系列的变化构成了一个背景，也是校长和教师面临的严峻的挑战。

二、校长角色的转化

现在教育部要出台一个教师教育的标准,就是为了提高中小学教师的水平,华东师大的专家组是制定这个教师教育标准的重要力量。面对教师教育的发展趋势,我想校长标准的出台可能也不远了。之所以强调这个问题,是因为我觉得校长是当前新课改推进过程中的关键环节,就课程、校长、老师而言都是软件,这些比教室、设备等硬件更重要。同样是软件,其中的校长和教师更关键。因为课程这一软件是死的;老师和校长是执行、落实课程乃至开发课程的,是活的因素,所以更重要。校长和老师都很重要,从一定程度上来说,校长更关键,因为校长是"教师的教师"——这是我对校长的定位。对校长的定位可以是多种的,比如,学校的法人代表、执行教育政策的基层组织负责人、学校管理制度的制定者、学校师生的领导者等等……上述角色要真正产生效应,就需要校长去团结、带领一支教师队伍,校长的重要性就是要去影响、提升这支教师队伍,实际上校长的角色就是"教师的教师",所以说当校长的有双重身份,一个身份是学校领导,另一个身份是教师的教师。

如何引领教师持续成长?需要靠我们校长的智慧,办学的理念,以及校长的独特人格魅力。所以当好校长很难,校长的实和校长的名,特别是名牌学校的校长的"名实"要一致,这真的不简单!面对这么多的教育问题,校长的角色有时难免出现冲突,我们在冲突矛盾之间,需要保持一种比较高的自我协调和平衡的能力和技巧,我认为校长角色需要有下列转变。

(一) 从行政官员向学习型校长转变

在中国这样一个"官本位"的政治传统的背景下,校长心中要有一个自己的标准,来激励自己的发展。但是目前的情况却不容乐观,在《衡山夜话》中,我们讨论了这样一个问题——校长忙忙碌碌十六小时在做什么?我曾经以《学会生存——教育世界的今天与明天》为例,多次调查,结果很失望——尽管每次参与培训的教师、校长少则数十人,多者上千人,但读过这本书的寥寥无几。我们的校长很敬业,但他如果不看书、不研究,他怎么会忙在点子上?说实话,我之所以从大学中文系的学生变成教育学的专业工作者,原因很复杂,其中有一条我认为是蛮重要的,就是我在大学一年级的时候看了《学会生存》,当时如电光石火,有醍醐灌顶的感觉。校长们,我们首先要做一个学习型的引领者,这样我们才会有修养、有底气、有水平。

你看几乎是每月一次的中央政治局常规学习,就是请大学或研究院的专业研究者,围绕一个专题讲一讲。党和国家领导人都在带头学习,只有不断地学习,才会有政治能力和执政水平的提高,那么一校之长要不要学习？我看还是需要的,我们要力争成为学习型的校长,我做成功校长的案例研究,他们之所以成功,都与这个有关系,可以说是一个必要条件:没有它,你一定办不好学校;当然仅有它,你也未必能成功——成功需要天时、地利、人和。

(二) 从机械的政策执行者向创新性办学者转变

如果说第一个角色的转化,应该从一个行政基层的官员转化到一个办学的行家里手,继而上升到教育家办学,那么成长为教育家的前提就是热爱学习,只有学习型的校长才可能成长为教育家。同时,具有教育家潜质的校长一定是一个勇于创新的实践者。

钱学森在临终之前一再问——为什么六十年来,新中国还没培养出杰出的创新人才？杰出创新的人才也就是有原创思想、有重大发明的人。比如"三钱"(钱学森、钱三强、钱伟长)就是这样的人才,这些人都是民国时期读的大学,然后去国外留学,新中国成立后培养的大师在哪里呢？这就是"钱学森之问"。政治家也许要探讨制度的设计问题,但作为理想和实践合一的教育界的仁人志士,更要在现有条件下,努力做好自己能做的事情。基层校长和教师用智慧和能力在一个有限的空间里舞出独特的魅力,直接受益的就有数亿学生。

校长要成为创新者,自己就要有创新的动力和激情。创新首先要有活力,校长自己有没有动力和激情,直接关系到学校师生的创造性。只有校长自身用创造的火把去点燃学生和教师内心的创新欲望之后,才能有创新的火花迸发。而这是需要勇气的,因为一个志在创造的校长有时需要很大的勇气面对种种责难和压力。我这里引英国哲学家罗素的一段话:一个想要依靠思想赢得世界的人,他可能要准备在目前失掉这个世界的支持,他需要一定独立性和孤独的毅力,内心要坚信这个想法是对的,今天的孤立一定会获得明天越来越多的理解,因为世界是在发展的。同时不要因为自己的智慧,而看不起他人,要等待众人的觉醒,还要乐于帮助他人,影响他人,这是一种无所畏惧的智者襟怀,当你超越了私心,你的心胸就很宽广,获得了相当的自由。

创新者的孤独是始终存在的,比如作为一个普通的教师或校长,在课堂上或管理上进行一点改革,也面临着学生、教师、家长以及其他学校领导者的不太了解,难免会有寂寞感,甚至承受巨大的压力,但只要方向是正确的,就会慢慢地获得更多人的支持。

(三) 从管理者向引导者转变

首先,学校里教师和学生创造力的培养是与学校的文化、氛围、活动的模式、课堂的实践密切相关的。假如校长与教师的关系不平等或者很紧张,就会限制了教师的思维;也会进一步影响学生的创造。如果能营造一种平等、民主、友好的氛围,就会有利于思维的碰撞,有利于创新。校长可能真的没有能耐去迅速改变教育制度,但至少可以在学校这个微观的层面上推进学校的民主管理,当然这还受制于社会文化的大背景,这是制度的局限。因此这个问题的真正解决,还是要依赖于教育制度、政治制度、社会制度等相关的改革,但校长不要因为外部环境而放弃自己的责任和信心。归根到底,校长要在学校里努力营造宽松、民主的文化氛围,培养学生的主动学习、培养学生的创新精神,当然这一切主要在课堂中进行,这需要校长、教师和学生共同发挥主观能动性,这里面校长承担的责任更大一些。

其次,校长可以为教师设置开放性讨论平台。校长要尽可能地搭建平台,让师生的才华和个性有可能充分地体现。今天不少中小学涌现出很多鲜活的案例,可以拿到平台上去交流、加工、推广。我曾到某所学校去,喜欢到咖啡吧休息。这是校长人性化的安排,学校教师在午间休息的时候可以来这里喝一杯牛奶、咖啡或豆浆,吃小点心,看看《健康之友》之类的杂志,更重要的是在这个咖啡吧里,可能三五个好友讨论某一个话题,或网上热议的事件,对学校改革的看法等等,思维的创新火花就不经意地产生了。为什么美国硅谷是极富创造性的,就是因为美国不少大学的教授跟他们的学生在硅谷的小企业里、咖啡店里随便聊聊,这就是造就类似于比尔·盖茨这样的知识英雄的丰厚土壤。也许校长干不了轰轰烈烈的大事,但这类温暖人心的小事还是能做到的。校长要像邓小平说的,当好后勤员,为教师提供发展的空间。

其三,要加强对话意识,丰富教师的想象,拓展教师的视野。今天是一个对话的时代,校长要提倡学生与学生对话、学生与教师对话、学生与家长对话、教师与家长对话等等。其中最关键的是校长与教师的对话,对话是培养师生民主意识的重要方式和途径。《论语》记录的就是孔子与其弟子的对话;苏格拉底也是主张对话、谈话,对话教学法被称为"产婆术"。智慧就在彼此对话交流之中,通过对话,可以唤起师生的自尊、自信和自爱,它事关学校文化、生态的构造。事实上真正的对话是比较难的,教师不愿意与学生对话、校长不愿意与教师对话、局长不愿意与校长对话,害怕对话是缘于底气不足。

对话也是一种民主的实践,不会学习就不会对话。现在中国不少问题,之所以激化,就是因为领导不敢也不善于与民众对话。我建议校长看看《朱镕基答记者问》,可以增长对话的智慧。

(四)从威权者向服务者转变

在计划经济模式下的学校教育是特殊的福利分配,作为一种稀缺的教育资源,会使相关的办学者高高在上,形成一种施恩者的心态。但校长们请注意,随着教育体制的深层次变革,特别是民办学校的涌现,教育的竞争态势开始形成,市场要素开始渗入。随着新课改的进一步深化,教师和校长将要从计划模式下以课堂为主、教材为主的旧教育模式,转化到以学生为主、以家长为主、以教育消费者的要求来决定课程教学的新模式,这样的时候不远了。

我举一个例子,温州是私营经济比较发达的地方,我和当地一所民办学校的校长谈话的时候,他的手机不断响起,我就有点生气。校长说:抱歉,金老师!之所以如此,是因为我对学生家长有个承诺——"我校长的手机 24 小时为大家开放",主要是我担心如果家长不满意我们的服务质量,他们就不会把孩子送来;没有生源,我这所学校就得关门……这就是面对竞争,民办学校校长的观念发生的深刻变革。

(五)从论道者向践道者转变

校长如果学了很多理论不用,不化为自己的实践,那都是纸上谈兵。面对教育界的变化态势,我们要做一个勇敢的弄潮儿,这不是赶时髦,而是新时期教育发展对校长提出的要求。教育的变革离不开仁人志士的执着努力,真正的教育家是理论家与实践家的结合。梁漱溟说,他看到的通常是这样一个相反的现象,就是理论者脱离实际,实践者脱离理论,可见知"道"不容易,践"道"更难,所以他强调知行合一。校长要敢于并善于实践。对学校教育来说,关键就是校长要把理论与实践打通。

最后谢谢各位校长,祝大家这次学习收获丰富!

(2010 年 8 月 13 日在成都新都区中小学校长研修班上的讲演)

教育文化篇

25. 中西文化比较与汇通

各位老师:下午好!

见到温州的老师感到特别亲切,随着长三角一体化进程的加快,江浙沪之间的联系愈加紧密。我对浙江,特别是温州抱有高度的敬意,因为改革开放以来,浙江省尤其是温州地区无疑在中国经济发展方面起了带头作用。温州不仅私人企业很活跃,民办教育发展也很有特色,这是由于文化环境的宽松有利于创新,我想在座的老师们也做出了贡献。

今天讨论的话题是:中西文化的比较与汇通。师资培训中心主任跟我说温州市的老师想听这一话题,我很高兴,也有点惶恐和不安。因为这个话题确实大,我找了一个聚焦点:从文化生态、文化平衡和文化和谐的视角去观察中西方文化的特色及汇合。

一、引言:文化观察的四种维度

文化是一个重要的概念。瑞典著名教育学者胡森在《教育目前的趋势》中指出,一所学校应该具备六大特点,他把具有独特的学校文化列在首位。文化为何这么重要?学生说来学校是为了学文化,可能把文化等同于念书识字。那么,一个人念了书、识了字,是不是就有了文化? 现在有一种社会现象:一个人学历很高,譬如博士毕业,是高级工程师,专业知识精深、专业能力很强,但是他日常的表现缺乏修养。这类人,我们会说他"有知识缺文化"。可见知识与文化不是一个概念。那么,今天的人们为什么特别关注文化的问题呢? 我想这是基于现实的挑战。

不妨从下列四种维度去观察现实中人们面临的一系列重大挑战。

第一,从人与自然的维度去观察。人类总是在自然的系统中生存,但今天人与自然的一系列重大问题反映出来的是人与自然的不和谐,生态严重恶化。为什么人类以前与自然还能比较和谐相处,随着工业文明的步伐越来越快,人与自然的关系越来越紧张,这种趋势与人的文化观念有没有关系?

第二,从人与社会的维度去观察。今天人与社会的关系也十分紧张。其中核心问题是社会诚信资源越来越匮乏,人们在社会中缺乏安全感,不知道应该相信谁。从日常吃的食品安全到社会生活中的各类欺诈现象,呈现出一种文化乱象。

第三,从人自身的维度去观察。反身自观,个体生命也不和谐。人的内心好像有两个我在打架,即人格的分裂。今天 GDP 在增长,百姓的钱袋在鼓起来。物质享受比以往不知丰富了多少,但是幸福指数没有同步提高,有时还下降。人格分裂严重者甚至用极端手段结束自己的生命,这方面的例证不少。

第四,从人的超越意识的维度去观察。个体的生命是有限的,充其量每个人就活一百年,这样一个有限的生命,怎样过得更有意义? 古人说,人生不满百,常怀千岁忧。为什么要忧千岁? 今人是不是还在忧千岁? 今天的人好像越来越急功近利,以前说"江山代有才人出,各领风骚数百年",现在是各领风骚两三天。不顾一切手段争名夺利,至于死后,哪怕洪水滔天。人的有限生命如何从满足当下的物欲,转化为无限的文化生命的追求?

现实中人与自然、人与社会、人与自我以及人与超我四个层面所出现的各种各样的问题,在不断警示人们:当代文化出现了什么危机?

世界上最强大的国家有时候也是很脆弱的国家。发源于美国的所谓世界性的金融危机,它来自何方? 可能就是人心出了问题。有学者说,世界金融危机背后是人类生活方式的危机,就是消费至上,寅吃卯粮。人们期盼不劳而获,玩金融玩出了经济的泡沫化和空心化。是人的物欲无限的膨胀,导致了金融海啸。自然科学不是一副万灵的、包治百病的药,科学发展观是涵盖自然科学、社会科学、人文学科等众多知识的综合文化观及理论指导原则。如果把科学发展观片面理解为单纯的自然科学和技术科学,就难以解决上述问题。

科学史专家指出,人们以往对自然科学的崇拜存在三种误导:一是自然科学是绝对正确的,把自然科学与正确划了等号。二是科学加技术就能解决人类的一切问题。三是科学乃逻辑秩序严谨的至高无上的知识体系。2007 年《关于科学理念的宣言》是"中国科学院"和"中国科学院院部主席团"联名公开发表的。它特别提到:"避免把科学知识凌驾于其它知识之上。"它强调,要从社会伦理和法律层面规范科学行为。以前人们认为科学是绝对美好的,不需要去规范它,它也不存在被滥用的问题。《宣言》否定了人们以前把科学想象为至善至美事物的图像。这意味着人们对科学的全新认识。

人生有两个与生俱来的大问题,每个人都绕不过去。一个是,我们的生命来自何方? 我称之为人类生命的"寻根"意识。一个是,我们的生命将走向何方? 我称之为人类生命的"求道"意识。如何安排短暂、有限的生命? 如何度过独特、美好的生命? 如何使个体的生命有意义? 这样的寻根和求道的意识呼应着何来和何往的两大命题,实际上是为人的生命寻求时空十字坐标上的价值依据,让生命有依靠,能安放人心。

中华民族的文化精神凝聚着世世代代的中国人对自然和人生的种种领悟和体验,表达了民族生命的自觉追求。中国特色的社会主义现代化不等于西方化,先进文化不等同于科技文化。中共十七届六中全会对深化文化体制改革,推动社会主义的文化大发展大繁荣做出了全面的部署。全会首次把文化命题作为一个主题来研讨,也是继1994年十四届六中全会在讨论思想道德和文化建设这个问题后,中央最高决策层再次集中研讨文化的课题。这样一个重要的背景,在座的中学政治学科的骨干教师更应该去了解、关心和思考的。

进入新世纪以来,国际学术界流传这样的话:19世纪靠军事改变世界,20世纪靠经济改变世界,21世纪则要靠文化改变世界。随着影响力形态由低到高的演化,人类社会发展的重心也在发生迁移。当然这句话未必正确,事实上19世纪世界的改变也不完全靠军事的力量,还需要经济和文化的力量。反过来,20世纪也不单纯靠经济改变世界,同样离不开军事和文化的力量。21世纪当然要靠文化,那么经济和军事是不是就淡出了? 也未必。21世纪的中国,在相当长的时期里,经济和军事力量都是不能忽略的。但是到了今天,文化需要放在一个特殊的位置上来思考,这是没错的,因为未来发展的趋向,文化的力量必然越来越大。文化软实力的比拼和较量,已经成为一个国家、一个地区综合实力的竞争。

二、文化:美丽而复杂的生命之花

讨论文化,如果不事先对这个概念做一番说文解字,可能就不知所云,因为文化这个概念太丰富、太宏大,又太复杂了。美国文化学家克罗伯(A. L. Kroeber)认为,由人类学家发现的"文化"概念,它的影响之大堪与哥白尼的"日心说"媲美。换言之,软的文化力量与硬的科技力量,至少可以比肩。他与同事克拉克洪(Cl. Kluchhohn)一起编撰了《文化:概念和定义的批判性回顾》一书,把当时所见的欧美文献中约一百六十个由人类学家、社会学家、精神病学家及其他学者所下的文化定义搜辑起来,判断它们的侧重点,并依此细分成六大类:1. 列举描述性的;2. 历史性的;3. 规范性的;4. 心理性的;5. 结构性的;6. 遗传性的。可见对此概念西方学术界尚无统一的界定。

在全面地研究了既有定义后,该书作者也综合出一个定义:"文化是包括各种外显或内隐的行为模式,它通过符号的运用使人们习得及传授,并构成人类群体的显著成就;文化的基本核心包括传统(即由历史衍生及选择而成)观念,其中观念尤为重要;文化体系虽可被认为是人类活动的产物,同时也可认为是限制人类作进一步活动的因素。"

这个定义包含有五个元素:1. 文化是行为模式;2. 行为模式(不论外现还是内含的)通过符号传递、由后天习得;3. 行为模式通过人工制品而具体化;4. 由历史上获得并经过选择的价值体系是文化的核心;5. 文化既是人类活动的产物,又限制人类的活动。该定义的准确性虽有不同的见解,但至今仍具相当影响,为西方许多学者所接受。

从西文的语源来看,"文化"一词的德文 Kultur,英文和法文 Culture,都源于拉丁文 Culture,其本义为耕种和作物培育。如英文中的农业 agriculture、园艺 horticulture,都源于 Culture。古罗马政论家西塞罗早就使用了"耕耘智慧"(Culturementis)一词,其义与哲学同。至 18 世纪,法国启蒙思想家伏尔泰等在更广泛的意义上使用"文化"一词,用以指谓人类心灵、智慧、情操、风尚的化育。可见"文化"一词在欧洲文化系统中,是从人类的物质生产领域逐渐引申到精神领域的。

现在通用的"文化"一词,首先是日本学生在译介西方有关词汇时,使用导源于中国的"文化"一词,然后又由留日学生再从东土把它引渡回国。中国的文化最初是分开使用的。《易经·系辞下》说,"物相杂故曰文"。指大千世界的各类物体本身具有的花纹色彩。所谓"五色杂陈而不乱",不同的颜色组合在一起很和谐,这就是"文"。慢慢地"文"被引申为文字、文辞、文章、文学,又被儒家学者界定为尧舜汤武周公的礼乐典章的制度及伦理价值的规范。

《易经》贲卦的象辞上讲:"刚柔交错,天文也;文明以止,人文也。观乎天文以察时变,观乎人文以化成天下。"其意是说,天生有男有女,男刚女柔,刚柔交错,这是天文,即自然;人类据此而结成一对对夫妇,又从夫妇而化成家庭,而国家,而天下,这是人文,是文化。人文与天文相对,天文是指天道自然,人文是指社会人伦。治国家者必须观察天道自然的运行规律,以明耕作渔猎之时序;又必须把握现实社会中的人伦秩序,以明君臣、父子、夫妇、兄弟、朋友等等级关系，使人们的行为合乎文明礼仪，并由此而推及天下，以成"大化"。人文区别于自然，有人伦之意，区别于神理，有精神教化之义；区别于质朴、野蛮，有文明、文雅之义，区别于成功、武略，有文治教化之义。可见，所谓人文，标志着人类文明时代与野蛮时代的区别，标志着人之所以为人的人性。

"化"是变化、改变。所谓：关乎天文，以察时变；关乎人文，以化成天下。人们看到的大千世界，五彩缤纷，和谐统一，于是就把"天象"下迁至人世。人类社会也是丰富多彩，又和谐一致，这叫化成天下。文化在中国语境内同于教化，即用系统的礼乐典章制度和人文学说来教化和改变人，达到天下大治。可见中国传统的文化内涵与西方相近。

文化、传统、教育、教化四者的关系是什么？这四个概念有相当的共通性，或者说重叠性。某种程度上，文化、传统、教育、教化的内涵是一致的。前面说"文化"就是以"文"来"化"天下。传统是继承祖先所积淀下来的文化知识，"统"即知识体系，"传"就是让道统代代相传。教育是把人类文明的火把一代又一代地往下传递。孟子说，得天下英才而教育之，就是通过人才传播儒家的道统。但是在中国的概念体系中，教化比教育影响深远。这是因为中国人追求的是以文来化天下，教是手段，化是目的。

斯诺把文化分为两类，一类叫科学文化，一类叫人文文化。王国维将文化分为三种，一是求真文化，与自然科学有关，也与心理学的认知概念相关。一是求善文化，与社会科学有关，涉及伦理、道德规范，也与心理学意志概念相关。一是审美文化，指向文学艺术，与心理学的情感概念有关。人的全面发展是心理的认知、意志和情感的和谐发展，也是教育学范畴的智育、德育和美育的和谐发展，再加上身体的发展，就是身心和谐的发展。

学术界还有"大文化"与"小文化"之分。大文化指的是正统的文化，国家主流价值的文化。小文化是民间传播的文化。大传统和小传统就是对应着大文化和小文化而言的。或者说主流文化和支流文化、官方文化和民间文化、台阁文章和山林文章等，前者代表官方的主流价值，后者代表民间文化的趣味。还有所谓共时性文化和历时性文化等。这呈现出文化的丰富性和复杂性。

除了分类的文化框架还有分层的文化框架。通常可以从四个层面解读文化：第一层是物质文化，第二层是制度文化，第三层是精神文化，第四层是行为文化。第四层的行为文化又与第一层的物质文化发生了关联，成了一个循环体。这就是文化的层次结构。

为什么文化很重要？市场经济鼓励企业去竞争，其竞争也是分层次的。譬如最低层次的竞争是产品的竞争；第二层次的竞争是服务的竞争；最高层次的竞争是企业文化的竞争。文化竞争超越了服务和产品，发挥出品牌效应。如日本的松下企业就形成了成熟的企业文化。企业的价值理念是让地球上的所有人能使用我松下发明的产品，就好像自来水一样方便和廉价，这是企业的核心价值。新职工进入松下公司，首先要接受松下的文化。松下不是制造产品，是制造人才的。松下幸之助亲自上课教育新员工，使之认同企业文化理念。这就是把企业竞争发挥到最高的层次——文化竞争的层面。

学校发展也有三种境界。如果说校长非常能干，把学校管理得井然有序，这所学校充其量是三流的，因为校长一旦调离，学校马上陷入困境，因为它是靠强人统治。如果校长调离了，学校还是很稳定地发展，它不是在靠一个校长，而是靠一套成熟的制度。制度维系学校的运转，要比能人治校更成熟。依据法律、章程管理学校，当然比威权管理高明。但是这样的学校还只能算是二流。因为制度是人制定的，人可以执行制度也可以毁坏制度。制度可以挂在墙上作为装饰，也可以融入你的内心化为自觉。当学校的师生达到文化自觉时，这样的学校就是一流的。文化内化后一定会外显，这就表现为行动的文化，自觉行动的文化证明学校发展达到了最高的境界。

当我们探讨文化问题的时候，首先要有自知之明：人们戴着一副文化眼镜看大千世界，一定受所戴眼镜的视角局限。文化研究作为人的经验感受和实践活动，也一定会打上个体的局限性。除了空间上的个体视野局限，还有时间上的历史视野局限。近代中国人遭遇西方强国形成的文化危机及生存恐惧，形成某种文化的冲突和紧张。五四运动时期，文化革新的先驱，就在不断探求中国落后的文化根源。

开始认为中国是军事落后，没有洋枪洋炮；然后问为何军事落后呢？是因为西方国家有自然科学作为基础，于是学习西方自然科学。又问为什么人家的自然科学先进？原来人家的自然科学能够与实用技术结合，使科学真正发挥力量，所以要学实用技术。后来又问为什么我们的实用技术不能像人家那样发挥作用呢？原来人家的一套政治制度安排得好，有利于科技创新并走向应用。于是又问，为什么我们的制度不如人家呢？原来是中国的传统文化落后，难以产生或移植好的制度。传统文化为什么落后呢？根子在儒家的伦理规范，忠孝文化是一切落后的总根源！所以陈独秀在《新青年》杂志上疾呼，以促成中国人"最后之觉悟"。更激进如钱玄同，认为陈独秀的觉悟还不彻底，忠孝文化之所以贻害后人，是儒家经典依附文字流行天下，说中国的方块字是一切落后文化的载体,废汉字,推广拉丁文,使中国人无法看中国的书,中国传统文化就再不能毒害青年一代了。话说到这个地步,谁还能超过钱玄同啊?他还说人一到四十岁就保守,青年人朝气蓬勃,为了保证社会的进步,人过四十岁就应该枪毙。结果他自己过了四十岁,鲁迅就笑他"作法不自毙,悠然过四十"。

五四新文化给后人留下了复杂的遗产。生物的演变遵循着一定的规律,渐变是常态。各种动物和植物是亿万年大自然的演化变迁,成就今天的生命形态。文化变迁与人类生命演化都是渐变的过程,文化的变革和重建不像拆房子、建房子那么简单。向旧文化宣战的话可以说得很痛快,但是要真正建设新文化却没有那么简捷。首先为什么改造?其次改造什么?再次如何改造?这三个问题都需要冷静思考。其实人本身在接受文化的改造,也在改造着文化。

人总是生活在文化中,文化是人类的精神活动及其产品的总称。文化的本质即人化,它是人的创造物,它又在创造人,所以人的本质也是文化。文化与人彼此互为因果,文化在影响着一代又一代的人,是人在改造社会、改造自然、改造自我的过程中,赋予物质和精神产品以人化形式特殊活动,形成人类所创造的"人工世界"及其人化的形式。你们手上的苹果电脑,它的界面越来越人性化了,越来越符合人的审美要求了。这是设计者赋予了它人化的形式。人们创造了人工的世界,同时也在创造着自我。

三、源远流长、博大精深的中华文化

以中国为代表的东方文化是农业时代的经典农耕文化。韦尔斯说,世界史发展伴随着游牧民族对定居民族的入侵,以及定居民族对游牧民族的同化现象。中国也是如此,北方少数民族靠军事力量入主中原,随后被汉民族先进的农耕文化所同化,清代最为典型,满族几乎被汉化了。

(一) 文化的"耕耘"意象

中西文化所内涵的农耕本义,在西文是 culture,在中文是"艺"字。"艺"的本义是耕种。中国传统的学校教育是六艺和六经的教育,六"藝"的繁体字形象地保留了耕种的特征。最初的"藝"字没有草字头和底下的"云",你一看就明白,字的左边上、下是土,土中是庄稼,字的右边代表手,手里拿着禾苗插入土里。这个形象的表意文字代表的是农耕文化,所谓的"藝"即"农艺",是一种农业活动。最经常的农业活动是栽种,在土里种庄稼。于是这个"藝"慢慢发展成一种独特的专业技能。而在原始的"藝"字上加一个草字头，再加一个"云"，就意味着高于农耕的专门学问，叫"六艺"。六艺是"礼乐射御书数"，与农耕之艺有了区分。

中国传统文化是农耕文化，前面从字源上分析过了。文化史家认为，在一个半封闭的暖温带大陆上滋生起来，以农业经济为生存基本条件的宗法社会，便是中国古代文化得以发生发展的土壤，正是这种特定的地理、历史和社会因素，使中国古代文化形成一系列有别于其他国度和民族古代文化的特征，铸造了独具风格的类型。

中国是一个大陆型国家，有宽广的内陆腹地，有深厚的农耕文化，形成了自己独具风格的文化类型。以血缘关系为纽带的宗法制农业社会的文化，属于伦理政治型文化，农耕文化注重调节人与社会、人与群体的关系，这有利于以家庭为单位的农耕组织发挥作用。怎样实现家庭和社会内部的和谐，更多地吸引了社会统治者和文化人的眼光。这种文化类型关注人与人之间以及个体生命（包括人与自然）的平衡关系。

（二）儒家及中医文化

中国传统读书人从事教育及文化活动的目的是离不开为政的，读书人要学修身、齐家、治国、平天下的本事，把这学好了，吃饭就不成问题了，即"学干禄"。学而优则仕成了中国传统学校教育的宗旨。汉代大臣给皇帝上疏称："政道至要，本在礼乐；五经同归，而礼乐之用尤急。""五经"即诗、书、礼、易、春秋，"同归"即经典文本都归于治国大要，其中礼乐又是关键。要通过礼乐文化的教化来奠定治理国家的基础，所以中国传统学校教育从汉代开始，重点在礼乐文化。中国文化连亘数千年，"礼乐"两字始终灵光不灭，这跟中国社会保持的超稳定传播结构有着直接联系，隐藏着解开中国文化源远流长之谜的钥匙。

儒家思想自汉代后支配中国学校教育有两千多年，是主流文化。这种文化的旨趣是研究怎样通过教育、通过社会礼仪的安排，让不同的人安于共同生活的秩序，也就是说怎么做人是儒家文化的核心所在。作为文化人，其价值追求是什么？司马迁《与挚伯陵书》里说：君子所贵乎道者三，太上立德，其次立功，其次立言。就是说作为一个君子，一个读书人，应该追求立德、立功、立言，即所谓的"三立"，它来自于《左传》所提出的为人处世的最高理想标准，此称为"三不朽"。唐朝学者孔颖达在《春秋左传正义》中说："立德谓创制垂法，博施济众；立功谓拯厄除难，功济于时；立言谓言得其要，理足可传。"一个人如果有德、有功、有言，堪称最完美的人生。

今天中国的知识分子内心大概仍有建功立业或做圣贤榜样的追求。宋代大儒张载有四句诀：为天地立心，为生民立命，为往世继绝学，为万世开太平。温家宝总理在2006年时接受英国泰晤士报记者访问，背的第一句是晚清名臣左宗棠二十三岁结婚时在他的新房门口写的对联：身无半亩，心忧天下；读破万卷，神交古人。第二句背的就是"横渠四句"了，即立心、立命、继绝学和开太平，这种豪迈的襟怀和勇武的气势，也可以说是人类教育的理想境界。它实际上也反映了读书人有了文化就有了安身立命之道。

可见儒家的理想境界很高，追求的是"内圣外王"之道。立功不是一己之功，是为万世开太平。"太平"某种意义上就是"太和"，也是今天讲的和谐社会，古今的理想境界是一致的，和谐是中国文化最高理念。中国的医学文化最典型地呈现出"和"文化的特征。从《黄帝内经》和一代代医家的医学思想里，渗透着"和"的精神。中医学认为，人体健康就是处于平衡、和谐的状态。健康的身体有时是高度的平衡，有时它也有某些失衡，但只要不打破人整体的平衡度，还是健康的身体。中医名家严世芸先生说，衡量身体的是否健康，而好用和谐这个概念，因为治疗的最终目的是为了让人体达成和谐，而不是平衡。因为不平衡是常态，绝对的平衡是短暂的瞬间，所以健康的身体是出于动态平衡的过程，人的身体不断地动态调节着平衡度，而动态平衡的最良好的状态，也许就是和谐状态。

譬如在座的老师稍稍感到累，这是有一点失衡，但是你拥有的还是一个健康的身体。通过调节你又感到身心愉悦，精神良好，你又恢复了和谐。这就是动态调节的平衡过程，如果你是和谐的生命状态，那么你从心到身感到舒泰，达到孔子讲的"随心所欲不逾矩"的自由，生命节律与社会规律及宇宙规律高度统一。可以区分三种不同的状态：第一是打破了平衡，生命不和谐、不健康；第二是生命常态，处于动态的平衡过程中，人大部分时候就处在这个状态；第三是达到了生命的和谐境界，通体愉悦，心情舒畅。这是中医文化追求的理想和目标。

中医被称为中华民族的第五大发明。它预示着中国文化未来发展的新方向。因为中医文化的最大特色是"和"，它是西方的医学文化所不及的。今天人类的疾病日趋复杂，治疗也日趋个性化，所谓心病还需心药治，因此中医将发挥更大的作用。西医的特长是依赖高科技，用现代医疗器械诊断，然后电脑做病情的归类分析。中医是望闻问切，研究单一病体的成因复杂性，新的医疗发展方向是心身统一健康模式，不仅研究个体的心理和身体，还研究家庭环境、工作环境、社会环境及自然环境，综合各类要素去调和生命,使之恢复健康。

《黄帝内经》中人体生命的规律与《易经》中宇宙的规律是一致的。所以古人讲医、易同源,或者说医、易相通。《易经》是儒家的经典,《黄帝内经》是医学的经典,这两者也是相通的。古人所谓的"人生小宇宙,宇宙大人生",讲的就是天人合一,这是中华文化的精华所在。如《易经》讲宇宙变化的规律,"易"是象形字,上面是"日",下面是"月",日月组合交替就是"易"。这是宇宙中两大形象,《易经》通过"日、月"这两个符号的阴阳变化规律来揭示宇宙相应的变化规律,《黄帝内经》则以此探讨人体内部变化的大规律。

《四书》之一的《中庸》在儒家经典里有特殊地位,宋儒认为读《四书》宜循序渐进,中庸要放在最后去读,因为它最深刻、微妙。"人心惟危,道心惟微;惟精惟一,允执厥中。"这十六个字是儒学乃至中国文化传统中著名的"十六字心传"。古文《尚书·大禹谟》中有所记载,《荀子·解蔽篇》中也有类似的引注,称:"《道经》曰:'人心之危.道心之微.'危微之几,惟明君子而后能知之。"据传,这十六个字源于尧舜禹禅让的故事。当尧把帝位传给舜以及舜把帝位传给禹的时候,所托付的是天下与百姓的重任,是华夏文明的火种;而谆谆嘱咐代代相传的便是以"心"为主题的这十六个汉字。可见其中寓意深刻,意义非凡。

"十六字心传",实际是儒学之精髓所在,《中庸》之核心与纲领。程子有言:"不偏之谓中;不易之谓庸。中者,天下之正道。庸者,天下之定理。"(朱熹《四书章句集注》)此乃对十六字心传之"惟精惟一,允执厥中"的精辟注解,由此演变出《中庸》之孔门儒学传授心法。《中庸》说:喜怒哀乐之未发,谓之中;发而皆中节,谓之和。中也者,天下之大本也;和也者,天下之达道也。致中和,天地位焉,万物育焉。可见《中庸》的基本思想与《易经》及《黄帝内经》是一致的。代表中原文化的河南,日常口语至今流传的"中",意指"好"、"允当"、"恰如其分"、最佳的"度"等。中和精神是儒家文化和中医文化的共同特色。

(三) 道家文化

有学者说中国的思想文化是"儒道互补"的结构,影响中国人思想的主要是儒家文化和道家文化。这是李泽厚先生的观点。也有学者认为这个判断在唐以前大体如此,但是唐朝以后应是"儒禅互补",因为禅宗在中唐以后的影响力超过了老庄思想。这是葛兆光先生的观点。美国华裔学者余英时认为,从魏晋到隋唐的八百年间,佛教包括道教在中国文化中占有主导地位,儒家的影响反而不及它们。当然,儒家文化在学校教育中还是占据着主流位置,但是整个社会弥漫流行的则是佛道思想以及审美艺术。

道家文化的核心是道法自然。道法自然意味着:其一,道是存在于天地万物之中,以自然为依托,入道就要效法与遵从于自然。其二,"道法自然"是对道的特性的概括:天有阴晴、月有圆缺、潮有涨落,这都是自然法则,是客观存在的;任何事物都脱离不了自然界,也就离不开道(万物莫不尊道而贵德)。其三,道对万物的影响也像自然界那样,兴盛万物而不占有,不争名不夺利,"功成事遂,百姓皆谓我自然"。其四,为如何掌握道提供了一个方法,即通过观察大自然,就能够了解道是什么(夫物芸芸,各归其根)。

道家认为"道"是宇宙的本源,也是统治宇宙中一切运动的法则。老子说:"有物混成,先天地生。寂兮寥兮,独立而不改,周行而不殆,可以为天地母。吾不知其名,强字之曰道,强为之名曰大。"(《老子》第25章)道家重视人性的自由与解放。一方面是人的知识能力的解放,另一方面是人的生活心境的解放,前者提出了"为学日益、为道日损"、"此亦一是非彼亦一是非"的认识原理,后者提出了"谦"、"弱"、"柔"、"心斋"、"坐忘"、"化蝶"等的生活功夫来面对世界。道家讲究"人天合一"、"人天相应"、"为而不争、利而不害"、"修之于身,其德乃真"、"虚心实腹"、"乘天地之正,而御六气之辩,以游无穷"、"法于阴阳,以朴应冗,以简应繁"等等。道家文化在中国音乐、绘画、文学、雕刻等各方面的影响,更占据绝对主导地位。

儒道互补的人生观,不仅制约了知识分子的思想,对青少年学生也有影响。我大学毕业在上海师大附中实习时,有位语文老师给我看初一学生的周记。某个学生写道:公元某年某月某周某日某分某秒,茫茫宇宙、浩浩太空、小小寰球、东亚中国、上海某区某路某号某室,在十字的时空坐标上,我石某某轰的一下横空出世了。然后他说要如何设计规划人生,努力奋斗,到四十岁就达到了人生辉煌的顶点,因为这一年他代表中国去领诺贝尔物理学奖了。等他回来,全中国的人都为之欢呼,各类媒体都要找他访谈,石某某却不见了。他躲在四川峨眉山的古庙里偷偷地笑,让记者满世界寻找。他四十岁以前已建功立业,四十岁以后回归自然,逍遥余生。这个初中生是典型的儒道互补的人生观,前半段时间是儒家修、齐、治、平,建功立业的价值追求,后半段时间是道家清静无为、回归自然的人生选择。他小小年纪未必读过儒家、道家的经典文本,是耳濡目染的文化传统以潜课程的方式影响了他的心灵。

道教是从道家文化发展演变出来的一种本土宗教文化,是中国现行五大宗教里唯一的本土性宗教,从东汉创立以来也有两千年的历史了。道教教义认为道化身宇宙以及万事万物,人通过一定的方法修炼可以成仙得道。怎么修炼呢?关键在于人的精气神的修炼,首先要善加养护保全人的生命,叫"全精全气全神",如此让身体健康,且可以延年。道教讲究身体的健康以及精气神的涵养,这与道家文化是相通的。

(四) 佛教文化

佛教文化是从印度传过来的。佛是佛陀的简称,是觉者的意思。觉有四种:本觉、不觉、始觉、究竟觉。本觉:是一切众生本来具有的觉性,即佛证道所说的"一切众生皆具如来智慧德相";不觉:是迷惑颠倒,像迷路的人一样,不仅忘了回家的路,而且连自己迷路这件事也迷了;始觉:是迷路的人觉悟到自己迷路了,开始找或找到了回家的方向;究竟觉:又称如来果地,就是回到了老家,看到和拥有了本地风光。所谓诸佛菩萨倒驾慈航,广度众生,就是回到老家的人再回来让迷路的人知道自己迷路了,让知道迷路的人知道回家的方向,自己走回去。学佛就是学佛的觉悟,首先知道自己迷路了;但更重要的是找到了正确方向,必须行动,所以佛法特别注重实证(实践)。

佛教的基本教义是所谓的"四谛","谛"是真理的意思,"四谛"即四种真理。首先是"苦谛",苦是人生普遍的痛苦现象;然后是"疾谛",指引起痛苦的原因和根据;"灭谛"是消灭烦恼、痛苦之根达于"涅槃"境界;"道谛"指达于"灭谛"境界的方法和途径。佛教认为,世间一切精神和物质现象,都处于一定的因果关系中,这种依赖于某种条件而存在、变化的学说,就是"缘起说"。佛教以人生问题为中心,把人的一生分为互相关联、互为因缘的十二个阶段,称为"十二因缘":

第一是无明(人与生俱来的蒙昧无知);第二是行(由无知而引起的各种欲望和意志);第三是识(由欲望和意志引起的人的精神统一体);第四是名色(由识引起的人的精神和肉体);第五是六处(指人的六种感觉器官,即眼、耳、鼻、舌、身、意六根);第六是触(指感觉器官与外界事物的接触);第七是受(通过接触而引起的苦乐感觉);第八是爱(由感觉而引起的对乐的事物产生的贪爱之心);第九是取(由贪爱而产生的追求和执着之意);第十是有(因追求和执着而造成的生死环境);第十一是生(有了生的环境就有生命的产生);第十二是老死(有生就必有衰老和死亡)。十二因缘又是一个连环钩锁,相互牵连的关系。佛说十二因缘流转门的互相关系,互为因果的道理,觉悟到无明这一支,苦因、苦果的总根源。无明一灭掉,所有其他的十一支因缘就会一起断灭了。譬喻砍树一样,先砍树根,树根一断,而整棵大树,便自然倒下。无明灭才能复还真性,灭除烦恼,所以叫做还灭门。这就是缘觉圣人所修"十二因缘"的道理。

(五) 近代的文化观

这里介绍梁漱溟的"三种文化论"。前面讲到中国文化主要是儒家文化、道家文化和佛学文化,梁漱溟的"三种文化论"讨论的则是儒家文化、佛学文化和西方文化各自的特征。梁漱溟从小体弱多病,他一直很苦恼,要寻求生命的价值何在。一开始从其他学问寻求,结果没有办法解答,于是探究到佛学,有所体悟写了"究元决疑论"发表在《东方杂志》上,北大校长蔡元培看后,觉得他对佛学有研究,就请他到北大去讲课。梁漱溟自谓"不是一个学问中人,是一个问题中人",因为对生命有困惑,要解决人生问题,所以研究佛学。

他认为当时中国最大的问题有两个,一个是人生的问题,一个是社会的问题。他自己就深陷在这两个问题中间,譬如讲他自己身体不好,所以感觉人生很苦闷;譬如面对社会问题,他的父亲梁济是承载着传统文化的读书人,却跳河自杀。在巨变的时代,传统文化对社会发展有什么意义呢?人生和社会这两大问题对他是一个很大的困扰,这又与西方文化入侵中国是有关系的。他第一次到北大就宣称:"我来此处替释迦、孔子发挥外,更不作旁的事。"即旨在传承和发扬儒学文化和佛教文化。通过研究,他形成了独特的文化观。

梁漱溟指出,所谓文化不过是一个民族生活的种种方面。总括起来,不外三个方面:1. 精神生活方面,如宗教、哲学、科学、艺术等。宗教、文艺是偏于感情的,哲学、科学是偏于理智的。2. 社会生活方面,我们对于周围的人——家族、朋友、社会、国家、世界——之间的生活方法都属于社会生活一方面,如社会组织、伦理习惯,政治制度及经济关系。3. 物质生活方面,如饮食、起居种种享用,人类对于自然界求生存的各种需求。

从"意欲"出发,他分析了中国、西方、印度文化的起源和特点:1. 本来的路向:就是奋力取得所要求的东西,设法满足他的要求,换句话说就是奋斗的态度。2. 遇到问题不去要求解决,改造局面,就在这种境地上求我自己的满足。3. 走这条路向的人,其解决的方法与前两条路向不同,遇到问题他就想根本取消这种问题或要求。因此,所有人类的生活大约不出这三条路径:1. 向前要求;2. 对于自己的意思变换、调和、持中;3. 转身向后去要求。

梁漱溟认为,文化是民族生活的三方面:一是精神生活,包括宗教、科学、哲学、艺术等,他认为宗教、文艺偏于情感,而哲学、科学偏于理智。二是社会生活,社会有组织、有伦理习惯、有政治制度,包括经济关系等。三是物质生活,譬如饮食起居等。人的欲望与三类文化相关,中国的文化、西方的文化、印度的文化的起源和特点就分别印证了三种文化的不同路向:西方文化旨在用人类的力量不断地征服自然界,换取人类能够生存和发展的物质条件,崇尚奋斗、进取、竞争。中国文化的特点是,碰到问题并不寻求从根本上改变这个问题,而是反过来检讨自己。譬如西方文化强调拼命努力争取更多的物质来满足欲望,而中国文化是反过来考虑无限扩大的欲望能否满足?因而反过来节制欲望,用孟子的话来说就是寡欲修身,自我克制的过程。印度文化解决问题的路向是锯断、灭绝欲望,所有的欲望都去掉,那么人就没有烦恼了。中国文化不偏不倚,取中道而行之,梁漱溟认为这是中国文化的独特魅力。

四、科学理性、自由超越的西方文化

前面就中国文化的主要特征和观点作了若干介绍,接下来就西方文化的重要人物和学说做一些梳理和比较。

(一) 西方文化的关键人物和重要学说

古希腊智者普罗泰戈拉有一句话,大家是非常熟悉的,即"人是万物的尺度,存在时万物存在,不存在时万物不存在"。这表明希腊人对现实生活的珍爱和肯定。由于希腊当时的传统观念是以神为万物的尺度,任何事情的好坏都是由神意来决定的,因此,普罗泰戈拉的名言实际上意味着应由人来占据原来神的地位。这是一个重大的观念变化,肯定了人的伟大及权利。

相对人的高贵地位和权利伸张,西方文化的另一个源头——希伯来的先知把人放到了一个谦卑的地位,让人懂得敬畏。英国教育家劳伦斯说:"早期犹太人的教育基本上是精神方面的,这是他们教育的一个最突出的特点。"作为伦理一神教的犹太教,对人的德行极为重视。而要做到正确的"行",成为合格虔诚的犹太教教徒,自然就要效仿上帝的公义品质,遵守犹太教的一系列道德规范和律法诫命。

这恰恰与希腊人的观念形成了一种强大的张力。比如犹太民族的敬畏意识在西方文化中是有延续性的,康德说:有两样东西,人们对它的思考越是深沉和持久,它在人的心灵中唤起的敬畏就越会日新月异不断增加,这就是头上的星空和心中的道德定律。也有文本翻译为:位我上者,灿烂星空;道德律令,在我心中。康德的墓志铭就是这两句话,它出自康德的《实践理性批判》。德国的宗教文化实际上继承了希伯来先知的自我克制意识,这与希腊文化对个体生命的弘扬形成了对峙。

如果说康德的敬畏意识是对应着希伯来文化的谦卑精神而来,那么达尔文的物竞天择、适者生存思想则是对应着希腊文化的开拓精神而来。1859 年,达尔文《物种起源》一书问世,系统阐述了其进化论思想。达尔文的进化论是一个综合性的学说,基本理论可以分为五个部分,即生物进化的理论、共同祖先说、渐进说、物种增值说及自然选择说。其中"自然选择说"是达尔文进化论思想的核心,达尔文引用斯宾塞的话,将"自然选择"表述为"适者生存,不适者淘汰的过程"及"最适者生存"。

这一思想经过中国近代以来以严复为代表的知识分子的宣扬,产生了极大的作用。达尔文的进化论作为 19 世纪自然科学的三大发现之一,对全世界产生了巨大影响。工业文明时代以后的人类看到了科技的力量,懂得人只有掌握和发展科技知识才不至于被淘汰,于是就激发起一种超强的扩张意念和竞争动力,促进了近代以来整个世界经济、科技的快速发展,同时也带来了相当的负面效应。达尔文的趋利避害的自然选择理论被人简单地套用于人类社会,使社会达尔文主义广为流传。社会竞争也认同自然界"弱肉强食"的无情铁律,弱者要被淘汰,强者应该更强。两次世界大战的思想渊源与此也有关联。

这样一种过度的社会竞争所导致的自然和社会的巨大失衡,说明人类的文化生态系统出现了大问题。生态系统的研究成果表明,任何物种都处于一定生态系统的架构之中,一些物种的进化与另一些物种的进化是相生相克,既相互制约又相互受益。他们之间通过竞争夺取资源,求得自身发展,又通过共同节约资源,求得相互之间的持续稳定。

达尔文的学说是从人类的对外部物质世界的征服凸显了西方文化的扩张功能,而弗洛伊德的思想则展现了人类内在精神世界的深度。弗洛伊德的精神分析指出人的精神世界的三种力量:本我、自我、超我,这是人的心理功能的三个不同侧面。譬如"本我"代表驱力能量,是根本的动力,是一种原始的欲望。"自我"是自己意识的存在与觉醒。"超我"是社会行为的准则或者某种禁忌。所以本我主要是追求生命的愉悦,超我是追求符合社会规则时个人形象完美,而自我居于中间,较注重现实,一方面满足本我追求愉悦的要求,另一方面达成超我对社会规范的认同。西方的三大学说影响世界,一是达尔文的自然选择说,一是弗洛伊德的精神分析说,一是爱因斯坦的相对论。这

"三大发现"中,达尔文是英国人,弗洛伊德和爱因斯坦都是犹太人。还有一种说法,即三个犹太人改变了世界,因为马克思也是犹太人。总之,上述人物的思想对西方文化在世界范围的传播起了重大的推动作用。

美国的心理学家马斯洛,又是一位犹太人,他的需要层次理论对人类心理文化发展的影响甚大。他认为动机是由多种不同层次与性质的需求所组成的,而各种需求间有高低层次与顺序之分,每个层次的需求与满足的程度,将决定个体的人格发展境界。需求层次理论将人的需求划分为五个层次,由低到高,并分别提出激励措施。其中底部的四种需要(生理需要、安全需要、归属和爱的需要、尊重的需要)可称为缺乏型需要,只在满足了这些需要个体才能感到基本上舒适。顶部的需要(自我实现需要)可称之为成长型需要,因为它们主要是为了个体的成长与发展。第五层次的自我实现需要由低到高还可以分为认知需要、审美需要和自我创造需要。晚年马斯洛在自我实现需要的基础上又提出了超自我实现需要,作为其超人本主义心理学的某种总结。这就变成了九个层次的需要。这是对人的心理文化现象的分析提供了一种新的框架,对教育界的影响特别大。

最后还要讨论马克思的思想,马克思是西方文化的集大成者和创新者,其影响力广泛而深远。马克思的思想中我认为最核心的两个概念是人类实践和自由发展。马克思认为每个人的自由发展是一切人自由发展的条件,所以他提出要构建一个自由人的联合体。他之所以对资本主义社会不满,是因为资本主义的生产方式阻碍了生产力的发展,更阻碍了人的发展,他希望能够超越资本主义社会构建更加美好的未来的人类社会,即社会主义乃至共产主义的高级社会。马克思对理想社会的追求,与西方文化哲学的自由传统是有联系的。他认为资本主义还不能够充分发挥人的潜力,所以这个社会是不合理的,它将由更合理的社会制度所取代。而更好的社会制度的衡量指标就是让每个生存其中的人能够更好地发挥潜能,更充分、更自由、更全面地持续发展。这一充分、全面、自由发展的思想,对于今天中国的学校教育有着深刻的启示性和实践意义。

新中国成立后以马克思的思想作为教育的指导思想,主要集中在全面发展的论述上,往往忽略了自由发展的思想,这是值得思考的。实际上,对当下中国学校而言,如何践行马克思的自由发展思想可能是更紧迫的命题。首先,社会主义市场经济的发展的内在要求,赋予劳动者有更大的迁徙自由,没有劳动力的自由流动实际上就没有市场经济。其次,社会主义民主政治的构建,需要尊重公民的生存权、教育权、知情权、表达权和选择权,没有自由的民主是一种形式上的假民主。再次,创新是一个民族发展的不竭动力,创新同样需要个性自由的土壤,没有个性自由何来的创造? 社会的创新力往往是与社会的自由度成正比的。如果仅仅停留在全面发展的认识,没有看到自由发展这一更核心的内涵,可能还没有真正把握马克思教育思想的精髓。马克思思想的生命力还在于实践性,马克思说,以往的哲学都是解释世界,而问题在于改变世界。怎么改变? 就是让社会更符合人性的需要,能让人更充分、自由地发展。所以他说,自由就是个体和社会得到双重的解放。个体自由成为社会自由的必要条件,反之,社会自由又促进个体的自由。这是马克思思想的特别深刻之处,是对人类文化的重大创新。

(二) 西方文化的特色与互补

古代西方文化是一个多元综合体。西方文化的来源有若干基本成分,首先是希腊人重视沉思、崇尚理性、爱好审美的文化精神;其次是古希伯来先知自我省察、谦卑克制、敬仰上帝的自律心理和宗教情怀;再次是罗马人注重实际、强调应用、谨守法律的规则意识;最后是日耳曼民族强悍刚毅、勇猛沉静的不屈性格。这四方面的文化特质交融渗透构成西方民族的共同心理和价值理想。这样的文化特性是依据各类文化要素的迁移和教育措施的推行,不断地在互动中彼此影响。近代西方国家所建构的教育制度进一步促进上述要素的流通和渗透,推动了西方文化的发展和成型。

近代西方文化的特征,可以西方近代发展史上三个以 R 字母开头的重要名词为代表:Renaissance 是文艺复兴、Reformation 是宗教改革、Realism 是唯实主义。文艺复兴即恢复希腊的人文价值和科学理性的古典传统,从而引起了宗教改革和新教运动,再加上在唯实主义推动下的科学发现,这些要素综合起来,快速推动了西方的近代化的进程。西方文化的特征在近代化过程中更为彰显,即崇尚人的权利和地位,强调科学理性、实用精神和契约意识,对自由的向往和追求,再加上基督教文化的谦卑和忏悔,使得"两希文化"(希腊和希伯来)和罗马文化注入了新的时代养料。在理性主义和宗教改革的背景下,科技工业革命兴起了,一直发展到超越现代社会的所谓"后现代"文化,即意识到理性主义的负面要素,这成为后现代文化探讨的命题。

五、纵贯古今、融通中外的文化走向

中西文化各有特点,有着自己的文化基因和密码。希腊文化的精神特点如崇尚智慧理性、爱好人文审美、追求和谐发展等,与中国文化的精神有很大的相似性,中国人也崇尚理性和智慧，当然中国式的智慧更多体现于人类和社会事务方面，希腊人则喜好对大自然规律的探讨，智慧的发展路径有所不同。和谐也是这个时期中国文化和希腊文化凸显的价值理念。比较而言，中国的文化传统在创造性、超越性及追求自由方面比较欠缺。

孔子说自己是"述而不作"，更注重继承而不甚喜欢创造。这是中西文化的一大差异。另外，自由是中国传统文化里欠缺的资源。也有学者说传统中国社会是最宽松、最自由的。这里要分辨散漫与自由的不同。农业社会也许形成了比较散漫的民族文化特性，比如中国人不太守时，我前天还批评一位学生，他说代收了我的一个快件，中午一点前送我的办公室，我等到一点二十分，给他发了信息，也不回应。我因一点半有会，就给他打电话，他说已另托某某转送，然后给我发了短信，说某某同学忙，正在送达的路上。结果影响我下面的工作。现代社会应该严格守时，但在大学里，有些学生还是保留着农村里养成的习惯。村里人说晌午时候到，这个时间可以模糊到从上午的十点钟一直到下午的两点多，农业劳动没有精确到小时的观念，更不必说分秒之争了，因此养成了比较散漫的生活习惯。

自由与散漫不同，是在契约条件制约下，在诚信基础上的人与人的自由意志的较量。譬如，我与张老师合作做一件事，我们共同追求一个目标，为了彼此的合作要制定协议。契约的规定非常清楚，有钱出钱，有力出力，谁都不拆台。事情做成了，利益共享，或者五五分利，或者三七分利，协约规定也很清楚。在契约制度安排下我们首先是自由的交易人，对自己的身体、时间、钱物等可以做自由的安排，在博弈的过程中达到合作共赢。交易奠定在诚信基础上，没有诚信，自由马上就变成了不自由。比如你在马路上行走，遇到红绿灯，红绿灯就是契约告示，告诉你红灯停、绿灯行。你若不遵守这个契约，你就没有了自由，因为你的生命随时处于不安和威胁中。这说明规则是自由的保障。如果认为自由是我想怎么样就怎么样，这是对自由最大的曲解，与自由相伴的恰恰是责任。同时，自由也意味着克制，克制私欲、担当责任、谨守规则，具备这样的素质才配得上自由。

(一) 文化的四重境界

破除中西文化孰好孰坏的对峙性的习惯思维误区，构建一种合作互补的平衡文化、和谐文化的观念，是未来文化发展的方向。

文化可以分成四重境界。第一重是功利的文化境界，西方文化在这方面尤具特色。工具理性强调通过实践的途径来确认人类工具的有效性,知识的价值体现于有用的程度及利用事物的最大功效。近代科学的鼻祖培根说:知识就是力量!工具理性就是以精确计算、有效方法来最大程度达成目标的实用理性,这与中国传统文化的实用理性精神可谓异曲同工。这是一种以工具崇拜和技术主义为取向的价值观。工具理性又叫功效理性或效率理性。西方文化在这方面发挥得特别精彩。西方的精确化工业管理,把人操纵机器的动作记录下来逐一分析,然后把不必要的重复动作去掉,提高单位时间内的劳动生产率。这确实有功效,但也把人在劳动过程中诗意的体验和感性的愉悦蒸发掉了,人成了大机器生产过程中的一道必要工序,精确但枯燥乏味,没有工作的乐趣和快感,也就是产生了劳动的异化现象。

比如我的思维是偏重理性和抽象的,我的女儿学的是医学专业,她的思维更理性,我跟她讲话时,她经常会说我废话太多。后来我说,爸爸的理性你可能学会了,爸爸的非理性你可能还没有学会。人生还需要废话,废话有时候是生命的调味品,这叫做"废话不废"。她说,这又是废话。我说,你没有看见爸爸在讲废话时,比起理性地跟你妈妈讲话更让她高兴吗?有时候,理性不一定是效率最好的,只有当理性与感性、智慧与人情两者之间调和到恰如其分时才是最好的,这是中国文化的特点。理性的复杂性让我们关注情感思维的功效,这是现代西方的工具理性需要包容的新因素。

第二重是道德的文化境界,这方面中国的人伦思想非常精彩。譬如儒家讲的孝悌忠信礼义廉耻,贯穿其中的仁和敬是中国的人伦思想中最关键的两个概念,它呈现为作为礼仪之邦的东方文明国家的永恒人文价值,包含着终极价值的道德理性。孟子说:"恻隐之心,仁之端也;羞恶之心,义之端也;辞让之心,礼之端也;是非之心,智之端也。"即所谓"四端",属于人的良知良能。这样一种道德理性的自觉,要求人加强修炼,克制私欲,体认人在社会中应尽的义务和责任。

如果说中国社会以道德自觉和道德修炼为人际关系的准绳,则西方社会对人际关系的处理较多用契约精神来规范。契约在拉丁文词根里的本义是交易,是在商品经济社会里派生的在交易基础上的自由精神、平等精神和守信精神。首先是自由交易,然后是平等交易,最后是守信交易,讲的话、写的字都是算数的,所谓重然诺、讲信用。莎士比亚笔下的威尼斯商人,做生意锱铢必较:你要还我多少钱,多长时间要还多少钱,如果还不出钱怎么办,当时写的到期违约,割肉一磅。请来的律师也很聪明,他同意割肉履约,但只能割一磅肉,多少都不行,否则处重罚。结果精明的商人就不敢坚持割肉的条款了,因为一刀下去不是一磅肉,也是违背了契约。

中国人不大注重契约,尤其亲戚朋友间借款,要拿纸条写下约定,好像有点玷污对方的人格一样。中国注重亲情、友情,届时还不上钱也算了,实际上心里不痛快。再说也没字据,口说无凭,这一来就很懊丧了。其实依法治国、以德治国或依法治校、以德治校这两个层面都重要,契约精神更多讲的是法规,自我修身更多的讲的是情义,情义贵在自觉,契约贵在诚信。

道德的文化境界主要涉及人际关系的处理。我曾到浙江某民办学校做一个学术报告,承蒙校长在学校十周年校庆时把我的报告编入纪念文集,寄来的书稿却让我背脊冒汗。我说处理人际关系通常有三种方式,一是"己所不欲,必施于人",这是强盗逻辑,我们不能去做的。二是"己之所欲,必施于人",人世间最大的悲剧就出于此。比如《红楼梦》里贾宝玉做了和尚,林黛玉生病死去,薛宝钗守了活寡。《红楼梦》之所以是悲剧,就是老祖宗太喜欢贾宝玉这个小祖宗,人世间最大的悲剧是你怀着好心亲手酿成悲剧。"己之所欲,必施于人",往往造成类似的悲剧。三是"己所不欲,勿施于人",看上去消极,实际上是个人乃至国家处理纠纷和建立关系的最好准则。结果把我审定的文章改为:己所不欲,必施于人,是一个应遵循的做人原则。

我看了以后,就打了一个电话给这位校长,我说,首先谢谢您,纪念文集收到了;同时呢,感到小小的不愉快,把我文章的意思改反了,也等于我到贵校白讲了一次。他说,是这样的吗?真不好意思,也许是书稿的责任编辑出于好心改的,书仅印了三千册内部消化,所以社会影响不会太大。各位从此事可见人生的很多无奈,要守住"己所不欲,勿施于人"的底线也不太容易呢。

第三重是审美的文化境界,指向生命诗意的追求和人性的超越。审美需求是人与生俱来的本能,德国的鲍姆嘉通最初以"埃斯特惕克"(Aesthetica)命名的这门学科,其义为"感性学"、"感觉学"或"审美感觉学"。Aesthetica 一词源于希腊文 aisthesis,原义是指用感官去感知,依鲍姆嘉通的阐释,译为"审美学"则更准确。因为"审美学"义为以感官感知美或感受美的学科,从而突出了审美主体的能动性。"审美"是带有实践倾向的概念,而"美"是静态的名词。审美学主要着眼于审美主体的审美感受和审美活动的规律,指导人们的审美实践,培养健康的审美情趣和高尚的审美理想,提高审美能力和审美素质,培育完美的人格。

美育作为审美和教育结合的产物,是历史的现象。西方早在古希腊时期,在城邦保卫者的教育中就有了艺术教育的内容,我国春秋时期尤为重视"诗教"与"乐教"。但美育作为独立的研究领域,则是由德国诗人和美学家席勒于 18 世纪末首先提出和建立的。他在《美育书简》中强调:"为了在经验中解决政治问题,就必须通过美育的途径,因为正是通过美,人们才可以达到自由。"认为美育的目的在于"培养我们感性和精神力量的整体达到尽可能和谐",将美育界定为"情感教育",从而给了美育以不同于德育与智育的独立地位。

审美的艺术与人的情感世界相关联,审美感受的是情感释放后的快乐。中国有源远流长的"乐教"传统,乐(yue)者乐(le)也。我的博士论文题目是"乐教源流新探",出版时书名是《乐教与中国文化》,封面上"乐"的英文翻译是用音译(yue),其实我的博士论文是论证乐(yue)的本质是乐(le),并试图揭示中国教育的特性,用乐(le)则更贴切。

第四重是永恒的文化境界,指向生命的神圣和不朽。譬如灵魂不朽既是中国人也是西方人的共同心愿。希腊人认为灵魂是循环的,可以在多个躯体之间转生。基督教虽然以现世生命为有罪之身,但人可以通过忏悔和赎罪获得上帝的宽恕从而升入天堂,则是以另一种方式追求灵魂的不朽和神圣。中国"三不朽"的人生理想是儒家教育的最高境界。人生不满百,常怀千岁忧,人是唯一有时间意识的生物,所以有"为往圣继绝学,为万世开太平"的豪杰胸怀。超越生命有限性的永恒追求,也是中西文化的相似处。

(二)中外文化发展的前景

教师是文化的创造者,也是文化的传播者,怎样做好文化遗产的继承人和执行人,是教师应该承当的时代命题。中国有着五千年文明史,更有着光辉灿烂悠久绵长的文化史。中国的学校教育要面向世界、面向未来、面向现代化,培育学生成为具有世界眼光并继承中外优秀文化传统的一代新人,真正做到继往开来。中国已在全世界开设了众多的孔子学院,就是为了通过孔子学院彰显中华文化的魅力。复旦大学校长杨玉良是中国第一个去德国攻读博士后的学者,当时的德国总统邀请他做客总统官邸,杨玉良问总统,德国人的英文水平很高,为什么还要建那么多的歌德学院?总统说的两句话令杨玉良铭记于心。第一句是:哪里有人会说德语,哪里就有我们德国人的利益。第二句是:只要人们能读懂康德与黑格尔,他们就能理解我们的思维方式。这是德国总统对国家民族文化的高度认同,也是对国家民族利益的高度认同。

同理,只要世界上还有人看《论语》、《老子》、《庄子》,只要他们能看得懂,他们就能理解中国的文化,理解中国人之所以为中国人。要让中国文化真正能走出去,成为具有未来竞争力和世界影响力的文化,要考虑文化有没有普适性,能不能为人家所喜欢。

还要考虑文化的个性特点，如果没有特点，又如何吸引人？普适性与独特性两者结合的平衡度，决定了中华文化能够在世界上走多远。

一个有影响力的文化，我想至少具有如下的五种特性：

首先是历史性。凡具有影响力的文化，它的历史是悠久的。世界上四大文明古国指古巴比伦、古埃及、古代中国和古印度等四个人类文明最早诞生的地区，到今天还具有生命力和一以贯之的历史传统的就是中华文明。古希腊文明在今天的希腊实际上也已中断了，其文明成果实际为西欧和北美所继承和发展。中华文化的历史传统并非包袱，而是弥足珍贵的宝库。

其次是物质性。强盛的文化不是虚空的，它有坚实的物质基础。所谓的汉唐气象不仅是文化的魅力，同样有强大国力的支撑。文化走得有多远，物质性是必不可少的条件。20世纪的美国文化影响巨大，与其国家的综合实力关系密切，就像19世纪的英国文化之所以影响广泛，同样是它的经济实力在当时堪称最强，所谓"大英帝国"、"日不落帝国"，都是言其综合国力的强大。

又次是象征性。强大的文化有鲜明而突出的象征符号，譬如中国文化的"和"字、龙图腾及太极图等，孔子、老子、庄子等人物也是象征，仁义礼智信这些核心概念都是象征，象征包括符号、物体和人物等。中国的长城、黄河都是一种象征符号。文化意象往往是高度浓缩的一种符号。比如华东师范大学的校徽标记（LOGO）有多重含义，具有形象的视觉冲击力，也是一种象征，同时是一种高度的文化集约。又比如美国的文化象征是乡村音乐、好莱坞电影、西部牛仔、可口可乐、迪斯尼乐园及爱迪生、比尔·盖茨、迈克尔·乔丹等。

再次是包容性。中华文化有很强大的包容能力，我国幅员辽阔，各地自然条件千差万别，经济社会发展程度不同。受历史、地理等因素的影响，各地区的文化带有明显的区域性特点。不同地域文化长期相互交流、相互借鉴、相互吸收，既渐趋融合，又保持着各自的特色。在发展过程中还融汇了其他国家的优秀文化。文化之所以源远流长、博大精深，来自于求同存异和兼收并蓄。越是强盛的国家，文化的包容度越广，从古至今，从中到外，均是如此。

最后是成长性。文化要有未来的影响力，就需要不断成长、不断发展。文化的成长体现了文化的魅力和吸引力，也体现其开放度和扩展力。成长需要走出去，也需要引进来，只有在吸收和传递的双向互动中，文化才能保持其勃勃生机。特别是教育文化的交流和留学生的频繁交往有助于文化的丰富和发展。今天全世界留学的首选地大概是美国,这是美国文化活力的主要源泉,随着中国海外留学生的增多及中国吸收外国留学生的规模扩大,中外文化汇流的进程也会加快。

在全球化的时代,既要坚守文化的多元,也要形成文化的共识。当下的中国要在弘扬民族文化的基础上培育具有世界影响力的价值导向,比如公正、和谐、仁爱、理性、法治、民主、平等、宽容、自由、互助、发展、持续等理念,应该成为中国文化未来走向的价值坐标。北京的城市精神是"爱国、创新、包容、厚德";上海的城市精神是"公正、包容、责任、诚信"。假如站在中国文化、站在世界文化、站在全人类文化的高度,我们需要思考怎样的时代精神呢?

教师要朝着修炼文化内涵的方向去努力,尤其需要涵养"六颗心":仁爱心、敬畏心、公正心、宽容心、欣赏心和恬淡心。平平淡淡、从从容容的人生才是真实的,在成长过程中体会到内心充实的人是幸福的。说到中国文化的软实力对世界的影响,央视的播音员白岩松认为除了周恩来总理提出的"五项基本原则",大概就是"和谐"了。但这个"和"字,外国人了解的不多,传不出去。当时的北京市长刘琪跟他讲,北京奥运会主题词有一个"和"字,但难以翻译。张艺谋导演的开幕式里,数百壮士组成的"和"字,外国人未必看得懂。外语专家建议"和"字的翻译,与"功夫"一样,最好用汉语音译。因为"和"的丰富、复杂和微妙,是需要文化语境和生命体验的。

推动教育改革和提升课堂实效需要教师的文化自觉。只有当教师自身承载的文化资源更丰富,文化根基更坚固时,才能拥有更强大的文化自信。

最后向各位老师表示感谢,谢谢大家!

(2011 年 12 月 27 日在温州市高中政治骨干教师研修班上的讲演)

26. 朱熹教育思想与闽派语文建设的文化意义

（主持人：今天非常高兴，能够把我国著名的教育史学专家、华东师范大学教授金忠明老师请来武夷山给我们做一个讲座。金老师是我的老师，我作为学生特地给老师提了一个不太合情理的要求：为福建省的语文高端培训班，就福建语文教育界在建设"闽派语文"的过程中，怎样吸取本土的文化资源，尤其是朱熹的教育思想，谈谈彼此的关系及启示。因为是母校的老师嘛，所以金老师就答应了。

下面请金老师为大家讲解，在此我代表二十八位福建省语文学科带头人骨干教师先向金老师表示感谢。大家欢迎！）

谢谢鲍老师的热情介绍！各位老师，早上好！

非常荣幸，有机会来认识福建语文教育界的精英。安排我的讲座原定是今晚，也是会务领导对我的爱护，说晚上太辛苦了，早上老师们精神更充沛，临时决定早上来讲。刚才鲍老师已经对我做了介绍，我是教育史的学科背景，近十多年来对教师教育、基础教育发展的关注比较多，也做了一些研究。我知道在座的老师作为成功人士，每人身上都有非常精彩的故事，遗憾的是今天时间太短，我不能一一品读，我想，认识是一种缘分，以后成为朋友，会有更多的机会来了解各位。这里向诸位再报告一下我自己。

我目前的研究方向主要在教育学术史、教师教育、基础教育和当代教育问题等领域，近几年的研究心得主要记录在一些已出版的作品中。在座有的老师大概也看过一些，譬如两本夜话集是教育界比较关注的，用辩论对话的著作方式，聚焦了一百个教育的热点、难点问题。两本讨论"厌学"、"厌教"的著作，是针对基础教育界目前最普遍的困境或死结，试图提出一些解题的策略。还有《教育十大基本问题》和《教师教育的历史、理论与实践》，对基本的、关键的教育问题做了系统梳理。承蒙全国各地老师的厚爱，在2009年通过网上投票及专家评选，把《教育十大基本问题》推举为影响老师的二十本教育类书之一。

介绍上述资讯是因为今天的时间有限，特别是讲朱熹这样一个重要的中国教育史上的大人物，即使我再用心准备，也难免挂一漏万。如果老师们感兴趣，想进一步了解，包括对我的某些观点不苟同，要作分析批判，那么，为了让您有更多的思考材料，让您的批判更有质量，所以提供一点线索。譬如讲，《教育十大基本问题》里有几个专题跟今天讲的这个专题有关系。当然，我其他的几本书，包括《乐教与中国文化》、《中外教育史汇通》和《中国教育简史》等也有相关的篇幅和章节涉及宋代的教育思想，包括闽学流派和朱熹。老师们感兴趣，可以参看。

一、朱熹教育思想的地位与意义

我是奉命来做一道作文题，即朱熹教育思想与闽派语文建设之间的关系及文化意义。这是一道难题，因为它需要结合朱熹教育思想与基础教育最重要的基础性学科——语文，又有关学派——闽派语文的发展，还须以文化来聚焦，这样三四个关键词纠结在一块，对我确是很大的挑战。好在今天是一个研讨会，在座的老师都有相当的学术底蕴，我从一个大学的教育理论工作者的视角，提供一些批评的材料。当然，我也有一点中学的经验，这不仅是因为这些年常与基础教育界的老师、校长接触，而且本人也做过中学语文教师。我在上海市七宝中学教过三年书，一年初中、两年高中，所以看到语文老师感到特别亲切，勾起了在中学教书的美好回忆。我今天来这里班门弄斧，如有不当之处，也请老师们批评指正。

福建省是有深厚文化底蕴的地区，朱熹是福建文化界一张响亮的名片。福建省的语文教育在全国也颇有声名，打出"闽派语文"的旗帜，说明福建语文教育界的雄心壮志，且有了一定的条件，在此基础上可以更好地思考福建语文教育的发展以及如何扩展影响力。

说到闽派语文，你们也在反思，按照闽派语文代表性学者的观点，其根本精神中有一个"去蔽"的关键概念，这有助于我们来反思问题，切入语文教育的弊端，只有诊断清楚了，才能更好地推进语文教育。这种反思意识，这种"去弊"精神，是闽派语文的良好传统。当然，这个传统也可以追溯到朱熹，他是历史上闽派的代表，理学的集大成者。

两宋理学家向有濂、洛、关、闽四派之称，在学派发展史上，以朱熹为代表的闽派处于一个高端的位置。朱熹思想里，我觉得有一点值得今人发扬的精神，就是"去弊"。他说："……始读，未知有疑。其次则渐渐有疑。中则节节是疑。过了这一番，疑渐渐解，以至融会贯通，都无所疑，方始是学。"读书贵在质疑，小疑小进，大疑大进。这种质疑的精神是朱熹思想里特别宝贵的精华。

当然反过来也可以问，既然"去蔽"是反身寻找自己的毛病，福建语文教育界自己来反思，历史上的闽派教育有没有"弊"？包括今天的闽派语文有没有"弊"？我来到福建，到朱熹的老家——其实安徽、江西、福建都在争，争朱熹这个死人户籍。因为现在大家都知道，名人是最大的资源，只要挨上名人的边，就不能礼让，让了以后，这个资源以后就永远是人家的了。当今时代，唯恐没有名人，死去的名人也是文化资源。如果实在挖不出历史名人，那么西门庆也行，搞个"西门庆大酒店"招揽生意也是个不错的招牌。我首先要提出一个问题：为什么想起朱熹来了？朱熹这张牌是经济牌还是文化牌？我想，在座的都是读书人，思考的大概是文化，但是我也看到朱熹的逢五、逢十的诞辰纪念会，恐怕主要是文化搭台，经济唱戏。我不是反对用朱熹来做经济的文章、旅游的文章，但作为读书人今天去研究朱熹，出发点不是经济，是文化和教育思想。

讲到朱熹的思想，这是一个非常复杂丰富的体系，它不单纯是教育思想，但我个人认为朱熹思想的核心大概是教育思想，就如说到孔子，也不完全是一个教育家，但孔子主要是教育家，其思想的核心也是教育思想。今天为什么要来重新评价并批判地继承、弘扬朱熹的教育思想呢？学术界有所谓的"返本开新"说，"返本"需要对中华文化的源头及历史发展有深切的把握；"开新"既包括对传统文化做出合乎时代发展的新解释，也意味着利用传统的文化资源对当前人类社会面临的重大问题建构出新的理论体系。只有在"返本"和"开新"的结合中，才能深切发掘中华文化的真精神，开拓出中华文化发展的新局面；只有敢于面对当前人类社会存在的新问题，并给以新的诠释，才能使中华文化的真精神得以发扬光大。那么，说到朱熹的教育思想，他的真精神是什么，对当今时代的启示又是什么？

（一）朱熹教育思想的两个关键问题

朱熹教育思想里有两点尤须关注，一是教育目的，一是教育方法。朱熹的教育目的非常明确，就是以人弘"道"。这个"道"是理学家的道。朱熹是非常具有使命感的，他认为中国文化的道统到了汉代就失传了。从中国的尧舜开始到周公、孔子、孟子的一以贯之的道统，用朱熹的话来说，就是"十六字"心传（"人心惟危，道心惟微；惟精惟一，允执厥中"）的精微之言。汉代以后为什么失传了？朱熹要重振这个道统。靠谁去振兴传播？靠理学的人才。在传道的使命下凸显培养人才的价值，因为人才是"道"的载体。

语文，按照传统的说法，也是道的载体，语言文字是形式、道德精神是内容。中国知识分子的可贵，是有弘道的精神，儒生作为"道"的载体，其地位比语文这个工具更重要，因为语言、文字这一载体作为传道的工具是死的，儒生、教师这个载体是活的。人作为载体的能量超过文作为载体的作用，其价值更高。韩愈写《师说》，认为教师的使命是传道、授业、解惑，把传道作为教师的第一使命，教育目的就是培养肩负传道重任的人才。于是，问题出来了，怎么传道？只有把握"道"才能弘扬、传递"道"，而要把握"道"，首先要去认识"道"。

因此，从教育方法论看，朱熹非常强调格物致知的认识规律。中国的格物致知跟西方有所不同，近代以后对格物致知的理解是向西方的科学文化靠拢，就是格自然之物。朱熹作为理学家推究事物的过程中主要格的是人心之物。即使他透过天地万物去格，最后还要落实到人心这个根本。所以格物致知的方法最终还原到目的论上。

在我看来，今天思考朱熹教育思想的关键问题有两个：一是"朱陆之争"，历史上所谓的朱陆之争，涉及宋明以后中国教育发展过程中两个最重要的流派，即理学和心学，前者代表是朱熹，后者代表是陆九渊，明代则是王阳明。二是"礼理之辨"，正统的官方主流学校教育，儒家占了主导地位。儒家思想的核心，与"礼"分不开。尽管学术界对孔子的思想有很多争议，但大体认同孔子思想里的两个核心概念：一个是"仁"，所谓"孔门之学，求仁之学也"；一个是"礼"，所谓孔子奔波一生，旨在复兴周礼。也有人说还有一个是"乐"。我认为，"乐"在某种程度上是"仁"的外化结果，与"仁"有着高度的同构性。顺带介绍《乐教与中国文化》是我的博士论文，上海教育出版社出版的书封面英文用的是音译（"yue"），其实以"le"为音译我觉得更准确，因为该论文其实就是论证乐（"yue"）教的本质是（"le"）教。

孔子说："不学诗，无以言；不学礼，无以立。"又说："人而不仁如礼何？"乐（诗）、礼与仁这三者是分不开的。我认为孔子思想一言以蔽之，就一个"仁"字，这是孔子最伟大之处，他在旧礼教中注入了新养料，即在周礼的旧瓶中灌了仁道的新酒。仁义道德的"仁"实际上也可以写做"人"，他在追求新人理想。但他是把新人放在旧的框架里面思考。也有学者认为，孔子是最大的保守派。因为他为了维系礼的传统，使礼能继续生存,用"仁"来重新解释"礼"。这是两种不同的学术观点。而历史上的"朱陆之争"及"礼理之辨"不仅关涉孔子核心思想的理解,还涉及朱熹思想的定位。

(二)"朱陆之争"的"分"与"合"

这里先引用一些材料,探讨第一个问题:"朱陆之争"到底在争什么? 这一直是学界饶有趣味的大问题,因为它探究的是为什么要来做学问? 或者叫"学问宗旨"何在? 其实,我们也可以反身自问:您为什么要去教语文? 或者再问得深一点:您为什么要去做教师? 这就是目的论。

教育宗旨或学问宗旨就是教育目的,教育目的是非常重要的,如果没有目标,您做的一切事情都没有了依据,没有了意义。比如您说要到北京,结果目标不清跑到了天津,或者反过来跑到了广州,就要闹大笑话。所以说"学问宗旨"是首要问题。接下来的问题:为了达成宗旨(目的),您的途径、方法是什么,这叫"为学之方"。"学问宗旨"和"为学之方"合起来就是教育思想。这就是朱熹和陆九渊关注的核心和论辩的焦点。

陆九渊认为他与朱熹的分歧主要是:教育究竟以德性的培养为主,还是以知识的探索为先? 这其实也是语文学界的一个难题,即语文教育的基本功能是什么? 是人文精神的培养,还是表情达意的工具?

新中国成立六十多年来,语文教育的基本功能在此两点摆荡,所谓"文道相争",争论不休。我们把这个语文教育的问题拿到教育史的背景上透视,不就是陆九渊与朱熹的争议吗? 是德行的培养为主还是知识的探索为先? 或者说是教书还是育人? 教书为了什么? 育人能离开教书吗? 从来都是这个问题。宋明时期的学人把它概括简化为"道问学"与"尊德性"之争,说朱熹是偏向道问学的,陆九渊、王阳明是偏重尊德性的。

当然这个话题还可以上溯,孔子以后儒家的两大代表,一是孟子,一是荀子。荀子是道问学的代表,其论学一言以蔽之,是一个"积"字,中学语文课本里有荀子的《劝学篇》,认为学习过程是一个"积"的功夫。语文教师大概都知道语言文字学家杨树达先生,他号称"积微",有书房名"积微居",并有以"积微居"命名的系列成果集,老派学人自谓学问就是点点滴滴的积累,就像蜜蜂酿蜜、蚂蚁搬山一样。这是中国读书人做学问的正统方法,这一方法从荀子开其端,一直延续到今天。

孟子则注重涵养德性,他是养气派的代表,气虽然虚无飘渺,却是仁义礼智信的开端,是先天埋伏在人内心的良知良能,你只需培育它、爱护它,不被尘世污染,良知良能自然会呈现。因为孟子假设人性本来是善的,所以他以涵养本性为根本。荀子假设人性本来是恶的,就把礼仪的积淀视为修学的正途。从孔子以后的孟荀到陆朱一直到语文界争论不休的工具重要还是人文重要,如此一脉相承延续下来,只是话语方式依随不同时代或不同学科有所变化而已。

《宋元学案》中的"象山学案"说:

象山先生之学以尊德性为宗,紫阳之学则以道问学为主。宗朱者诋陆为狂禅,宗陆者以朱为俗学,两家之学,各成门户,几如冰炭矣。

陆主乎尊德性,谓"先立乎其大,则反身自得,百川会归矣"。朱主乎道问学,谓"物理既穷,则吾知自致,瀚雾消融矣"。二先生之立教不同,然如诏入室者,虽东西异户,及至室中,则一也。

可见陆九渊与朱熹虽然为学重点不一样,看似"势不两立",其实"殊途同归",古人已见此意。章学诚《文史通义·朱陆》进而说明:然谓朱子偏于道问学,故为陆氏之学者,攻朱氏之近于支离;谓陆氏之偏于尊德性,故为朱氏之学者,攻陆氏之流于虚无。各以其所倚重者,争其门户,是亦人情之常也。

从《宋元学案》到《文史通义》的论述,好像给朱熹贴个标签,叫做道问学;又给陆九渊贴个标签,叫尊德性。这似乎已成为学术史、教育史上的定论了。

我们要问:象山之学只是尊德性吗?朱子之教仅是道问学吗?有学者归纳《朱子语类》中言及"尊德性"与"道问学"之处,列出朱子教法中"尊德性"与"道问学"大抵有四种关系:

一、"尊德性"与"道问学"相分;

二、"尊德性"与"道问学"相济;

三、"尊德性"与"道问学"相救;

四、"尊德性"与"道问学"相合。

首先,两者有区分,不是一回事,叫相分。其次,因为有区别,所以能够彼此启发,叫相济。再次,因为不同的长处可能掩盖了各自的短处,正需要对方的长处来彼此帮助,叫相救。比如水火是对峙的,但它们能相济相救,因为水不能济水,火也不能救火。水火相反,但能相济、相救;"相反者相成"就是这个道理。所以最后,两者又是统一的(合)。

既然是统一,一回事,朱熹干嘛偏于"道问学"?因为朱熹担心,如果秉承孟子的思想,提倡尊德性,有可能束书不观的社会现象日趋严重,而修身养性离开了书本载体就难免落空。朱熹自认为是承接孔孟道统的,但他对孟子思想也有新的发挥。孟子认为"尽信书则不如无书",关键是养气,"吾善养吾浩然之气"。朱熹则竭力提倡读书。汉末以后经过魏晋南北朝,社会上谈玄论佛,学校教育衰落,士人偏于审美的爱好,造成了轻视儒家经典文本的风气。朱熹的道问学是有针对性的,他担心传统的儒学精神要失传,所以他强调问学的精神,要发扬读书的风气。同时朱熹还担心强化"尊德性",会造成毫无行动能力的"自了汉",对实践不能起到作用。

朱熹强调读书,他身体力行,编纂教材,整理儒家文本,《四书》通过朱熹的集注南宋后成为流传最广的官方学校权威文本,可见,道问学在朱熹的心目中确实占有重要位置,但是朱熹并不因此认为道问学的地位超过了尊德性。由于朱熹强调读书、强调学问的积累是重要的,就断言朱熹的教育宗旨就是道问学,则对朱熹而言是一个很大的误解。

汉代以后的学校教育的特征是"学干禄",即教你做官。自从南宋以后,理学家的思想影响官方教育后,中国教育有了一个重大的价值转向,就是强调做人的教育。"学问之道无他,求其放心而已矣",接受教育不是为了他人,而是为了自己,即"学为己"。什么叫"学为己"啊?为了当得起"人"这个称号,活得像一个人,这是求学问道的根本。宋代教育的特征凸显了做人的价值,就是回到孟子"明人伦"的教育之途,教书、读书是为了育人、成人。

朱熹建立了一套以天理为核心的伦理教育系统,以对"天理"的体认为主要内容的义理系统,但其成德之教却袭自程颐"涵养须用敬,进学在致知",主张"居敬"和"穷理"并重。朱熹并未因自己对万物之理的强烈的知性兴趣而忽略了德性的涵养,相反,他还不断反省自己是否"道问学处多了些子",警惕自己不要教人过于沉溺于知性的探索。朱熹与陆九渊的真正分歧,不在于谁主张"尊德性"、谁主张"道问学",而在于究竟要不要在"尊德性"之外再讲一个"道问学"。只有在这个意义上,才能更加深刻理解为何象山批评朱子格物穷理之说为"支离"。

"支离"固然是朱学之病,然而批评朱子偏于"道问学"而不"尊德性"却是莫须有的罪名。朱子非但不轻视"尊德性",而且把"尊德性"看成最根本的法门。朱子之所以不专以"尊德性"立教,另讲一个"道问学",无非是怕学者束书不观、流人禅学、难应事变罢了。(参见李长春:"道问学"处多了些子?——朱熹教育思想新论,北京大学教育评论2009年第1期)上述是第一个关键问题,即"朱陆之争"。

（三）德性的内涵：礼、理之辨及内化的礼教

第二个关键问题，是由第一个问题延伸出来的：假如认可朱陆的教育宗旨是一致的，都是"尊德性"，那么德性的内涵是什么？其实孟子和荀子对这个问题的理解已有分化。"仁"是孔子思想的核心，他把"仁"的精神放到礼的框架中阐述，但重心在"仁"，他说：人而不仁如礼何？孔子对周礼的继承性创造是在"仁"学之说，"仁"成了孔子教育思想的出发点。孟子提倡仁义礼智信，他用"义"去阐述"仁"。而荀子对仁的认识又回到了礼，所谓"积礼仪而成君子"，"礼"成了荀子教育思想的核心，荀子礼法并称，开启了先秦法制教育的源头。孟子与荀子对孔子思想不同的发挥，形成了儒家"内源"和"外铄"的求学路径。

朱熹自谓接续孔孟的道统，但他的为学之方显然属于荀子一路，尊德性的内涵是孔孟的礼教思想。朱熹对书院教育的贡献，对编纂传统学术经典的作用，包括编写的儿童启蒙读物等，基本围绕礼教思想而展开。礼教在朱熹思想中处于核心地位，礼教在历史发展进程中的正当性、合理性及保守性，到今天仍然是一个绕不过去的复杂命题。其实，朱熹在世时是受打压的，南宋理学派的命运是很坎坷的，当时不受统治者欢迎。它是靠着学派本身的传承力量，一代又一代顽强地接续和发展，在社会上流传越来越广，影响越来越大，最后是从草根影响到高层，然后得到上层社会认可，再来推广它。我们要问，为什么理学派及朱熹的思想有如此顽强的生命力？

较长时期以来学界对朱熹的礼教思想是持批判态度的，特别对朱熹将外在的"礼仪之教"转化为内在的"天理之教"（明天理抑人欲），作为思想专制的根由大加挞伐。蔡尚思先生对朱熹思想的批判尤为激烈，他在分析朱熹对书院的重大贡献后指出，实际上书院教育的重点还是以儒家礼教为核心，而朱熹的教育目的并非"穷理尽心"，而是彰显"三纲"、"五伦"（五常），也就是儒家的礼教。朱熹的"穷理尽心"还是实现礼教的手段。朱熹主张小学和大学划段教育，小学教"当然之事"，大学明"所以然之理"，但无论小学还是大学，不管是做事还是明理，目标取向是伦常礼教。做任何事离不开规范，需按照礼的标准。明做人之理，这是礼教的核心。朱熹提倡读书，但读书须先读经书打底，再读史书扩展心胸。读经又有先后之分，朱熹"读书六条"的第一条是"循序渐进"。他著《四书集注》，要求先读《大学》，后《论语》，后《孟子》，最后是《中庸》。读了经书奠定基础再去选读史书，就不会被各种各样的学说所迷惑。

礼教的核心，即所谓"三纲五常"：君为臣纲、父为子纲、夫为妻纲，是为三纲；君臣、父子、夫妇、兄弟、朋友五种关系是为五常（五伦），儒家认为这种尊卑、长幼的关系是不

可改变的常道，称为伦常。朱熹认为这就是自古以来帝王推崇礼教的缘故，让人"不失其性，不乱其伦"。不失其性，就是不失掉人的"仁义礼智信"，人先天的"良知良能"；不乱其伦，不去做违法犯纪、扰乱纲常的事情。朱熹认为从古代圣王流传下来并经孔孟光大的一以贯之的道统，就是五伦："如舜之命契，不过欲使父子有亲，君臣有义，夫妇有别，长幼有序，朋友有信，只是此五者。至于后来圣贤千言万语，只是欲明此而已。"（《朱子语类》卷十四）

孟子认为，人而不知仁义理智信，则虽然长着人的模样，但是跟猪狗差不多。他说：人之异于禽兽者几希，庶民去之，君子存之。指出人虽绝大部分同于动物，但却具有"异于禽兽者几希"的部分（孟子称之为"性善"）；作为人，应该克制同于禽兽的部分，保存发扬那"几希"的"人性"。钱钟书先生谓：人性能够"约身胜欲，以礼义齐嗜好"，即以社会性（求合作）去克制、中和生物性，这才超出动物而为"人"。人与动物的区分在哪里？动物没有五伦的观念，人懂得如何对待他人中来定位自身，这就是人伦。所以朱熹把五伦作为教人的根本，以此来确定教育的宗旨。他以之命名书院的学规或教条，明确为学之序、修身之要、处事之要、接物之要等，这些都是为人之学。朱熹去研究动物，甚至认为动物在某种程度上也有行动规则，人当然更应该有准则了，"三纲五常"之教不仅仅是人类社会的特征，它在动物世界也得到印证。

照蔡尚思先生的说法，心学派的代表陆九渊，理学派的代表朱熹，本质上是一回事，都是尊孔重礼。礼教在中国影响深远，与孔子、董仲舒、朱熹三个人有重要关系。礼教的力量之大，实际上起到了宗教的作用。孔子地位超越周公，是因为他在礼教里注入了新"仁道"，使之流传更广。董仲舒用谶纬之学来解释儒学，使天的意志通过孔子代言，实质是把礼教神学化了。而朱熹又把神学化的儒学转为人学化，使天理回到人心，成为人的自觉的体认，这是朱熹超过董仲舒的地方。朱熹作为理学派的集大成者，使儒家思想发展到新的高峰，理学通过朱熹的传扬，在当时影响很大，弟子遍天下，直接推进了福建的文化教育，一时有东南邹鲁的盛况。

正因为朱熹的理学思想广为流布，福建受到礼教负面的影响也不小。贞妇烈女的牌坊在福建比较多，这是妇女被戕害的明证。妇女的心灵被理学扭曲，身体也遭摧残，比如裹小脚，经朱熹提倡更为流行。据说中国甚至形成了"小脚审美学"，因为女性的脚小有审美上的独特意味。诸位也许觉得不可思议：女人自愿受苦，把脚搞得奇形怪状，还以之为美？但历史上真的有不少妇女愿意受苦，以小脚为荣，以小脚为美。彼此攀比，脚越小就越美，这也是一种价值追求，当然是扭曲的价值追求。其实今天很多女士脚套着钉子高跟鞋走路不痛苦吗？我觉得很可怜、很可怕，随时可能摔倒，她这么扭过来、扭过去居然不摔倒，她的脚多少也是扭曲的吧，不扭曲她套不进去啊。这都是男人的审美趣味把女性异化了，但是女性不觉得异化，她觉得很美。现在又搞出了骨感美，一会骨感，一会肉感，把女人搞得疯疯癫癫，不把女人搞死就不算男人英雄，是不是？女人也乐意为之，女为悦己者容，只要男人高兴，变着花样让你高兴，瘦也是高兴，肥也是高兴，骨感、肉感都是高兴啊。

所以现代人在批判朱熹，自己也好不到哪里去。古代的贞妇烈女是为了牌坊石碑，今天的女人是为了什么？你去问她，为什么要这样做？死了也没有石碑，她说不要死后的石碑了，只要现世的享受和仰慕：我为美女狂，我不在乎烈女、贞女，我只为"美女"而奋斗。五十步笑百步嘛——为了"美女"，任何的人世苦难都可以承受；古代妇女为了"烈女"，所有的苦难她也愿意承受啊。可见，人生确实有点吊诡。

（四）传统儒学的突围之路

当然我不是朱熹派。不是到了福建，给朱熹唱赞歌。我刚才说，学者要"去蔽"，"去蔽"不仅符合朱熹提倡的读书贵疑的精神，反过来对朱熹本人适用，对蔡尚思先生也是适用的。这是一样的道理，对学者都可以质疑。当然，蔡先生反反复复说女人小脚的问题，是因为中国妇女在旧礼教的约束下，人性备受压迫。五四运动最大的功绩就是人性的解放，尊重人的个性，而尊重人的个性最显著的标志，就是尊重、解放妇女和儿童。在中国历史上，女人和孩子，最没有地位。孔子说，唯女人和小人难养也，有人说，这是孔子不尊重妇女和儿童，也有人说，孔子这话正说明他重视妇女和儿童。不管孔子的本意如何，现代社会确实是以妇女和儿童的地位为文明与否的重要尺度，尊重个性，首先是尊重女性和儿童，那才是真正的人性化。说到五四新文化运动，鲁迅当年也深刻地批判了儒家的教育，说一部两千年的教育史，歪歪扭扭写着两个字：吃人，吃人的就是旧礼教，这是文学家的警世之语，到现在这个难题还没有真正解决。

刚才说到《乐教与中国文化》一书，其实出版社还与我签了个合同，说你写了《乐教与中国文化》，还应该写《礼教与中国文化》，原本是姐妹篇嘛。但签了合同，第一年书稿交不出，第二年书稿交不出，第三年书稿还交不出。出版社说是否再等等，我说实在不好意思，三年都交不出，合同暂时终止，待写出后再来签合同。我生平违约的事这大概是第一件，但我有苦衷，这本书写不出来的原因很复杂，其中最头疼的是我研究来研究去，对礼教的评价不很清楚。想不清楚怎么写得清楚呢？这本书就难产了，至今还欠着人情债。

妇女的小脚现象不单纯是男人眼中的审美问题,更是评价礼教的关键因素。三纲中的"夫为妻纲",经由宋代理学家的思想传播和实践转化,成为当时妇女日常生活中的自觉体认。蔡尚思先生还举了个颇有趣的例证,他说:我还听见私塾老师在感叹"可惜我们是小县,得不到朱文公的光临。传说上游(按此指闽北好多府县)凡建有朱文公的祠堂处,周围连鸡犬也不敢交配。朱文公生前大力提倡礼教,死后这样久还在显灵。人为万物之灵首先表现在礼教,可以人而不如鸡犬么?"这些礼教先生竟引朱熹这类礼教故事为美谈。朱熹这个礼教家,在他生长的福建,竟变成大神了!(参见蔡尚思:朱熹的书院教育与礼教思想,复旦学报·社会科学版,1986年第4期)

困扰着朱熹研究及评价的两大问题,一是尊德性与道问学关系的"朱陆之争",一是尊德性自身内含着的"礼理之辨",如果说前一个问题,随着对朱熹文本了解的深入,人们的理解渐趋于一致,那么后一个问题,至今还是困扰我们的难题。随着近年来国学的复兴,特别是现代化进程中各类问题的集聚,儒家思想包括朱熹的学说引起人们的关注,在学界人士的诸多评价和阐述中,凸显了接续传统与对话世界的双向互动的新文化发展路向。

也有学者指出,辛亥革命、五四运动以后,朱熹即受到了来自不同学派、思潮和政治势力的批判、攻击,甚至是诬蔑和谩骂,但是,他的思想和学说无法被消灭。相反,经过这么多年炼狱般的煎熬以后,朱子和朱子学变得更具有活力,显示出更为强劲的生命力。尤其是高科技和信息革命带给这个星球急速的经济发展和迅猛的全球化进程以后,物质对精神的冲击,技术对人文精神的覆盖,人类活动对自然环境的破坏,以及西方文明踏着全球化的步伐而形成的思想、文化、政治等话语霸权而带来的人类社会的冲突、战争、动乱,使人们不能不思考"为什么"和"怎么办"。在寻找"突围"之路的时候,人们重新眷顾了已经沉寂了多时的朱子学。今天的时代及人类面临的问题,和朱子当年有很多相似之处。传统文化的真正复兴,有赖于对它作出与时俱进的全新的诠释,有赖于对它作出科学的再构和改造。当今时代需要新儒学,它正呼唤一大批既精通马克思主义,又有很深的传统文化造诣的当代"朱子"。

一个时代有一个时代的命题,朱熹的思想是回应他所处时代的命题,就像孔子的思想是回应春秋时代的问题。孔子的问题是什么?礼崩乐坏。朱熹的问题是什么?孔孟之道失传。今天的问题是什么?经济在快速发展,但是幸福指数没有同步提高。现代人的苦闷越积越多,问题越来越严重。其实今天的这些问题的成因,也有古今相通的要素。传统文化如何为今人所用,怎样对它做出新的诠释、改造和重构?所以我认为,闽派语文的出现也不是偶然的,它虽然回应的是语文教育的问题,但语文问题是牵一发而动全身的,它会还原到中国教育的全身。由中国的教育进而引发对整个社会文化生态的思考。

(整理此录音稿时,看到 2012 年 3 月 29 日社会科学报载何怀宏"新世纪的纲常"一文,何先生构想的"中华新伦理"的新三纲是:民为政纲、义为人纲、生为物纲,对应的旧三纲是:君为臣纲、父为子纲、妇为夫纲;新五常伦是:天人、族群、社会、人人、亲友,对应的旧五常伦是:君臣、父子、夫妇、兄弟、朋友;新五常德沿用旧名词,仍是:仁、义、礼、智、信,但应赋予新的阐述;新信仰是:天、地、国、亲、师,对应的旧信仰是:天、地、君、亲、师;新正名是:官官、民民、人人、物物,对应的旧正名是:君君、臣臣、父父、子子。这是基于儒家伦理传统的当代转化,也是儒学"突围"的新方向。)

二、朱熹语文教育的思想及启示

上面结合新的时代,对朱子教育思想的地位和价值做了若干分析。接下来讨论朱熹有关语文教育的思想。

朱熹认为"圣贤教人为学,非是使人缀缉言语,造作文辞"。在朱熹看来,文是载道的工具,不能本末倒置,因文造情。同时,朱熹要振兴儒家道统,要践履伦常规范,这又离不开道问学。学习和了解儒道,当然靠读书了。书是用文字组织起来的,文字作为书面语言,成了朱熹道问学的主要抓手。实际上,人类知识的积累和传播,都离不开语言文字,所以语文工具不是语文教师的专利品。叶圣陶先生曾描述学校各科教师(从大学到中小学、从语文到物理)千篇一律的教学方法:老师拿一本书出来念,然后给学生解释,既然所有教科书都是由文字组成的,这不是文字教学吗?老师用话来解读一个个字,这不是语言教学吗?语言文字是语文老师的拿手好戏,同时是所有老师少不了的工具。用叶圣陶先生的话来说,中国从大学到小学,从语文老师到物理老师,其实都是语文老师,因为教学方法是一样的,就是拿本书读文字,用语言来解释。这说明所有学校都是灌输式。他既指出了中国学校教育普遍存在的问题,也道出了语文工具的特殊性和特殊地位。

什么是"语文"?语文界的看法也不尽一致,或说"语言文学"、或说"语言文字",也有说"语言文章",在座各位认可哪一种,因为不同的选择导致教学内容和重点是不一样的。基础教育阶段语、数、外三种工具性学科知识的地位相当重要,其中语文是最重要、最特殊的,对于这一最重要的传道工具,历代教育家都倾注了特别的情感,朱熹同样如此。

语文教育涉及四种基本训练,即听、说、读、写,我们于此看看朱熹的观点。譬如讲到"听",朱熹认为要学会听,首先听的态度要好,叫静听寻脉,抓住要害,低首听受,心态要平和,不要自以为是。学问固然要讲,但前提是听,因为如果听的人心态不好,他听不进去,等于白讲,这是第一。至于"说"呢,同样有一个态度的问题,要本着对学问的实事求是之心,"发自家是",不要去牵强附会,要发自内心,说真诚的话,也不是发泄情绪,自以为是,要"低声下气",讲话声音低一点,沉得住气。既然讲得不错,不妨悠着点,有理不在言高,这种说的态度也体现一个人的德育修养。读书人有谦谦君子之风,语言"低声下气"是一个表征。现在中国人是全世界出名的大嗓门,中国人钱多,财大气粗,还要什么低声下气啊?所以朱熹有关"说"的心态,也是德性修炼的内在要求。

中国人不能以大嗓门和说脏话作为自我形象的诠释。要提升中国文化的魅力,不要老是说钱多,钱多是重要的,还要配上高雅的文化,有文化魅力才能在全世界树立中国的形象,其实软实力比硬实力更有影响力。朱熹当年教小学生是从"洒扫应对"开始,等到15岁成人了,再教你明"所以然之理",孩子做人的基本修养奠定了,也没有错吧。我们不要把孩子和洗澡水一起泼掉了。现在中国面临的主要挑战之一,就是文化传统的断裂。孔孟之道也好,中华文化也好,基本上没有得到传承,包括朱熹的思想都被彻底批判。当年陈独秀讲过吾人"最后的觉悟",即伦理的最后之觉悟。从军事落后到工业落后、从技术落后到制度落后,层层追究,陈独秀说,不要争了,这些都是表皮,关键之关键,根源之根源,一言以蔽之,中国传统的伦理文化、忠孝文化是众病之源。哪知道还出来一个钱玄同,说伦理文化从哪里来的,儒家伦理是附在中国文字上的,所以中国的文字才是一切落后的总根源,只有文字罗马化、拉丁化,才是救国之道。那还有谁能超过钱玄同、陈独秀?你的思想再激烈也超不过他们了。结果呢?钱玄同、陈独秀去世了,中国文字还在,忠孝礼义的文化还没灭绝。今天孔子回来了,朱熹也正在回来。所以历史也蛮好玩的。

说到朱熹有关语文教学的"读",他是有一套方法的,譬如前面讲到的,要有善于质疑的精神。理学家以读书为修身进德的必经之途。《大学》八条目开首即"格物、致知";书本既是前人格物、致知的记载,自然列在进学程序的首端。张载说,"盖书以维持此心,一时放下则一时德性有懈,读书则此心常在,不读书则终看义理不见"(张载:

《经学理窟·义理》)。就是把读书看作精神生活的恒常方式。二程也以读书为修身的必要方式，主张多闻前代圣贤之言和行，以"畜成其德"。朱熹一生酷爱读书，对之有深切体验，据元代程端礼《程式家塾读书分年日程》记载："门人与私塾之徒，会粹朱子平日之训，而节取其要，定为读书法六条：曰循序渐进，曰熟读精思，曰虚心涵泳，曰切己体察，曰着紧用力，曰居敬持志。"后人称之为"朱子读书六法"。

比如朱熹主张读书时"当循序而有常"："以二书言之，则通一书而后及一书"，不可躐等。他据此排列出各书的攻读顺序：先《近思录》，次"四书"，后"六经"。读"四书'的顺序是：先《大学》，再《论语》、《孟子》，后《中庸》。"熟读"是将书本知识读得烂熟成诵；"精思"指反复玩味、思考，把握文义的"脉络"和"贯通处"。虚心，即指读书过程中采取客观、冷静的态度。提倡虚怀若谷，静心思虑，反对先入为主，穿凿附会；涵泳，原意如水中沉潜优游，引申为品味玩索、切身体察、深入领悟书中的精义旨趣。读书之方不能仅仅做纸面功夫，或驰外博求，而必须心领神会，身体力行，将"圣贤言语体之于身"，即通过自己日常的道德实践加深对圣贤之书的理解。"着紧用力"一方面指时间上的争分夺秒，毫不松懈；一方面指精神上的专一精进，勇猛奋发。读书的专注精神与毅力，又源于"持志"。"立志不定，如何读书？"朱熹认为学者能否立定大志，是读书成功的关键。持志为居敬之前提，居敬为持志之深化。居敬持志虽列于朱熹读书法之末，实质带有总结意味，是全部读书法的总纲。他说："读书之法，莫贵于循序而致精，而致精之本，则又在于居敬而持志。此不易之理也。"这表明"居敬持志"不仅仅是读书的一般方法，而且是宋代理学家教育的基本方式。读书法可谓朱熹语文教育思想的核心所在。

说到"写"，朱熹对写字也有相应的要求。他强调"写字"须"仔细看本"、"严正分明"。要从儿童时开始做规矩，描红写字就是做规矩，叫有章法。譬如首先训练写字的态度，在磨墨时就不可掉以轻心，写字的姿势要端正，写字的态度要严肃。因为从细小处体现出品德性情的一面，也是今人讲的细节决定成败，要谨慎用心。说实话，当代不少大学生写的字，要么龙飞凤舞像王羲之的水平，我都看不懂，要么稚拙如幼儿园孩子的字，看后真感慨系之。有的还说，老师不要感慨，要与时俱进，中国人不写字是迟早的事，因为手掌电脑即将要取代笔。

我曾在《上海教育》杂志讨论电子化时代的书写问题，发了一通议论，结果有人叫好，有人也不以为然。

写字很重要。我的母校上海漕河泾求知小学从事的一项课题研究就是写字教育。这所学校是百年老校，原上海县一所名校，后划归徐汇区了。学校处在城郊结合部，外省务工家庭的孩子越来越多。校长以写字教育作为抓手,效果很好。他跟我说:小孩子养成好习惯了,就是朱熹说的道理,写字不仅是要把字写好,更重要的是有助于学生养成良好的学习习惯和意志,当然写字水平也提升了。其实,这个世界永远是物以稀为贵,所有人都会打电脑不显得你稀奇啊,在电脑时代会写汉字,还写得漂亮,这才是奇货,不愁没人要。小学毕业生写字过关了,一辈子受用。现在有些学校的新课改花样繁多,有的牛校搞铜管乐队、小提琴、钢琴等,我对母校的校长说,你这所学校搞这些洋玩意要被家长骂死:农民工的孩子哪有钱买钢琴、小提琴啊?还要付高学费的,对不对?不要什么都打着国际接轨的旗号,那会水土不服。一支毛笔多少钱?充其量十元钱,哪个家里穷得十元钱都拿不出的?结果呢,把孩子的语文素养给夯实了。

当然朱熹说到的"写"不仅是写字的教育,他还看重写作,写作是为了弘扬儒道,即文以载道,通过写作来弘扬儒道精神,这又回到朱熹思想的原点了。

三、继往开来、汇通中外的文化取向

朱熹是中国教育史上的关键人物,他的思想对今天教育的启示,有超越语文学科的更广泛的文化意义。从宏观上来看,中国教育思想的发展,有三个重要时期:第一个时期是先秦百家争鸣时期,这个时期中国出现了影响深远的原创性思想,其中有四大学派,儒墨道法。作为中国教育思想重要的源头,儒家文化,在当时就号称显学,孔、孟、荀的思想是主要代表。第二个重要时期还不是汉朝董仲舒的时期,而是宋明理学发展的时期。这是我的导师张瑞璠先生的观点。他认为中国教育发展史上有三个高峰期:先秦和"五四"运动时期,这是学界公认的;还说到朱熹为代表的宋代理学发展也是个高峰期,这一点张先生确有独到的眼光。因为理学这一学派具有承上启下的重要作用。

(一)理学派承上启下的历史作用

从孔子把"仁"注入周礼加以原创性的阐发,然后到孟子把仁义结合起来论述,拓展了儒学文化的新方向,孟子的养气思想和良知学说,开启了尊德性的内源路径。到荀子的"积渐"理论,实际上是把道问学的路径沿着礼法推进,从而创立了"外铄"的教化模式。汉代以独尊儒学为标榜,但是实际上真儒学的修身精神失掉了,留下的是章句形式。所以到了宋代,理学家要把失掉的先秦道统的命脉接续起来。问题是从东汉以后儒学的地位就日趋衰微，加之魏晋南北朝和唐朝时期社会唯美主义思潮泛滥，先于宋儒，韩愈写《师说》，倡儒道，兴古文，实际上也在呼应新的时代命题，只不过还没有达到朱熹的思想高度，构建完整的理学系统。

韩愈提出振兴儒道的两个重要抓手，一是推崇教师地位，一是复兴古文笔法。传播和振兴儒道的第一个工具是教师，唐朝时儒师的地位低下，大家都看不起老师，也不想做老师，韩愈甘冒流俗之讥，带头做教师。因为传播儒道的活的载体正是教师。复兴儒道的第二个工具是古文，因为六朝以来，骈体文的审美样式在士人中广为流传，成为社会风气，加上科考制度的安排，进士科考试关键是看加试时的诗赋水平，这进一步导致读书人轻儒学而重文学。韩愈要在文字上打破骈文的独尊地位，恢复先秦时候散文的自由样式。作为载道之具的古文一旦与教师结合，就将成为更大的传播儒学的力量。

但是说实在话，韩愈没有完成这个任务，因为在唐朝，儒学的地位毕竟是衰落的，唐朝是儒、佛、道三教并举，儒学的力量不仅难敌佛、道，甚至也不及文学。为什么理学家不承认韩愈振兴儒学的先创之功，而要把周敦颐这个濂派的大师抬出来，作为理学派的开山鼻祖呢？因为理学家从根本上说确实是以尊德性为第一，道问学是为尊德性服务的，语言文字毕竟是雕虫小技，当然雕虫小技的功能是不能忽略的，它与德性、与儒道联系起来，成为真正的传道工具，那么它就是伟大的工具；反之，如果过于陷入雕虫小技，则会因文害道。韩愈以古文名世，是唐宋八大家之一，而宋代理学派是看不起文学家的。

周敦颐不是以美文名世，而是以太极八卦图名世的。周敦颐的核心命题是"无欲"，他把孟子的"寡欲"思想推展到极致，"无欲则刚"被后来的两程及朱熹彻底地发挥了。人的修炼就是克制自我的欲念，"寡欲"如果是修身的必然途径，那么用周敦颐的话来说，就是"寡之又寡，以至于无"，就成为纯粹的、没有丝毫自私自利之心的道德楷模，这是必然的结果，因为个人的修身进程是一刻不停的，寡之又寡必然至于无。但是为什么孟子说寡欲不说无欲，宋儒要把它推向无欲的极端？这是一个历史的难题，也是一个伦理学的难题。这个难题至今还没有完全解决。其实每位老师自身也面临着这个问题的挑战。

我有一年到九华山去，我是作为游客去的，不是去寺庙礼佛的教徒。在半山腰看到一个僧人在修炼，很小的一个山洞，里面仅一床、一凳、一锅。床是很窄的竹榻，边上有一个锅，用柴火烧饭的。我说，这位师傅在此面壁修炼多长时间了？他不讲话，伸出了三根手指。我说，三个星期？三个月？他摇头；三年？他点头。我在登山的路上思考：这个僧人比雷锋都伟大，要我在这个山洞里呆三个月，我肯定呆不住；要我学雷锋做好事三个月，我还能做到。我想到了晚上，鬼哭狼嚎、黑咕隆咚的一个人猫在这么小的山洞里，冬天狼来了怎么办？夏天蛇咬了怎么办？这个老僧人不知道怎么修炼的，真的不简单。

问题的关键是，你修炼到了超凡脱俗的境界，我对你敬仰万分，但你不能要求乃至强迫他人与你一样。为什么？毕竟人不都是圣贤。凡人是这个世界的主体，我们鼓励凡人向圣贤的境界修炼，但是不要强制凡人必须成为圣贤。一念之差，就把天使和魔鬼区分出来了。所以朱熹的思想、儒学的思想是今人的宝贵文化资源还是历史的负担，也取决于我们自己的一念之差。

我们不要以今人的智慧和视野去肆意褒贬古人，不要随意去打古人的屁股。还原到具体的历史情境，朱熹的思想有历史的创造性及合理性。作为社会伦理规范的"礼"是实在而具象的，宋儒最大的创造是把外部的强制规训的礼，把"当然之事"转化为人自身体认的内在"应然之理"，这就是至高无上的天理。天理与人性是相通的，所以人应该自觉地去体验它、印证它、实践它。我们先不论其是非对错，至少是理学家对儒学做出了原创性的转化，它起了非常大的作用，在当时有它的合理性。

如果我们今天再来问它的合理性，我想，这不是取决于理学思想本身有多大的合理性，而是取决于今人的诠释有多高的智慧性。文化资源是死的，人是活的。就像一部《红楼梦》，有人看见的是阶级斗争，有人看见的是卿卿我我的谈情说爱，有人看见的是精英理财的智慧，也有人看见的是儒家教化或佛学警语。当然，还有的人看见的就是"吃喝玩乐"，《红楼梦》通篇是吃饭、喝酒、赏花、作诗了。可谓诗人看见的是美，情人看见的是情，政治家看见的是斗，读书人看见的是文化。这取决于你的立场和你的文化底蕴。《红楼梦》本身不会再讲话，讲话的是我们自己。

（二）下学上达，融通中外

作为福建地区最优秀的中学语文老师，你们手中把握的就是"下学上达"的最重要、最通用的工具。回到研修班的讨论主题，建设闽派语文，怎样开掘当地的传统文化资源？如果说朱熹及其思想是闽派语文得天独厚的历史文化资源，那么，这个资源怎么开发？对如何开发和继承文化传统，不妨用一点去蔽的思路，或许可以让我们继承得更好。

首先，要用历史唯物主义的态度，实事求是地分析、评论和批判古人，要有历史的依据，要尊重历史，尊重古人，不是站在现代人的角度去任意裁剪历史、褒贬人物。要深入历史的具体情境，用体贴的心去了解其思想，历史文化传统就在当下，已成为我们生命的一部分，你要撇开它另起炉灶也不可能。包括闽派语文这个概念，与历史上的闽派文化也有联系。出发之前不妨先清理一下地基，知道来龙就会更了解去脉。

其次，看一看当今问题所在，市场经济发展过程中诚信的缺失，已成为中国社会的痼疾。说到诚信的缺失和道德的沦丧，某个学术会议上，学生问了一个问题：为何有人说中华民族到了最缺德的时候？他引用了网上一个流传的帖子："当今老百姓的一天"——早晨起来买两根地沟油炸的油条（我今天早上还吃了油条，不知道用的是什么油啊），吃个苏丹红的咸蛋，冲杯三聚氰胺的牛奶，开着锦湖轮胎的汽车上班。中午吃瘦肉精的猪肉炒农药的韭菜，尿素豆芽炖注胶牛肉，人造鸡蛋和着石蜡翻新陈米饭，再泡壶香精茶叶。下班后回到豆腐渣工程的家，煎条避孕药喂大的鱼，炒个膨大西红柿，炖碗石膏豆腐，开瓶甲醇勾兑酒，吃个增白剂加硫磺的馒头。饭后，抽根高汞烟，去地摊买本盗版小说，回去上一会盗版操作系统网，晚上钻进黑心棉被窝。核辐射算啥，很严重吗？

这真的是很严重的问题。我的朋友国外回来说：早知今日，何必当初！他是20世纪80年代出国的，在国外待了约三十年。我说，什么意思？他说，80年代出去时，在美国的高速公路立交桥上眼泪哗哗哗哗地下来，看到美国的高速交通网，想到中国的乡村煤渣路都没有，这个反差太大了，哪一年中国才能像美国一样？想不到三十年后，上海快超过美国的纽约了，中国人实在是厉害啊！所以说早知如此，当初就不必出去了。我说，这还不简单，你回来就是了。他说，不能回来。我说，为什么？他说，太太不想回来啊。

现在不少留学生家庭就是太太不想回来、孩子不想回来的问题。太太为什么不想回来？因为外国的月亮比中国的圆，空气比中国的好；外国的水比中国的甜，因为外国的水资源保护得干净；外国的食物安全可靠，不用担心地沟油、三聚氰胺。还有就是孩子不想回来，因为中国是考试的地狱。所以这又回到了教育的问题。

一个是生态、生存的问题，一个是发展、教育的问题，这就是现实的依据。温家宝总理说："诚信的缺失，道德的滑坡，已经到了何等严重的地步！"前天温总理召开座谈会，听取各界代表的意见，媒体报道说，召集的代表是教科文卫代表。这很有意思，在座的诸位可能觉得我这个人喜欢咬文嚼字，其实语文老师还是要咬文嚼字。我多次说,窥一斑而知全豹,见一叶而知深秋,联合国有个教科文组织,中国流行的说法是科教文卫。我说,中国现在是功利化的时代,等到哪一天,教育放在科学前面,也许中国就不是那么急功近利了。这一次媒体报道是教科文卫界的代表,我觉得是个可喜的变化。总理还说:我认为素质教育的核心,教是为了不教。报纸的标题也彰显了教育,我觉得这与总理的思想是吻合的。叶圣陶也说过,教是为了不教。总理不说则已,一说就说到了问题的要害。

再次,是从理论上做些反思。在座的是福建省中学语文教育界的佼佼者,我们要学会梳理历史,正视现实,并做理性的思考。理性的思考可以回到康德的基本命题,对某些神圣的力量持敬畏之心,康德为何标示"头上星空和心中道德令"?自然-物理规律和人事-心理规律是主宰人类的两大力量。如果说人类具有伟大的力量,那是由于社会遵循着道德律。人类的了不起无非有这样几点:一是会玩语言,语言成为思想交流的工具,成为人跟人结合的纽带。如果是孤身一人,你跑不过老虎,咬不过狼。但是人们通过语言结成团队,人的力量就超过了老虎、狼。二是会玩工具,人类发明并掌握了工具,就把老虎的爪子、狼的牙齿武装到自己手上,我们有了木棍、有了车轮,有了弓箭,有了导弹,有了宇宙飞船,这都是利用工具使人手无限地延长。人类的伟大讲到底就是依靠这两样东西,其实语言也是人类特有的一种思考、交流、结合的工具。有了语言就能更深入地思考,通过语言可以交流思想,更进一步将语言记载下来就有了文字。语文老师手中把握的就是人类最伟大的工具。

头上星空昭示人类对自然保持敬畏,心中的道德令提示人类的理性自觉。社会的构建和维系一定的稳定,需要伦理的纽带来联结。伦理有没有超越时空的绝对价值?史学界和哲学界曾经就"道德是否可以抽象继承"展开讨论,这是由哲学史家冯友兰提出的命题,叫抽象继承法。他说,在中国古代哲学命题中,有两种意义,一是"抽象意义",一是"具体意义"。如孔子说的"学而时习之,不亦说乎",从具体意义上说,孔子叫人学的是"诗"、"书"、"礼"之类,现在时代不同了,不去继承它;但从抽象意义说,孔子这句话是说,无论学什么,学了之后都要经常温习和实习,这样看,这个命题就是对的,可以继承。冯友兰还举了大量的古代圣贤先哲的话和命题,来论证这一"抽象继承法"。

礼在传统社会是"三纲五常",在现代社会也可以是你说话时文明一点,不要大声嚷嚷,不要乱抛纸屑。南京大学近期要举行一百一十周年的校庆了,据说此次校庆的所有来宾"序长不序爵"。现在不少学校搞校庆都变了意味,所有嘉宾按照官爵的大小,像梁山泊英雄排座次,很多校友都不愿意来,来了寒心。学校都这么功利了,这个社会还有救吗?南大这次要按照年龄来排座次,不容易啊,现在大家都在看,南大说出来了能做到吗?其实"序长"就是中国传统的礼教也。

今天讨论朱熹教育思想的意义,我想首先就是文化传承的意义。教育的主要功能是文化的继承和弘扬,只有站在巨人的肩膀上再出发,人类文化才能有新的发展,否则所谓的创新可能沦为笑柄,是一种低水平的重复。作为教育工作者,应思考朱熹在文化传承和发展方面的杰出贡献。语文教师尤其要承担起传承母语文化的重任。

又次,研究朱熹教育思想有助于深入体会语文教育的文化意义。现代语文教育的根本问题涉及语言文字、语言文学、语言文章等三个层面的理解,语言文字的形式与思想内容及人文精神之间的关系,一直是语文教育界热议的话题。通过梳理朱熹及理学派的语文教育思想,对认识语文教育功能和属性有历史借鉴和启发作用。

第五,对朱熹思想研究也有助于理解学派的形成与重要人物之间的关系。朱熹不仅是理学的集大成者,他还形成了一个颇具影响力的学派。学派的成立是有一些显著标志的:如这个学派的代表人物具有号召力,是学术团队的领军人物;作为学派的关键人物,他有一套独到的思想,这个思想回应了时代最前沿、最重要的问题;同时有一大批弟子、友人、同伴集聚在他的周围,他们有相同的志趣和价值追求,在当时和后世有重大而长远的贡献等。

四、结语:"文道合一"的新追求

在世界四大文化体系中,古埃及文化和古巴比伦文化是如何中断的以及中断的原因,学术界至今还未得出统一的结论。现今的西方文化,可以确认不是古希腊文化的直接延续。因此,在世界四大文化体系中,唯有中国文化一枝独秀地维持到现在,而且还在不断地发展壮大。中华文化是赖母语存在,今后还要赖母语来流播光大。现在全世界都建有孔子学院,打的是孔子的招牌,实际上传播的是汉字和汉语文化,当然也包括孔孟思想、老庄学说及朱熹等人物,还涉及中医、太极拳、诗词书画等,但所有的中国文化都需要凭借中国的语言文字来传播。汉语在未来会像英语在今天一样于全世界大放异彩,随着中国综合国力的不断上升,中国的软实力也会持续增长,中国文化的内在魅力必将吸引越来越多的各国朋友。

在北京召开的一次国际伦理学会议上,美国著名大学的教授问这样一个问题:伦理有没有普适性？所谓普适性就是不分中外、不分古今、不分男女，人人都必须遵守的伦理原则，这样的原则有没有？下面鸦雀无声，无人回答。所以这位教授就自问自答，他说，我认为有，就是东方哲人孔子的一句话——"己所不欲，勿施于人"，这可以成为人类共同的价值观、普适的伦理观。于是，会场上爆发出热烈的掌声。其实，当我们鼓掌的时候，还应该想一想：为什么中国人不敢回答，要外国人回答呢？

有句话叫：礼失而求之于野。有些珍贵的文化传统在中国丢失了，外国人保留着，现在又还过来了，我们才知道珍惜了。比如现在韩国人说端午节是他们的节日，汉字也是他们发明的，纸也是他们发明的，老祖宗发明的东西都被人家认去了，我们才意识到这也要保护，那也要保护。

我们身处的地球是人类唯一的伊甸园，这个世界要和平的话，确实需要有共同的、普适的伦理观。但这还不够，我们也许还要有共同的价值追求和文化旨趣，这就需要人类通过学习，开启智慧，认识到自己的局限。

今天人类错误的根源在哪里？就是拼命榨取自然的资源，穷奢极欲来比拼物质财富。

"你开车了吗？""开了。"

"现在开的什么车啊？""开的是别克车。"

"你的车太烂了，开那个烂车还不如走路呢，我开的是劳斯莱斯！"

……

"你现在换房了吗？""换了。"

"换的什么房？""三室两厅。"

"还这么落后啊，我现在住别墅了——武夷山庄园，占地五亩啊！"

……

咱现在不玩这些了。房子算什么，汽车算什么，游艇都落后了！你现在上太空去转一圈了吗？美国富人最新、最时髦的游戏是化八千万美金乘宇宙飞船上太空转一圈，中国人要争气，富人更要敢于到太空去旅游。我去转过了，你哪一年也去转一转啊？

于是中国人现在越来越痛苦，钱越来越多，人越来越穷。穷在哪里？穷在心里，心的穷是无药可救的。我这次来，在浦城三中看到一块石碑，上书"知足知不足"，很有哲理意味。知足了，我们回到老子时代小国寡民好了，为什么还要现代化？知不足，人类的出路又在哪里呢？这句话意味深长，假如人类懂得在玩文化的过程中既知足，又不知足,充满智慧地把握动态的平衡性,人生就有情趣了嘛。

我觉得人类在物质的比拼上是没有出路的。我们何不玩一种更高级的东西——玩玩文化、玩玩文学、玩玩艺术,因为在有了计算机以后,信息空间变得无穷大,它为人生提供了一个知不足的可能空间。正是在这一点上,中国传统文化的宝库提供了丰富的源泉等待我们去开发。

从这个意义上讲,汉语要像英语一样走遍全世界。让一个外国人懂得,要欣赏唐诗,了解《红楼梦》,只有到中国去留学,学汉语,因为再高级的翻译家,也难传达出那种神韵。中国有数亿人在学英文,是全世界学英文人数最多的国家,等中国人把英文学通了,也许即将迎来学习中文的世界热潮。所以在座的语文老师,你们的未来无可限量。

让我们发扬新师道的精神,开出中华文化的新境界,这就是"文道合一"的新追求!

谢谢大家!

(2012年2月15日在福建语文学科带头人高级研修班的讲演)

27. 提升区域教育竞争力的文化内涵

各位领导:下午好!

我们来讨论这样一个主题,"提升区域教育竞争力的文化内涵"。在座的局长、主任、处长、校长等等,都是负责一个地方的教育或者是一个部门的教育,那么身处今天这样一个竞争时代,怎么使得本地区、本部门具有比较强的竞争力? 作为教育系统、教育部门的竞争力,是否更多体现在文化内涵上? 我想这是一个有意义的话题。

一、国内外的背景

(一) 经济和教育竞争力分析

我们要从实际出发,要了解目前教育竞争的态势,首先要从国际的、国内的背景上展开分析,来看一看一个国家、一个地区和一个城市的竞争力如何。

中国社会科学院颁布的 2009 年中国城市的竞争力蓝皮书——《中国城市竞争力报告》,这个报告显示出中国城市的经济增长位于全球第一,这个发展态势不错,在全球经济发展速度最快的十个城市里,有八个都是中国的,而且东中西部都有代表,令人可喜! 在全球增长的前 50 位里,中国竟然占有 40 位,这也是鼓舞人心的! 中国最具有竞争力的前十个城市依次为:香港、上海、台北、青岛、深圳、高雄、苏州、北京、天津等等,基本上是在东南沿海的发展区域。

目前中国的发展还具有区域的不平衡性,虽然中国的发展态势很好,但在国际上的竞争力也是比较落后的,就连中国最具有竞争力的城市香港,在全球 500 个城市的排名中,仅居第 26 名。领导们如果做个有心人,从城市的排名中再来反观中国的大学,目前中国最具有竞争力的大学,大概也是在香港,比如说香港大学、香港科技大学,在全球排名也胜于大陆的其他大学。其实，教育竞争力与其他方面密切相关，一个国家的竞争力不仅仅是经济的竞争力，还有城市的竞争力，包括人才、科技、教育等多方面。

中国竞争力最强的十个省区，有珠江这一带，包括香港、澳门、广州及台湾，有长江三角洲这一带，包括上海、江苏、浙江，以及环渤海的北京、天津、山东、辽宁等，这些东部沿海的省区具有比较强的竞争力。这样一份报告实际上是从环境、基础设施、经济结构、城市的开放度、科技人才、企业发展，包括文化以及管理制度等等，综合了城市发展的 12 个方面，对 294 个地级以上的城市，50 个重点城市的分项竞争点进行了深入比较得出的结论，从而显示一个区域的发展潜力和实力。

关于区域经济竞争的态势，我们不妨在大学的研究生教育层面上做一点比较，因为一个地区高等教育的水平能衡量出一个地区的人才竞争优势以及经济发展的潜力，而研究生教育是我国专业人才培养的最高端。中国的研究生教育，从改革开放恢复研究生教育到现在大概有 32 年的时间了，至今中国研究生教育前十名的状况大概是：第一位北京，因为是首善之区，加之建国初期院系调整，北京云集了最好、最多的大学教育资源和最好、最多的研究机构的科研人员，北京处在绝对的优势位置。接下来是江苏和上海，还要加上武汉、西安和广东等地，处于第二系列，其他地区的研究生教育处于比较弱的状态。

基础教育方面，我这里缺乏比较新的资料。但是从历史上来看，基础教育的优质资源主要集中在江南这一带，譬如南京、无锡、苏州、常州、上海包括杭州这样一些地方。江南在南宋以后，是秀才、进士，包括状元出的人数最多的地方，这个区域优势一直影响到今天，如果以院士作为一个地区竞争力衡量的指标，那么据 2008 年中国各省市院士排行榜，江苏、上海和浙江出生的院士人数最多，堪称"中国院士的摇篮"。调查发现，1955—2007 年当选的两院院士出生地区分布在 29 个省市自治区。其中江苏出生的两院院士人数最多，有 315 人，高居 2008 年中国各省市院士排行榜首位；上海出生的有 229 人，位居第二；浙江出生的有 220 人，位居第三。江苏、上海和浙江出生的院士合计约占我国两院院士总数的 41.19%，将其他省市远远抛其后。1955—2007 年当选的两院院士中，除一部分院士特别是 1949 年以前出生的院士，年幼时由于战争等各种原因离开出生地，在外地就读外，大部分院士均在出生地完成其基础教育。因此，一个地区基础教育水平与院士出生数量，尽管不存在唯一性的联系，但存在密切关系。一个缺乏良好基础教育资源的地区，不可能持续性地涌现数量众多的院士。

（二）文化竞争力分析

教育竞争力的核心与文化的内涵是有密切关联的。今天的上海世博会正在精彩地向世人、向全世界展示各个国家、各个民族、各种文化的特色。2010年上海世博会是一个最好的展示窗口，有最尖端的高科技的展出，更有各个国家、各个地区、各个民族各色文化的争奇斗艳。我去看了省市联合馆，还特别花时间在海南展示馆里看了一圈。海南的文化是很有味道的，同时海南的一些珍贵的自然资源是中国独一无二的。可以说海南岛的蓝天、碧海、金沙和阳光，与夏威夷这样的旅游胜地完全可以媲美。但恕我直言，海南的文化底蕴还有待提升，真正享誉世界的一定是自然遗产和人文遗产的和谐统一，比如泰山、黄山。而现在海南向世人展示的仅仅是怡人的自然风光，当然也有人文的，但还缺乏那种丰厚的、精湛的文化资源。因为一个地方真正吸引人的，还是它的文化。

现在每年大概有80%甚至更多的高考状元要到清华、北大去，吸引莘莘学子的不仅是名校的声誉和高水平的教育，还有让人魂牵梦绕的老清华的故事、老北大的故事以及脍炙人口的西南联大的故事。可能师生们至今还会津津乐道当年大师们的故事，如作家沈从文在西南联大做教授，但有的教授看不起沈从文，如刘文典先生在课堂上公开说："沈从文居然也评教授了……要讲教授嘛，陈寅恪可以值一块钱，我刘文典一毛钱，沈从文那教授只能值一分钱。"这些佳话和故事是很吸引人的，是大学的独特文化。现在，湖南凤凰县把沈从文视为当地旅游景点最宝贵、最漂亮的一张名片。今天各地都在争名人，甚至闹出了"西门庆大酒店"的笑话，实际上名人背后是文化和历史的独特魅力。海南也是有文化资源的，如何整合、发展和运用这些资源，教育界应该起到重要作用。

随着物质水平的提升，今天的消费观已经达到了一个新的层面，正在从以往的物质性消费，向功能性消费转化，文化消费和精神消费的特征益趋明显。今天企业的营销策略往往不是卖产品的实用功能，而是卖它的文化内涵。同样一双运动鞋，中国的鞋子经久耐用，价廉物美，但阿迪达斯是一个著名品牌，同时代表着健康、年轻、活力。一双鞋子，中国的老板比较实在，我这个真材实料，仅卖100元。美国人可能不是卖鞋子，是告诉你鞋子背后的美丽故事和文化，女士花1000元把鞋子连同美丽和文化一起买回家，是不是很划算？如果是位年轻的男士买鞋子，营销员推销的就是狼性的精神，"七匹狼"牌子——勇敢、进取、独霸天下，富有男人的气概。他可以卖给成年人成熟稳健，卖给小孩子天真、欢乐、幸福、向上。所以文化搭配着产品卖出去了，就变成了高附加值的产品,其实成本只有十块钱,九十块钱都是文化的符号,文化的象征和浓缩就是"标签"、"品牌"。

我们应该认识到文化可以提高产品的竞争力,只有让物质产品具有文化含量、文化品位、文化个性,才能不仅满足人们的物质需要,还能满足人们的心理需要、文化需要、精神需要,才可能在未来的竞争中胜出。所以文化也是生产力,也是竞争力,它更是吸引力、凝聚力。文化是软实力,经由教育的途径能有效地提升国民素质,而具有高素质的国民才可能组成强大的国家;具有高度文化素质的人才具有创意,才能够不断开发应用新的技术,才能够与世界接轨,在世界上与强手竞争,才能真正立于不败之地。

二、教育改革的依据

刚才我们从世界到中国,从一般的经济竞争到社会文化的竞争,进行了概括性的了解,接下来不妨看一看今天的教育改革和文化再造的过程中,我们需要思考哪些相应的依据。只有把这些依据认识得更加清楚,改革才会更加稳健和有效。

(一) 价值依据

今天我们发展地域的文化、提升区域的核心竞争力,需要通过价值观念的选择和重组,去把握时代和教育的发展方向。这个时代文化的核心价值包括的概念诸如和谐、公平、正义、民主、自由、合作、竞争等等,这样一些概念与人的发展是密切相关的。我们在文化再造、教育改革中对于这样一些核心价值、主流价值的观念,需要结合学校和社会的实践不断思考、阐发和推进。指导教育发展的是以人为本的科学发展观,为什么要提出以人为本?今天所做的一切工作,从经济到政治,从社会到文化,都是为了人,为了人的全面发展和终身幸福。学校教育本身就直接作用于人。学校教育改革要牢牢把握"以人为本"的价值取向,这才符合科学发展观的要义,这也是教育改革的价值依据。

(二) 历史依据

一个地域的文化和教育发展是建立在这个地域的历史基础上的,我们不要人为中断历史资源的传承。其实历史资源是地方文化最具特色的内涵,比如现在的一些百年老校,都在努力挖掘、继承和弘扬原有的历史文化价值,因为教育是百年树人的伟业,不是短期内可用金钱堆积起来的速效工程。今天的中国重新研究孔子、朱熹的文化价值,也是这个道理。美国再厉害,建国还不到300年,中国的文化至少也有3000年。3000年的文化可以是沉重的历史包袱,但更可能蕴含着无尽的宝藏。关键是当代人如何作为,中华民族的后代要把前人留下来的财富经由我们的继承和创造,让它大放光彩。当时代的发展越来越多地把眼光聚焦到文化产业的时候,中国传统文化的宝藏有可能在当今再一次引起全世界的关注。海南省也有自己地域方面独特的历史文化资源,需要我们去整理、消化、开发,并运用到教育系统里面来。

(三) 世界依据

世界依据首先是经济的全球化,今天的世界在通过物与物的交换,思想与思想的交换,人与人的交流,通过不断的交换、交流彼此丰富、彼此补充,在更高层面上获得创新。经济全球化最核心的是人才的全球化,在世界经济的平台上,人才可以自由地流动,今天的户口已经不能限制人才的流动了,像上海,虽然没有把户口彻底放开,但暂住证是上海对于人才的特殊政策,只要符合相应要求,还能解决上海户口。美国也是如此,一方面设置门槛,因为怕全世界更多的移民到美国去;另一方面又在开放门户,向全世界优秀的人才开放。

其次是软实力的竞争逐步增强,美国经济固然发达,但更厉害的是国家的软实力,也就是前面讨论的文化,这个就不再重述了。还包括人权的普世化,中国的人权已获得很大的改善,但是中国的人权观也不可能跟美国完全一样,这也是基于中国的国情。当然很多方面有共识点,这就是普世性,比如生存权、教育权、知情权、表达权、选择权等五项权利,就是最基本的权利,现在执政党领导人也在强调这"五权"。

最后是教育资源全球配置的时代特征,加入世贸组织后,中国开始面对新的挑战,其中一项就是教育资源全球配置的挑战,美国经济学家曾提出实行"教育券"的政策,以优化配置其教育资源。中国未来也面临同样的问题。比如中华人民共和国的公民都享有义务教育的权利,每年生均2000元,学生可以带着"教育券"在全国范围内选择优质教育资源,比如爸爸妈妈到某地工作,孩子2000元可以带到当地某某实验学校去,到时候学校教育的质量将决定着学校的生存,这是作为教育界领导需要未雨绸缪的。

（四）现实依据

今天的中国社会发展、中国经济转型不可能完全重复西方发达国家走过的路，当前大家普遍关注绿色经济、低碳经济的问题，如果还像英国人、美国人那样，在发展过程中先污染后治理，实际上已经不可能了。现在全世界的能源都在减少，世界现存的石油储量，不要说不能支撑中国这样一个巨大的市场发展，连美国、英国这样老牌的发达国家，如果不改变消费观，不利用新能源、不创新发展模式，也难以为继。假如中国经济的发展还是用大量的投资、大量的资源消耗及低端的简单劳动去换取少量的美国高端科技产品，那么这样的路肯定走不通。

所以沿海发达的地区尤其是在上海，要率先实现经济的转型。上海的传统的制造业正在提升层次，向高端制造业转型，新型的服务产业、特别是金融、贸易、航运等第三产业在大力培育之中。面对世界竞争的巨大压力，只有思想创新、科技创新、文化教育创新以及制度创新，才有出路；只有培育创新型人才，尤其是高端的人才，才是上海的希望所在，这同样是中国未来发展的方向。

如何使"中国制造"转化为"中国创造"？中国经济的转型迫切地呼唤着人才知识结构的转型和人才培育模式的创新。我们来看海南的发展定位和海南未来的发展前景，我想海南可能会成为一个生态胜地和旅游大省。要把中国独一无二的宝岛——海南岛开发好，不要仅仅为了GDP的增长，牺牲了海南最宝贵的绿色资源。而真要把海南建成生态胜地和旅游大省，我认为海南还必须同步建设文化大省和教育强省，这样海南才会有可持续发展的前景。海南不仅要打生态牌、旅游牌，还要打文化牌、教育牌。文化海南和教育海南将是海南省今后发展的一个重要亮点，教育界的领导对此要有清醒的认识。

三、教育中的三种文化基石

学校教育将给学生的发展奠定三种文化基础，这三种文化基础决定了人的可持续发展及终身幸福的可能性。假如在基础教育阶段，需要给学生的精神领域放几块大石头奠基的话，那么下列三种文化的基石是必不可少的。

第一，求真务实的科学技术文化。

科学技术确实给人类带来很大的便利，人类借助科技不断地开发和利用自然，但是人类也因过度使用科技文化，最终使我们陷入了误区。学校教育所追求的"求真文化",需要我们去把握好"科技与自然"、"科技与人心"的度,这是教育领导者义不容辞的职责。如果技术倾向于实用,那么科学就不仅仅指向实用,它还应包括探索的勇气、求真的态度、怀疑的精神、自律的人格,坚守这些价值在当前恐怕比追求实用的技术知识更加重要。科技教育所代表的求真文化,旨在涵养学生独立思考的能力、怀疑和批判的能力、理性的精神以及对话和宽容的胸襟。

我们多年来一直宣扬的"知识就是力量"这个口号有它的激励价值,但也有一定的误导性,因为人类的力量固然依靠对科学技术知识的把握,但是也离不开人自身的思考力、判断力、创新力。在电脑普及的时代,单纯记忆知识已经没有以往那么大的作用了,如果仅仅是记忆知识,人类是无法与计算机匹敌的。中华民族是注重教育的民族,但是为什么培养不出自然科学方面的杰出创新人才?犹太人也是注重教育的民族,他们为什么能够贡献如此多的诺贝尔奖得主?犹太民族的人口全世界加起来可能还不到上海现在的居住人口,占世界人口微小比例的民族贡献给世界的一流人才却不可胜数,影响世界历史的大师级人物如马克思、弗洛伊德、爱因斯坦等都是犹太人。一个小小的犹太民族多灾多难,却给世界贡献了那么多伟人,我们与之相比,实在是惭愧。求真文化不能没有批判性思维,科技教育同样不是灌输式的教育,为真理而乐于奉献才是科技文化的核心。

第二,诚信守法的伦理政治文化。

一个健康的社会是由众多良好素质的公民组成的,培养公民的最好阶段是在基础教育。公民素质由学前教育阶段的伦理道德的熏陶和培养开始,从洒扫应对形成良好习惯。和谐社会的核心词应是"民主法治",素质教育所强调的德育为先,实质就是给孩子们奠定伦理教育和法治教育的基础。要让中小学生主动适应各类游戏规则,懂得制定规则、修改规则的程序,尊重规则、遵循规则的必要。康德说,人应对两样东西心存敬畏,头上星空和心中道德律,即敬畏自然规律和社会规律,守住人的行为底线。孔子说:"非礼勿视,非礼勿听,非礼勿言,非礼勿动。"如果将"礼"视为人世社会公认的行为准则,则"四勿"不仅有伦理价值的普适性,也有现实的合理性。人应该谨于言,慎于行,否则,盲目从事,反而欲速则不达,也无法承担起自己的职责。因此,谨慎从事,是达成良好效果的必要条件之一。所谓"随心所欲不逾矩",就是在遵循规律中获得自由,这是人生最高的境界。心中的道德律指向的是社会共同的游戏规则。法律,只要没有改,人人必须遵循,当然我们可以通过合理的途径使法律更加完善。美国的强大首先是它的法律的稳定、社会的有序,即法治社会的成熟。

第三，涵养人性的审美艺术文化。

伦理法治文化保持了社会的稳定，科学技术文化帮助我们合理地开发、利用自然，提高物质生活的水准。这还不够，因为人还有更高的追求。人才是多种多样的，个性发展是百花齐放的，学校可以培养科学尖端人才，更需要把学生培养成为一个合格、幸福的公民，他即使没有成为一个轰轰烈烈的大人物，作为一个制衣工人，他的衣服做得漂亮，能够畅销市场，同样是成功、幸福的人生。要让孩子们的生命有独特的意义，能感受生活的美好，体验人生的价值和意义，就需要用审美艺术涵养他的心灵。如果学校文化没有特色，培养的人才不仅缺乏创意，更糟糕的是学生在求学期间的生命也是没有亮色的，他的生活会缺少感动、缺少情意、缺少想象以及缺少幸福的元素。调查显示，今天的学校同质化现象突出，根源在于忽略了审美艺术教育。

艺术有助于个性的发展、人格的完善和生命质量的提升。艺术熏陶犹如"春风风人，夏雨雨人"，艺术伟大的力量显现为润物无声的教育效果，今天不少学校的校训大同小异，反映了中国教育的千篇一律，折射了课堂教学模式的机械划一，其中审美文化的弱化和边缘化是重要的原因之一。

四、提升区域教育竞争力的"三园"目标

首先，要把海南这个美丽的宝岛，建设成为一个独具魅力的"学园"。

身处国际激烈竞争的时代，人才已成为当今世界最紧俏的资源。在物质通胀的年代，所有的投资都在贬值。世界投资专家巴菲特说：当货币变成了一张糖果纸，你唯一能够发挥的就是你自己内在的生命——你的才华、你的智慧、你的勇气。金山银山是可以吃光的，但是一个人持续学习所产生的能量是取之不尽、用之不竭的。所以最好的医生不会害怕通胀，最好的职业运动员不害怕通胀，最优秀的营销员也不会害怕通胀，因为他们自身的本领就是最大的财富，所以把握命运的最好方式就是终身学习，这是最安全可靠的投资。

农业时代是一种简单经验的重复劳动，工业时代是一种简单技术的机械劳动，知识时代是一种智慧创新的复杂劳动。复杂劳动意味着伦理文化、科技文化、艺术文化是搅合在一块的。在今天，有效的财富管理就是人力资源投资，这不仅取决于人的天赋，以及一定的机缘，更重要的是自我投资和积德成善。素质教育本身就是对生命的感悟，对生命独特的体验，就是在学习过程中不断展开人生幸福的旅程。海南应该集

聚各类教育资源,打造海南的教育高地,不仅吸引当地的生源,还要吸引其他区域的学生愿意到海南的学校来学习。

其次,要把自己的家乡营造成一个最适宜创业的"乐园"。

既然进入了国际人才竞争的时代,就要让海南岛这块宝地成为人才施展才华的高地、适宜创业的最好的平台。学校教育系统本身就应成为这个平台上最具有吸引力的因素,比如最好的人才都愿意进入教育系统,愿意来做教师,这样我们的国家才有希望,因为只有最优秀的人才能培养出最好的人才,社会才能进入良性的循环。但是要注意,最优秀的人才未必是考分最高的。高考状元只是在知识方面表现优异,并非意味着一定是杰出人才。有关调查显示,相当数量的高考状元在大学毕业后,并没有在相关领域成为发挥重要作用的顶尖人才,反而某些在学校里学业成绩中等的学生,走上社会后做出了重要的贡献,因为他们不是应付考试的机器,他们有批判精神,乃至冒险精神,所以他们更加具有创造力,对社会的贡献也更大。

优秀的人才需要有良好的制度环境保护,这样高端的人才会越聚越多。这就涉及管理者的智慧了,只有高素质的管理者才能留住人才,进而壮大人才队伍。技术固然重要,但有时创意思维更重要。举个例子,两位教师买了一盒蛋糕,却为如何公平合理地切割蛋糕犯了愁,谁都担心分割蛋糕者有私心。在座的某位校长是主管德育的,做了半天思想工作,还不知效果如何。又有一位校长是数学教师出身,于是拿来各种测量工具和精密天平,忙乎了半天。第三位校长是研究管理专业的,他对两位教师说,从管理者的角度而言,这事挺简单,你俩谁都可以来分割这块蛋糕,但切割者必须最后取自己的一份蛋糕。于是,切蛋糕的难题迎刃而解,这就是管理的智慧。

管理就是所有的生产要素都不变,机器还是老的,人还是旧的,道德水平还是原来的层次,技术水平也并未提高,但是由于制度要素的变化,而极大地提高了生产劳动的效率。其实,很多人类的劳动就消耗在不必要的过程中,原因就是制度安排得不合理。可见制度可以极大地解放生产力,但问题是制度有良劣,管理有高下。只有科学的、人性化的管理制度,才能营造有助于创业者大展宏图的创业乐园,领导者的重要责任就是不断改善管理制度。

再次,要把我们的家乡打造为最适宜居住的"家园"。

海南岛的自然资源是美的,海南岛的房产商也开发了不少漂亮的别墅,但适宜居住的家园不仅仅是漂亮的房子。中国的房地产开发大概走过了这样的四个阶段:第一阶段是地段,地段是决定房产价值的首要因素,所谓"地段为王"。上海和西北高坡的土地价值是不一样的,南京东路和华东师大所在的中山北路也不一样,地段的独特性、稀缺性决定了房产的高回报性。第二阶段是房型,同样好的地段,为什么房价不一样?因为设计不一样,人性化的、富于创意的房型设计带来房子的高附加值,这个阶段就是以房型来吸引住户。第三阶段是环境,这是更高层次的追求了,同样的区域,当地块是在黄浦江边,或在西湖畔那么美的地方,或是海南三亚的景观房,有山有水,绿树环抱,这样的房产自然价值更高。第四阶段是文化,这是房地产开发的最高境界。现在中国人都知道什么样的房子最值钱,除了地段、房型和环境,房地产开发的最高境界不是玩地皮,而是玩文化。就是说在文化机构、高等学府的集聚地,在高雅人士的居住区,这样的房子是最值钱的,是人们向往拥有的"家园"。其实,这就又回到了两千年前,"孟母三迁"的佳话了。

真正适宜人居住的家园不仅仅要有独特的自然资源,还要有宝贵的人文资源。海南岛的自然资源绝对没有问题,但人文资源、教育资源还需要集聚和提升。今天,提升区域竞争力的关键还是需要通过教育,让我们的后代具有更好的综合实力,改善人与环境,人与社会的关系,实现天、地、人的生命贯通,使人与自然、人与社会、人与自我达到和谐状态,真正体现生命的美好、文化的价值和教育的魅力,彰显教育生态学的人文意义。

把海南岛建设成为学习者的"学园"、创业者的"乐园"和居住者的"家园",这是在座各位教育领导者的崇高职责。我们的理念、我们的智慧、我们的行动将决定海南省教育的未来,将描画出海南省更美好的明天!

谢谢大家!

(2010 年 10 月 21 日在海南省教育行政干部高级研修班的讲演)

28. 博大·隽永·刚毅·笃实

——谈华东师大的大学文化

学校近期在讨论科学发展观指导下的大学建设和文化发展的问题。已在华东师大的学生，当初到底是什么吸引你选择了华东师大？这所学校独特的魅力是什么？

大学像人一样，有着自己独特的个性，散发着特有的魅力。譬如说，世界上最古老的大学是意大利的博洛尼亚大学，英国有两所世界著名的大学是牛津和剑桥，虽然与美国哈佛、斯坦福等比起来显得有点人老珠黄，但这两所大学至今给人神秘感，牛津和剑桥出来的学生散发着一种独有的贵族气质。中国宋代胡瑗办的学校，在此游学的学生也有某种独特的气质。这是什么道理呢？恐怕就是学校文化在学生身上打下的烙印。它不仅是衣襟上的校徽，更是师生言谈举止中所透露的风貌。

说到中国的大学，往往会提北京大学和清华大学。说到清华，这所大学就是洋气，因为这是用美国退还的庚子赔款创办的学校，本来就是留美的预备学校，教师的待遇高，加上洋教师、洋教材、洋文，给人的感觉就是洋气。清华大学的文化如果用一个字概括就是"洋"，不是崇洋媚外的"洋"，而是具有世界格局的"洋"。那么，北大的特征是什么？如果也用一个字概括，我想就是"雄"——有点雄视天下、舍我其谁的气概，当然所谓的天下是指中国，在大学排行榜上，北大有时排在清华后面，北大似乎会不服气，说排行榜的标准本身就有问题，如论大学培养的人才对当地社会和本国政治的影响，有哪所学校敢与北大比肩。确实，"一所学校、一本刊物"（北大和《新青年》）开创了中国现代史的新面貌，北大有骄傲的理由。

反思华东师大，作为新中国成立后创建的第一所师范性大学，其核心竞争力在哪里？华东师大的文化特质又是什么呢？我想是否体现在下列八个字上。

一、博大

为什么标举博大？大学如果不博大，没有大家的风范、大家的气度，没有博大的胸襟格局，就枉称大学。大学不是小学，也不是中学，大学之大植根于"究天人之际，通古今之变"，或如蔡元培先生说的"兼容并包，思想自由"。我认为华东师范大学文化意象的博大至少有四个支撑点：

首先是她的历史。华东师大由历史上几所著名的大学组合而成，诸如大夏大学、光华大学等，还包括复旦大学、浙江大学、圣约翰大学的部分学科，像复旦和浙大的一些优势学科，如教育学科、地理学科等融合进来，这赋予了华东师大学术上的深厚底蕴。

其次是海派文化，华东师大与上海的地域文化有密切关系。上海这所城市之所以有活力，就是因为海纳百川，有容乃大。上海在历史上就是移民城市，今天更是如此。特别是新上海人，年轻、有活力，属于高文化、高智商、高技术的人才，胆子大，敢冒险，历史上的上海曾是冒险家的乐园，今天的上海是创业者的家园。上海的活力是渊源有自的，华东师大处在上海这样一座城市之中，显然具有海派文化的特色。

复次，基于上海城市未来的定位。上海要率先成为国际性的大都市，国务院批准上海率先建成国际性的航运中心和金融中心，加上经济中心和商贸中心，上海将在2020年的时候构建起四大中心的基本框架，对上海来说，这既是一个巨大的压力，又是一个极大的机遇。身处国际化进程中的大都市，面对国际化人才需求的快速增长，时代决定着华东师大的办学方向和文化特征。

最后，作为以教师教育为先导、以教师文化为底色的大学，不同于一般职业类大学，追求博大气象和卓越人格是师道精神的固有之义。

可见，基于历史、地域、未来及师道的四种要素构成的华东师大文化的第一个特征，即是博大。

二、隽永

华东师大文化的第二个特征是什么？大家都知道华东师大的文化以浪漫著称学界，尤其是以"丽娃河"为代表的校园景观和以人文学科为特长的历史传承为人乐道。

但是我没有用浪漫来形容华东师大,而是用隽永。我感觉浪漫的文化内涵好像气局小了一点。当然浪漫是一件很美的事,年轻人如果不浪漫,到年老的时候还能浪漫吗?然而,华东师大的文化不仅仅是浪漫,隽永也许包容了浪漫,它是意味深长的特殊魅力,是一种独特的趣味。一个人如果没有趣味,从他个人的生活来说就是干枯的;如果女孩子没有趣味,找男朋友可能会困难一些;如果男人没有趣味,可能和他生活在一起的妻子也不会很幸福;教师如果没有趣味,教学生恐怕教不好;学生如果没有趣味,学习也变成了苦差事,所以说趣味是非常重要的。华东师大之所以具有吸引力,就是说她是具有趣味的,而这个趣味呢,我觉得可以用隽永两个字来概括。

有人说"爱在华师",还说"学在复旦、吃在同济、玩在交大"。我感觉大家把最好的说法给了华师,一个人如果没有爱,活着还有什么意味呢?中国儒家文化彰显的"五伦",其第一伦就是父子有亲("父慈子孝"),中国社会联系的纽带实质是情感原则。按照中国传统文化价值,完美的人生与和谐的家庭分不开。修身、齐家、治国、平天下,家庭是社会的细胞,只有家庭美满,然后社会才能更加和谐美好。复旦原校长杨福家说:大学之大非谓大楼也,亦非大师也,乃有大爱也。这是承接清华大学老校长梅贻琦的话而来,也是大学文化内涵的递进。"爱在华师",不仅指青年男女的两情相悦,更是教师职业志向导引下的情感动力。做教师的没有爱怎么行呢?当年陶行知先生"爱满天下"的精神感动了一代教师,夏丏尊在《爱的教育》译序中强调爱是教育的根、教育的本,教育之水就是爱。当然,趣味、浪漫和爱不足以界定隽永,还可以挖掘更丰富的内涵。

三、刚毅

华东师大文化还有一个特征那就是刚毅。"刚"是刚强,"毅"是弘毅,这是师大文化雄伟的一面,相对于柔性——隽永(当然隽永也不仅仅是柔性),刚毅则有一种奋发昂扬、卓然踏砺的意象。前一段时期校报有篇文章,说师大不仅有丽娃河的意象,还有文史楼的意象,文史楼是方正雄伟、蓬勃向上的,丽娃河是平坦舒缓、深长悠远的,恰如阴阳两种意象的平衡。师大的历史文化确有刚毅的意象,它就是时代风云中一代代师大人的杰出表现。

中国儒家文化强调知识分子的刚毅品性,孟子说"士不可不弘毅",因为"任重而道远",任重道远就是一种激励人生的志向。所谓"威武不能屈,贫贱不能移,富贵不能淫"的浩然之气,正是刚毅人格的写照。人为什么不自由? 就是因为缺少浩然之气。所以中国的读书人,特别是要做教师的人,要有一点弘毅的师道精神。我们一方面要创新,一方面要坚守传统。而刚毅兼具了两种涵义,它既是保守的,又是创新的。

四、笃实

华东师大有一条校训"求实创新,为人师表",笃实与这个有关系。说到华东师大的特色,也有人说师大的人比较老实,这话隐匿着些许的戏谑和轻视,因为诚如鲁迅所言,老实在历史上的代名词是无用、无能、胆小、怕事。但深入想想,老实有什么不好? 说老实话,办老实事,做老实人,这正是当今社会要弘扬的价值观。华东师大的一大特色就是"实"字,一方面有远大的理想和浪漫的气息,一方面脚踏实地,坚持不懈。"为人"和"为学"都应倡导笃实,笃实是事业成功的基石。邓小平强调"实事求是";陈云说:不唯上、不唯书、只唯实。由于脱离实际,中国社会的发展曾经历波折,教育也受损失。治国贵实,治校亦如此。因此,我认为笃实是华东师大文化的第四种特征。

总而言之,博大、隽永、刚毅、笃实这八个字概括、提炼了华东师大的文化特色。作为学校的文化形态,每个人都可以去描述、凝聚和阐发,虽然词语的界定会使丰厚生动的文化固结,但它将随着时代的发展而发展,内涵也会经历新的变化,从而引发新的阐释。

(2009 年 4 月 19 日在"华东师大发展与大学文化建设"座谈会上的发言)

29. 以平常心看待今日之教育

    21世纪的第一个十年将近尾声，解放前的一批教育界的杰出人物已步履急促地离我们而去。2005年，病中的钱学森就在病榻前向温家宝坦然相告——现下的中国出不了大师，是因为人才培养模式没有完全发展起来。2009年，当这位曾经叩问中国人才培养模式的"导弹之父"与季羡林、王元化、王世襄等同时离我们而去的时候，大师们对我们这个时代"大师"的叩问便显得尤为揪心。

    于是，许多疑惑的目光再次投向了中国的教育体制。然而，大师真的能从教育界要到吗？时代进程下，中国的教育又有哪些利弊得失？将中国教育抛到一个历史和世界的坐标系中时，当下的中国教育处在一个什么样的位置？它该去往何处？

    这些问题，宽泛而宏大，如果不是对中国教育有广泛认识和深入研究，是很难回答的。

中国教育是社会系统下的子系统，依存于经济、政治制度，嵌入于社会环境之中

    CBN：中国教育面临的问题，在您看来主要有哪些方面？

    金忠明：首要的，缺少经济的支撑是教育面临的最大问题。教育制度与经济、政治制度有着很紧密的关联。

    我们现在财政的拨款，从中央政府到地方政府是垂直的、一元化的拨款制度。于是，很多学校就不得不遵循长官意志去尽可能争取多的经费。长官意志决定着这个经济权利的操纵。

    其次是政治上的问题，不可否认，我们国家的教育有一个"泛政治化"的倾向。我

们有非常强大的、统一的办学思想和课程设置。那么,这些便可能阻碍了创新性人才的培养。

然后,我们办学的结构比较单一,缺乏公立学校、私立学校、海外办学力量的竞争和交流,这也是发展的重大障碍之一。办学的主体错位,不能将民意完好地体现于教育改革也是一个问题。行政教育机构真正服务的对象——学生、教师并没有被赋予强大的话语权,教育的最终需求并没有得到充分声张。

将现下的中国教育放到世界和历史坐标系中

CBN:与发达国家相比,中国的教育与世界先进水平大概有哪些方面的差距?

金忠明:从中国的经济投入来说,与发达国家相比,是落后的。中国是穷国办大教育,我们用很少的钱办了最大的教育。能办到这个程度,我个人认为已经很了不起了。

如果说,中国的教育与发达国家的教育相比,处在一个什么位置的话,我认为不能笼统地去做比较,因为这样的衡量牵涉到资金投入、教师水准等多种因素的考量。我想说的是,中国的教育正在快步向前,特别是改革开放以后取得了很多重大成就。

CBN:中国的义务教育面临着哪些困难呢?

金忠明:相比于高等教育,中国的义务教育面临着更大的困难,能够做到目前这样是更为了不起的,因为中国的基础教育实际上面临资金投入太少的问题。

不仅是基础教育,在高等教育领域,我们与西方国家也有很大的差距,就科研成果而言,我们与发达国家的距离还是很大的。但是,这其中还有一个话语权的问题,以美国为代表的英语世界实在是太强大了。中国的学术成果还要转化为英文,拿到西方的学术期刊去发表,这样才能得到国际社会的认同,所以我们就处于弱势。现在世界上的主要学术期刊,80％为英文期刊。

CBN:从纵向来看,我们的教育与改革前,甚至解放前有哪些可以比较的方面?

金忠明:大约存在三个问题,一个是宏观上的办学体制问题,还有两个比较微观的,关于校长的办学自主权和教师的教学自主权。

比如说,民国时期的教育也有相当的借鉴意义,那时候的办学是一种多元化的模式,这是当今中国还没有的。现在,在中国,开办私立学校,海外机构办学都面临很多限制条件。

另外一个是教师权利和教授治校的问题。解放以前,在高等教育领域,教授上课完全可以不使用教育部或者学校规定的教材,教授是有决定权的。解放前,校长也有很大的办学自主权,而现在,大学校长的办学自主权反而少了。所以,面对前人,我们不妨谦卑一点,看看前人留下的经验、教训,对我们会有很大的借鉴意义。

CBN:他山之石,可以攻玉,传统和西方的经验都可以成为现在中国教育的借鉴是吗?

金忠明:我们今天可不可以和解放前比? 可不可以和外国比? 可以比,但是,我们不能忘记为什么要去比。今天教育当中存在的一些问题可以在传统中找到借鉴,也可以从外国得到启示。不因为是前人的就一定落后,不因为是美国的就一定先进。我们比较、借鉴的立足点始终是关注当下中国的实际问题,要把握“洋为中用、古为今用”的深意。

CBN:那么如何做到古今中外结合? 如何鉴别?

金忠明:我们要看到的是学生、家长、教师需要的是什么? 只有把这些研究清楚了,我们才能把握教育中的标准,只有这样我们才能进行判断,然后我们就可以从前人和外国那里寻找到有借鉴意义的东西。

抱着“教育平常心”去看待大师

CBN:钱钟书、季羡林、王世襄等都是不拘一格的人才,这与当时他们接受的教育有何关系?

金忠明:季羡林、王世襄都是民国时期完成的学校教育。该时期的教育是多元化的,有国立的、私立的还有外国人办的学校。就像钱钟书,他青年时期在上海的教会大学完成了本科学习。钱钟书之所以能够写出《管锥篇》,是他将中外两种文化融合起来思考的缘故。那个时代,钱学森、钱钟书都是有多元化的求学经历的,他们都有国外留学的经历。

CBN:改革开放以后,也有大批人出国留学啊!

金忠明:杰出人才的出现要有一个过程。钱钟书到了六七十岁才拿出了他最重要的学术成果,所以现在还不能轻易断定,我们这个时代出不了大师。说不定,到了二三十年之后,我们的大师就出来了。

CBN:一方面是人们对大学毕业生找不到工作的忧虑,一方面是向教育要大师的声音,你是怎么看的?

金忠明：我们固然要关注大师，但是目前中国更要关注大量的实用性人才。现在我们为出不了杰出人才而着急，但就教育谈教育是无济于事的。这个问题不仅仅是教育的问题，而且是一个宏大的、系统性的问题。

我们要有的就是教育平常心，现在中国少两位大师不要紧，但若是不为成千上万的毕业生探求工作岗位，那可能就会酿成很大的问题。在当下，关注于怎样使大学生、研究生更好地融入社会，培养大量实用性人才，可能要比"中国为什么不再出大师"这一问题更具价值。

"通识教育"不是"通知教育"

CBN：北京大学有一个"元培计划"，请你谈谈关于通识教育的看法？

金忠明：通识教育不是"通知教育"，"认知"与"知道"不一样。我们要让学生了解知识，知道"What"；但是我们更要让他们认识到如何来知道这些知识？就是"How"的问题；以及为什么要去知道这些？也就是"Why"。古人讲"德、识、才、学"，我们衡量一个人，其中的"识"就是他的判断力和抉择力；而后是"才"，即才能；最后才是"学"，就是知识的积累。

现在的学校教育注重于"学"，去学一些技术性的知识，后来慢慢意识到"通识"的重要性。目前的基础教育，很大程度上注重的是"语"、"数"、"外"三科教育，而美学、健康、心理方面的教育则被淡化了。也有一个误区，就是"文理一锅煮"，以为这就是"通识"，其实不然。

真正的通识教育，要先把人一生发展最重要的基础知识研究清楚，这些基本元素如何用系统的课程设置，按照学生心理水平由低到高、循环往复地来做一个整合规划。不是头痛医头，脚痛医脚。

CBN："通识教育"也包括心理、人格健全的教育吧？杨元元的事情可以归结为教育的失败吗？

金忠明：杨元元事件包含了许许多多的因素，有外部的，有内部的。我前两天上课的时候还和学生讲，你来听我的课，恐怕杨元元这样的情况就不会发生。杨元元觉得生活没有意义，感到绝望。不仅是研究生，就是教授、学者，自杀的也不乏其人。很多情况下，高学历者的人格并不一定比一般人健全，这是需要教育界反省的。我们所需要的大概就是一种通识教育，包括美学、体育、生命、生态等方面的教育，明白这个世界生命的可贵、情感的美好、生态的和谐，这些都是很有意义的。如果她能够多元参照，她的心胸就会比较博大，如果在小时候有体育对意志上的磨砺，那么她可能更经得起生活的严峻考验。

（此文为 2009 年 12 月 31 日《第一财经日报》记者的采访稿，原文发表时有删节）

图书在版编目(CIP)数据

方圆之道/金忠明著. —上海:华东师范大学出版社,
2012.11
ISBN 978 - 7 - 5675 - 0067 - 9

Ⅰ.①方… Ⅱ.①金… Ⅲ.①人生哲学—通俗读物
Ⅳ.①B821 - 49

中国版本图书馆 CIP 数据核字(2012)第 274479 号

方圆之道
金忠明教育讲演集

著　　者　金忠明
责任编辑　金　勇
审读编辑　余　强
责任校对　邱红穗
装帧设计　卢晓红

出版发行　华东师范大学出版社
社　　址　上海市中山北路 3663 号　邮编 200062
网　　址　www.ecnupress.com.cn
电　　话　021 - 60821666　行政传真 021 - 62572105
客服电话　021 - 62865537　门市(邮购)电话 021 - 62869887
地　　址　上海市中山北路 3663 号华东师范大学校内先锋路口
网　　店　http://hdsdcbs.tmall.com

印刷者　浙江临安曙光印务有限公司
开　本　787×1092　16 开
印　张　25.75
字　数　429 千字
版　次　2013 年 3 月第 1 版
印　次　2019 年 12 月第 7 次
印　数　7601—8700
书　号　ISBN 978-7-5675-0067-9/G·6006
定　价　49.80 元

出版人　王　焰